普通高等教育"十一五"国家级规划教材

（高职高专教育）

现代畜产食品加工学

杨宝进 主编

中国农业大学出版社

主　　编　杨宝进　郑州牧业工程高等专科学校

副 主 编　罗红霞　北京农业职业学院
　　　　　马丽卿　郑州牧业工程高等专科学校

参　　编　(按姓氏笔画排序)
　　　　　齐安鑫　山东畜牧兽医职业学院
　　　　　严佩峰　信阳农业高等专科学校
　　　　　陈　明　江苏农林职业技术学院
　　　　　范　强　辽宁农业职业技术学院
　　　　　袁玉超　郑州牧业工程高等专科学校

审　　稿　王玉芬　双汇集团、河南省肉类加工工程技术研究中心
　　　　　王少武　河南三鹿花花牛乳业有限公司、河南省乳品工程技术中心

出版说明

高等职业教育作为高等教育中的一个类型，肩负着培养面向生产、建设、服务和管理第一线需要的高技能人才的使命。大力提高人才培养的质量，增强人才对于就业岗位的适应性已成为高等职业教育自身发展的迫切需要。教材作为教学和课程建设的重要支撑，对于人才培养质量的影响极为深远。随着高等农业职业教育发展和改革的不断深入，对于教材适用性的要求也越来越高。中国农业大学出版社长期致力于高等农业教育本科教材的出版，在高等农业教育领域发挥着重要的作用，积累了丰富的经验，希望充分利用自身的资源和优势，为我国高等职业教育的改革与发展做出自己的贡献。

经过深入地调研师生的需求和分析以往教材的优点和不足，在教育部高教司高职高专处和全国高职高专农林牧渔类专业教学指导委员会的关心和指导下，在各高职高专院校的大力支持下，中国农业大学出版社组织了全国50余所院校的400多名骨干教师共同编写了一批以“十一五”国家级规划教材为主体的教材。这批教材于2007年3月陆续出版，共有60多个品种(畜牧兽医类33种，种植类26种，公共基础课等课程教材若干种)，其中普通高等教育“十一五”国家级规划教材22种。

这批教材的组织和编写具有以下特点：

精心组织参编院校和作者。本批教材的组织之初共收到全国60余所院校的600余名老师的申报材料。经过由职业院校和出版社专家组成的选题委员会审议，充分考虑到不同院校的办学特色、专业优势及地域特点，结合教师自身的学习培训背景、教学与科研经验和生产实践经历，最后择优确定了50余所院校的400多名教师作为主编和编写人员，其中教授和副教授占73%，硕士以上学历占38%。特别值得一提的是，有5%的作者是来自企业生产第一线的技术人员，这样的作者结构是编写高质量和适用性教材的有力保证。

贴近国家高职教育改革的要求。我国的高等职业教育发展历史不长，很多院校的办学模式和教学理念还在探索之中。为了更好地促进教师了解和领会教育部的教学改革精神，在编写研讨会上邀请了教育部高教司高职高专处、全国高职高专农林牧渔类专业教学指导委员会的领导作教学改革的报告，提升主编和编写人员的理念；多次邀请教育部职业教育研究所的知名专家到会，专门就课程设置和教材的体系建构作报告，使教材的编写视角高、理念新、有前瞻性。

注重反映教学改革的成果。教材应该不断创新，与时俱进。好的教材应该及时体现教学改革的成果，同时也是教育教学改革的重要推进器。本套教材在组织过程中特别注重发掘各校在产学结合、工学交替实践中具有创新性的教材素材，很多教材在围绕就业岗位需要进行知识的整合、与实际生产过程的接轨上具有创新性和非常鲜明的特色，相信对于其他院校的教学改革会有启发和借鉴意义。

瞄准就业岗位群需要，突出职业能力的培养。本批教材的编写指导思想是紧扣培养"高技能人才"的目标，以职业能力培养为本位，以实践技能培养为中心，体现就业和发展需求相结合的理念。

教材体系的构建依照职业教育的"工作过程导向"原则，打破学科的"系统性"和"完整性"。内容根据职业岗位(群)的任职要求，参照相关的职业资格标准，采用倒推法确定，即剖析职业岗位群对专业能力和技能的需求⟶关键能力⟶关键技能⟶围绕技能的关键基本理论。删除假设推论，减少原理论证，尽可能多地采用生产实际中的案例剖析问题，加强与实际工作的接轨。教材反映行业中正在应用的新技术、新方法，体现实用性与先进性的结合。

创新体例，增强启发性。为了强化学习效果，在每章前面提出本章的知识目标和技能目标。每章设有小结和复习思考题。小结采用树状结构，将主要的知识点及其之间的关联直观表达出来，有利于提高学生的学习效果和效率，也方便教师课堂总结。部分内容增编阅读材料。

加强审稿，企业与行业专家相结合，严把质量关。从选题策划阶段就邀请行内专家把关，由来自企业、高职院校或中国农业大学有丰富的生产实践经验的教授审核编写大纲，并对后期书稿进行严格的审定。每一种教材都经过作者与审稿人的多次的交流和修改，从而保证内容的科学性、先进性和对于岗位的适应性。

本批教材的顺利出版，是全国50余所高职高专院校共同努力的结果；编写出版过程中所做的很多探索，为进一步进行教材研发提供了宝贵的经验。我们希望以此为基点，进一步加强与各校的交流合作，配合各校教学改革，在教材的推广使用、修订完善、补充扩展进程中，在提高质量和增加品种的过程中，不断拓展教材合作研发的思路，创新教材开发的模式和服务方式。让我们共同努力，携手并进，为深化高职高专教育教学改革和提高人才培养质量，培养国家需要的千百万高素质技能型专门人才，发挥积极的推动作用。

中国农业大学出版社

2007年7月

内 容 简 介

本书包括四篇，第一篇为乳与乳制品加工，介绍了乳的基础知识、原料验收与预处理技术，对杀菌乳、酸乳、含乳饮料、乳粉的加工技术进行了详述，对冰淇淋、麦乳精、干酪、奶油、炼乳等其他乳制品作了简单介绍。第二篇为肉与肉制品加工，在介绍肉品加工基本知识的基础上，重点介绍了屠宰与分割肉加工技术、肉的低温保藏技术、干制品加工技术、腌腊制品加工技术、熏烤制品加工技术、灌制类产品加工技术、酱卤制品加工技术和肉类罐头的加工技术。第三篇为蛋与蛋制品加工，对蛋的基础知识、鲜蛋储藏保鲜和再制蛋(松花蛋、咸蛋等)加工技术作了重点介绍，对糟蛋、冰蛋、干蛋制品、熟制蛋制品等进行了简单介绍。第四篇为转基因食品与食品质量管理体系，简要介绍了转基因食品的基本概念、基本步骤和应用领域，对食品质量管理体系的基本概念，实施 GMP、HACCP、ISO 9000 和食品安全市场准入的意义、内容、程序等作了简要介绍。

前　言

很荣幸《现代畜产食品加工学》被列入普通高等教育“十一五”国家级教材(高职高专)规划选题。接到选题通知后,深感任务艰巨。一方面感到现代畜产食品加工业发展突飞猛进,日新月异,畜产食品加工业已经摆脱了传统作坊式生产的状况,并呈现出产品结构调整速度加快、新技术应用增多、优势企业越来越强、产业集中度不断提高等特点。行业的快速发展给高职高专教育的人才培养工作提出了新的要求。另一方面,教育部刚刚下发了《关于全面提高高等职业教育教学质量的若干意见》(教高〔2006〕16 号),明确提出高职高专教育要大力改革教学内容,要与行业共同开发教材,要做到“教、学、做”一体化,要积极探索工学交替、任务驱动、项目导向、顶岗实习等有利于增强学生能力的教学模式等。这些新的提法为今后一个时期高职高专的教学改革指明了方向。所以,如何围绕行业发展,编写一本适应培养高素质技能型人才需要的教材,成为摆在我们面前的重要任务。为此,在深入学习教育部有关文件的基础上,组织有关编写人员亲自到行业发展的龙头企业实地考察,并与企业有关技术工程人员共同讨论教材编写大纲,分工编写后,邀请行业专家审稿,并组织参编者集体讨论和修改,最后由主编定稿。

在组织编写时,本书体现四个方面的变化:一是以适应现代畜产食品加工业对人才的需要为基础,设计教学基本内容,删除传统作坊式的畜产食品加工,突出现代加工业的先进技术。二是对应知的基本知识部分尽量简洁明了,对应会或应掌握的技能部分重点阐述。三是增加了基因食品生产的一般过程,使学生了解现代生物食品的发展概貌。四是增加现代食品生产管理质量体系认证的基本内容,使学生增强质量和卫生意识,了解质量体系认证的基本过程,熟悉质量管理的基本做法。

本书第一篇由罗红霞、范强、齐安鑫编写,第二篇由杨宝进、马丽卿、陈明、严佩峰编写,第三篇由袁玉超、杨宝进编写,第四篇由杨宝进编写。非常高兴的是双汇集团董事、总工程师、河南省肉类加工工程技术研究中心主任王玉芬高工,河南三鹿花花牛乳业有限公司技术部主任、河南省乳品工程技术中心副主任王少武高工亲自为本书审稿。两位教授级高工是我国畜产食品加工行业的著名专家,对现代畜产食品的现状和发展有深刻的理解,为本书的最终审订提出了许多有价值的意见和建议,在此,深表感谢。

本书面向食品加工技术、畜牧、兽医、动物防疫与检疫、食品营养与检测、食品储运与营销、农畜特产品加工、食品机械与管理等专业编写，各个学校、各个专业可以按照地方食品加工业的特点、专业特点，灵活选取有关内容组织教学。本书也可作为从事食品加工技术人员的参考书。

由于时间紧迫，书中疏漏和不妥之处在所难免，万望各位同仁和读者赐教惠正。

编　者

2007 年 7 月

目　录

第一篇　乳与乳制品加工

第二篇 肉与肉制品加工

第四篇 转基因食品与食品质量管理体系

第一篇

乳与乳制品加工

第一章　乳制品加工的基础知识

知识目标

- 掌握乳的一般化学组成，了解主要成分的性质。
- 掌握乳的物理性质与乳质量的关系。
- 了解异常乳的类型。

技能目标

- 掌握鲜乳的感官鉴定方法。
- 掌握乳酸度、比重、酒精实验的方法。

第一节　乳的概念与化学组成

一、乳的概念

乳是哺乳动物分娩后由乳腺分泌出的一种白色或微黄色具有生物特性的胶体溶液。它含有幼畜生长发育所需要的全部营养成分，是哺乳动物出生后最适于消化吸收的全价食物。乳分为初乳、常乳和末乳 3 类。饮用和用于加工乳制品的乳主要是常乳。

根据来源不同，分别有牛乳、羊乳（山羊乳、绵羊乳）、马乳等，工业加工中常用的是牛乳和山羊乳。

二、乳的化学组成及其性质

(一)乳的化学组成

乳是复杂的胶体体系,主要成分是水、脂肪、蛋白质、乳糖、无机盐、维生素、酶类、色素、气体及其他的微量成分。牛乳的主要组成成分见表1-1-1。

表1-1-1 牛乳主要化学成分及含量 %

成分	水分	总乳固体	脂肪	蛋白质	乳糖	无机盐	非脂乳固体
变化范围	85.5~89.5	10.5~14.5	2.5~6.0	2.9~5.0	3.6~5.5	0.6~0.9	8.4~9.0
平均值	87.5	13.0	4.0	3.4	4.8	0.8	8.7

正常的牛乳中各种成分的组成大体上是稳定的,但受乳牛的品种、个体差异、地区、泌乳期、产量、畜龄、挤乳方法、饲料、季节、温度及健康状况等因素的影响而有差异,其中脂肪变化最大,蛋白质次之,乳糖及灰分含量很少变化。

(二)乳的化学成分及性质

1.水分 水分是乳的主要组成成分,占85.5%~89.5%,大部分水作为分散介质存在,可溶解各种可溶性盐类、碳水化合物、维生素和部分蛋白质等。乳中水分根据性质不同分为游离水、结合水和结晶水3种。

游离水存在于细胞间隙和物质的毛细管中,占绝大部分(87%~89%),是乳的分散剂,许多生化过程和微生物学过程与游离水有关。

结合水以氢键与蛋白质和磷脂的亲水基或与乳糖及某些盐类相结合,占2%~3%,无溶解其他物质的特性。乳粉在干燥过程中所排除的水分就是游离水和部分结合水。

结晶水是作为分子组成成分,按一定数量比例与乳中物质结合的水。这种结合最为稳定,存在于结晶性化合物中。当生产乳粉、炼乳以及乳糖等产品时,乳糖晶体中就含有一分子的结晶水。

由于结合水和结晶水的存在,乳粉生产中经常保留3%左右的水分。

2.乳脂类 乳脂类占2.5%~6.0%,是乳的重要组成成分,其中97%~99%是乳脂肪,还有少量的磷脂、游离脂肪酸及甾醇等物质,后者统称为乳脂质。乳脂肪不仅与乳的风味有关,同时也是稀奶油、奶油、全脂乳粉及干酪等的主要成分。

(1)乳脂肪 乳脂肪是由甘油与脂肪酸所组成的甘油酯的混合物,其中最主要的是甘油三酸酯。乳脂肪不溶于水,但形成的脂肪球可以分散于乳浆中,形成乳浊液。

乳脂肪球呈圆形或略椭圆形，直径 0.1～10 μm，以 0.3 μm 左右者居多，在显微镜下可直接观测到。每毫升牛乳中含有 20 亿～40 亿个脂肪球。脂肪球的大小随着乳牛的品种、泌乳期、饲料及健康状况等而异。一般来说，脂肪含量高脂肪球就大。

脂肪球的大小对乳的加工处理有很重要关系：凡是脂肪球大的乳，易分离出稀奶油，搅拌奶油时也易形成奶油粒。例如，英国娟姗牛的乳脂率高达 5.14%，脂肪球大，适于制造黄油；而中国黑白花奶牛的乳脂率只有 3.3%，脂肪球小，宜作鲜乳或制造干酪。当脂肪球的直径接近 1.0 nm 时，脂肪球基本不上浮。

脂肪球表面被一层 5～10 nm 厚的膜所覆盖，称为脂肪球膜。脂肪球膜由蛋白质、磷脂、甘油三酯、胆甾醇、维生素 A、金属离子、酶类所构成，同时还有盐类和少量结合水。这些物质有层次地定向排列在脂肪球与乳浆的界面上，其中起主导作用的是卵磷脂-蛋白质络合物。磷脂是极性分子，疏水基朝向脂肪球中心，并吸附高熔点甘油三酯，形成膜的最内层，亲水基向外朝向乳浆，并联结着具有强大亲水基的蛋白质，形成膜的外层，表面具有大量结合水，从而完成由脂相到水相的过渡。此外，内层磷脂间还夹杂着少量的甾醇与维生素 A。磷脂的脂肪球膜结构见图 1-1-1。

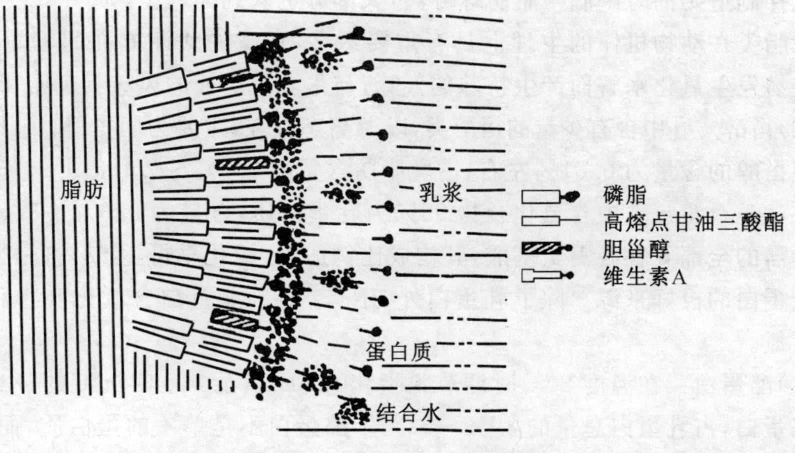

图 1-1-1　脂肪球膜的结构图

脂肪球膜具有保持乳浊液稳定的作用，即脂肪球稳定地分散于乳浆中，互不粘连结合。即使脂肪球上浮分层，仍能保持着脂肪球的分散状态。只有在强酸、强碱或机械搅拌撞击下才被破坏，脂肪球才会互相聚结在一起。因此，可利用此原理生产奶油和测定乳脂率。

乳脂肪中含低级挥发性脂肪酸(C_{14}以下)达14%左右,其中水溶性挥发性脂肪酸如丁酸、己酸、辛酸等达8%左右,而其他油脂中不超过1%。这些低级脂肪酸在室温下呈液态,易挥发。因此,乳脂肪成为具有特殊香味和柔软的质体,易于消化吸收,但也易受光、热、氧、金属(尤其是铜)、酶的作用,使脂肪氧化而产生脂肪氧化味(油哈味)。

乳脂肪的各种理化性质很多,其中比较重要的有3项:即水溶性挥发性脂肪酸值、皂化值、碘值。乳脂肪的水溶性挥发性脂肪酸值的范围为24~30,而其他动植物脂肪的水溶性挥发性脂肪酸值很低,为1左右。根据这个特性可测定脂肪的性质或者判断乳脂肪中是否混有其他脂肪。乳脂肪的皂化值通常在218~235之间。普通乳脂肪的碘值在21~36之间,牛脂为32~47,猪脂为46~66。

乳脂肪的特点是水溶性脂肪酸值高,碘值低,挥发性脂肪酸多,不饱和脂肪酸少,低级脂肪酸多,皂化值比一般脂肪高。

(2)磷脂类 磷脂在乳中的含量为0.072%~0.086%。乳中有3种磷脂,即卵磷脂、脑磷脂和神经磷脂。对乳意义最大的是卵磷脂,卵磷脂是构成脂肪球膜-蛋白质络合物的主要成分。牛乳经分离机分离后,磷脂大部分进入稀奶油中,将稀奶油搅拌制造奶油时磷脂与脂肪球分离,大部分进入到酪乳中。

磷脂类在动物机体的生理上具有重要意义,在磷的代谢方面起着重要作用。磷脂类易发生氧化水解而产生特殊的气味,与牛乳及奶油的风味具有密切关系。

(3)甾醇 乳中含有少量的甾醇类,以游离态存在,主要为胆甾醇($C_{27}H_{45}OH$)。乳中胆甾醇的含量为0.01%左右,占乳脂肪含量的0.3%~0.4%。

3.乳蛋白质 乳中含氮化合物95%为乳蛋白质,含量为3.0%~3.5%,含有人体所需的全部8种必需氨基酸,其构成比例适当,消化率可达98%,是人类食品中优质蛋白的极好来源。除了乳蛋白外,还有约5%非蛋白含氮化合物和少量的维生素氮。

(1)酪蛋白 在温度20℃时调节脱脂乳的pH值至4.6时沉淀的一类蛋白质称为酪蛋白,占乳蛋白总量的80%~82%。酪蛋白不是单一的蛋白质,而是由αs-酪蛋白、κ-酪蛋白、β-酪蛋白和γ-酪蛋白组成。酪蛋白是典型的含磷蛋白质,这4种酪蛋白的区别就在于它们含磷量的多寡。αs-酪蛋白含磷为1%左右;β-酪蛋白含磷0.6%;γ-酪蛋白含磷约0.11%。αs-酪蛋白含磷多,故又称磷蛋白。含磷量对皱胃酶的凝乳作用影响很大,γ-酪蛋白含磷量极少,因此,γ-酪蛋白几乎不能被皱胃酶凝固。在制造干酪时,有些乳常发生软凝块或不凝固现象,就是由于蛋白质中含磷量过少的缘故。酪蛋白虽是一种两性电解质,但其分子中含有的酸性氨基酸远多于碱性氨基酸，因此具有明显的酸性。

①酪蛋白酸钙-磷酸钙复合体胶粒。乳中的酪蛋白与钙结合成酪蛋白酸钙，再与胶体状的磷酸钙形成酪蛋白酸钙-磷酸钙复合体，以胶体悬浮液的状态存在于牛乳中，其胶体微粒直径范围在 10～300 nm 之间变化，多数在 40～160 nm。每毫升牛乳中含有 5×10^{12}～15×10^{12} 个胶粒。此外，酪蛋白胶粒中还含有镁等物质。

酪蛋白酸钙-磷酸钙复合体的胶粒大体上呈球形（图 1-1-2）。胶体内部由 β-酪蛋白的丝构成网状结构，在其上附着 αs-酪蛋白，外面由 κ-酪蛋白覆盖，并结合有胶体状的磷酸钙。αs-酪蛋白和 β-酪蛋白容易受钙离子的影响而发生沉淀，而 κ-酪蛋白不仅本身稳定，而且还具有抑制 αs-酪蛋白和 β-酪蛋白在钙离子作用下沉淀的作用。因此 κ-酪蛋白覆盖层对胶体起保护作用，使牛乳中的酪蛋白酸钙-磷酸钙复合体胶粒能保持相对稳定的胶体悬浮状态。

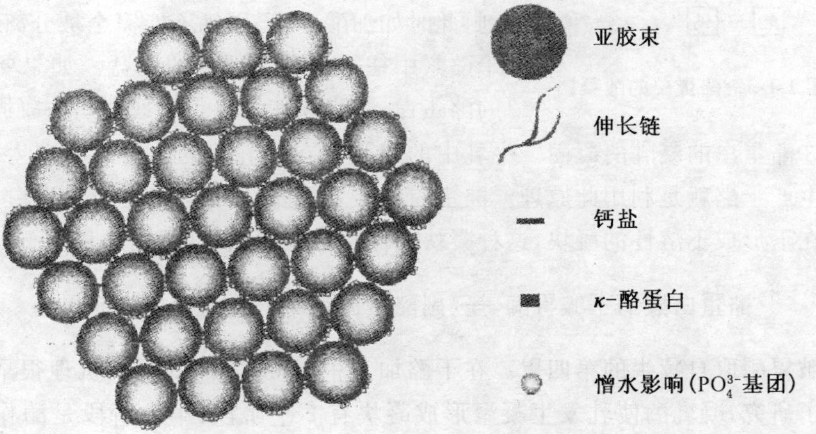

图 1-1-2　酪蛋白胶束的结构及其稳定性

②酪蛋白的酸沉淀。酪蛋白胶粒对 pH 值的变化很敏感。当脱脂乳的 pH 值降低时，酪蛋白胶粒中的钙与磷酸盐就逐渐游离出来。当 pH 值达到酪蛋白的等电点 4.6 时，就会形成酪蛋白沉淀。正常情况下，在等电点沉淀的酪蛋白不含钙。但在酪蛋白稳定性受到影响时，在 pH 值 5.2～5.3 时就发生沉淀。这种酪蛋白沉淀中含有钙，对于制造无灰干酪素等产品极为不利，必须反复进行繁杂的洗涤处理。

为使酪蛋白沉淀，工业上一般使用盐酸。同理，如果由于乳中的微生物作用，使乳中的乳糖转化分解为乳酸，从而使 pH 值降至酪蛋白的等电点时，同样会发生酪蛋白的酸沉淀，这就是牛乳的自然酸败现象。酪蛋白的酸凝固过程以盐酸为例，可表示为：

$$酪蛋白酸钙[Ca_3(PO_4)_2]+2HCl \longrightarrow 酪蛋白\downarrow+2Ca(H_2PO_4)+CaCl_2$$

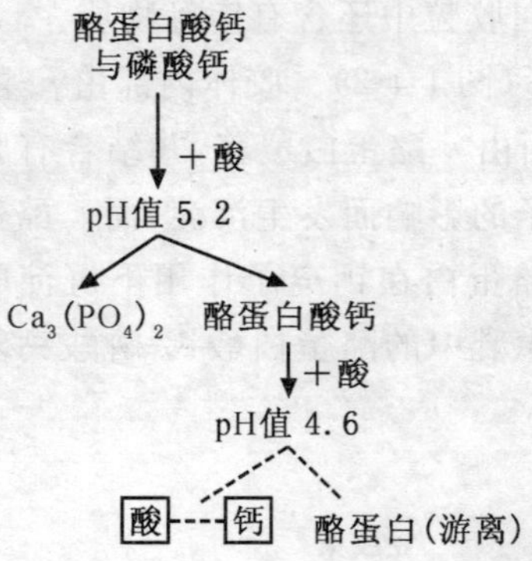

图 1-1-3　酪蛋白的酸凝固

由于加酸程度不同，酪蛋白酸钙-磷酸钙复合体中钙被酸取代的情况也有差异。当牛乳中加酸后 pH 值达 5.2 时，磷酸钙现行分离，酪蛋白开始沉淀，继续加酸使 pH 值达到 4.6 时，钙又从酪蛋白钙中分离，游离的酪蛋白完全沉淀，如图 1-1-3 所示。在加酸凝固时，酸只和酪蛋白酸钙-磷酸钙作用，所以除了酪蛋白外，白蛋白、球蛋白都不起作用。在制造工业用干酪素时，往往用盐酸作凝固剂，此时如加酸不足，则钙不能完全被分离，于是在干酪素中往往包含一部分的钙盐。如果要获得纯的酪蛋白，就必须在等电点下使酪蛋白凝固。

③酪蛋白的凝乳酶凝固。牛乳中的酪蛋白在凝乳酶的作用下会产生凝固，工业上生产干酪就是利用此原理。酪蛋白在凝乳酶的作用下变为副酪蛋白，在钙离子存在下形成不溶性的凝块，这种凝块叫做副酪蛋白钙，其凝固过程如下：

$$酪蛋白酸钙+皱胃酶 \longrightarrow 副酪蛋白钙\downarrow+乳清蛋白+皱胃酶$$

皱胃酶取自犊牛的第四胃。在干酪加工中，对凝乳酶的凝乳机理很早就有人进行了研究，凝乳酶使乳发生凝聚形成凝块有 2 个阶段：第一阶段是酶作用的阶段，即凝乳酶作用于 κ-酪蛋白分子的苯丙氨酸^{105}-蛋氨酸^{106}之间的肽键，生成副 κ-酪蛋白和可溶性糖巨肽，使酪蛋白胶束成亚稳态。这一阶段的特征是在 12%三氯乙酸(TCA)中可溶性含氮成分增加，其反应的温度系数为 2。第二阶段是酶改变的酪蛋白胶束聚集形成凝胶结构，这一阶段需要有 Ca^{2+} 参与，反应的温度系数为 10～12。

除皱胃酶外，很多蛋白酶也具有凝乳作用。由于皱胃酶取得的成本高及目前肉牛的生产实际等原因，开发、研制皱胃酶的代用酶越来越受到普遍重视。代用酶按其来源可分为动物性凝乳酶、植物性凝乳酶、微生物凝乳酶及遗传工程凝乳酶等。目前国际市场上应用于工业生产最多的是微生物凝乳酶。

微生物凝乳酶可有霉菌、细菌、担子菌 3 种来源。主要在生产中得到应用的是霉菌性凝乳酶，其主要代表是从微小毛霉菌中分离出的凝乳酶，其相对分子质量为

29 800,凝乳的最适温度为56℃,蛋白分解力比皱胃酶强,但比其他的蛋白分解酶蛋白分解力弱,对牛乳凝固作用强。微生物来源的凝乳酶生产干酪时的缺陷主要是在凝乳作用强的同时,蛋白分解力比皱胃酶高,干酪的得率较皱胃酶生产的干酪低,成熟后产生苦味。另外,微生物凝乳酶的耐热性高,给乳清的利用带来不便。

由于皱胃酶的各种代用酶在干酪的实际生产中表现出某些缺陷,迫使人们利用新的技术和途径来寻求犊牛以外的皱胃酶来源。利用遗传工程技术,将控制犊牛皱胃酶合成的DNA分离出来,导入微生物细胞内,利用微生物来合成皱胃酶获得成功,并得到美国食品医药局(FDA)的认定和批准(1990年3月)。

④盐类及离子对酪蛋白稳定性的影响。乳中的酪蛋白酸钙-磷酸钙胶粒,容易在氯化钠或硫酸铵等盐类饱和溶液或半饱和溶液中形成沉淀,这种沉淀是由于电荷的抵消与粒子脱水而产生的。

酪蛋白酸钙-磷酸钙粒子,对于其体系内二价的阳离子含量的变化很敏感。钙或镁离子能与酪蛋白结合,而使粒子形成凝集作用。故钙离子与镁离子的浓度影响着胶粒的稳定性。钙和磷的含量直接影响乳汁中酪蛋白微粒的大小,也就是大的微粒要比小的微粒含有较多量钙和磷的原因。由于乳汁中的钙和磷呈平衡状态存在,所以鲜乳中的酪蛋白微粒具有一定的稳定性。当向乳中加入氯化钙时,则会破坏平衡状态,因此在加热时使酪蛋白发生凝固现象。试验证明,在90℃时加入0.12%~0.15%的$CaCl_2$即可使乳凝固。$CaCl_2$除了使酪蛋白凝固外,也能使乳清蛋白凝固。

利用氯化钙凝固乳时,如加热到95℃时,则乳汁中蛋白质总含量97%可以被利用。而此时加入氯化钙的量以每升乳加1.00~1.25 g为宜。采用钙凝固,乳蛋白质的利用程度几乎要比酸凝固法高5%,比皱胃酶凝固法高10%以上。乳汁在加热时,氯化钙的作用不仅能够使酪蛋白完全分离,而且也能够使乳清蛋白等分离。在这方面利用氯化钙沉淀乳蛋白质,要比其他沉淀法有较显著的优点。

此外,利用氯化钙沉淀所得到的蛋白质,一般都含有大量的钙和磷。所以钙凝固法,不论在脱脂乳蛋白质的综合利用方面,还是在有价值的矿物质(钙和磷)的利用方面,都比目前生产食用酪蛋白所采用的酸凝固法和皱胃酶凝固法优越得多。

(2)乳清蛋白　牛乳除去酪蛋白后所剩下的液体称为乳清。乳清中存在的蛋白质称乳清蛋白,占乳蛋白的18%~20%,可分为热稳定和热不稳定的乳蛋白2类。乳清蛋白都不含有磷,而且溶于水。

①热不稳定的乳清蛋白。调节乳清pH值在4.6~4.7时,煮沸20 min,发生沉淀的一类蛋白质为热不稳定的乳清蛋白,占乳清蛋白的81%,包括乳白蛋白和乳球蛋白2种。

乳白蛋白是指中性乳清中，加饱和硫酸铵或饱和硫酸镁盐析时，呈溶解状态而不析出的蛋白质，约占乳清蛋白的68%。乳白蛋白又分为α-乳白蛋白、β-乳球蛋白、血清白蛋白。β-乳球蛋白过去一直被认为是白蛋白，实际上是一种球蛋白。所以，乳白蛋白中最主要的是α-乳白蛋白。乳白蛋白几乎不含磷，而富含硫，在常温下不能用酸凝固，但在弱酸性时加温即能凝固。加热到72℃以上开始变性，加热到85℃，保温10 min则完全凝固。

乳球蛋白是指中性乳清中，加饱和硫酸铵或饱和硫酸镁盐析时，能够析出而不呈溶解状态的蛋白质，约占乳清蛋白的13%。乳球蛋白又分为真球蛋白和假球蛋白。在酸性条件下，加热至75℃时完全凝固。乳球蛋白具有抗原作用，故又称免疫球蛋白。初乳中的免疫球蛋白含量比常乳高。

②热稳定的乳清蛋白。主要是蛋白际、蛋白胨，约占乳清蛋白的19%。新鲜脱脂乳加热至96～100℃时，20～30 min使乳清蛋白变性，调整pH值为4.6，将沉淀的酪蛋白和变性的乳清蛋白除去，澄清液进行渗析并冷冻升华干燥，即可得到蛋白际、蛋白胨。

乳清蛋白因其氨基酸含量平衡，是一种营养价值较高的食品配料。随着新技术的不断开发，具有多项功能的乳清浓缩蛋白和乳清分离蛋白已经成为普及使用的功能性食品配料，可以用于软饮料、色拉调味剂、低热量人造奶油、碎肉制品的生产，还可用于婴儿配方乳粉、婴幼儿食品、老年人食品、健康食品、特殊营养食品的生产，起到提高营养价值、改善组织和风味等作用。

此外，乳清中还有一些脂肪球膜蛋白，是吸附于脂肪球膜表面的蛋白质与酶的混合物，与任何一种乳蛋白的性质都不相同，但与乳清蛋白有所类似，包括脂蛋白、碱性磷酸酶和黄嘌呤氧化酶。这些蛋白可用洗涤或搅拌稀奶油的方法将其分离出来。

(3)非蛋白含氮物　牛乳的含氮物除蛋白质外，还有非蛋白态的氮化物，约占总氮的5%，其中包括氨基酸、尿素、尿酸、肌酸、肌酐和嘌呤碱等。这些含氮物是活体蛋白质代谢的产物，从乳腺细胞进入乳中。

4. 乳糖　乳糖是哺乳动物乳汁特有的糖类。牛乳中含有3.6%～5.5%的乳糖，全部呈溶解状态，是乳中最稳定的一种组分。乳糖是1分子*D*-葡萄糖与1分子*D*-半乳糖以β-1,4键结合的双糖。乳糖甜味比蔗糖弱，其甜度约为蔗糖的1/6～1/5，乳中的甜味就来自乳糖。乳糖水解后生成葡萄糖和半乳糖，其甜度比原来提高约4倍。

乳糖在人体胃中不被消化吸收，可直达肠道并被肠道内的乳糖酶分解成葡萄糖和半乳糖，从而实现吸收。婴儿的肠液中通常都含有乳糖酶，可分解利用乳糖。

但是，一部分人随着年龄的增长，消化道内缺乏乳糖酶，不能分解和吸收乳糖，饮用牛乳后会出现呕吐、腹胀、腹泻等不适应症，称为乳糖不耐症。在乳品加工中，常利用乳糖酶将乳糖分解成葡萄糖和半乳糖，或利用乳酸菌将乳糖转化为乳酸，以预防乳糖不耐症的发生。

乳糖分子的羰基与酪蛋白的氨基能够发生美拉德反应，在高温下褐变。

乳糖极易被落入乳中的乳酸菌分解生成乳酸，当乳酸量使 pH 值达到 4.6 时，会发生酪蛋白的酸沉淀，这就是牛乳的自然酸败现象。当乳发生酸败时，理化性质发生改变，失去加工乳粉、炼乳等乳品的价值，故鲜乳必须及时冷却处理。

乳中除了乳糖外，还含有少量其他碳水化合物。例如，在常乳中含有极少量的葡萄糖、半乳糖。另外，还含有微量的果糖、低聚糖、己糖胺等。

5. 无机盐类　牛乳中无机盐含量为 0.6%～0.9%，主要有钾、钠、钙、镁、磷、硫、铁等，此外还有一些微量元素如碘、铜、锰、锌等。人体必需的 22 种无机物在牛乳中都存在，其含量随泌乳期及个体健康状态等因素而异。

乳中的矿物质大部分以无机盐或有机盐形式存在。钾、钠大部分是以氯化物、磷酸盐及柠檬盐等可溶状态存在；钙、镁除少部分呈可溶性存在外，大部分与酪蛋白、磷酸及柠檬酸结合呈胶体状态存在。磷是磷蛋白、磷脂及有机酸酯的成分。

6. 维生素　乳中维生素种类很多，含量极微，但在营养上具有重要的意义。牛乳中的维生素可分为脂溶性与水溶性 2 类。

乳中维生素含量受品种、个体、泌乳期、畜龄、饲料、季节等因素影响而变化。乳在杀菌过程中，除维生素 A、维生素 D、维生素 B_2 等外，其他维生素都不同程度遭到破坏，一般损失 10%～20%，灭菌处理往往损失达 50%以上。经过杀菌处理的乳，B 族维生素虽然被破坏，但仍比人乳中含量高许多，而维生素 C 含量明显不足。所以，用牛乳哺育婴儿时，应补充维生素 C，或者补充富含维生素 C 的果汁类食品。

维生素 B_1 及维生素 C 在日光照射下会遭到破坏，故用褐色避光容器包装乳与乳制品，避免日光直射，以减少维生素的损失。

7. 酶类　乳中存在多种酶类，其来源有 3 条途径，即乳腺分泌、挤乳后由于微生物代谢生成和由于白细胞崩解而生成。但是，大多数酶类对乳自身并无作用和功能，与乳品生产有密切关系的主要为水解酶类和氧化还原酶类。水解酶类主要包括磷酸酶、脂酶、蛋白酶；氧化还原酶类主要包括过氧化物酶、过氧化氢酶、还原酶等。

8. 气体　牛乳刚挤出时，100 mL 乳中大约含有 7 mL 的气体，以二氧化碳最多，氮次之，氧最少。牛乳用表面冷却器（冷排）处理后，可除去乳中不愉快的气味

(多从牛体及牛舍空气中吸收)而使味道变好。同时,空气中的氧气和氮气溶入含量增加,而二氧化碳由于溢出而减少,导致可溶性碳酸减低,即乳的酸度降低。因此,在测定乳的相对密度和酸度时,要求乳样放置一定时间,待气体达到平衡后再测定。此外,牛乳中氧的存在会导致维生素的氧化和脂肪的变质,故牛乳运输、储存过程应该尽量在密闭的容器内进行。

9. 其他成分　乳中除含上述各主要物质外,尚有少量的有机酸、色素、免疫体、细胞、风味成分及激素。

乳中柠檬酸的含量仅为 0.07%～0.4%,以盐类状态存在。除了酪蛋白胶粒成分中的柠檬酸盐外,还存在有分子、离子状态的柠檬酸盐,主要为柠檬酸钙。柠檬酸对乳的盐类平衡及乳在加热、冷冻过程中的稳定性起着重要作用。同时,柠檬酸还是乳制品芳香成分丁二酮的前体。

乳中所含有的细胞成分主要是白细胞和一些乳房分泌组织的上皮细胞,也有少量红细胞。牛乳中的细胞含量的多少是衡量乳房健康状况及牛乳卫生质量的标志之一,一般正常牛乳中细胞数不超过 50 万个/mL。

第二节　乳的主要物理性质

乳的物理性质在辨别鲜乳的质量、乳加工中所产生的变化方面具有重要意义。

一、色泽与折射率

新鲜的牛乳呈青白色、白色或稍带黄色。颜色来源取决于乳的成分,白色是由脂肪球、酪蛋白酸钙-磷酸钙等微粒对光的不规则反射所产生,白色以外的颜色是由核黄素、叶黄素和胡萝卜素等构成。牛乳中脂溶性胡萝卜素和叶黄素使乳略带微黄色,而水溶性核黄素(维生素 B_2)使乳清呈荧光性黄绿色。水牛乳和山羊乳、绵羊乳中,由于动物肝脏可以将饲料中胡萝卜素转换为维生素 A,故乳呈白色。

牛乳的折射率比水的折射率大,这是因为乳中含有多种固体物质,其中主要受非脂乳固体(*SNF*)的影响。通常乳的折射率(n_D^{20})为 1.347～1.351。初乳的折射率(约为 1.372)较常乳高,此后随着泌乳期的延续而逐渐降低。

由于脂肪球的不规则反射,全乳的折射率不易正确测定。由脱脂乳测得的折射率比较准确,折射率为 1.344～1.38。此值与乳固体的含量有比例关系,由此可判断牛乳是否掺水。乳清的折射率决定于乳中的乳糖含量,即乳糖含量越高,折射率越大。整个泌乳期间乳清折射率差异不大,因此,可根据折射率来确定乳的正常状态及乳糖的含量。但此时所用的乳清事先用氯化钙将蛋白质除去,以免结果出现误差。乳的折射率也受牛品种、泌乳期、饲料及疾病等因素的影响而变化。

二、滋味与气味

牛乳因含有挥发性脂肪酸及其他挥发性物质(如丙酮酸、甲醛、乙醛类、二甲硫醚)而带有特殊的香味。这种香味随温度的高低而异,即加热后香味强烈,冷却后减弱。牛乳易吸收外界的各种气味,如乳在牛舍中放置时间太久即带有牛粪味或饲料味,与鱼虾类放在一起时则带有鱼腥味,接近葱、蒜时带有葱蒜味。乳在日光下暴晒时带油酸味,储存容器不良时则产生金属味,消毒温度过高则产生焦糖味。总之,乳的气味易受外界因素影响,每一个处理过程都必须注意周围环境的清洁以及各种因素的影响。

新鲜纯净的乳稍带甜味,这是由于乳中含有乳糖的缘故。乳中除甜味之外,因其中含有氯离子而稍带咸味。常乳中的咸味因受乳糖、脂肪、蛋白质等所调和不易觉察。而异常乳如乳房炎乳,因氯的含量较高,故有浓厚的咸味。乳中的苦味来自Mg^{2+}、Ca^{2+},而酸味则由柠檬酸和磷酸产生。

三、酸度

刚挤出的鲜乳的酸度称为固有酸度或自然酸度,主要由乳中的蛋白质、磷酸盐、柠檬酸盐及二氧化碳等酸性物质决定。牛乳在存放过程中,由于微生物分解乳糖产生乳酸导致酸度升高,这种因发酵产酸而升高的酸度称为发酵酸度或发生酸度。自然酸度和发酵酸度之和称为总酸度。通常我们所说的酸度就是指总酸度而言。乳的总酸度越高,对热的稳定性越低,这种现象在乳品加工方面很重要。

乳品工业中俗称的酸度是用标准碱液以滴定法测定的滴定酸度。我国《乳、乳制品及其检验方法》中规定酸度试验以滴定酸度为标准。滴定酸度有多种测定方法和表示形式。我国滴定酸度用吉尔涅尔度简称“°T”或乳酸百分率(乳酸%)来表示。

1. *吉尔涅尔度(°T)*　取 10 mL 牛乳,用 20 mL 蒸馏水稀释,加入 0.5%的酚酞指示剂 0.5 mL,以 0.1 mol/L NaOH 溶液滴定,所消耗的 NaOH 毫升数乘以 10,即为中和 100 mL 牛乳所需的 0.1 mol/L NaOH 毫升数,消耗 1 mL 为 1°T,简称 1 度。

正常牛乳的酸度为 16～18°T,其中 3～4°T 来自蛋白质,10～12°T 来自磷酸盐和柠檬酸盐,1～2°T 来自 CO_2。

2. *乳酸度*　用乳酸度来表示乳的酸度时,按上述方法测定后用下列公式计算:

$$乳酸度 = \frac{0.1\ mol/L\ NaOH\ 毫升数 \times 0.009}{供试牛乳重量(毫升 \times 比重)} \times 100\%$$

正常牛乳的酸度为0.15%～0.18%，其中0.05%～0.08%来自蛋白质，0.06%～0.08%来自磷酸盐和柠檬酸盐，0.01%～0.02%来自CO_2。

3. 活性酸度 以上讨论的是乳的滴定酸度。若从酸的定义出发，酸度可用氢离子浓度指数(pH值)来表示。正常新鲜的牛乳pH值为6.5～6.7，一般酸败乳或初乳在6.4以下，乳房炎乳或低酸度乳在6.8以上。

滴定酸度可以及时反映出乳酸产生的程度，而pH值由于在复杂的胶体体系中受缓冲体系的影响，则不呈现规律性的关系。因此生产中广泛地采用滴定酸度来判断乳的新鲜度。

四、相对密度与比重

乳的相对密度指乳在20℃时的质量与同容积水在4℃时的质量之比(即D_4^{20})，乳的比重指乳在15℃时的质量与同容积同温度水的质量之比(即d_{15}^{15})。

正常乳的相对密度为1.028～1.033，平均值为1.030，而平均比重为1.032。乳的比重和相对密度在同温度下其绝对值相差0.001 9，乳品生产中常以0.002的差数进行换算。

乳中的无脂干物质(蛋白质、乳糖、盐类等)比水重，因此无脂干物质越多则相对密度越高。初乳的相对密度为1.038～1.040，就是因为无脂干物质多的缘故。乳中脂肪比水轻，因此脂肪增多时相对密度也就降低。

乳中加水时相对密度也降低，每加10%的水，相对密度约降低0.003。乳的相对密度也随温度而变化，在10～25℃范围内，温度每变化1℃，相对密度相差0.000 2。

乳的相对密度在挤乳后1 h内最低，其后逐渐上升，最后大约升高0.001。这是由于气体逸出、蛋白质的水合作用和部分液体脂肪变为凝固状态，容积发生变化的结果，故不宜在挤乳后立即测试比重。

将乳干燥至恒重时所得的残余物叫乳固体或干物质，占11%～14%。乳的比重与乳的干物质含量有关。由于乳中各种成分的含量大体是稳定的，其中乳脂肪变化较大。若脂肪含量已知，只要测定比重，就可以按下式估算出干物质的含量：

$$T = 1.2F + 0.25L + C$$

式中：T为乳固体(%)；F为脂肪(%)；L为牛乳比重计的读数；C为校正系数，通常取0.14。

为了使估算结果与当地乳质相适应，C值需要经过大量试验资料确定。

除了上述物理性质外，还有乳的黏度与表面张力、比热、冰点、沸点等，在此不一一赘述。

第三节　热处理对乳质量的影响

预热、杀菌、灭菌、保温、浓缩及干燥等热处理是乳制品生产中的重要环节。牛乳是一种热敏性物质，热处理对牛乳的性质、乳制品质量有重要影响。

一、一般性变化

1. *形成薄膜*　牛乳在40℃以上加热时，液面会形成薄膜，这是由于液面不断蒸发水分，导致液面胶体蛋白浓缩而形成薄膜。这种薄膜含有70%以上的脂肪和20%～25%的蛋白质。薄膜随着加热时间的延长和温度的提高会逐渐加厚。为了防止薄膜的形成，在加热时应不断搅拌或减少水分从液面蒸发。

2. *褐变反应*　加热过程中，乳起初变得稍微白一些。随着加热强度的增加，颜色变为棕色（即褐变）。褐变的原因与下面因素有关：具有氨基的化合物（主要为酪蛋白）和具有羰基的糖（如乳糖）产生美拉德反应而形成棕色物质；其次乳糖经高温加热产生焦糖化也形成棕色物质。除此以外，牛乳中所含微量的尿素也认为是棕色反应的重要原因。

通常，温度和酸度越高棕色化越严重，糖的还原力越强（如葡萄糖、转化糖）棕色化也越严重。例如，在生产甜炼乳时，使用含转化糖高的砂糖或混用葡萄糖时则产生严重的棕色化。为了抑制棕色化反应，添加0.01%左右的游离胱氨酸具有一定的缓和效果。

3. *蒸煮味*　乳经74℃ 15 min加热后则产生明显的蒸煮味。这是由于β-乳球蛋白和脂肪球膜蛋白出现二硫键（—S—S—）的裂解，同时产生游离的巯基（—SH），甚至产生挥发性的硫化物和硫化氢（H_2S）。蒸煮味的程度随加工处理的程度和温度升高而增强。

4. *形成乳石*　牛乳在高温加热或煮沸时，在与牛乳接触的加热面上，常出现一层结焦物称为乳石。一般来说，加热容器表面光滑不易结乳石，粗糙表面易结乳石，如管道转弯处、弯头处等；加热温度过高或凉奶加到热锅中，都易出现乳石；乳在加热过程的流动性好、受热均匀则不易形成乳石。

二、成分变化

乳受热所发生的变化与蛋白质的热变性有关。加热时酪蛋白比较稳定，而乳清蛋白一般多不稳定，易发生热变性。

1.酪蛋白　酪蛋白在低于100℃的温度加热时，化学性质不受影响，但物理性质却有明显的变化。在100℃长时间加热或在120℃加热时，与具有还原性的乳糖作用生成棕色物质，即产生褐变。140℃加热时由于酪蛋白胶束聚集，最终会导致凝固。

牛乳经63℃加热后，加酸生成的凝块比生乳凝块小且柔软；用皱胃酶凝固时，随着加热温度的提高凝固的时间延长，凝块随之变得柔软。如用100℃处理，则更为显著。

2.乳清蛋白　占乳清蛋白大部分的白蛋白和球蛋白对热都不稳定。乳以62～63℃ 30 min杀菌时，开始产生凝固现象。例如，以61.7℃ 30 min杀菌处理后，约有9%的白蛋白和5%的球蛋白产生凝固。加热使乳中白蛋白和球蛋白完全凝固的条件为：80℃ 60 min，90℃ 30 min，95℃ 10～15 min，100℃ 10 min。前面已经提到，牛乳用80℃左右的温度加热处理所产生的蒸煮味，就是主要来自乳清蛋白的热变性。

3.乳糖　在100℃短时间加热，乳糖的化学性质基本没有变化。在100℃以上长时间加热，则产生乳酸、醋酸、蚁酸等，离子平衡显著变化，同时产生棕色化，并产生焦味。例如，生乳加热至80℃后，其酸度从16.3°T降至14.5°T，再加热至100℃时酸度升至15°T，加热到120℃酸度变为18.5°T。最初的酸度下降是由于乳中CO_2的挥发，而后酸度升高是由于乳糖分解产生许多有机酸的缘故。

4.脂肪　在100℃以上的温度加热，乳脂肪也不起化学变化。但是由于部分球蛋白上浮，促使脂肪球间形成凝聚体。乳脂肪上浮趋势降低，稀奶油就不易分离。牛乳经62～63℃ 30 min加热并立即冷却就不会产生这种现象。新鲜乳在杀菌条件下，牛乳中的游离脂肪含量损失13%～27%。

5.无机成分　牛乳加热时，无机成分中的钙与磷受影响最大。加热至63℃以上时，可溶性的钙与磷即行减少，这是由于可溶性的钙和磷形成不溶性的磷酸钙而沉淀所致，即钙与磷的胶体性质发生了变化，并出现所谓的粉笔味。例如，在68～83℃加热时，减少了0.4%～9.8%的可溶性钙和0.8%～9.5%的可溶性磷。此外，由于乳清蛋白变性，不溶性的钙盐及其他某些成分同时沉积于巴氏杀菌器和浓缩器的表面上，经过多次受热后形成乳石。

6.酶　热处理会造成酶的活性丧失。脂酶在80～85℃的高温短时间或超高温处理时失活；碱性磷酸酶经62.8℃ 30 min，或72℃ 15 s失活；过氧化氢酶经75℃ 20 min加热可完全钝化；过氧化物酶在70℃ 150 min，75℃ 25 min，或80℃ 2.5 s钝化。

7. 维生素　不同的杀菌方法使乳中维生素的损失也是不同的。例如，维生素 B_{12}、维生素 C、维生素 B_1 和叶酸在加热处理中会受到损失，而维生素 B_6 在一般加热处理中不会受到很大的损失。

第四节　其他动物乳

在乳及乳品加工方面，除了利用牛乳外，有很多地方也利用山羊乳、水牛乳、马乳、牦牛乳、绵羊乳作为乳制品的原料。其化学成分见表 1-1-2。

表 1-1-2　各种家畜乳及人乳的平均化学组成

名称	干物质/%	脂肪/%	蛋白质/%	酪蛋白/%	乳糖/%	矿物质/%	相对密度
山羊乳	13.90	1.40	4.10	3.30	4.40	0.80	1.031
马乳	10.50	1.60	1.90	1.30	6.40	0.34	1.032
水牛乳	18.59	7.47	7.10	5.61	4.15	0.84	1.031
牦牛乳	18.40	7.80	5.00	—	5.00	—	—
绵羊乳	18.50	7.20	5.70	4.30	—	0.90	1.034
人乳	13.50	4.50	1.00	0.80	6.30	0.25	1.031

一、山羊乳

山羊乳纯白色，具有特殊气味，按照其成分与价值而论，接近牛乳。山羊乳在一个泌乳期中，平均产乳 100～160 kg。饲养条件良好时，山羊的产量可达到 700～800 kg，甚至高达 1 700 kg。

山羊乳的主要特点为：干物质含量比牛乳高，脂肪球比较小（牛乳脂肪球平均直径为 3 μm，山羊乳为 2 μm），蛋白质的凝块比较软（凝块硬度，牛乳 50～60 g，山羊乳 20～40 g），容易消化吸收。通常牛乳全部消化需要 60 h，而山羊乳只需要 24 h。此外，山羊乳中维生素 A 含量丰富，但几乎不含胡萝卜素。因此，山羊乳制成的奶油颜色浅，冬季为白色。生产其他产品时，除略带膻味外，其余性质与牛乳相近似。

二、马乳

蒙古马年产乳 700 kg。马乳的成分最接近人乳，因此哈萨克族和蒙古族都喜欢饮用马乳。此外，马乳的乳糖含量很高（6%～8%），利用微生物发酵马奶酒，为民族乳制品中的著名产品之一。

马乳外观比较稀薄，带青白色而有甜味。由于脂肪球微细，稀奶油不易上浮。几乎呈碱性反应，pH 值在 6.83～7.42 之间，平均为 7.22，酪蛋白的等电点为 4.3～4.45。

三、水牛乳

水牛在良好的饲养条件下，一个泌乳期平均产乳量 1 200～1 500 kg。乳脂率 8.7%，脂肪球大小为 3.5～7.5 μm，其脂肪常数接近乳牛。因此，水牛乳制成的奶油除缺乏色素外，具有与牛乳相同的特性。水牛乳夏季和冬季的奶油都呈白色。

水牛乳中的微量元素如钴、铜、锌、铁等含量比牛乳高 1 倍。因此，水牛乳具有很高的营养价值。世界各国水牛乳产量以印度最多。我国南方产水牛，北方产黄牛。南方产水牛地区可以利用水牛乳加工成乳粉、炼乳和奶油等，利用北方的乳大量生产奶油，将脱脂乳制成乳粉运送到南方，还原成脱脂乳后与水牛乳混合使用，以调节鲜乳供应，这样可以作为我国乳业发展的一项措施。

四、绵羊乳

绵羊的产乳量随品种、季节、饲养条件等而异同。平均一个泌乳期能产乳 100～150 kg，而乳用绵羊最高年产乳量可达到 700 kg。

绵羊乳为乳白色，有特殊的气味，含有比山羊乳更高的脂肪和蛋白，稀奶油的分离比较困难，用酪蛋白凝固时，需要较多的皱胃酶。山羊乳呈两性反应，但碱性较强，平均 pH 值为 6.41。

第五节 异 常 乳

当乳牛受到生理、病理、饲养管理及其他因素的影响，乳的成分和性质发生变化，与常乳的性质有所不同，也不适于加工优质的乳产品，这种乳称为异常乳。

异常乳大致可分为生理异常乳、化学异常乳、微生物污染乳和病理异常乳。

一、生理异常乳

1. 营养不良乳　饲料不足、营养不良的乳牛所产的乳，对皱胃酶几乎不凝固，这种乳不能制造干酪。当喂以充足的饲料，加强营养之后，牛乳即可恢复正常，对皱胃酶即可凝固。

2. 初乳　初乳是母牛产犊后 7 d 内所分泌的乳，特别是 3 d 之内，初乳特征更为显著。初乳呈黄褐色，有异臭，味苦，黏度大。脂肪、蛋白质特别是乳清蛋白含量高，乳糖含量低，灰分高，特别是钠和氯含量高。初乳中含铁量为常乳的3～5倍，铜含量约为常乳的6倍。维生素A、维生素D、维生素E含量较常乳多，水溶性维生素含量也较常乳高。例如，维生素B_2在初乳中较常乳中高出3～4倍，尼克酸在初乳中含量也较常乳高。初乳中含有初乳球，可能是剥脱的上皮细胞，也可能是白细胞吸附于脂肪球处而形成，且在产犊后2～3周消失。初乳中还含有大量的抗体。

由于初乳的成分与常乳显著不同，物理性质也与常乳差别很大，故不适于做大规模乳制品生产用的原料乳，但可用于功能性乳制品的加工。我国轻工业部颁布标准规定产犊后7 d内的初乳不得使用。

3. 末乳　末乳为泌乳期结束前15 d所分泌的乳，其成分除脂肪外均较常乳高，有苦而微咸的味道，细菌和脂酶增多，常有油脂氧化味。一般指母牛产犊8个月以后泌乳量显著减少，1 d的泌乳量在0.5 kg以下者，化学成分显著异常。当1 d的泌乳量在2.5～3.0 kg以下时乳中细菌数及过氧化氢酶含量增加，酸度降低。泌乳末期乳细菌数可达250万个/mL，氯离子浓度为0.16%左右。末乳成分波动大，风味差，不适于作为乳制品的原料乳。

二、化学异常乳

1. 酒精阳性乳　用68%或70%的中性酒精进行检验原料乳时，凡产生絮状凝块的乳称为酒精阳性乳，酒精阳性乳有下列几种：

(1)高酸度酒精阳性乳　一般酸度在24°T以上的乳，酒精实验均为阳性，其原因是鲜乳中微生物繁殖使酸度升高。因此，要注意挤乳时的卫生并将挤出的鲜乳保存在适当的温度条件下，以免微生物污染。

(2)低酸度酒精阳性乳　部分鲜乳虽然酸度低(16°T以下)，但酒精实验也呈阳性，其原因是由于营养代谢障碍、气候剧变、饲养管理不当等因素引起与酪蛋白结合的钙变成离子性钙，柠檬酸合成减退，游离性磷减少，造成盐类平衡或胶体系统的不稳定。低酸度酒精阳性乳在煮沸试验不产生凝固现象。

低酸度酒精阳性乳与正常乳在100℃以下加热，二者没有明显的区别，但温度达到130℃以上时，酒精阳性乳易发生凝固。所以用片式杀菌器杀菌时在金属片上易产生乳石，乳粉喷雾干燥时可能影响溶解度。

(3)冷冻乳　冬季因受气候和运输的影响，鲜乳产生冻结现象，此时乳的乳化体系被破坏，部分酪蛋白变性，同时酸度相应升高，产生酒精阳性乳。但这种酒精阳性乳的耐热性要比因其他原因而产生的酒精性乳高，且解冻时易发生氧化臭味。

2. 低成分乳　乳固体含量明显低于常乳，主要受乳牛品种、饲养管理和营养配比等多方面影响。优良的乳牛结合合理的饲养管理及清洁卫生的条件和合理的挤乳、收纳、储存，才能获得成分含量高和优质的原料乳。

3. 混入异物乳　是指乳中混入原来不存在的物质的乳。有人为掺杂的异常乳和因预防治疗、促进发育而使用抗生素和激素等引起的异常乳。此外，还有因饲料和饮水等使农药进入乳中而造成的异常乳。乳中含有防腐剂、抗生素时不能用作加工的原料乳。

4. 风味异常乳　造成牛乳风味异常的因素很多，主要有通过机体转移或从空气中吸收而来的饲料臭，由酶作用而产生的脂肪分解臭，挤乳后从外界污染或吸收的牛体臭或金属臭等。

三、微生物污染乳

微生物污染乳也是异常乳的一种。由于挤乳前后的污染，不及时冷却和器具的洗涤杀菌不完全等原因，使鲜乳被大量微生物污染。因此，乳中的细菌数大幅度增加，以致不能用作加工乳制品的原料，而造成浪费和损失。例如，鲜乳受到乳酸菌产酸凝固，大肠杆菌发酵产生气体，芽孢杆菌产生胨化和碱化，并发生异常风味（腐败味）。此外，低温菌也能够使乳产生胨化和变黏的现象发生，低温菌和串珠菌会引起乳的黏性化和蛋白质的分解现象。

四、病理异常乳

1. 乳房炎乳　由于外伤或者细菌（溶血性链球菌、葡萄球菌、小球菌、芽孢菌、放线菌、大肠杆菌等）感染，使乳房发生炎症，此时乳房分泌的乳成分和性质都发生变化，使乳中乳糖含量低，氯含量增加及球蛋白含量升高，酪蛋白含量下降，且细胞（上皮细胞）数量多，以致无脂干物质含量较常乳少。造成乳房炎的原因主要是乳牛体表和牛舍环境不卫生，挤乳方法不合理，挤乳器具不彻底清洗杀菌等，使乳房炎发病率升高。乳房炎乳能够产生酒精凝固和热凝固现象。

乳房炎乳中的血液蛋白、细菌数、盐类、酸度、导电率等有增加的倾向。常用的参考指标为：氯糖数（氯％/乳糖％）3.5 以上，酪蛋白数（酪蛋白氮％/总氮×100）78 以下，pH 值 6.8 以上，细菌数 50 万个/mL 以上，导电率在 0.06S 以上。

2. 其他病牛乳　主要由患口蹄疫、布氏杆菌病、沙门氏菌、炭疽和结核病等的乳牛所产的乳，乳的质量变化大致与乳房炎乳相类似。另外，患酮体过剩、软骨病、肝机能障碍、繁殖障碍等的乳牛，易分泌低酸度酒精阳性乳。

本章小结

- 乳制品加工的基础知识
  - 概念与化学组成
    - 乳是哺乳动物分娩后，由乳腺分泌出的一种白色或微黄色的复杂胶体体系
    - 化学组成
      - 水分
      - 乳脂类
      - 乳蛋白质
      - 乳糖
      - 无机盐类
      - 维生素
      - 酶类
      - 气体
      - 其他成分
  - 物理性质
    - 色泽与折射率
    - 滋味与气味
    - 酸度
      - 吉尔涅尔度
      - 乳酸度
      - 活性酸度
    - 相对密度与比重
  - 热处理的影响
    - 一般性变化
    - 成分变化
  - 其他动物乳
    - 山羊乳
    - 马乳
    - 水牛乳
    - 绵羊乳
  - 异常乳
    - 生理异常乳
    - 化学异常乳
    - 微生物污染乳
    - 病理异常乳

复习思考题

1. 牛乳的主要化学成分包括哪些？

2. 牛乳中的乳脂肪以何种状态存在？乳脂肪球膜的构造如何影响乳脂肪的稳定性？

3. 牛乳中的酪蛋白以何种状态存在？影响酪蛋白胶粒稳定性的因素有哪些？

4. 牛乳的物理性质有哪些？对鉴定牛乳的品质有何作用？

5. 加热处理对乳性质产生哪些影响？

6. 异常乳有哪些？主要特性是什么？

第二章　原料乳验收与消毒乳生产技术

知识目标

- 了解乳质量评定的内涵。
- 了解鲜乳验收的意义和验收的内容。
- 了解消毒乳的类别。

技能目标

- 掌握原料乳的验收方法。
- 掌握原料乳预处理技术。
- 掌握消毒乳加工技术。

第一节　原料乳质量标准与验收

一、原料乳的质量标准

我国现执行的生鲜牛乳收购的质量标准是 GB 6914—1986，包括感官指标、理化指标及微生物指标。

1. 感官指标　正常牛乳白色或微带黄色，不得含有肉眼可见的异物，不得有红色、绿色或其他异色，不能有苦味、咸味、涩味和饲料味、青贮味、霉味等异味。

2. 理化指标　理化指标见表 1-2-1。

表 1-2-1　鲜乳的理化指标

项目	指标	项目	指标
相对密度(20℃/4℃)	≥1.028(1.028～1.032)	杂质度/(mg/kg)	≤4.0
脂肪/%	≥3.10(2.8～5.0)	汞/(mg/kg)	≤0.01
蛋白质/%	≥2.95	滴滴涕/(mg/kg)	≤0.1
酸度(以乳酸表示)/%	≤0.162	抗生素/(IU/L)	≤0.03

3. 细菌指标　细菌指标有下列两种，均可采用。采用平皿培养法计算细菌总数，或采用美蓝还原褪色法，按美蓝褪色法时间分级指标进行评级。两者只允许用一个，不能重复。细菌指标分为 4 个级别，按表 1-2-2 中细菌总数分级指标进行评级。

表 1-2-2　原料乳的细菌指标

分级	平皿细菌总数分级指标法/(10^4 cfu/mL)	美蓝褪色时间分级指标法
Ⅰ	≤50	≥4 h
Ⅱ	≤100	≥2.5 h
Ⅲ	≤200	≥1.5 h
Ⅳ	≤400	≥40 min

此外,《乳与乳制品卫生管理办法》中还有一些与生鲜牛乳有关的规定。

二、原料乳的验收

原料乳送到加工厂时，须立即进行逐车逐批验收，以便按质核价和分别加工，这是保证产品质量的有效措施。

1. 感官检验　主要是进行嗅觉、味觉、外观、尘埃等的鉴定。正常鲜乳为乳白色或微带黄色，不得含有肉眼可见的异物，不得有红、绿等异色，不能有苦、涩、咸的滋味和饲料、青贮、发霉等异味。

2. 酒精检验　酒精检验是为检查原料乳的热稳定性而广泛使用的一种方法。通过酒精的脱水作用，来判断酪蛋白的稳定性。新鲜牛乳对酒精的作用表现出相对稳定；而不新鲜乳的蛋白胶粒则呈不稳定状态，受到酒精的脱水作用时，则加速其聚沉。此法可检验原料乳的新鲜度和酸度，以及盐酸不平衡乳、初乳、末乳及细菌作用产生凝乳酶的乳和乳房炎乳等。

酒精实验与酒精浓度有关，一般以 72%浓度的中性酒精与原料乳等量混合摇匀，以有凝块出现为标准。正常牛乳的滴定酸度不高于18°T，不会出现凝块。但是，影响乳中蛋白质稳定性的因素较多，如乳中钙盐增高时，在酒精实验中会由于酪蛋白胶粒脱水失去溶剂化层，使钙盐容易和酪蛋白结合，形成酪蛋白酸钙沉淀。

为了合理利用原料乳和保证乳制品的质量，用于制造淡炼乳和超高温灭菌乳的原料乳用75%的酒精实验；用于制造乳粉的原料乳用68%的酒精实验（酸度不得超过20°T）；酸度不超过22°T的原料乳尚可制造奶油，但风味较差；酸度超过22°T的原料乳只能用于制造工业用的干酪素、乳糖等。

3. 滴定酸度 滴定酸度就是用相应的碱中和原料乳中的酸性物质，根据碱的用量确定原料乳的酸度和热稳定性。一般用0.1 mol/L NaOH滴定，计算乳的酸度。该法测定酸度虽然准确，但在现场收购时受到实验室条件限制。

4. 比重 比重是作为评定原料乳成分是否正常的一个指标，但不能只凭这一项来判定，必须再通过脂肪、风味的检验，可判定原料乳是否经过脱脂或加水。

5. 细菌数、体细胞数、抗生物质检验 一般现场收购原料奶不做细菌检验，但在加工以前必须检查细菌总数、体细胞数，以确定原料乳的质量和等级。若是加工发酵制品的原料乳，必须做抗生物质检查。

（1）细菌检查 细菌检查方法很多，有美蓝还原实验、细菌总数测定、直接镜检等方法。

①美蓝还原实验：美蓝还原实验是用来判断原料乳的新鲜程度的一种色素还原实验。新鲜乳加入亚甲基蓝后染为蓝色，若污染大量微生物产生还原酶使颜色逐渐变淡，直至无色，通过测定颜色变化速度，间接地推断出原料乳中的细菌数。

该法除可间接迅速地查明细菌数外，对白细胞及其他细胞的还原作用也敏感。因此，还可检验异常乳（乳房炎乳、初乳或末乳）。

②稀释倾注平板法：平板培养计数是取样稀释后，接种于琼脂培养基上，培养24 h后计数，测定样品的细菌菌落总数。该法测定样品中的活菌数，测定需要时间较长。

菌落总数是指1 g或1 mL食品检样经一定条件下培养后，所含细菌菌落的总数。菌落总数用以判定食品被细菌污染的程度，或观察食品中细菌的性质，以及其在食品中繁殖的动态。

③直接镜检法（费里德氏法）：利用显微镜直接观察确定原料乳中微生物数量的一种方法。取一定量的乳样，在载玻片涂抹一定的面积，经过干燥、染色、镜检观察细菌数，根据显微镜视野面积，推断出鲜乳中的细菌总数，而非活菌数。

直接镜检比平板培养法更能迅速地判断结果，通过观察细菌的形态，推断细菌数增多的原因。

(2)细胞数检验　正常乳中的体细胞，多数来源于上皮组织的单核细胞，若有明显的多核细胞出现，可判断为异常乳。常用的方法有直接镜检法(同细菌检验)、粒子计数器法(考特计数器法等)或加利福尼亚细胞数测定法(GMT 法)。GMT 法是根据细胞表面活性剂的表面张力，细胞在遇到表面活性剂时，会收缩凝固。细胞越多，凝集状态越强，出现的凝集片越多。

(3)抗生物质残留量检验　抗生物质残留量检验是对生产发酵乳制品的原料乳的必检项目。常用的方法有以下几种：

①TTC 实验：若原料乳中有抗生物质的残留，在被检乳样中，接种细菌进行培养，细菌不能增殖，此时加入的指示剂 TTC(2,3,5-氯化三苯基四氮唑)保持原有的无色状态(未经过还原)。反之，若无抗生物质残留，试验菌就会增殖，使 TTC 还原，被检样变成红色。可见，被检样保持鲜乳的颜色，即为阳性，若变成红色，为阴性。

②制片法：将指示菌接种到琼脂培养基上，然后将浸过被检乳样的纸片放入培养基上，进行培养。若被检乳样中有抗生物质残留，会向纸片的四周扩散，阻止指示菌的生长，在纸片的周围形成透明的阻止带，根据阻止带的直径，判断抗生物质的残留量。

6.乳成分的测定　近年来随着分析仪器的发展，乳品检测方法出现了很多高效率的检验仪器。采用光学法来测定乳脂肪、乳蛋白、乳糖及总干物质，并已开发使用各种微波仪器。

(1)微波干燥法测定总干物质(TMS 检验)　通过 2 450 MHz 的微波干燥牛乳，并自动称量、记录乳总干物质的重量，测定速度快，测定准确，便于指导生产。

(2)红外线牛乳全成分分析　通过红外线分析仪，自动测出牛乳中的脂肪、蛋白质、乳糖 3 种成分。其原理为红外线通过牛乳后，牛乳中的脂肪、蛋白质、乳糖的不同浓度，减弱了红外线的波长，通过红外线波长的减弱率反映出 3 种成分的含量。该方法速度快，但设备造价较高。

三、原料乳的过滤与净化

原料乳验收后须经过净化，其目的是除去机械杂质并减少微生物数量。一般采用过滤净化和离心净化的方法。

(一)原料乳的过滤

在奶牛场中挤乳时，乳易被大量粪屑、饲料、垫草、牛毛和蚊蝇所污染，因此挤下的乳必须及时进行过滤。另外，凡是将乳从一个地方送到另一个地方，从一个工序送到另一个工序，或者由一个容器送到另一个容器时，都应进行过滤。

奶牛场常用的过滤方法是纱布过滤。要求每个过滤面过滤不超过 50 kg 乳，纱布用 0.5%的碱液洗涤，并煮沸消毒。乳品厂简单的过滤是在受乳槽上装不锈钢制金属网加多层纱布进行粗滤，进一步的过滤可采用管道过滤器。管道过滤器可设在受乳槽与乳泵之间，与牛乳输送管道连在一起。滤布或滤桶通常在连续过滤5 000～10 000 L 牛乳后，就应更换清洗灭菌。中型乳品厂也可采用双筒牛乳过滤器。一般连续生产都设有两个过滤器交替使用。

使用过滤器时，为加快过滤速度，含脂率在 4%以上时，须把牛乳温度提高到 40℃左右，但不能超过 70℃；含脂率在 4%以下时，应采取 4～15℃的低温过滤，但要降低流速，不易加压过大。正常操作情况下，过滤器进口与出口之间压力差应保持在 6.86×10^{4} Pa(0.7 kg/cm^{2})以内。若压力差过大，易使杂质通过滤层。

(二)原料乳的净化

原料乳经过数次过滤后，虽然除去了大部分杂质，但乳中污染的很多极微小的细菌和机械杂质、白细胞及红细胞等，不能用一般的过滤方法除去，需用离心式净乳机进一步净化。

离心净乳机的构造与奶油分离机相似，同属于高速离心机。但净乳机与分离机相比，净乳机分离栏的转速较低，但其处理能力比分离机大，而且分离碟片(杯盘)的直径较小，碟片上无孔，碟片间距较大，沉渣容积较大，上部没有分配杯盘。

老式分离机操作时须定时停机、拆卸和排渣。新式分离机多能自动排渣。大型乳品厂也采用三用分离机(奶油分离、净乳、标准化)来净乳。三用机应设在粗滤之后，冷却之前。

乳的净化温度最好为 40℃左右。一般以乳刚挤下的自然温度 30℃为宜，这时乳的黏度相对较低，便于分离杂质。但是，乳品厂从收奶站或牧场收购的乳已经冷却，若将乳升温，从经济角度考虑不合算，而且对乳的质量也有一定的影响，多采用低温净化。采用 4～10℃低温净化时，应在原料乳冷却后，送入储乳槽前进行；采用 40℃中温或 60℃高温净化后的乳，最好直接加工。若不能直接加工时，必须迅速冷却到 4～6℃储藏，以保持乳的新鲜度。

四、原料乳的冷却

(一)冷却的作用

刚挤下的乳的温度为 36℃左右，是微生物繁殖最适宜的温度。若不及时冷却，混入乳中的微生物就迅速繁殖，使乳的酸度增高，凝固变质，风味变差。故新挤出的乳经净化后，须迅速冷却到 4℃左右，以抑制乳中微生物的繁殖。冷却对乳中微生物的抑制作用见表 1-2-3。

表 1-2-3 乳的冷却与乳中细菌数的关系 cfu/mL

储存时间	冷却乳	未冷却的乳	储存时间	冷却乳	未冷却的乳
刚挤出的乳	11 500	11 500	12 h 以后	7 800	114 000
3 h 以后	11 500	18 500	24 h 以后	62 000	1 300 000
6 h 以后	8 000	102 000			

由表 1-2-3 看出，未冷却的乳其微生物增加迅速，而冷却乳则增加缓慢，6～12 h微生物还有减少的趋势。这是因为低温和乳中自身抗菌物质——乳烃素（拉克特宁）使细菌的繁育受到抑制。这种物质抗菌特性持续时间的长短与原料乳温度的高低和细菌污染程度有关（表 1-2-4）。

表 1-2-4 乳温与抗菌作用的关系

乳温/℃	抗菌特性作用时间/h	乳温/℃	抗菌特性作用时间/h
37	<2	5	<36
30	<3	0	<48
25	<6	−10	<240
10	<24	−25	<720

从表 1-2-4 中可看出，新挤出的乳迅速冷却到低温可以使抗菌特性保持较长的时间。另外，原料乳污染越严重，抗菌作用时间越短。例如，乳温 10℃时，挤乳时严格执行卫生制度的乳样，其抗菌期是未严格执行卫生制度乳样的 2 倍。因此，挤乳时严格遵守卫生制度，刚挤出的乳迅速冷却，是保证鲜乳较长时间保持新鲜度的必要条件。

若原料乳不在低温下储存，超过抗菌期后，微生物迅速繁殖。如原料乳储存12h，在 13℃下其细菌数增加 2 倍，而夏季未冷却乳菌数骤增了 81 倍，以至使乳变质。及时将乳冷却到 10℃以下，大部分的微生物发育减弱。若在 2～3℃下储存，乳中微生物发育几乎停止。一般不立即加工的原料乳应冷却到 5℃以下。通常可以根据储存时间的长短选择适宜的温度（表 1-2-5）。

表 1-2-5 乳的保存时间与冷却温度的关系

乳的保存时间/h	乳应冷却的温度/℃	乳的保存时间/h	乳应冷却的温度/℃
9～12	10～8	24～36	5～4
12～18	8～6	36～48	2～1
18～24	6～5		

(二)冷却的方法

1. 水池冷却　将装乳桶放在水池中,用冷水或冰水冷却,可使乳温冷却到比冷却水温高 3~4℃。在北方,由于地下水的温度低,夏天用此法冷却,乳温会降到10℃左右;在南方,为使原料乳冷却到较低温度可在水池中放冰块。通常,池中的水为乳量的 4 倍,每隔 3 d 清洗水池 1 次,并用石灰溶液进行消毒。水池冷却的缺点是冷却缓慢,消耗水量多,劳动强度大,不易管理。

2. 板式热交换器冷却　目前,大多数乳品厂都用板式热换器对乳进行冷却。板式热交换器克服了表面冷却器因乳液暴露于空气而容易污染的缺点。同时,因乳以薄膜形式进行热交换,热交换率高,用冷盐水作冷媒时,可使乳温迅速降到4℃左右。

3. 冷却罐及浸没式冷却　这种冷却器可插入储乳槽或奶桶中来冷却乳。浸没式冷却器中带有离心式搅拌器,可调节搅拌速度,并带有自动控制开关,可以定时自动进行搅拌,使牛乳均匀冷却,并防止稀奶油上浮。该方法适合收奶站和较大规模的牧场。

五、原料乳的储存

为了保证工厂连续生产的需要,必须有一定的原料乳储存量。一般工厂总的储乳量应不少于 1 d 的处理量。储存原料乳的设备,要有良好的绝热保温措施,要求储乳经 24 h 温度升高不超过 3℃,并配有适当的搅拌机械,定时搅拌乳液,防止乳脂肪上浮而造成分布不匀。

1. 储乳罐　储乳设备采用不锈钢材并配有不同容量的储乳罐以保证储乳时每一罐能尽量装满。牛乳储罐多装于室内,为立式或卧式,大罐多装于室外,带保温层和防雨层,均为立式。

鲜乳储存中,储乳罐的隔热尤为重要。在有保温层的储乳罐中,在乳温与罐外温差为 16.6℃的情况下,18 h 后乳温的上升必须控制在 1.6℃以下。此外,还规定如在 4.5℃保存时,24 h 内搅拌 20 min,脂肪率的变化在 0.1%以下。

储乳罐外边有绝缘层(保温层)或冷却夹层,以防止储乳罐温度上升。储藏要求保温性能良好,一般乳经过 24 h 储存后,乳温上升不得超过 2~3℃。

2. 储乳罐的使用　储乳罐的总容量应根据各厂每天牛乳总收纳量、收乳时间、运输时间及能力等因素决定。一般储乳罐的总容量应为日收纳总量的 2/3~1,且每只储乳罐的容量应与生产品种的班生产能力相适应。每班的处理量一般相当于两只储乳罐的乳容量,否则将用多只储乳罐,增加了调罐、清洗的工作量,会增加牛乳的损耗。

储乳罐使用前应彻底清洗、杀菌，待冷却后储入牛乳。每罐须放满，并用盖密封。如果装半罐，会加快乳温上升，不利于原料乳的储存。储存期间要开动搅拌机。

六、原料乳的运输

原料乳的运输也是乳品生产上重要的一环。运输不当会造成很大损失，甚至使乳失去加工价值。

目前我国乳源分散的地方，采用乳桶运输；乳源集中的地方，采用乳槽车运输；国外先进地区则采用地下管道运输。

1. 乳桶运输　要求乳桶为表面光滑、无毒、不生锈的铝桶、塑料桶或不锈钢桶。镀锌桶和挂锡桶尽量少用。乳桶的容量为 25 L、40 L 和 50 L 不等。

乳桶必须符合下列要求：足够的强度和韧性，体轻耐用，内壁光滑，肩角小于 45°，空桶倒斜立重心平衡角为 15°～20°。盛乳后斜立重心平衡点夹角 30°，桶内转角呈弧形，便于清洗，颈部两侧提手柄长不得小于 10 cm，与桶盖内侧边缘距离应保持 4 cm。手柄角度要适于搬运；桶盖易开关，且不漏乳。

2. 乳槽车运输　乳槽为不锈钢制成，隔热良好，车后带有离心乳泵，装卸方便。乳槽车的散热面积比乳桶小近 2 倍。在运输过程中，乳温升温慢不易变酸，适于长途运输。乳槽车便于装卸、清洗、管理，减轻劳动强度，乳槽车的奶缸内分数隔，在收奶点还可将乳分级装运。国产乳槽车有 SPB—30 型，容量为 3 100 kg。

3. 地下管道运输　采用不锈钢的密封管道，并装有离心式乳泵。

无论采用哪种运输方式，都应注意以下几点：

(1)防止乳在途中升温，特别是在夏季，乳温在运输途中往往很快升高。因此，最好选在夜间或早晨运输。如果在白天运输，要采用隔热材料遮盖乳桶，最简单易行的办法是用席子或毯子将盛乳桶的上面和侧面遮蔽起来，然后用防水布盖好，为使乳温不升高，也可把防水布润湿。

(2)运输时所采用的容器必须保持清洁卫生，并加以严格杀菌。乳桶盖内应有橡皮衬垫(即闭锁扣)，绝不能用碎布、油纸或碎纸等代替。

(3)夏季容器必须装满盖严，以防震荡；冬季不得装得太满，避免因冻结而使容器破裂。

(4)按时间计算里程，缩短中途停留时间。采用乳槽车运输时，从挤乳产出至用于加工前不超过 24 h，乳温应该保持在 6℃以下。

第二节　消毒乳生产技术

一、消毒乳的概念与种类

消毒乳又称杀菌乳，系指以生鲜乳为原料，经净乳、杀菌、均质、冷却等处理，以液体鲜乳状态，用瓶装或其他形式的小包装，直接供应消费者饮用的商品乳。消毒乳的分类主要有以下两种：

1. 按原料成分分类

(1)普通消毒乳　以合格鲜乳为原料，不加任何添加剂而加工成的消毒鲜乳。通常需要对脂肪含量进行标准化处理，其他成分不变。要求脂肪含量不低于3.1%，蛋白质不低于2.9%，非脂乳固体不低于8.1%。

(2)低脂消毒乳　以合格鲜乳为原料，将其中的乳脂肪部分脱去而制成的消毒乳。要求脂肪含量不低于1.0%，其他同普通消毒乳。

(3)脱脂消毒乳　以合格鲜乳为原料，将其中的乳脂肪脱去而制成的消毒乳。要求脂肪含量不高于0.5%，其他同全脂消毒乳。

(4)强化消毒乳　指新鲜乳中添加各种维生素或钙、磷、铁等无机盐类，以增加营养成分的产品，但其风味及外观同普通消毒乳没有区别，如早餐奶、学生专用奶、AD钙奶等。

(5)花式消毒乳　指消毒乳中添加咖啡、可可或各种果汁制成的产品，其风味及外观与普通消毒乳有差异，且脂肪、蛋白质、非脂乳固体含量相对低一些。

(6)再制消毒乳　也称复原乳，系以全脂奶粉、浓缩乳、脱脂乳粉和无水黄油等为原料，经混合溶解后制成与牛乳成分相同的饮用乳。

2. 按杀菌强度分类

(1)低温长时间巴氏杀菌乳　也称保持式杀菌消毒乳，是乳经62～65℃，30 min保温杀菌。在这种温度下，乳中的病原菌，尤其是结核菌被杀死。该方法在保温缸中进行杀菌，故不能连续生产，而且容易产生蒸煮味。目前在干酪加工中原料乳杀菌多使用此法，其他产品则很少应用。为了避免长时间加热使脂肪分离，应进行均质处理。

(2)高温短时间巴氏杀菌乳　是乳经72～75℃，16～40 s杀菌或采用80～85℃，10～15 s杀菌。由于受热时间短，热变性现象很少，风味有浓厚感，无蒸煮味。通常采用管式杀菌器或板式热交换器，可以连续生产。

(3)超高温杀菌乳　是指乳加热至130～150℃，杀菌0.5～4.0 s的乳，与普通乳相比无差异。由于耐热性细菌都被杀灭，产品保存性明显提高，但部分维生素如维生素A、维生素E在一定程度上被破坏。

(4)灭菌乳　也称长久保鲜乳、长寿乳，是指乳在密闭系统连续流动中，受135～150℃的高温及不少于1 s的灭菌处理，杀灭乳中所有的微生物，然后在无菌条件下包装制得的乳制品。

二、巴氏杀菌乳的加工

(一)工艺流程

原料乳的验收→过滤、净化、脱气→标准化→预热→均质→杀菌→冷却→灌装、封盖→装箱检验→冷藏。

(二)操作要点

1. 验收和分级　巴氏杀菌乳的质量取决于原料乳的质量。因此，对原料乳的质量必须严格管理、认真检验。主要检验项目有乳的色泽、滋气味、温度、相对密度、酒精实验、酸度、脂肪、细菌数、杂质等，必要时抽查抗生素、残留农药(DDT，BHC)、乳房炎菌及进行亚美蓝还原试验等。

2. 过滤、净化与脱气　过滤和净化的目的是除去乳中的尘埃、杂质。原料乳经验收称量后必须进行过滤或净化。

鲜乳含有5.5%～7.0%的气体，经过储存、运输、泵送后，气体含量可达到10%以上。这些气体绝大多数是非结合分散存在的，对牛乳加工有不利的影响：影响乳计量的准确度；影响分离和分离效果；影响标准化的准确度；促使发酵乳中乳清析出。

在乳处理的不同阶段进行脱气是非常必要的，且带有真空脱气罐的乳处理工艺是比较合理的。工作时，将乳预热到68℃，泵入真空脱气罐，则乳温立即降到60℃，此时乳中的空气和部分水分蒸发到罐的顶部，遇到罐冷凝器后，蒸发的水分冷凝回到罐底部，而空气及一些非冷凝气体(如异味)由真空泵抽吸排除。脱气后的乳在60℃条件下进行分离、标准化、均质，然后进入杀菌程序。

3. 标准化　根据我国食品卫生标准规定，巴氏杀菌乳的乳肪率不低于3.0%，凡不符合者必须进行标准化处理。原料乳受乳牛品种、地区差异、饲养管理水平、季节等影响，其成分不尽相同，尤其是脂肪含量变化较大。因此，要根据产品的要求进行标准化，即根据乳制品中脂肪与无脂干物质间的比值，调整原料乳中脂肪与无脂干物质之间的比例。脂肪含量低要加入稀奶油，脂肪含量高可用脱脂乳稀释。

4. *均质*　均质就是将乳中脂肪球在机械作用下破碎成小的脂肪球的过程。其目的是为了防止脂肪的上浮分离，并改善牛乳的消化、吸收程度和组织状态。

均质方法是使用具有一组或两组均质阀的均质机。均质机是一种高压泵，加高压的乳通过均质阀流向低压部时，由于切变和冲击的力量，或者由于通过阀门后随着压力的急剧变化产生爆炸作用和通过阀门时由于产生气泡的破坏作用等使脂肪球破碎，均质后脂肪球直径在 1.0 μm 以下。通常进行均质的温度为 65℃，均质压力为 10～20 MPa。

均质机除了高压均质机外，还有离心均质机和超声波均质机等。均质的效果，可用显微镜、离心、静置等方法来检查，通常用显微镜检查比较简便。

5. *杀菌*　巴氏杀菌的温度和持续时间是关系到乳的质量和保存期等的重要因素，必须准确掌握。加热杀菌的形式很多，一般牛乳高温短时巴氏杀菌的温度为 75℃，持续 15～20 s 或 80～85℃，持续 10～15 s。如果巴氏杀菌太强烈，会出现蒸煮味和焦煳味。

6. *冷却*　乳经杀菌后，绝大部分细菌被杀灭，为了抑制乳中残留细菌的生长，增加保存性，杀菌后仍需及时进行冷却。

杀菌方式不同，冷却方法也不相同。用片式杀菌器时，乳通过冷却区段后已冷却至 4℃；用保温缸或管式杀菌器时，需用冷排或其他方法将乳冷却至 2～4℃。冷却后的乳应直接分装，及时分送给消费者。如不能立即发送时，应储存于 5℃以下的冷库内。

7. *灌装、封盖及冷藏*　生产好的消毒乳为方便运输、分类和零售，防止外界杂质混入成品中，防止微生物再污染，保存风味和防止吸收外界气味而产生异味以及防止维生素等成分受损失，要及时进行灌装。

我国乳品厂过去多采用玻璃瓶和塑料瓶容器灌装，目前已逐步发展为采用塑料夹层袋、铝箔夹层袋和塑料杯等进行包装。

灌装后的消毒乳，在销售前要送入冷库做暂存，冷库温度一般为 4～6℃。

(三)质量标准

按照 GB 5408.1—1999 执行。本标准规定的产品只限于原料乳经过巴氏杀菌的产品，可以添加适量的食品营养强化剂，但不能添加食品添加剂或辅料(如糖类、果汁类)。

1. *感官特性*　巴氏杀菌乳的感官特性见表 1-2-6。

表 1-2-6 巴氏杀菌乳的感官要求

项目	特性
色泽	呈均匀一致的乳白色，或微黄色
滋味和气味	具有乳固有的滋味和气味，无异味
组织状态	均匀的液体，无凝块，无黏稠现象，无沉淀

2. 理化指标　巴氏杀菌乳的理化指标见表 1-2-7。

表 1-2-7 巴氏杀菌乳的理化指标

项目	全脂巴氏杀菌乳	低脂巴氏杀菌乳	脱脂巴氏杀菌乳
脂肪/%	≥3.1	1.0～2.0	≤0.5
蛋白质/%	2.9	2.9	2.9
非脂乳固体/%	8.1	8.1	8.1
酸度/°T	18.0	18.0	18.0
杂质度/(mg/kg)	2.0	2.0	2.0

3. 卫生指标　巴氏杀菌乳的卫生指标见表 1-2-8。

表 1-2-8 巴氏杀菌乳的卫生指标

项目	指标	项目	指标
硝酸盐(以 $NaNO_3$ 计)	≤11.0 mg/kg	菌落总数	≤3×10^4 cfu/mL
亚硝酸盐(以 $NaNO_2$ 计)	≤0.2 mg/kg	大肠杆菌	≤0.9 个/mL
黄曲霉毒素 M_1	≤0.5 μg/kg	致病菌	不得检出

三、灭菌乳的加工

根据加工的工艺不同，灭菌乳可分为两类：一类为灭菌后无菌包装；另一类为将巴氏杀菌后的乳装入容器中，再用 110～120℃，10～20 min 加压灭菌。

(一)工艺流程

原料乳的验收→过滤、净化、脱气→均质→预杀菌→闪蒸→冷却、储存→超高温灭菌→无菌平衡储罐→无菌灌装。

(二)操作要点

1. 原料的质量　用于灭菌的乳必须是高质量的，即牛乳必须新鲜，有极低的酸度、正常的盐类平衡及正常的乳清蛋白含量。为了适宜超高温处理，牛乳必须至少在75%的酒精浓度中保持稳定。另外,牛乳的细菌数量,特别是对热有很强抵抗力的芽孢及数目应该很低。

2. 灭菌工艺　下面以管式间接UHT乳生产为例说明灭菌工艺。

(1)预热和均质　牛乳从贮料罐泵送到超高温灭菌设备的平衡槽,由此进入到板式热交换器的预热段与高温乳热交换,使其加热到约66℃,同时无菌乳冷却。经预热的乳在15～25 MPa的压力下均质。

(2)灭菌　牛乳经预热及均质后,进入板式热变换器的加热段,被热水系统加热至137℃,热水温度由喷入热水中的蒸汽量控制(热气温度为139℃)。然后,137℃的热乳进入保温管保温4 s。

(3)回流　若乳在进入保温管前未达到正确的灭菌温度,在生产线上的传感器便将此信号传给控制盘。然后回流阀开动,将产品回流到冷却器,在此处冷却到75℃再返回平衡槽或流入一单独的收集罐。一旦回流阀移动到回流位置,杀菌操作便停下来。

(4)冷却　离开保温管后,灭菌乳进入无菌冷却段被水冷却,从137℃降至76℃,进一步冷却是在冷却段靠与乳热交换完成,最后冷却温度要达到约20℃。

3. 无菌包装　所谓无菌包装是将灭菌后的牛乳,在无菌条件下装入事先灭过菌的容器内。可供牛乳制品无菌包装的设备主要有:①无菌菱形袋包装机;②无菌砖形盒包装机;③无菌纯包装机;④多尔无菌灌装系统;⑤安德逊成型密封机等。

牛乳从无菌冷却器流入包装线,包装线在无菌条件下操作。为了补偿设备能力的差额或者包装机停顿时的不平衡状态,可在灭菌器和包装线之间安装一个无菌罐。这样,如果包装线停了下来,产品便可储存在无菌罐中。当然处理的乳也可以直接从灭菌器输送到无菌包装机,由于包装处理不了而出现的多余乳可通过安全阀回流到杀菌设备,这一设计可减少无菌罐的潜在污染。

(三)质量标准

执行GB 5408.2—1999。本标准适用于以牛乳(或羊乳)或复原乳为主料,不添加或添加辅料,经灭菌制成的液体产品。

1. 杀菌方式　可采用下列方式之一灭菌。

(1)超高温瞬时灭菌(UHT)　流动的乳液经135℃以上数秒,在无菌状态下包装。常用的灭菌条件为:120～150℃,0.5～4.0 s灭菌。

(2)保持灭菌(二次灭菌)　将乳液预先杀菌(或不杀菌),包装于密闭容器内,在不低于110℃温度下灭菌10 min以上。常用的灭菌条件为:110～120℃,10～20 min加压灭菌。

2. 感官特性　灭菌乳的感官特性见表1-2-9。

表 1-2-9 巴氏杀菌乳的感官要求

项目	特性
色泽	呈均匀一致的乳白色或微黄色
滋味和气味	具有乳固有的滋味和气味，无异味
组织状态	均匀的液体，无凝块，无黏稠现象，允许有少量沉淀

3. 卫生指标 灭菌乳的卫生指标见表 1-2-10。

表 1-2-10 巴氏杀菌乳的卫生指标

项目	指标	项目	指标
硝酸盐(以 $NaNO_3$ 计)	≤11.0 mg/kg	黄曲霉毒素 M_1	≤0.5 μg/kg
亚硝酸盐(以 $NaNO_2$ 计)	≤0.2 mg/kg	微生物	商业无菌

四、再制乳的加工

再制乳就是将几种乳制品，主要是脱脂乳粉和无水黄油，经过加工制成的液态乳。其成分与鲜乳相似，也可以强化各种营养成分，改进产品的适口性。再制乳的生产克服了自然乳业生产的季节性，保证了淡季乳制品的供应，并可调剂缺乳地区乳的供应。

1. 原料

(1)脱脂乳粉和无水黄油 脱脂乳粉和无水黄油是再制乳的主要原料，质量的好坏对成品质量有很大影响，必须严格控制质量，储存期通常不超过 12 个月。

①再制乳生产中所用脱脂乳粉的标准如下：

水分<4.0%；脂肪<1.25%；酸度 0.1%～0.15%；溶解度指数>1.25%；细菌数<10 000 个/g；大肠杆菌：无；滋气味：无异味。

②无水黄油的质量标准如下：

脂肪含量>99.8%；水分含量<0.1%；游离脂肪酸<0.3%；铜<5×10^{-8}；铁<2×10^{-8}；过氧化物值<0.3；大肠杆菌：无；滋气味：无异味。

(2)水 水是再制乳的溶剂，水质的好坏直接影响再制乳的质量。金属离子(如 Ca^{2+}，Mg^{2+})高时，影响蛋白质胶体的稳定性，故应使用软化水。

水的质量标准符合我国饮用水标准。再制乳用水需要用紫外线(波长 240～280 nm)或其他方法消毒。

(3)添加剂

①乳化剂:稳定脂肪的作用,常用的有磷脂,添加量为0.1%。

②乳化稳定剂:常用的主要有:阿拉伯树胶、果胶、琼脂、海藻酸盐及半人工合成的水解胶体等。

③盐类:如氯化钙和柠檬酸钠等,起稳定蛋白质的作用。

④香精香料:天然和人工合成的香精,增加再制乳的奶香味。

⑤着色剂:常用的有胡萝卜素、安那妥等,赋予制品以良好颜色。

2.加工方法

(1)全部均质法　先将脱脂乳粉与水按比例混合成脱脂乳,再添加无水黄油、乳化剂和芳香物等,充分混合。然后全部通过均质,再消毒冷却而制成。

(2)部分均质法　先将脱脂乳粉与水按比例混合成脱脂乳,然后取部分脱脂乳,在其中加入所需的全部无水黄油,制成高脂乳(含脂率为8%～15%)。将高脂乳进行均质后;再与其余的脱脂乳混合,经消毒、冷却而制成。

(3)稀释法　先用脱脂乳粉、无水黄油等混合制成炼乳,然后用杀菌水稀释而成。

再制乳所用的原料都是经过热处理的,其成分中的蛋白质及各种芳香物质受到一定的影响。因此,各国常把加工成的再制乳与鲜乳按比例混合(比例为1:1),再供应市场。鲜乳必须事先杀菌处理,否则要求在混合后再次杀菌。

五、花色乳的加工

花色乳是在消毒乳中添加咖啡、可可或各种果汁制成的产品,其风味及外观与普通消毒乳有差异。

1.原料

(1)咖啡　咖啡浸出液的调制,可用咖啡粒浸提,也可直接使用速溶咖啡。由于咖啡酸度较高,易引起乳蛋白不稳定,故应少用酸味强的咖啡,多用稍带苦味的咖啡。

咖啡浸出液的提取,可用产品重0.5%～2.0%的咖啡粒,用90℃的热水(咖啡粒的12～20倍)浸提制取。浸出液受热过度,会影响风味,故浸出后应迅速冷却并在密闭容器内保存。

(2)可可和巧克力　通常采用的是用可可豆制成的粉末,稍加脱脂的称可可粉,不进行脱脂的称巧克力粉。其风味随产地而异。

巧克力的含脂率在50%以上,不易分散在水中。可可粉的含脂率随用途而异,通常为10%～25%,在水中比较容易分散,故生产乳饮料时,均采用可可粉。用量为1.0%～1.5%。

(3)甜味料　通常用蔗糖(4%～8%),也可用饴糖或转化糖液。

(4)稳定剂　常用的有海藻酸钠、CMC、明胶等。明胶易溶解,使用比较方便;使用量为0.05%～0.2%。此外,也可使用淀粉、洋菜、胶质混合物。

(5)果汁　各种水果果汁。

(6)酸味剂　柠檬酸、果酸、酒石酸、乳酸等。

(7)香精　根据产品需要确定香精类型。

2.配方及加工要点

(1)咖啡乳　把咖啡浸出液和蔗糖与脱脂乳混合,经均质、杀菌而制成。咖啡乳的配方,可以根据各地区的条件加以调整。例如,全脂乳40 kg,脱脂乳20 kg,蔗糖8 kg,咖啡浸提液30 kg,稳定剂0.05%～0.2%,焦糖0.3 kg,香料0.1kg,水1.6 kg。

加工要点:将稳定剂与少许糖混合后溶于水,与咖啡液充分添加到乳等料液中,经过滤、预热、均质、杀菌、冷却后进行包装。

(2)可可乳或巧克力乳　常用的可可乳或巧克力乳的配方为:全脂乳80 kg,脱脂乳粉2.5 kg,蔗糖6.5 kg,可可粉(或巧克力)1.5 kg,稳定剂0.02 kg,色素0.01 kg,水9.47 kg。

可可乳的加工方法:首先需要制备糖浆,其调制方法为:0.2份的稳定剂(海藻酸钠、CMC)与5倍的蔗糖混合,然后将1份可可粉与剩余的4份蔗糖混合,在此混合物中,边搅拌边徐徐加入4份脱脂乳,搅拌至组织均匀光滑为止。然后加热到66℃,并加入稳定剂与蔗糖的混合物均质,在82～88℃下加热15min杀菌,冷却到10℃以下进行灌装。

生产巧克力乳时,将巧克力板先溶化,其他过程相同。

(3)果汁牛乳及果味牛乳　果汁牛乳是以牛乳和水果汁为主要原料;果味乳是以牛乳为原料加酸味剂调制而成的花色乳。共同特点是产品呈酸性,因此生产技术的关键是乳蛋白质在酸性条件下的稳定性,需要适当的配制方法、选择适当的稳定剂并进行完全的均质。

本章小结

- 原料乳验收与消毒乳生产技术
  - 原料乳质量标准与验收
    - 原料乳的质量标准
    - 原料乳的验收
      - 感官检验
      - 酒精检验
      - 滴定酸度
      - 比重
      - 细菌数、体细胞数、抗生物质检验
      - 乳成分的测定
    - 原料乳的过滤与净化
    - 原料乳的冷却
    - 原料乳的储存
    - 原料乳的运输
  - 消毒乳生产技术
    - 消毒乳的概念与种类
    - 巴氏杀菌乳的加工
      - 验收
      - 过滤、净化、脱气
      - 标准化
      - 均质
      - 杀菌
      - 冷却
      - 灌装、封盖
      - 冷藏
    - 灭菌乳的加工
    - 再制乳的加工
    - 花色乳的加工

复习思考题

1.原料乳的冷却方法有哪些,各有何优缺点?
2.原料乳的验收方法和具体要求是什么?
3.原料乳为什么要均质处理?
4.杀菌方法的种类有哪些?各有何特点?
5.什么是灭菌乳?常见的加工方法有哪些?
6 简述巴氏杀菌乳的加工工艺及要求。

第三章 乳粉生产技术

知识目标

- 了解乳粉的种类。
- 掌握乳粉加工中标准化、浓缩、干燥等几个主要环节的原理。
- 了解速溶乳粉的加工原理和调制乳粉的加工原理。

技能目标

- 掌握普通全脂乳粉的加工工艺流程。
- 掌握标准化、均质、浓缩、干燥、附聚、喷涂等主要工艺的操作要点。

第一节 乳粉的概念与种类

一、乳粉的概念

乳粉又称奶粉，它是以新鲜乳为原料，或以新鲜乳为主要原料，添加一定数量的植物或动物蛋白质、脂肪、维生素、矿物质等配料，除去其中几乎全部水分而制成的粉末状乳制品。乳粉中水分含量很低，质量减轻，为储藏和运输带来了方便。

乳粉除了可供婴儿、病人、老人等饮用外，还可供制造糖果、冷饮、糕点等食品加工用，随着目前世界机械工业和食品包装业的迅速发展，乳粉生产获得了长足发展，品种也越来越多。

二、乳粉的种类

根据乳粉的特征，可以分为以下几大类：

1. 全脂乳粉　仅以乳为原料，添加或不添加食品营养强化剂，经浓缩、干燥制成的乳粉，一般蛋白质不低于非脂乳固体的34%，脂肪不低于26%。

2. 脱脂乳粉　仅以乳为原料，添加或不添加食品营养强化剂，经浓缩、干燥制成的，蛋白质不低于非脂乳固体的34%，脂肪不低于2.0%的粉末产品。

3. 速溶乳粉　和全脂乳粉相似，具有分散性、溶解性好的特点，一般为加糖速溶大颗粒乳粉或喷涂卵磷脂乳粉。

4. 加糖乳粉　由牛乳添加一定量蔗糖加工而成，适于全体消费者，多具有速溶特点。

5. 配制乳粉　根据特定消费者的生理特点，去除了乳中的某些营养物质或添加了某些营养物质(也可能二者兼而有之)，如特殊人群所需要的营养元素、功能成分或因子，而使该产品具有某些特定的生理功能，如婴幼儿乳粉、中老年高钙乳粉、低脂乳粉、降糖乳粉、低过敏乳粉、双歧杆菌乳粉等。

6. 冰淇淋粉　在乳中配以乳脂肪、香料、稳定剂、抗氧化剂、蔗糖或一部分植物油等物质经干燥而制成。

7. 乳清粉　利用制造干酪或干酪素的副产品——乳清制成。

8. 酪乳粉　利用制造奶油的副产品——酪乳制成。

9. 奶油粉　将稀奶油干燥制成的粉状产品，与稀奶油相比保藏期长，储藏和运输方便。

10. 干酪粉　将干酪熔融后添加乳化盐等成分干燥而成。

三、乳粉的化学组成

随原料乳的种类及添加料等的不同而有所不同，表1-3-1列举了几种主要乳粉的化学组成。

表1-3-1　各种乳粉的化学组成　%

种类	水分	蛋白质	脂肪	乳糖	灰分	乳酸
全脂乳粉	2.00	26.50	27.00	38.00	6.05	0.16
脱脂乳粉	3.23	36.89	0.88	50.52	8.15	1.55
乳油粉	0.66	13.42	65.15	17.86	2.91	—

续表 1-3-1

种类	水分	蛋白质	脂肪	乳糖	灰分	乳酸
婴儿乳粉	2.60	19.00	20.00	54.00	4.40	0.17
母乳化乳粉	2.50	13.00	26.00	56.00	3.20	0.17
甜性酪乳粉	3.90	35.88	4.68	47.84	7.80	1.55

第二节　乳粉的一般加工工艺

一、工艺流程

乳粉的一般生产工艺流程如下：

原料验收→乳的预处理与标准化→乳的杀菌→浓缩→干燥→冷冻储存→包装→成品。

二、操作要点

(一)原料乳的验收

原料乳的质量评定，主要根据感官、理化性质和微生物指标加以评定。有的大型乳品企业还进行体细胞检查。感官检查主要是评定乳的滋气味、色泽和肉眼可见的机械杂质；理化检验主要检查酸度、相对密度、乳的温度、脂肪含量和可疑的外来物质，尤其是对人体健康有害的物质(如芒硝、尿素等)。

在检查鲜奶酸度时，一般采用70％的酒精进行试验。对于酒精试验阳性的新鲜乳，可以进行酸度滴定试验，同时做煮沸试验，后两项试验通过的乳，也认为是正常的新鲜乳。

微生物检查项目中，主要是测定原料乳的总菌数。但每批乳样都用平板计算菌落数量是很困难的，所以作为日常检查，大多采用美蓝实验和刃天青实验。

原料乳的质量评定项目见表 1-3-2。

表 1-3-2　原料乳的质量评定表

检测项目	特级乳	Ⅰ级乳	Ⅱ级乳
滋气味	具有新鲜牛乳固有的香味，微甜，无饲料味、酸味、金属味及其他异味	同特级	同特级

续表 1-3-2

检测项目	特级乳	Ⅰ级乳	Ⅱ级乳
外观	呈乳白色或稍带微黄色的均匀胶态流体，具适当黏度，无凝块，不含其他异物	同特级	同特级
杂质	无草屑、牛粪、尘土、昆虫等机械杂质	同特级	同特级
酒精实验	72%中性酒精同等量牛乳混合（10～15℃），5 s内无变化	70%中性酒精同等量牛乳混合（10～15℃），5 s内无变化	68%中性酒精同等量牛乳混合（10～15℃），5 s内无变化
酸度	<18°T	<19°T	<20°T
相对密度	≥1.028	≥1.027	≥1.026
脂肪	≥3.20	≥3.00	≥2.80
细菌检验	总菌数≤50万个/mL	总菌数≤100万个/mL	总菌数≤200万个/mL
煮沸实验	不发生蛋白质凝固现象	同特级	同特级

（二）原料乳的预处理

预处理的主要目的，在于通过离心净乳机把乳中不能以过滤方法除去的细小污物分离出去，一般采用过滤净化和离心净化的方法。

1.原料乳的过滤　乳品厂简单的过滤是在受乳槽上装不锈钢制金属网加多层纱布进行粗滤，进一步的过滤可采用管道过滤器。管道过滤器可设在受乳槽与乳泵之间，与牛乳输送管道连在一起。中型乳品厂也可采用双筒牛乳过滤器。一般连续生产都设有两个过滤器交替使用。使用过滤器时，为加快过滤速度，含脂率在4%以上时，须把牛乳温度提高到40℃左右，但不能超过70℃；含脂率在4%以下时，应采取4～15 ℃的低温过滤，但要降低流速，不宜加压过大。在正常操作情况下，过滤器进口与出口之间压力差应保持在6.86×10^4 Pa（0.7 kg/cm^2）以内。因为压力差过大，易使杂质通过滤层。

2.原料乳的净化　原料乳经过过滤后，虽然除去了大部分杂质，但乳中污染的很多极微小的细菌细胞和机械杂质、白血球及红血球等，不能用一般的过滤方法除去，需用离心式净乳机进一步净化。大型乳品厂也采用三用分离机（奶油分离、净乳、标准化）来净乳。三用机应设在粗滤之后，冷却之前。采用4～10 ℃低温净化时，应在原料乳冷却以后，送入储乳槽之前进行；采用40℃中温或60℃高温净化后的乳，最好直接加工。如不能直接加工时，必须迅速冷却到4～6℃储藏，以保持乳的新鲜度。

(三)原料乳的标准化

生产乳粉时,为了获得一定化学组成的产品,需利用标准化的具有固定成分的原料乳。由于原料乳中脂肪与无脂干物质的含量随乳牛品种、地区、季节和饲养管理等因素不同而有较大的差别。因此,必须调整原料乳中脂肪和无脂干物质之间的比例关系,使其符合制品的要求。一般把该过程称为原料乳的标准化。如果原料乳中脂肪含量不足时,应添加稀奶油或减少一部分脱脂乳;当原料乳中脂肪含量过高时,则可添加脱脂乳或提取一部分稀奶油。标准化在储乳缸的原料乳中进行或在标准化机中连续进行。成品(全脂乳粉)一般含有25%～30%的脂肪,工厂一般把成品的脂肪控制在26%左右。

1.标准化的原理　乳制品中脂肪与无脂干物质间的比值取决于标准化后乳中脂肪与无脂干物质之间的比值,而标准化后乳中的脂肪与无脂干物质之间的比值取决于原料乳中脂肪与无脂干物质之间的比例。若原料乳中脂肪与无脂干物质之间的比值不符合要求,则对其进行调整,使其比值符合要求。

2.标准化的方法　标准化的方法很多,一般以皮尔逊的方法较为方便。其计算方法如下:

例:有含脂率为3.6%的牛乳1 000 kg,拟用含脂率为0.1%的脱脂乳进行标准化,若使混合乳的含脂率为3.2%,需加多少脱脂乳?

解:设 x 为需加入的脱脂乳量,则:$x : 1\,000 = 0.4 : 3.1$

故:$x = (1\,000 \times 0.4)/3.1 = 129(\text{kg})$

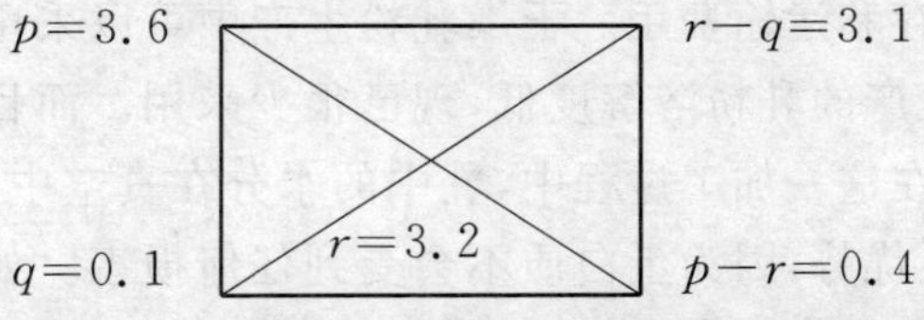

(四)原料乳的均质

均质目的在于把较大的脂肪球变成细小的脂肪球,均匀地分散在脱脂乳中,形成均一的乳浊液。经标准化的乳,还在于把稀奶油和脱脂乳再均质成一个均匀的分散系统。生产全脂乳粉、全脂甜乳粉以及脱脂乳粉时,一般不必经过均质操作,但若乳粉的配料中加入了植物油或其他不易混匀的物料时,就需要进行均质操作。均质时的压力一般控制在14～21 MPa,温度控制在60℃为宜。均质后脂肪球变小,从而可以有效地防止脂肪上浮,并易于消化吸收。

(五)杀菌

在乳粉生产中预热又叫杀菌,其目的在于杀死乳中的细菌,钝化解脂酶,延长乳粉保藏期。在间歇式生产中，因为可以采取冷热缸进行杀菌，所以多采用低温长时间杀菌方法，即 63℃，30 min 或 72℃，15 min，这种方法在连续化生产中已不适用。现在几乎全部采用高温短时间或超高温瞬时杀菌法来生产乳粉。

当采用高温短时间杀菌法时，一般使用管式或片式杀菌器，杀菌温度为 80～85℃。在生产全脂乳粉时，主要考虑乳粉的保存期，所以保温时间通常为 5～10 min，可以在牛乳保温缸中保温。

(六)真空浓缩

牛乳经杀菌后立即泵入真空蒸发器进行减压(真空)浓缩，除去乳中大部分水分(70%～80%)以节省加热蒸汽和动力消耗、降低成本、改善乳粉颗粒的物理性状；然后进入干燥塔中进行喷雾干燥。一般要求原料乳浓缩至原体积的 1/4，乳干物质达到 45%左右。浓缩后的乳温一般为 47～50℃，不同的产品浓缩程度不同，例如：

全脂乳粉浓度为 11.5～13°Be(波美度)，相应乳固体含量为 38%～42%；脱脂乳粉浓度为 20～22°Be，相应乳固体含量为 35%～40%；全脂甜乳粉浓度为 15～20°Be，相应乳固体含量为 45%～50%。经验证明，乳的浓度越高，乳粉中的气体含量越低，所以生产大颗粒乳粉时浓缩乳浓度要提高。

(七)喷雾干燥

干燥即为液体产品(乳)中的水分被除去以使得产品以固态存在。乳粉中的水含量为 2.5%～5%，抑制了细菌繁殖，延长了乳的货架寿命，大大降低了重量和容积，减少了产品的储存和运输费用。干燥乳粉生产中可以采用滚筒干燥和喷雾干燥。由于滚筒干燥生产的乳粉溶解度低，现已很少采用。而目前冷冻干燥已被应用于生产高质乳粉，在这一加工过程中，乳中的水分在真空中蒸发，这一方法在保证乳质量上取得长足优势，因为蛋白质不会受到任何损害。如果在比较高的温度下进行干燥，乳粉或多或少总会受到影响。但冷冻干燥并没有得到广泛应用，部分原因是其能耗太高。工业化干燥方法是对产品进行加热，水分以蒸汽形式被蒸发出去，残留物即为干燥的物质——乳粉。

在喷雾干燥方法中，乳首先在蒸发器中浓缩，然后在干燥塔内干燥。在干燥的第一阶段，干物质颗粒间自由状态的过剩水分被蒸发去除。在最后阶段，乳固体颗粒上、孔隙中的和毛细管中的水分也被蒸发掉。第一阶段相对容易、快，而最后阶段需要更多的能量和时间，如果干燥的过程中乳颗粒与热交换器很热的表面直接接触，则产品的质量明显受热的影响，比如在滚筒干燥的情况下乳粉可能含有焦粒而影响质量。

喷雾干燥分两段进行，第一阶段预处理乳被蒸发浓缩到干物质含量为 45%～

55%。第二阶段浓缩物被泵送到干燥塔最后干燥，后者的过程分3个步骤：首先浓缩物分散为细小液滴；其次将细小分散的浓缩液与热空气混合，在其中水分快速蒸发；最后将干粉颗粒与干燥空气分离。

1.喷雾干燥工艺流程　见图1-3-1。

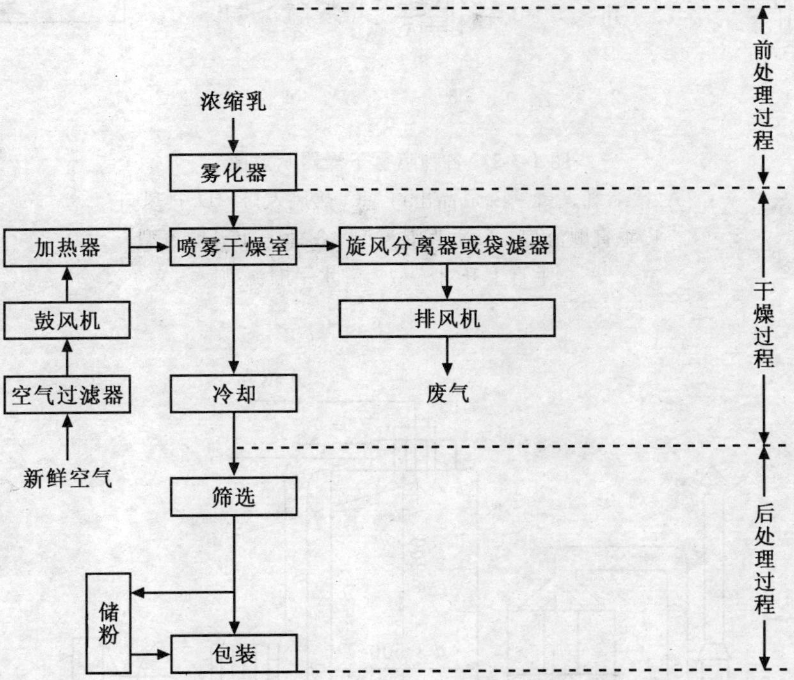

图1-3-1　喷雾干燥工艺流程

2.喷雾干燥设备类型　乳粉喷雾干燥设备类型很多，主要有压力喷雾与离心喷雾两大类。这两类设备按热风与物料的流向，又可以分为顺流、逆流、混合流等各种类型(图1-3-2)。

①压力喷雾干燥设备：压力喷雾干燥机被国内外广泛采用，这种喷雾干燥机分为立式和卧式两种。早些时候建造的一般为卧式，这种设备不需要高层建筑，投资少，结构简单，适合小规模生产，但连续出粉困难。立式顺流压力喷雾干燥设备的采用越来越普遍，这种设备热风分配均匀，干燥强度大，容易做到连续出粉，见图1-3-3。

②离心喷雾干燥设备：浓乳由乳泵送入离心盘雾化器中，高速旋转的离心盘将浓乳水平喷出，所以，干燥室呈圆柱形，为立式干燥机。

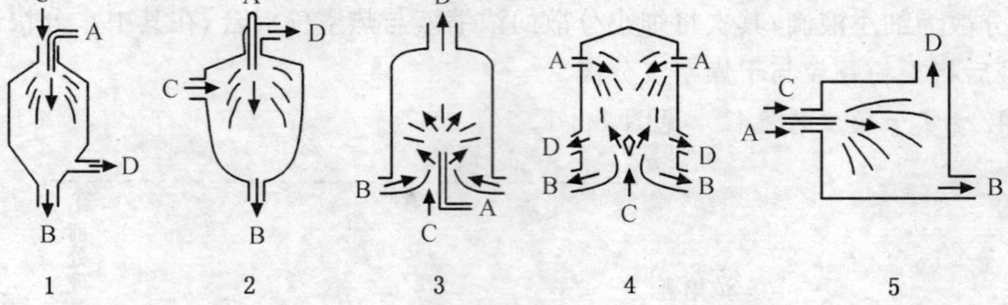

图 1-3-2　各种喷雾干燥器示意图

A. 浓缩乳入口　B. 成品出口　C. 热风入口　D. 排风口

1. 垂直顺流型　2. 垂直混流型　3. 垂直上升顺流型

4. 垂直上升对流型　5. 水平顺流型

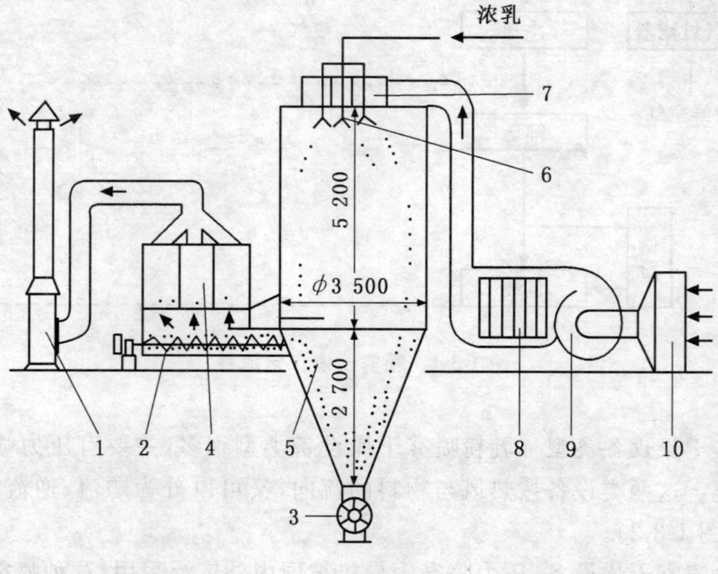

图 1-3-3　压力喷雾干燥设备

1. 排风机　2. 搅龙　3. 鼓型阀　4. 袋滤器　5. 干燥室　6. 喷头

7. 分风箱　8. 加热器　9. 进风机　10. 滤尘器

3. 干燥设备组成　喷雾干燥设备类型虽然很多，但都是由干燥室、雾化器、高压泵、空气过滤器、空气加热器、进排风机、捕粉装置及气流调节装置组成。

①干燥室：为乳粉干燥的主体设备，有立式和卧式两种。立式一般为圆柱体锥形底或平底。干燥室体积庞大，是浓乳干燥成乳粉的场所。

②雾化器：雾化器是区别压力喷雾干燥机和离心喷雾干燥机的关键。两种雾化器具有同样的效果。理想的雾化器应能将浓乳稳定地雾化成均匀的乳滴，且散布于干燥室的有效部分而不喷到壁上。还能与其他喷雾条件配合，喷出符合质量要求的成品。离心式雾化器种类很多，需根据物料及产品的特性选用。良好的离心式雾化器在运转时应使雾滴大小均匀，能使料液达到高转速，离心盘结构简单，坚固，质轻，易拆洗，无死角，生产效率高。

③高压泵：凡是压力式喷雾都需使用高压泵。高压泵一般为三柱塞式往复泵，可供产生高压和均质，使浓乳在高压作用下由雾化器喷出，形成雾状。离心式喷雾不需要高压泵，使用一般乳泵即可。

④空气过滤器：浓乳在喷雾干燥过程中吹入干燥室内的热风是吸收周围环境中的空气经加热而成的，吸入的空气必须经过滤除尘。过滤器的滤层一般使用钢丝、尼龙丝、海绵、泡沫、塑料等物充填，约 10 cm 厚。空气过滤器性能约为 100 $m^3/(m^2 \cdot min)$。通过的风压控制在 147 Pa，风速 2 m/s。过滤器应经常洗刷，保持其工作效率。

⑤空气加热器：空气加热器是用于加热吸入的冷空气，使之成为热风，供干燥雾化的浓乳用。

⑥进、排风机：进风机的作用是吸入空气并将加热的空气送入干燥室内，使雾化的浓乳干燥。同时排风机将浓乳蒸发出去的水蒸气及时排掉，以保持干燥室的干燥作用正常进行。为防止粉尘向外飞扬，干燥室须维持 98～196 Pa 的负压状态，所以，排风机的风压要比进风机大。排风机风量要比进风机风量大 20%～40%。

⑦捕粉装置：捕粉装置的作用是将排风中夹带的粉粒与气流分离。常用的捕粉装置有旋风分离器、袋滤器或两者结合使用。也有湿回收器和静电回收器。

(八)出粉、冷却、包装

喷雾干燥结束后，应立即将乳粉送至干燥室外并及时冷却，避免乳粉受热时间过长。特别是对全脂乳粉，受热时间过长会使乳粉的游离脂肪增加，严重影响乳粉的质量，使之在保存中容易引起脂肪氧化变质，乳粉的色泽、滋气味、溶解度也会受到影响。

1. 出粉与冷却　干燥的乳粉落入干燥室的底部，粉温可达 60℃。出粉、冷却的方式一般有以下几种：

(1)气流输粉、冷却　气流输粉装置可以连续出粉、冷却、筛粉、储粉、计量包装。其优点是出粉速度快。在大约 5 s 内就可以将喷雾室内的乳粉送走,同时在输粉管内进行冷却。其缺点是易产生过多的微细粉尘。

(2)流化床输粉、冷却　流化床出粉和冷却装置的优点为:①可大大减少微细粉。②乳粉不受高速气流的摩擦,故乳粉质量不受损害。③乳粉在输粉导管和旋风分离器内所占比例少,故可减轻旋风分离器的负担。同时可节省输粉中消耗的动力。④冷却床所需冷风量较少,故可使用经冷却的风来冷却乳粉,因而冷却效率高。一般乳粉可冷却到 18℃左右。⑤乳粉因经过振动的流化床筛网板,故可获得颗粒较大而均匀的乳粉。从流化床吹出的微粉还可通过导管返回到喷雾室与浓乳汇合,重新喷雾成乳粉。

(3)其他输粉方式　可以连续出粉的几种装置还有搅龙输粉器、电磁振荡器、转鼓型阀、旋涡气封法等。这些装置既保持干燥室的连续工作状态,又使乳粉及时送出干燥室外。但是要立即进行筛粉、凉粉,使乳粉尽快冷却。

2. 筛粉与晾粉　晾粉过筛的目的是将粗粉和细粉(布袋滤粉器或旋风分离器内的粉)混合均匀,并除去乳粉团块、粉渣,并使乳粉均匀、松散,便于包装。

(1)筛粉　一般采用机械振动筛,筛底网眼为 40～60 目。在连续化生产线上,乳粉通过振动筛后即进入锥形积粉斗中存放。

(2)晾粉　晾粉过程中,不但使乳粉的温度降低,同时乳粉表观密度可提高15%,有利于包装。无论使用大型粉仓还是小粉箱,在储存时严防受潮。包装前的乳粉存放场所必须保持干燥和清洁。

3. 包装　当乳粉储放时间达到要求后,开始包装。包装规格、容器及材质依乳粉的用途不同而异。小包装容器常用的有马口铁罐、塑料袋、塑料复合纸袋、塑料铝箔复合袋。规格以 500 g,454 g 最多,也有 250 g,150 g。大包装容器有马口铁箱或圆筒 12.5 kg 装;有塑料袋套牛皮纸袋 25 kg 装;或根据购货合同要求决定包装的大小。大包装主要供应特别需要者,如出口或作为食品工业原料。一般铝箔复合袋的保质期有 1 年,而真空包装和充氮包装技术可使乳粉质量保持 3～5 年。

包装要求称量准确、排气彻底、封口严密、装箱整齐、打包牢固。

每天在工作之前,包装室必须经紫外线照射 30 min 灭菌后方可使用。包装室最好配置空调设施,使室温保持在 20～25℃,相对湿度 75%。

第三节　配方乳粉与速溶乳粉的生产工艺

一、配方乳粉

配方乳粉是指针对不同人的营养需要，在鲜乳或乳粉中配以各种营养素经加工干燥而成的乳制品。配方乳粉的种类包括婴儿配方乳粉、孕产妇配方乳粉、中老年配方乳粉及其他特殊人群需要的乳粉。下面以婴儿配方乳粉和中老年配方乳粉为例加以说明。

(一)婴儿配方乳粉的调制原则

婴儿期是人一生中成长发育最快、最关键的时期，婴儿越小，相对体重而言，营养素需要量就越高。同时由于婴儿体内营养素的储备量相对较小，适应能力也差，一旦不能及时合理地摄入营养素，短时间内就可明显地影响婴儿的发育过程。世界卫生组织规定，6 个月内婴儿的母乳喂养率应达 80%，但在我国由于就业、剖腹产等多种因素影响，母乳喂养率仅有 30%左右，4 个月以内的纯母乳喂养率则更低。

牛乳被认为是人乳的最好代乳品，但人乳和牛乳在感官、组成上都有一定区别。故需要将牛乳中的各种成分进行调整，使之近似于母乳，并加工成方便食用的粉状乳产品。

1. 蛋白质　婴儿蛋白质的需要量为每日每千克体重 3 g 左右，因为喂养方式的不同而略有差异。比较重要的是，组氨酸和牛磺酸等对于成人来说是非必需氨基酸，而对于婴儿来说则是必需氨基酸，必须保证摄入量。同时，牛乳中酪蛋白的含量大大超过人乳，所以，必须调低酪蛋白比例使之与人乳基本一致。一般用脱盐乳清粉、大豆分离蛋白调整。

2. 脂肪　婴儿神经系统的发育需要必需脂肪酸的参与，所以由必需脂肪酸提供的热量不应低于总热量的 3%。牛乳与人乳的脂肪含量较接近，但构成不同。牛乳中不饱和脂肪酸的含量低而饱和脂肪酸含量高，且缺乏亚油酸。调整时可采用植物油脂替换牛乳脂肪的方法，以增加亚油酸的含量。亚油酸的量不宜过多，规定的上限用量为：n-6 亚油酸不应超过总脂肪量的 2%，n-3 长链脂肪酸不得超过总脂肪的 1%。

3. 碳水化合物　婴幼儿期碳水化合物含量以占总热量的 50%～55%为宜。除淀粉外，新生婴儿对乳糖、葡萄糖、蔗糖都能消化，由于婴儿乳糖酶的活性比成人高，所以对乳中所含的乳糖能很好地消化吸收。

牛乳中乳糖含量比人乳少得多，牛乳中主要是α-型，人乳中主要是β-型。调制乳粉中通过加可溶性多糖类，如葡萄糖、麦芽糖、糊精或平衡乳糖等，来调整乳糖和蛋白质之间的比例，平衡α-型和β-型的比例，使其接近于人乳(α,β= 4∶6)。较高含量的乳糖能促进钙、锌和其他一些营养素的吸收。麦芽糊精则可用于保持有利的渗透压，并可改善配方食品的性能。一般婴儿乳粉含有70%的碳水化合物，其中6%是乳糖，1%是麦芽糊精。

4. 无机盐　4个月以前的婴儿应限制钠的摄入，以免增加肾负荷以及诱发成年高血压。铁缺乏是婴儿最常见的营养缺乏症，用配方食品喂养的婴儿可以适当地补充铁剂。

牛乳中的无机盐量较人乳高3倍多。摄入过多的微量元素会加重婴儿肾脏的负担。调制乳粉中采用脱盐办法除掉一部分无机盐。但人乳中含铁比牛乳高，所以要根据婴儿需要补充一部分铁。

添加微量元素时应慎重，因为微量元素之间的相互作用，微量元素与牛乳中的酶蛋白、豆类中植酸之间的相互作用对食品的营养性影响很大。

5. 维生素　婴儿配方乳粉应充分强化维生素，特别是维生素A、维生素C、维生素D、维生素K、烟酸、维生素B_1、维生素B_6、叶酸等。其中，水溶性维生素过量摄入时不会引起中毒，所以没有规定其上限。脂溶性维生素A、维生素D长时间过量摄入时会引起中毒，因此须按规定加入。

(二)中老年配方乳粉的调制原则

一般情况下，从50岁开始，人就会逐渐出现生理衰老的现象，各种腺体的分泌功能下降，免疫能力降低，容易患病，所以通常会在中老年食品中强化一些功能性营养成分。中老年配方乳粉正是根据中老年人的生理需要，在营养丰富的乳粉中又添加了必要的功能性营养添加剂，以缓解中老年人生命的自然衰退现象。例如，缺钙和易患骨质疏松是困扰很多中老年人的健康难题。但是补钙需要有易于被人体吸收的钙源和辅助因子维生素D_3等，现在有些中老年乳粉中就特别添加了易于吸收并不会给肠胃造成负担的乳钙，再配合维生素D_3，使钙质吸收率大大增加且有利于改善骨质疏松症状。

中老年人对维生素和无机物质的需要量一般要高于正常人，特别是维生素A、维生素D、硫胺素、核黄素、抗坏血酸、钙、磷、铁等成分，从而有助于预防慢性病，保护心血管。同时，有的中老年乳粉还额外添加了益生菌，可以帮助保持肠道健康，促进肠蠕动，预防便秘，有利于营养元素的有效吸收。

(三)配方乳粉的生产工艺

各国不同品种的配方乳粉,生产工艺都有所不同,其基本工艺流程如图 1-3-4 所示。在操作中要注意:水溶性对热稳定的维生素(如烟酸、维生素 B_{12})可在预热时加入;维生素 A 和维生素 D 可以溶入植物油中在均质前加入;热敏性维生素如 B_1 和维生素 C 等最好混入干糖粉中,在干燥后加入。

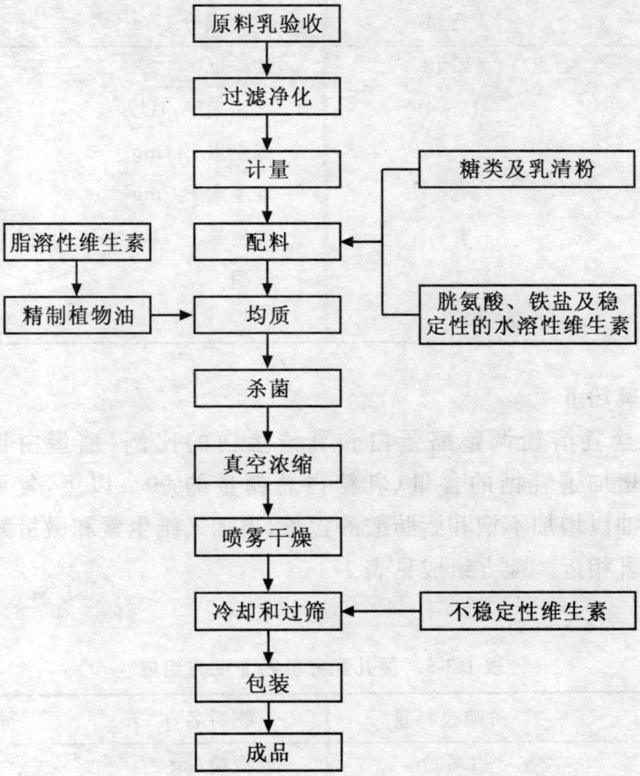

图 1-3-4　配方乳粉生产工艺流程

(四)婴儿乳粉配方举例

婴儿配方乳粉Ⅰ

婴儿配方乳粉Ⅰ是一种初级的婴儿配方乳粉,产品以乳为基础,添加了大豆蛋白,强化了部分维生素和微量元素等,营养成分的调整存在着不完善的地方。该产品价格低廉,易于加工。婴儿配方Ⅰ的组成及成分标准见表 1-3-3 和表 1-3-4。

表 1-3-3 婴儿配方乳粉Ⅰ配方组成

原料	牛乳固形物/g	大豆固形物/g	蔗糖/g	麦芽糖或饴糖/g	维生素 D_2/IU	铁/mg
用量	60	10	20	10	1 000～1 500	6～8

表 1-3-4 100 g 婴儿配方乳粉Ⅰ营养成分含量

成分	含量	成分	含量
水分/g	2.48	铁/mg	6.20
蛋白质/g	18.61	维生素 A/IU	586
脂肪/g	20.06	维生素 B_1/mg	0.12
糖/mg	54.6	维生素 B_2/mg	0.72
灰分/g	4.4	维生素 D_2/IU	1 600
钙/mg	772	尿酶	阴性
磷/mg	587		

婴儿配方乳粉Ⅱ

产品用脱盐乳清粉调整酪蛋白和乳清蛋白的比例（酪蛋白比乳清蛋白为40∶60），同时增加了乳糖的含量（乳糖占总糖量的90%以上，复原后与母乳接近），添加植物油以增加不饱和脂肪酸的含量，再加入维生素和微量元素，使产品中各种成分与母乳相近。配方组成见表 1-3-5。

表 1-3-5 婴儿配方乳粉Ⅱ配方组成

物料名称	每吨投料量	物料名称	每吨投料量
牛乳/kg	2 500	乳清粉/kg	475
乳油/kg	67	蔗糖/kg	65
维生素 C/g	60	维生素 E/g	0.25
硫酸亚铁/g	350	叶酸/g	0.25
棕榈油/kg	63	三脱油/kg	63
维生素 A/g	6	维生素 D/g	0.12
维生素 B_1/g	3.5	维生素 B_6/g	35
维生素 B_2/g	4.5	烟酸/g	40

二、速溶乳粉

速溶乳粉比普通喷雾乳粉颗粒大而疏松，润湿性好，分散度高，用水冲调复原时即使用冷水也能迅速溶解而不结块，所以颇受消费者欢迎。生产具有极佳溶解性的脱脂和全脂乳粉(即速溶乳粉)的方法已经开始使用。

速溶乳粉的特性，来自特殊的工艺条件。由于全脂速溶乳粉含有较多的脂肪，脂肪的疏水性对润湿性有很大影响，所以其生产工艺较脱脂速溶乳粉复杂。乳粉要想在水中迅速溶解必须经过速溶化处理，乳粉颗粒经处理后形成更大一些的多孔的附聚物。乳粉要得到正确的多孔率，首先要经干燥把颗粒中的毛细管水和孔隙水用空气取代，然后颗粒需再度湿润。这样，颗粒表面迅速膨胀关闭毛细管，颗粒表面就会发黏，使颗粒粘接在一起形成附聚。生产速溶乳粉的方法之一即再将干乳粉颗粒循环返回到主干燥室，一旦干燥颗粒被送入干燥室，其表面即会被蒸发的水分所润湿，颗粒开始膨胀，毛细管和孔关闭并且颗粒变黏，其他乳颗粒黏附在其表面上，于是附聚物形成。

(一)速溶乳粉的生产方法

速溶乳粉的生产方法有两种，一种是再润湿法(两段法)，另一种是直通法(一段法)。以直通法在经济上更为合理。

1. 再润湿法　即用一般喷雾干燥的粉粒作为基粉，通过喷入湿空气或雾滴使其吸湿附聚成较大团粒(这时 α-乳糖开始结晶)，再行干燥、冷却形成速溶产品(干燥—吸湿—再干燥工艺)。

2. 直通法　即不需要预先制成基粉，而是在喷雾干燥室下部连接一个直通式速溶乳粉瞬间形成机，连续地进行吸潮并用流化床使其附聚造粒，再干燥而成速溶乳粉。

(二)工艺特点

速溶乳粉的工艺特点是：要使分散的、较小的、不均匀的粉粒，通过附聚成为疏松的大颗粒，使其能达到速溶。

另外，生产全脂速溶乳粉时，为解决粉粒表层游离脂肪对润湿性的影响，有些国家在粉粒表面喷涂一层亲水性的表面活性物质，如卵磷脂。

(三)速溶乳粉的生产工艺过程简介

1. 二段法生产脱脂速溶乳粉的流程　如图 1-3-5 所示，将乳粉从螺旋输送器(1)送至加料斗(8)，经振动筛板(6)均匀地洒布于圆锥形附聚干燥室中，与低压蒸气(7)混合而吸潮附聚。在降落过程与来自鼓风机(2)，经加热器(3)加热到 116～138℃的热风接触进行再干燥，使水分降至 3.8%左右。然后降落于圆锥底部并排出。沿传送带进入粉碎和筛粉机(4),经轻微粉碎并过筛,调整颗粒大小后,由包装机(5)进行包装。

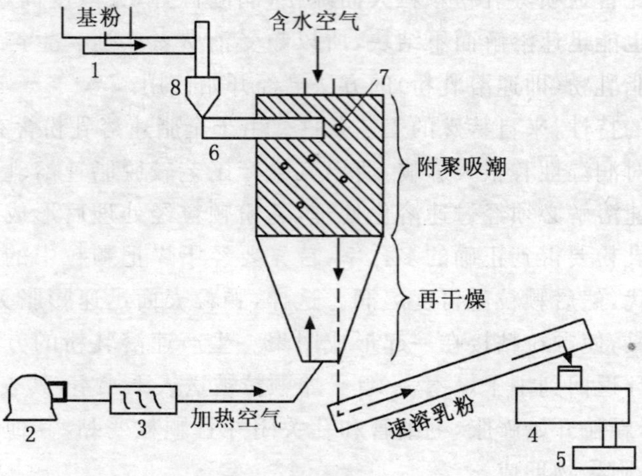

图 1-3-5　二段法生产速溶乳粉流程图

2. 直通法全脂速溶乳粉生产工艺流程　将浓缩乳在干燥室喷雾干燥成含水5%～6%的粉粒,粉粒滚落到锥形体部分附聚后,落入振动流化床。流化床一般分为 3 个区段,经下部孔板分别吹入温、热、冷空气。在第一区段粉粒继续附聚成稳定化颗粒;在第二区段被热风干燥到成品所需水分含量;在第三区段,成品冷却、过筛。最后获得附聚良好、团粒均匀、干燥的全脂乳粉。而干燥室的主要旋风分离器和流化床旋风分离器吹出的细粉,由旋风分离器下面的集粉器一起送出单独附聚好的全脂乳粉由储仓经鼓型阀进入第一流化床,然后进入喷涂装置,融化好的卵磷脂溶液被管道内的压缩空气以气流喷雾方式喷入喷涂装置内,完成卵磷脂的涂布过程。然后进入第二流化床干燥,即为成品。

卵磷脂配成无水脂肪溶液,其组成为:卵磷脂 60%,无水脂肪 40%。用量:卵磷脂量占乳干物质的 0.4%以下(0.2%～0.3%),超过 0.5%,产品具有卵磷脂味。

3. 流化床　比较有效的速溶化可经流化床获得。流化床连接在主干燥室底部,由一个多孔底板和外壳构成。外壳由弹簧固定并有马达可使之振动,当一层乳粉分散在多孔底板上时,振动乳粉以匀速沿壳长方向运送。自干燥室下来的乳粉首先进入第一段,在此乳粉被蒸汽润湿,振动将乳粉传送至干燥段,在此,温度逐渐降低的空气穿透乳粉及流化床,干燥的第一段颗粒互相粘结发生附聚。水分在乳粉经过干燥时从附聚物中蒸发出去。乳粉在经过流化床时达到要求的干燥度。

任何大一些的颗粒在流化床出口都会被滤下并被返回到入口。被滤过的和速溶的颗粒由冷风带至旋风分离器组，在其中与空气分离后包装。来自流化床的干燥空气与来自喷雾塔的废气一起送至旋风分离器，以回收乳粉颗粒。

本章小结

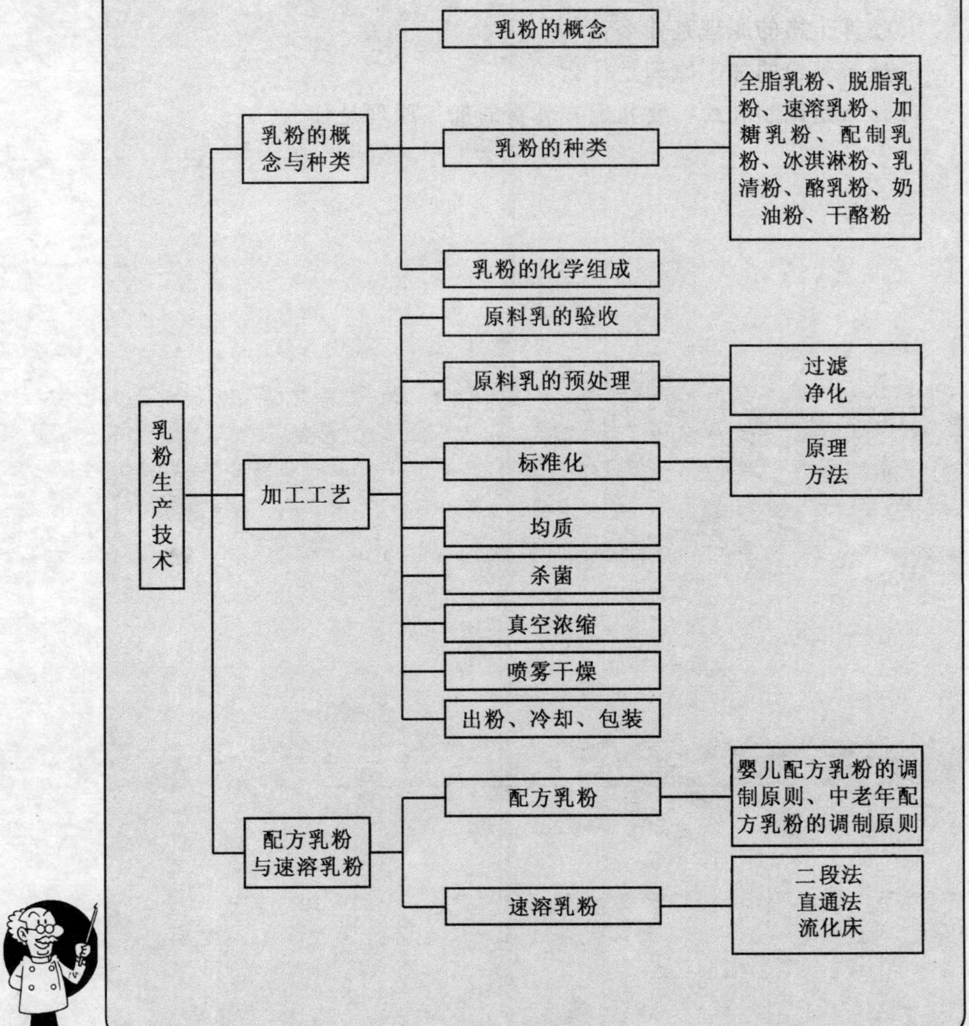

复习思考题

1. 乳粉有哪些种类？其质量特征是什么？
2. 普通乳粉的加工工艺流程是什么？
3. 真空浓缩的特点及浓缩条件是什么？
4. 喷雾干燥的原理是什么？
5. 速溶乳粉的加工原理是什么？
6. 什么是调制乳粉？婴儿配方乳粉的加工原理是什么？

第四章　酸乳与乳性饮料生产

知识目标

- 了解酸乳的种类及其特征。
- 了解常用发酵剂的品种及特性。
- 了解酸乳常见的质量问题及解决办法。
- 了解乳性饮料的类型和加工工艺。

技能目标

- 掌握发酵剂的制备技术。
- 掌握酸乳加工技术。
- 掌握普通乳性饮料的加工技术。

第一节　酸乳生产技术

一、酸乳概述

(一)酸乳定义

联合国粮食与农业组织(FAO)、世界卫生组织(WHO)与国际乳品联合会(IDF)于1977年给酸乳做出如下定义:酸乳是指在添加(或不添加)乳粉(或脱脂乳粉)的乳中(杀菌乳或浓缩乳),由保加利亚乳杆菌和嗜热链球菌的作用进行乳酸发酵制成的凝乳状产品,成品中必须含有大量的、相应的活性微生物。

(二)酸乳分类

目前全世界有400多种酸乳,其分类方法颇多。

1. 按组织状态进行分类

(1)凝固型酸乳　发酵过程在包装容器中进行,从而使产品因发酵而保留其凝乳状态。

(2)搅拌型酸乳　是先发酵后灌装而得成品。发酵后的凝乳在灌装前搅拌成黏稠状组织状态。

2. 按脂肪含量分类　可分为全脂酸乳、部分脱脂酸乳和脱脂酸乳。根据FAO/WHO规定,脂肪含量全脂酸乳为3.0%,部分脱脂酸乳为3.0%～0.5%,脱脂酸乳为0.5%,酸乳非脂固体含量为8.2%。

3. 按成品口味分类

(1)天然纯酸乳　产品只由原料乳和菌种发酵而成,不含任何辅料和添加剂。

(2)加糖酸乳　产品由原料乳和糖加入菌种发酵而成。在我国市场上常见,糖的添加量较低一般为6%～8%。

(3)调味酸乳　在天然酸乳或加糖酸乳中加入香料而成。酸乳容器的底部加有果酱的酸乳称为圣代酸乳。

(4)果料酸乳　成品是由天然酸乳与糖、果料混合而成。

(5)复合型或营养健康型酸乳　通常在酸乳中强化不同的营养素(维生素、食用纤维素等)或在酸乳中混入不同的辅料(如谷物、干果、菇类、蔬菜汁等)而成。

(6)疗效酸乳　包括低乳糖酸乳、低热量酸乳、维生素酸乳或蛋白质强化酸乳。

4. 按发酵的加工工艺进行分类

(1)浓缩酸乳　将正常酸乳中的部分乳清除去而得到的浓缩产品。因其除去乳清的方式与加工干酪方式类似,有人也叫它酸乳干酪。

(2)冷冻酸乳　在酸乳中加入果料、增稠剂或乳化剂,然后将其进行冷冻处理而得到的产品。

(3)充气酸乳　发酵后在酸乳中加入稳定剂和起泡剂(通常是碳酸盐),经过均质处理即得这类产品。这类产品通常是以充CO_2气的酸乳饮料形式存在。

(4)酸乳粉　通常使用冷冻干燥法或喷雾干燥法将酸乳中约95%的水分除去而制成酸乳粉。

5. 按菌种种类进行分类

(1)酸乳　一般是指仅用保加利亚乳杆菌和嗜热链球菌发酵而得的产品。

(2)双歧杆菌酸乳　酸乳菌种中含有双歧杆菌。

(3)嗜酸乳杆菌酸乳　酸乳菌种中含有嗜酸乳杆菌。

(4)干酪乳杆菌酸乳　酸乳菌种中含有干酪乳杆菌。

二、发酵剂的制备

(一)概念及种类

1.概念　发酵剂是指生产酸乳制品及乳酸菌制剂时所用的特定微生物培养物。它的质量优劣与发酵乳产品质量关系密切。

2.种类　通常用于乳酸菌发酵的发酵剂可按下列方式分类。

(1)按制备过程分类

①商品发酵剂:即一级菌种,是乳酸菌纯培养物。实际上指从专业发酵剂公司或有关研究所购买的原始菌种。它一般多接种在脱脂乳、乳清、肉汁或其他培养基中,或者用冷冻升华法制成一种冻干菌苗。

②母发酵剂:一级菌种的扩大再培养,它是生产发酵剂的基础。即在酸乳生产厂用商品发酵剂制得的发酵剂。

③生产发酵剂:生产发酵剂即母发酵剂的扩大培养,亦称工作发酵剂。是用于发酵乳实际生产的发酵剂。

(2)按发酵剂类型分类

①混合发酵剂:含有两种或两种以上菌的发酵剂,如保加利亚乳杆菌和嗜热链球菌按1∶1或1∶2比例混合的酸乳发酵剂,或由嗜酸乳杆菌、干酪乳杆菌和双歧杆菌等组合而成。

②单一发酵剂:只含有一种菌的发酵剂,生产时可以将各菌株混合。

(3)按发酵剂产品形式分类　发酵剂在生产、分发时,有液状、粉状(或颗粒状)及冷冻状3种形式。其中,粉状发酵剂是通过冷冻干燥培养到最大乳酸菌数的液体发酵剂而制成的。因冷冻干燥是在真空下进行,因此能最大限度减少对乳酸菌的破坏。冷冻发酵剂是通过冷冻浓缩乳酸菌生长活力最高点时的液态发酵剂而制成的,包装后放入液氮罐中。

(二)发酵剂的作用及菌种的选择

1.发酵剂的主要作用

(1)发酵乳糖产生乳酸;

(2)产生风味物质,如丁二酮、乙醛等,使酸乳具有典型的风味;

(3)分解蛋白质和脂肪,使酸乳更容易消化吸收;

(4)酸化过程抑制致病菌生长。

2.菌种的选择　菌种的选择对发酵剂的质量起着重要作用,在实际生产过程中,应根据所产酸乳的品种、口味及消费者需求来选择合适的发酵剂。选择时以产品的主要技术特性,如产香性、产酸力、产黏性及蛋白水解力作为发酵剂菌种的选择依据。

(1)考虑产酸能力　不同发酵剂的产酸能力有很大不同。同样条件下测得发酵酸度随时间的变化关系称为产酸曲线，从曲线上就可以判断这几种发酵剂产酸能力的强弱。此外，判断发酵剂菌种产酸能力还可通过测定酸度的方法。酸度检测实际上也是常用的活力测定方法。活力就是在规定时间内，发酵过程的酸生成率。

产酸能力强的发酵剂在发酵过程中容易导致产酸过度和后酸化过强(在冷却和冷藏时继续产酸)。生产中一般选择产酸能力中等的发酵剂，即2%接种量，在42℃条件下发酵3 h后，滴定酸度为90～100°T。

后酸化是指酸乳酸度达到一定值，终止发酵，进入冷却和冷藏阶段后仍继续缓慢产酸。后酸化过程包括3个阶段：①冷却过程产酸，即从发酵终点(42℃)冷却到19℃或20℃时酸度的增加，产酸能力强的菌种，此过程产酸量较大，尤其在冷却比较缓慢时；②冷却后期产酸，即从19℃或20℃冷却至10℃或12℃时酸度的增加；③冷藏阶段产酸，即在0～6℃冷库中酸度的增加。

应选择后酸化尽可能弱的发酵剂，以便于控制产品质量。后酸化的选择应符合以下要求：①选择自发酵结束到冷却的产酸强度，应是产酸弱到产酸中等程度者；②选择冷藏过程中的产酸(后酸化)，应尽可能地弱产酸；③选择冷链中断时的产酸化(10～15℃)，应尽可能地弱产酸。

目前，我国有些地方冷链系统尚不完善，从酸乳产品出厂到消费者饮用之前，冷链经常被打断，因此在酸乳生产中选择产酸较温和的发酵剂显得尤为重要。

(2)考虑滋气味和芳香味的产生　优质酸乳必须具有良好的滋气味和芳香味。与酸乳特征风味相关的芳香物质主要有醛、酰、酯、酮和挥发酸等，因此选择能产生良好滋气味和芳香味的发酵剂很重要。评估方法有：①感官评定。②测定挥发酸：通过测定挥发酸的量来判断芳香物质的生成量。挥发酸含量越高，意味着生成芳香物质的含量越高。③测定乙醛：酸乳的典型风味是由乙醛(主要由保加利亚乳杆菌产生)形成的，不同菌株生成乙醛的能力不一样，因此乙醛产生能力是选择优良菌株的重要指标之一。

(3)考虑黏性物质的产生　酸乳发酵过程中产生微量的黏性物质，有助于改善酸乳的组织状态和黏稠度，这对固形物含量低的酸乳尤为重要。但一般情况下，产黏性菌株通常对酸乳的其他特性如酸度、风味等有不良影响，其发酵产品风味都稍差些。因此在选择这类菌株时，最好和其他菌株混合使用。生产过程中，如正常使用的发酵剂突然产黏，则可能是发酵剂变异所致，应引起注意。

(4)考虑对蛋白质水解能力　嗜热链球菌对蛋白水解活性很弱，而保加利亚乳杆菌表现出一定的蛋白水解活性，能将蛋白质水解为游离的氨基酸和肽类。影响发酵剂蛋白质水解活性的主要因素有：

①温度：低温时（如3℃冷藏时）弱，常温下强。

②pH值：不同的蛋白质水解酶具有不同的最适pH值。pH值过高，容易积累蛋白质水解的中间产物，从而使酸乳中出现苦味。

③菌种与菌株：嗜热链球菌和保加利亚乳杆菌的比例和数量会影响蛋白质水解的程度。不同菌株水解蛋白质的能力也有很大不同。保加利亚乳杆菌的某些菌株由于水解蛋白质能力强会产生苦味。

④时间间隔：储藏时间的长短对蛋白质水解作用有一定影响。乳酸菌的蛋白质水解作用可能对发酵剂和酸乳产生一些影响，如刺激嗜热链球菌的生长、促进酸的生成、增加了酸乳的可消化性，但也带来产品黏度下降、出现苦味等不利影响。所以若酸乳保质期短，蛋白质水解问题可不予考虑；若酸乳保质期长，应选择蛋白质水解能力弱的菌株。

（三）发酵剂的制备

1. 菌种的复活及保存　菌种通常保存在试管或安瓿瓶中，需恢复其活力，即在无菌操作条件下接种到灭菌的脱脂乳试管中多次传代、培养。而后保存在0～4℃冰箱中，每隔1～2周移植一次。但在长期移植过程中，可能会有杂菌污染，造成菌种退化或菌种老化、裂解。因此，菌种须不定期的纯化、复壮。

2. 母发酵剂的调制　将充分活化的菌种接种于盛有灭菌脱脂乳的三角瓶中，混匀后，放入恒温箱中进行培养。凝固后再移入灭菌脱脂乳中，如此反复2～3次，使乳酸菌保持一定活力，然后再制备生产发酵剂。纯菌种活化或母发酵剂制备工艺流程如下：

复原脱脂乳（总固形物10%～12%）→115℃/15 min灭菌→冷却至43℃→接种（接种量1%～3%）→培养至凝乳（42℃）→冷却至4℃→冰箱保存。

3. 工作发酵剂的制备　工作发酵剂室最好与生产车间隔离，要求有良好的卫生条件，最好有换气设备。每天要用200 mg/L的次氯酸钠溶液喷雾，在操作前操作人员也要用100～150 mg/L的次氯酸钠溶液洗手消毒。氯水由专人配制并每天更换。

工作发酵剂制备可在小型发酵罐中进行，整个过程可全部自动化，并采用CIP清洗。工作发酵剂的制备流程如图1-4-1所示。为了不影响生产，发酵剂要提前制备，可在低温条件下短时间储藏。

脱脂乳、新鲜全脂乳或复原脱脂乳(总固形物含量 10%～12%)

↓

加热至 90℃保持 30～60 min

↓

冷却至 42℃(或菌种要求的温度)

↓

接种 ← 母发酵剂

↓

发酵到酸度>0.8%

↓

冷却至 4℃

↓

工作发酵剂($1\times(10^8\sim10^9)$cfu/mL)

图 1-4-1　酸乳工作发酵剂制备工艺流程

发酵剂常用乳酸菌的生长温度、培养时间等见表 1-4-1。

表 1-4-1　常用乳酸菌的形态、特性及培养条件

细菌名称	细菌形状	菌落形状	发育最适温度/℃	最适温度下凝乳时间/h	极限酸度/°T	凝块性质	滋味	组织形态	适用的乳制品
乳酸链球菌	双球菌	光滑，微白，菌落有光泽	30～35	12	120	均匀、稠密	微酸	针刺状	酸奶、酸稀奶油、牛乳酒、酸性奶油、干酪
乳油链球菌	链状	光滑，微白，菌落有光泽	30	12～24	110～115	均匀、稠密	微酸	酸稀奶油状	酸奶、酸稀奶油、牛乳酒、酸性奶油、干酪
产生芳香物质的细菌： 柠檬明串珠菌、 戊糖明串珠菌、 丁二酮乳酸链球菌、 嗜热链球菌	单球状 双球状 长短不同的细长链状	光滑，微白，菌落有光泽	30 37～42	不凝结 48～72 18～48 12～24	70～80 100～105 110～115	均匀	微酸	酸稀奶油状	酸奶、酸稀奶油、牛乳酒、酸性奶油、干酪 酸乳、干酪

续表 1-4-1

细菌名称	细菌形状	菌落形状	发育最适温度/℃	最适温度下凝乳时间/h	极限酸度/°T	凝块性质	滋味	组织形态	适用的乳制品
嗜热性乳酸杆菌、保加利亚乳杆菌、干酪乳杆菌、嗜酸杆菌	长杆状有时呈颗粒状	无色的小菌落如絮状	42～45	12	300～400	均匀稠密	酸	针刺状	酸牛乳、马乳酒、干酪、乳酸菌制剂
双歧杆菌、两歧双歧杆菌、长双歧杆菌、婴儿双歧杆菌、短双歧杆菌	多形性杆菌，呈Y、V形弯曲状、勺状、棒状等	中心部稍突起表面灰褐色或乳白色稍粗糙	37	17～24		均匀	微酸有醋酸味	酸稀奶油状	酸奶、乳酸菌制剂

(四)发酵剂的质量控制

1. 感官检查　对于液态发酵剂，首先是检查其组织状态、色泽及有无乳清分离等；其次是检查凝乳的硬度；然后是品尝酸味及风味，观察其是否有苦味、异味等。

2. 发酵剂活力测定　发酵剂的活力，可用乳酸菌在规定时间内产酸状况或色素还原来进行判断。

(1)酸度测定　在 10 mL 灭菌脱脂乳或复原脱脂乳(固形物含量 11.0%)中接入 3%的待测发酵剂，在 37.8℃的恒温箱下培养 3.5 h，然后测定乳酸度，如果滴定乳酸度达 0.8%以上，则可以认为发酵剂活力良好。

(2)刃天青还原试验　在 9 mL 灭菌脱脂乳中加 1 mL 发酵剂和 0.005%刃天青溶液 1mL，在 36.7℃的恒温箱中培养 35 min 以上，如完全褪色则表示活力良好。

(3)污染程度检查　在实际生产过程中对连续传代的母发酵剂进行定期检查：①纯度可用催化酶实验，乳酸菌催化酶实验应呈阴性，阳性反应是污染所致；②阳性大肠菌群实验检测粪便污染情况；③检查是否污染酵母、霉菌，乳酸发酵剂中不允许出现酵母或霉菌；④检查噬菌体的污染情况。

三、酸乳制品加工工艺

(一)普通酸乳加工

酸乳制品的种类名目繁多，但其生产方法大同小异。下面以生产最多的凝固型酸乳和搅拌型酸乳为例，加以介绍。

1. 凝固型和搅拌型酸乳的工艺流程　如图 1-4-2 所示。

原料准备/牛乳预处理
↓
标准化
↓
均质
↓
杀菌
↓
冷却至接种温度
↓
接种

在发酵罐中发酵 → 冷却 → 添加果料 → 搅拌 → 罐装 → 冷藏后熟 → 搅拌型酸乳的生产

罐装在零售容器内 → 发酵 → 冷却 → 冷藏后熟 → 凝固型酸乳的生产

图 1-4-2　凝固型和搅拌型酸乳的工艺流程

2. 操作要点

(1)原料乳　用于制作发酵剂的乳和生产酸乳的原料必须是高质量的，要求酸度在 18°T 以下，乳中全乳固体不得低于 11.5%，绝对不能含抗生素。

(2)均质　均质处理可使原料充分混匀，有利于提高酸乳的稳定性和黏稠度，并使酸乳质地细腻，口感良好。均质所采用的压力一般为 20～25 MPa。

(3)杀菌　目的在于杀灭原料乳中的杂菌，确保乳酸菌的正常生长和繁殖；钝化原料乳中对发酵菌有抑制作用的天然抑制物；使牛乳中的乳清蛋白变性，以达到改善组织状态，提高黏稠度和防止成品乳清析出的目的。杀菌条件一般为 90～95℃，5 min。

(4)接种　杀菌后的乳应马上降温到45℃左右，以便接种发酵剂。接种量根据菌种活力、发酵方法、生产时间的安排和混合菌种配比的不同而定。一般生产发酵剂，其产酸活力在0.7%～1.0%之间，此时接种量应为2%～4%。加入的发酵剂应事先在无菌操作条件下搅拌成均匀细腻的状态，不应有大凝块，以免影响成品质量。加入后搅拌均匀。

(5)罐装　凝固型酸奶罐装时，可根据市场需要选择玻璃瓶、塑料袋、纸质杯等。在装瓶前需对玻璃瓶进行蒸汽灭菌，一次性塑料杯可直接使用。搅拌型酸乳罐装时，注意对果料杀菌，杀菌温度应控制在能抑制一切有生长能力的细菌，而又不影响果料的风味和质地的范围内。

(6)发酵　用保加利亚乳杆菌与嗜热链球菌的混合发酵剂时，温度保持在41～42℃，培养时间2.5～4.0 h(2%～4%的接种量)。达到凝固状态时即可终止发酵。发酵终点可依据如下条件来判断：①滴定酸度达到80°T以上；②pH值低于4.6；③表面有少量水痕；④乳变黏稠。发酵应注意避免震动，否则会影响组织状态；发酵温度应恒定，避免忽高忽低；掌握好发酵时间，防止酸度不够或过度以及乳清析出。

搅拌型酸乳的发酵是在发酵罐中进行的，应控制好发酵的温度，也要避免忽高忽低。发酵罐上部和下部温差不要超过1.5℃。

(7)搅拌　搅拌是搅拌型酸乳生产的一道重要工序，搅拌时应注意凝胶体的温度、pH值及固体含量等。通常搅拌开始时用低速，然后用较快的速度。

(8)冷却　发酵好的凝固酸乳，应立即移入0～4℃的冷库中，迅速抑制乳酸菌的生长，以免继续发酵造成酸度过高。在冷藏期间，酸度仍会有上升，同时风味物质双乙酰含量也会增加。实验表明冷却24 h，双乙酰含量达到最高，超过24 h又会减少。因此，发酵凝固后须在0～4℃储藏24 h再出售，该过程也称为后成熟。一般最大冷藏期为7～14 d。

搅拌型酸乳冷却的目的除防止产酸过度外，还防止搅拌时脱水。冷却过程应稳定进行，过快将造成凝块收缩迅速，导致乳清分离；过慢则会造成产品过酸和添加果料的脱色。

(二)特殊酸乳

1.特殊酸乳的种类　特殊酸乳是由两种肠道固有的有益菌(嗜酸乳杆菌、双歧杆菌)和普通酸乳菌种结合而制成的具疗效作用的酸乳制品。目前，世界上开发的这类乳制品的品种较多，表1-4-2列出了一些较为重要的特殊酸乳的商品名称以及所用的发酵微生物。

表 1-4-2 目前国际上较重要的特殊酸乳名称及发酵微生物

商品名称	发酵微生物			
	嗜酸乳杆菌	保加利亚乳杆菌	双歧/长双歧杆菌	嗜热链球菌
A-Byoghurt	+	+	+	+
B-Active	+	−	+	−
BA-Live	+	−	+	−
BA-Natura	+	+	+	+
Biogarde	+	−	+	−
Bioghurt	+	−	−	+
Cultura	+	−	+	−
Real Active	−	+	+	+

2. 特殊酸乳的制作方法

目前，国外特殊酸乳的品种较多，加工工艺也不尽相同。归纳起来，主要有下述几种：

(1)混合发酵法　将不同的菌种添加到杀菌后的乳中，经混合发酵至一定的酸度制作而成。其基本工艺与普通酸乳生产工艺相同，如生物酸乳、Cultura、Biogarde、B-Active 以及 BA-Live 均采用这种生产工艺。

(2)分别培养　一种或多种肠道菌与酸乳菌种混合发酵时，往往制品中由于肠道菌在乳中生长繁殖速度慢，使得活性肠道菌数量不高，而分别培养工艺，是将肠道菌和酸乳菌种分开接种到乳中，分别培养到要求的酸度后，再行混合。分别培养可保证肠道菌有一定的生长繁殖时间，确保混合时细菌数量；而混合可赋予制品良好风味。如普通酸乳与嗜酸菌乳按 9∶1 混合而成的 A-B 酸奶。分别培养制品一般货架期较短，要求混合后尽快销售。

(3)部分发酵工艺　也称为不完全发酵工艺。由于嗜酸乳杆菌和双歧杆菌对于长时间存在于低 pH 值是较敏感的，故须使成品 pH 值高于 4.7，或须保证这些肠道菌的起始活菌数量特别高，使制品到达消费者手中其活菌含量必须高于 10^6 cfu/mL(这个数通常被称为“最低疗效作用”数)。最近欧洲专利报道了部分发酵乳生产工艺，乳在微生物的发酵下至一较高 pH 值(比通常发酵终点高)，使制品在储藏和销售过程中，发酵微生物的数量不但不降低，相反还有所提高。这实际上是延长货架期的一种方法。

(4)分步培养　最近美国专利介绍了分步培养生产方法。接种嗜酸乳杆菌菌种到热处理的乳—糖—纤维基料中，培养至要求的酸度，然后接入普通酸乳菌种，进一步发酵至要求酸度，这种生产方法能确保成品中嗜酸乳杆菌数量和存活。

四、酸乳制品质量控制

（一）酸乳制品生产的质量控制措施

1. 原辅料的质量控制　主要是指对原辅料微生物学方面和物理化学方面的质量控制。

微生物学检验主要是要求总菌数、大肠杆菌在要求范围内，致病菌不得检出。物理化学检验主要是指原辅料中不能含有抗生素，不得有异味、异物，原料中脂肪、蛋白质、总乳固体、固形物含量，原料乳的酸度、热稳定性，重金属含量以及辅料特征指标（溶解度、杂质度等）。

2. 加工过程中工艺要点质量控制　首先必须保证生产设备已经过 CIP（cleaning in place）清洗和灭菌。现以搅拌型酸乳生产为例简述如下。

（1）标准化和混料过程　需要检验总菌数、大肠菌群总数、致病菌数，原料乳中蛋白质、脂肪和总乳固体含量以及原料乳的酸度变化。同时加强搅拌时间、温度、水合时间的控制。

（2）热处理杀菌过程

①热处理过程中的最高温度；②达到最高温度所需时间；③在最高温度下的保持时间；④供热液体与待杀菌乳之间温差；⑤供热液体与待杀菌乳之间的热交换系数（设备一定时，其主要与流量有关）。

一般要求热处理设备中应具备杀菌温度-时间自动记录仪，以严格控制上述诸因素。操作人员在实际生产过程中必须严密监视上述温度、时间及流量变化是否合理，同时在杀菌前后分别取样检验杀菌效率（注意无菌操作）。

此外，操作人员还必须注意热处理设备本身的清洗、杀菌等方面的问题。

（3）均质过程　均质过程必须控制的指标主要是均质压力和温度。

（4）接种、发酵过程

①接种时乳的温度；②接种时间；③发酵温度和时间；④发酵过程中 pH 值（或酸度）变化；⑤发酵环境。

该过程在杀菌之后，因此必须严防再污染。此外在控制发酵温度时应考虑发酵过程中产生热量，使整个发酵乳温度有所升高的现象。

（5）冷却过程

①设备在冷却前的卫生指标；②产品在冷却前后的 pH 值、酸度及质地变化；③冷却所用时间；④冷却后产品的温度；⑤冷却效率；⑥冷却前后产品的物化指标和微生物指标。

该过程同样需要严防再污染。

(6)灌装过程　灌装过程同上述诸过程一样必须严防再污染。主要控制指标是:①灌装车间及设备的卫生指标;②包装材料质量;③灌装时产品温度、酸度、口感与风味;④灌装质量;⑤灌装前后产品微生物指标。

(7)储藏、运输过程

①冷库温度及卫生状况;②产品温度降至10℃时所需时间;③产品在保质期内的质量变化情况;④产品微生物、物理化学及感官指标。

如该批产品各项指标符合国家标准以及本企业对该产品的有关要求,方可进入市场,不合格产品应坚决不予出厂。成品运输条件必须符合保鲜制品运输条件(食品卫生及温度等)要求。

(二)酸乳生产过程中容易出现的问题

酸乳成品质量可从理化、微生物和感官3个方面进行评定。一般规定在组织状态上,凝块均匀细腻,无气泡,允许有少量乳清析出;具有纯正的酸乳滋味及气味,无酒精发酵味、霉味及其他异味;色泽均一,呈白色或稍带微黄色。

在酸乳生产过程中易产生以下一些质量缺陷,需根据上述质量控制措施从原料和工艺条件等方面加以注意。

1. 产品质地不均,有蛋白凝块或颗粒、不黏稠,凝固不良　发酵时间不够;使用了发酵能力衰退的发酵剂;产酸低,引起了凝固不良;乳中固形物不足,发酵停止;在搬运过程中的剧烈震动等。

2. 产品缺乏发酵乳的芳香味,酸度过高或过低　原料乳品质不佳;发酵剂污染;生产环境不卫生等诸多因素均会使酸乳凝固时出现海绵状气孔和乳清分离、口感不良、有异味等现象。产酸菌比例过大或过少,产酸量过多或不足。

3. 乳清分离、上部分是乳清,下部分是凝胶体　储藏温度过高或时间过久,使蛋白质的水合能力降低,形成的凝乳疏松而碎裂,使乳清析出。

4. 发酵时间长　使用的发酵剂不良,产酸弱,乳中酸度不足,发酵温度过低或发酵剂用量过少等方面因素引起的。

5. 微生物污染,有非乳酸菌生长或胀包　生产环境污染或生产时灭菌不彻底,未按工艺参数进行操作等原因造成的。

(三)酸乳卫生标准(GB 19302—2003)

本标准适用于以牛(羊)乳或复原乳为主原料,经杀菌、发酵、搅拌或不搅拌,添加或不添加其他成分制成的纯酸乳和风味酸乳。

纯酸乳:以乳或复原乳为原料,经脱脂、部分脱脂或不脱脂制成的产品。

风味酸乳:用80%以上乳或复原乳为主料,经脱脂、部分脱脂或不脱脂,添加食糖、天然果料、调味剂等辅料制成的产品。

1. 感官指标 见表 1-4-3。

表 1-4-3 酸乳的感官要求

项 目	纯酸乳	风味酸乳
色泽	均匀一致,呈乳白色或微黄色	呈均匀一致的乳白色,或风味酸乳特有的色泽
滋味和气味	具有纯乳发酵特有的滋味、气味	除有发酵乳味外,并含有添加成分特有的滋味和气味
组织状态	组织细腻、均匀,允许有少量乳清析出;果料酸乳有果块或颗粒	

2. 理化指标 见表 1-4-4。

表 1-4-4 酸乳的理化指标

项 目		指标	
		纯酸乳	风味酸乳
脂肪*	全脂	≥3.0	≥2.5
	部分脱脂	0.5～3.0	0.5～2.5
	脱脂	≤0.5	≤0.5
非脂乳固体*		≥8.1	≥6.5
总固形物*		—	≥17.0
蛋白质*		≥2.9	≥2.3
酸度/(°T)		≥70.0	
铅(Pb)/(mg/kg)		≤0.05	
无机砷/(mg/kg)		≤0.05	
黄曲霉毒素 M_1/(μg/kg)		≤0.5	

* 为每 100 g 酸乳中的含量(g)。

3. 微生物指标 见表 1-4-5。

表 1-4-5 酸乳的微生物指标

项目	指标
大肠菌群*/MPN	≤90
酵母/(cfu/g)	≤100
霉菌/(cfu/g)	≤30
致病菌(沙门氏菌、金黄色葡萄球菌、志贺氏菌)	不得检出

* 为每 100 g 酸乳中的含量(g)。

4. 乳酸菌数　见表 1-4-6。

表 1-4-6　酸乳的乳酸菌数指标

项目	指标
乳酸菌数/(cfu/mL)	≥1×10^6

第二节　乳性饮料生产技术

乳性饮料是指以新鲜牛乳为原料(含乳 30%以上),加入水与适量辅料如可可、咖啡、果汁等物质,经有效杀菌制成的具有相应风味的含乳饮料。根据国家标准,乳饮料中的蛋白质及脂肪含量均应大于 1%。

一、风味乳饮料

(一)风味乳饮料的加工工艺流程

市场上常见的风味乳饮料有草莓乳、香蕉乳、巧克力乳、咖啡乳等产品,所采用的包装形式主要有无菌包装和塑料瓶包装。风味乳饮料一般以原料乳或乳粉为主要原料/,然后加入水、糖、稳定剂、香精色素等经热处理而制得。风味乳饮料中原料乳的含量从 50%～95%不等。

风味乳饮料的工艺流程如图 1-4-3 所示。

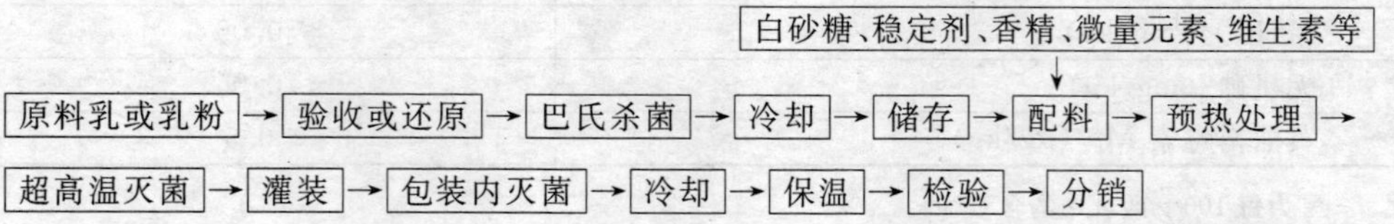

图 1-4-3　风味乳饮料的工艺流程

(二)操作要点

1. 验收　一般原料乳的酸度应小于 18°T,细菌指数最好应控制在 2×10^5 cfu/mL 以内。若采用乳粉还原来生产风味乳饮料,乳粉也必须符合标准后方可使用。

2. 还原　首先将软化的水加热到 45～50℃,然后通过乳粉还原设备进行乳粉的还原,待乳粉完全溶解后,停止罐内的搅拌器,在此温度下水合 20～30 min。

3. 巴氏杀菌　待原料乳检验完毕或乳粉还原后，先进行巴氏杀菌，同时将乳液冷却至 4℃。

4. 配料　根据配方，准确称取各种原辅料。糖的处理，一种方法是用乳溶糖进行净乳；另一种方法是先将糖溶解于热水中，95℃下保持 15～20 min，冷却后过滤泵入乳中。若采用优质鲜乳为原料，可不加稳定剂。但大多数情况下采用乳粉还原时，则必须使用稳定剂。最后加入香精，充分搅拌均匀。

5. 均质　各种原料在调和罐内调和后，用过滤器除去杂质，经高压均质。均质压力 10～15 MPa。

6. 超高温灭菌　通常采用 137℃，4 s。在超高温灭菌设备内应包括脱气和均质处理装置。通常均质首先进行脱气，脱气后温度一般为 70～75℃，然后再均质。

二、果汁乳饮料

果汁乳饮料就是以单一品种的果汁或复合果汁配以发酵乳、鲜乳、全脂乳粉、蔗糖、酸味剂为主要原料的一种蛋白饮料，可以说是水、乳制品、果汁三位一体的复合型饮品。

近些年来，果汁乳饮料以鲜艳的色泽、芬芳的香气、酸甜清爽的口感及丰富的营养，深受国内外消费者的喜爱。这也就决定了其营养上的优势——同时含有果汁和乳制品的营养成分，既含有果汁的糖类、果胶类物质、有机酸及大量的维生素 C，又含有乳制品中必不可少的酪蛋白、乳清蛋白、维生素群和钙质。从营养成分上更胜一筹，且“牛奶＋果汁”的概念易为广大消费者所理解和接受。另外，果汁乳饮料为低 pH 值产品，在包装上适应性很强，在正常的杀菌工艺下，无须添加防腐剂，即能在室温下存放 6 个月不会变质。不但绿色安全，而且可以采用各种新颖别致的包装设计，能够适应不同人群的需要。一般来说，果汁乳饮料在包装单位上均不是很大，携带方便。

(一)配料及工艺流程

1. 典型的果汁乳饮料的配料　乳粉 3%～12%，果汁适量，稳定剂 0.35%～0.6%；加柠檬酸，调 pH 值为3.8～4.0，柠檬酸钠 0.5%。

2. 典型的果汁乳饮料的成品标准　脂肪≥1.0%，糖 12%，蛋白质≥1.0%，总固形物 15%。

3. 以牛乳为原料的工艺流程　见图 1-4-4。

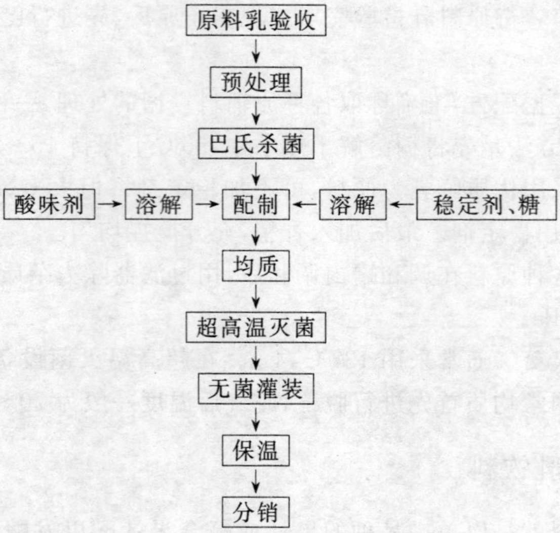

图 1-4-4 以牛乳为原料的工艺流程

(二)操作要点

1. 乳粉的还原　用大约 1/2 50℃的软化水来溶解乳粉，确保乳粉完全溶解。

2. 稳定剂的溶解方法　将稳定剂与其质量 5～10 倍的白砂糖预先干混，然后在高速搅拌下，将稳定剂和糖的混合物加入到 70℃左右的热水中打浆溶解，经胶体磨分散均匀。

3. 混料　将稳定剂溶液、剩余白砂糖及其他甜味剂，加入到原料乳或还原乳中，混合均匀后进行酸化。

4. 酸化　酸化过程是果汁乳饮料生产中的重要步骤，成品的品质取决于调酸过程。为了得到最佳的酸化效果，酸化前应将牛乳的温度降至 20℃以下。

为保证酸溶液与牛乳充分均匀地混合，混料罐应配备高速搅拌器，同时酸味剂用软化水稀释(10%～20%溶液)缓慢地加入或泵入混料罐，通过喷洒器以液滴形式迅速、均匀地分散于混合料液中。加酸液浓度太高或太快，会使酸化过程形成的酪蛋白颗粒粗大，产品易出现沉淀现象。

为了避免局部酸度偏差过大，可在酸化前在酸液中加入一些缓冲盐类，如柠檬酸钠等。

为保证酪蛋白颗粒的稳定性，在升温及均质前，应先将牛乳 pH 值降至 4.0

以下。

5. 调和　酸化过程结束后，将香精、复合微量元素及维生素加入到酸化的牛乳中，同时对产品进行标准化定容。

6. 杀菌　由于果汁乳饮料 pH 值一般在 3.8～4.2，因此它属于高酸食品，其杀菌的对象为霉菌和酵母菌，采用 137℃，4 s 的杀菌条件。杀菌设备中一般都有脱气和均质处理装置，常用均质压力为 20 MPa。

对于灌装于塑料瓶中的果汁乳饮料来说，通常在灌装后，采用 95～98℃，30～45 min 的水浴加热杀菌，然后快速冷却至 20℃进行分装。

三、乳酸菌饮料

乳酸菌饮料是一种发酵型的酸性含乳饮料。通常以牛乳或乳粉、植物蛋白乳(粉)、果蔬菜汁或糖类为原料，添加或不添加食品添加剂与辅料，经杀菌、冷却、接种乳酸菌发酵剂培养发酵，经稀释而制成。乳酸菌饮料因其加工处理的方法不同，一般分酸乳型和果蔬型两大类。同时又可分为活性乳酸菌饮料(未经杀菌)和非活性乳酸菌饮料(经后杀菌)。活菌型乳酸菌在加工过程中工艺控制要求较高，且需无菌灌装，加之在销售过程中需冷藏销售，我国虽早有生产，但产量较低。目前我国销量最大的品种仍然是杀菌型酸乳饮料。本节以杀菌型酸乳饮料为例来介绍这类产品生产工艺。

(一)乳酸菌饮料的加工工艺流程

活性乳酸菌与非活性乳酸菌饮料在加工过程的区别主要在于配料后是否杀菌。其工艺流程如图 1-4-5 所示。

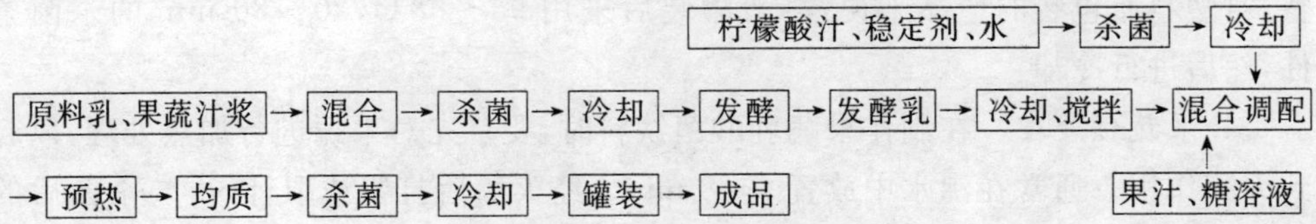

(二)配方与操作要点

1. 配方及混合调配

(1)乳酸菌饮料配方Ⅰ

酸乳 30%	糖 10%	果胶 0.4%	果汁 6%
45%的乳酸 0.1%	香精 0.15%	水 53.35%	

(2)乳酸菌饮料配方Ⅱ

酸乳 46.2% 白糖 6.7% 蛋白糖 0.11% 果胶 0.18%

耐酸 CMC 0.23% 柠檬酸 0.29%

磷酸二氢钠 0.05% 香兰素 0.018%

水蜜桃香精 0.023% 水 46.2%

(3)调配 先将白砂糖、稳定剂、乳化剂与螯合剂等一起拌和均匀,加入 70~80℃的热水中充分溶解,经杀菌、冷却后,同果汁、酸味剂一起与发酵乳混合并搅拌,最后加入香精等。

在乳酸菌饮料中最常使用的稳定剂是纯果胶或与其他稳定剂的复合物。通常果胶对酪蛋白颗粒具有最佳的稳定性,这是因为果胶是一种聚半乳糖醛酸,在 pH 值为中性和酸性时带负电荷,将果胶加入到酸乳中时,它会附着于酪蛋白颗粒的表面,使酪蛋白颗粒带负电荷。由于同性电荷互相排斥,可避免酪蛋白颗粒间相互聚合成大颗粒而产生沉淀,考虑到果胶分子在使用过程中的降解趋势以及它在 pH=4 时稳定性最佳的特点,因此,杀菌前一般将乳酸菌饮料的 pH 值调整为 3.8~4.2。

2. 均质 均质使其液滴微细化,提高料液黏度,抑制粒子的沉淀,并增强稳定剂的稳定效果。乳酸菌饮料较适宜的均质压力为 20~25 MPa,温度 53℃左右。

3. 后杀菌 发酵调配后的杀菌目的是延长饮料的保存期。经合理杀菌、无菌灌装后的饮料,其保存期可达 3~6 个月。由于乳酸菌饮料属于高酸食品,故采用高温短时巴氏杀菌即可得到商业无菌,也可采用更高的杀菌条件如 95~105℃,30 s 或 110℃,4 s。生产厂家可根据自己的实际情况,对以上杀菌条件作相应的调整,对塑料瓶包装的产品来说,一般罐装后采用 95~98℃,20~30 min 的杀菌条件,然后进行冷却。

4. 果蔬预处理 在制作果蔬乳酸菌饮料时,要首先对果蔬进行加热处理,以起到灭酶作用。通常在沸水中放置 6~8 min。经灭酶后打浆或取汁,再与杀菌后的原料乳混合。

本章小结

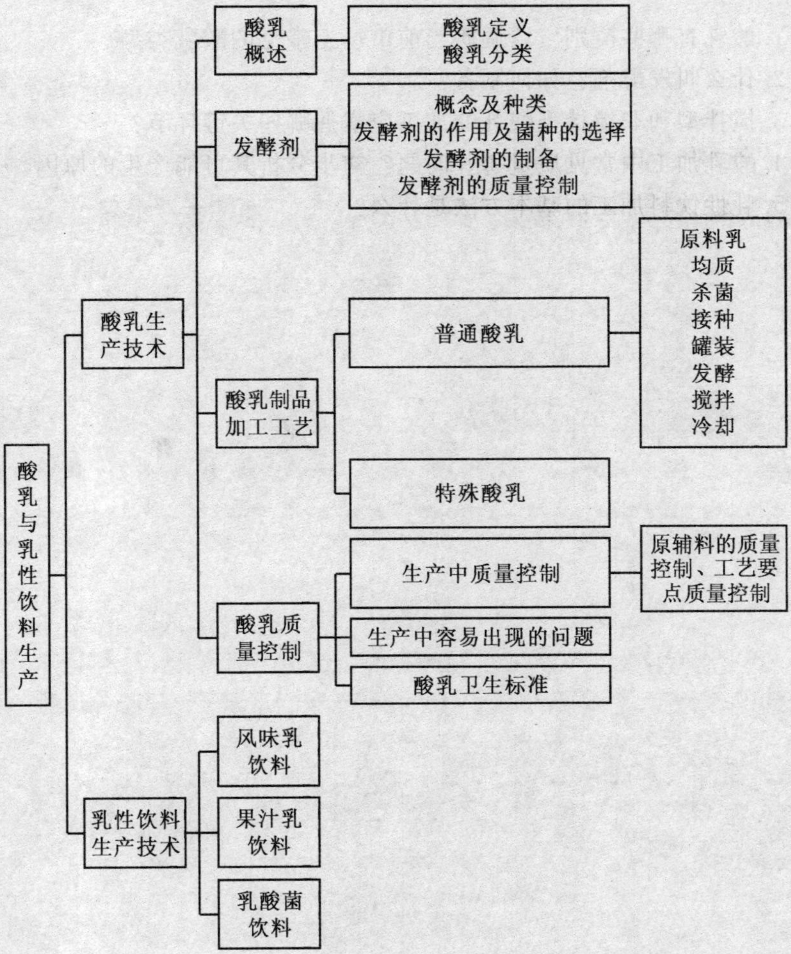
酸乳与乳性饮料生产
酸乳生产技术
酸乳概述
酸乳定义
酸乳分类
发酵剂
概念及种类
发酵剂的作用及菌种的选择
发酵剂的制备
发酵剂的质量控制
酸乳制品加工工艺
普通酸乳
原料乳
均质
杀菌
接种
罐装
发酵
搅拌
冷却
特殊酸乳
酸乳质量控制
生产中质量控制
原辅料的质量控制、工艺要点质量控制
生产中容易出现的问题
酸乳卫生标准
乳性饮料生产技术
风味乳饮料
果汁乳饮料
乳酸菌饮料

复习思考题

1.酸乳有哪些类别？请调研当前市场上常见的酸乳类型。

2.什么叫发酵剂？如何制备？

3.搅拌型和非搅拌型酸乳的加工应掌握哪些关键环节？

4.酸乳加工中常见质量哪些问题？初步分析其可能产生的原因。

5.乳性饮料加工的基本方法是什么？

第五章　其他乳制品生产技术

知识目标

- 了解冰淇淋、麦乳精、干酪、奶油、炼乳的种类。
- 掌握冰淇淋、麦乳精、干酪、奶油、炼乳加工的基本原理。

技能目标

- 掌握冰淇淋、麦乳精的加工方法。
- 了解干酪、奶油、炼乳的一般加工过程。

由于人类的民族性和地域性差异，形成了不同的食品消费习惯。在乳类食品生产实践中，人们不但生产了各种胶体性乳性饮品和乳粉，而且生产了许多半流体和固体乳制品。例如，具止渴、消暑、营养于一体的冰淇淋，补充体内营养物质的麦乳精，具有特殊营养价值的干酪以及含有高能量的奶油等。

第一节　冰淇淋生产技术

一、概述

(一)冰淇淋的概念

冰淇淋是以牛乳、乳制品及蔗糖为主要原料，并加入蛋和蛋制品、乳化剂、稳定剂以及香料等原料，经过混合配制、杀菌、均质、凝冻、成型、硬化等工序加工而成的。产品营养价值高、易于消化，是夏季人类用以消暑、止渴、补充营养物质的食品。

(二)冰淇淋的种类

由于原料种类、各种原料配合比例以及赋型物的不同,冰淇淋的种类也多种多样。我国通常按3种分类法分类。

1.按组成成分分类

(1)高级奶油冰淇淋　脂肪含量14%～16%,干物质含量38%～42%。根据加入的调味剂的不同,又可分为巧克力、胡桃、葡萄、果味、鸡蛋冰淇淋等。

(2)奶油冰淇淋　脂肪含量10%～12%,干物质含量34%～38%。根据加入的物料不同,也能分成相应的多种产品。

(3)牛奶冰淇淋　脂肪含量5%～8%,干物质含量32%～34%。根据加入物料的不同,分为牛奶、牛奶可可、牛奶果味、牛奶鸡蛋、牛奶夹心冰淇淋等。

(4)果味淇淋　脂肪含量一般在3%～5%,干物质含量28%～30%。根据加入果味香精的气味分为橘子、香蕉、菠萝、杨梅冰淇淋等。

2.按赋型物分类　不同赋型物能使冰淇淋具有不同的形状,因而制成了散装冰淇淋、蛋卷冰淇淋、杯状冰淇淋、夹心冰淇淋和软质冰淇淋等。

3.按加入的其他辅料分类　根据主原料中加入的辅料不同,可分为水果冰淇淋、果仁冰淇淋、布丁冰淇淋、外涂巧克力冰淇淋、酸味冰淇淋等。

二、冰淇淋的生产

(一)工艺流程

原料标准化与原料配合→混合料均质→混合料灭菌→混合料冷却→混合料陈化(老化)→凝冻→成型→硬化→包装→冷藏。

(二)操作要点

1.原料标准化与原料配合　原料标准化的目的是为了让产品符合标准要求。要具备稳定的产品质量,必须对原料进行标准化处理。首先应制定混合料营养成分标准,其次要测定或查明已选定的各种原料的营养成分含量,再次应计算出各种所选原料需添加的量,最后按量进行配合。

(1)制定混合料营养成分标准　如确定生产高级奶油冰淇淋的混合料营养成分:乳脂肪16.0%,非脂干物质8.0%,蔗糖16.0%,稳定剂0.35%,蛋黄(干物质)0.5%,总干物质40.85%,水59.15%。

(2)确定所选原料的各种营养成分含量　如果采购的是标准原料可以参照原料营养成分表确定。如果是非标原料则应经检测而确定。表1-5-1给出了标准原料营养成分值。

表 1-5-1　原料营养成分值

原料名称	营养成分含量/%			
	脂肪	非脂干物质	糖度	总干物质
牛乳	3.3	8.2		11.5
脱脂乳	0.1	8.5		8.6
稀奶油 1	20.0	7.1		27.1
稀奶油 2	30.0	5.9		35.9
稀奶油 3	40.0	5.1		45.1
奶油(无盐)	83	1.0		84.0
无糖全脂炼乳	8	18.1		26.1
脱脂炼乳	0.2	30.0		30.2
全脂加糖炼乳	8.4	21.2	43.0	72.6
脱脂加糖炼乳	0.2	27.8	42.0	70.0
全脂奶粉	26.5	71		97.5
脱脂奶粉	1.0	94.8		95.8
鲜蛋(脱壳)	12.7	14.2		26.9
乳脂	100.0			100.0

(3)计算各种原料所需要的量　通常用试差法、线性代数或用计算机求各种原料需要量。现举例计算如下：

[例 1] 今以无盐奶油、脱脂乳粉、蔗糖、明胶和水为原料，配合含脂肪 8%、非脂干物质 11.0%、蔗糖 15%、明胶 0.5%的冰淇淋混合料 100 kg，计算各种原料需要量(成分参见表 1-5-1)。

计算方法：混合料需配置 100 kg，蔗糖占 15%，为 15 kg。明胶占 0.5%，为 0.5 kg。奶油为：100×0.08÷0.83=9.6(kg)(这里将脱脂乳粉中的脂肪忽略不计)。脱脂乳粉为：100×0.11÷0.95=11.6(kg)。加水量为：100－15－0.5－9.6－11.6=63.3(kg)。

[例 2] 今以含脂肪 30%的稀奶油、脱脂乳、脱脂乳粉、蔗糖、明胶为原料，配置如上例相同的混合料 100 kg，计算各种原料需要量。

计算方法：蔗糖仍为 15 kg，明胶仍为 0.5 kg。

设稀奶油需 a kg，脱脂乳需 b kg，脱脂乳粉需 c kg。则：$a+b+c=100-15-0.5=84.5$(kg)。

因混合料中的脂肪来源于稀奶油、脱脂乳粉，脱脂乳中微量的脂肪可忽略不

计。所以，

$0.3a+0.01b=100\times0.08=8(\text{kg})$。

而非脂干物质则由稀奶油、脱脂乳粉、脱脂乳 3 种原料提供。所以，

$0.059a+0.95b+0.085c=100\times0.11=11(\text{kg})$。

解联立方程得：$a=26.5\quad b=5.0\quad c=53.0$

(4)按量配合　各种原料的数量确定之后，即可进行混合调制。其操作方法是：首先，将液态原料放进带搅拌器的乳化设备（夹层锅）中，在不断搅拌下，缓缓加热到 65～70℃。其次，在加入了液态物料并高速搅拌的乳化设备中加入蔗糖、稳定剂、增稠剂等固型物使其溶解。再次，应加入乳化剂。加乳化剂时，为了防止乳化剂的凝胶化，可先将其混合在油脂中使其充分分散，再与混合料混合。如果加鸡蛋、乳粉，也要先用少量液料或水将其稀释并混合均匀，再加入到混合料中（如果添加酸性物，为了防止混合料形成凝块，应在混合料凝冻后添加。添加香料、色素、果仁、点心，应在混合料成熟后添加）。然后，待各种原料溶解后，过 80～100 目筛（筛径为 0.172～0.216 mm）。最后，需将混合料过滤。结束后应测定酸度，标准酸度（乳酸度）以 0.18%～0.20%为宜，酸度过大时，可用小苏打调整。

2. 混合料的均质　均质的目的是为了将混合料中较大的脂肪球破碎成 1 μm 左右的细小微球，以防聚集形成脂肪层，有效阻止凝冻过程中奶油颗粒的形成，并使各种成分得以均匀混合，以便缩短成熟时间，从而保证产品质量的均匀一致。

混合料的均质一般采用两段均质。常依据物料、温度和所用的均质机的类型不同，采用不同的前后压力。一般来说，第一段均质压力为 13.73～20.59 MPa，第二段的压力为 3～4 MPa。采用的温度为 60～63℃，这样处理可使混合料保持较好的稳定性。

3. 混合料的灭菌　灭菌的目的不仅可以杀灭混合料中的有害微生物，还能保证成品组织均匀，气味一致。

灭菌方法有低温灭菌法、高温短时灭菌法、超高温瞬时灭菌法 3 种。低温灭菌法使用的温度与灭菌时间是 63～65℃，保持 30 min 或 75℃，保持 15 min。如果使用海藻酸钠，常用 70℃，保持 20 min。高温灭菌使用的温度和时间是 80～82℃，保持 15～30 s。如果混合料中有鸡蛋，常用 80℃保持 15 s 的方法。如果混合料中有淀粉，常用 82℃保持 30 s 的方法。超高温瞬时灭菌温度为 100～130℃，保持 2～3 s。

4. 混合料的冷却　经灭菌后的混合料，应利用 4℃左右的冷水通过灭菌缸夹层，快速将其冷却。

5. 混合料的陈化（成熟）　陈化是指经灭菌并冷却后的混合料在 2～4℃的温度下，放置 4～24 h（一般为 12～24 h）。在陈化过程中，脂肪固化、物料黏稠度增

加，能提高成品的膨胀率，并使产品的组织状态、稳定性变佳。

近几年，加工设备不断改进，乳化剂和增稠剂得以改良，使陈化时间大大缩短。但脂肪固化，蛋白质、增稠剂的完全水合仍需 2～4 h。

6. 凝冻　凝冻是将混合料在强制搅拌下进行冻结（冻结器内有搅拌器，夹层中有制冷的盐水流过）。本工序的主要作用是：第一增大混合料的黏稠度，使之成为冻凝状态；第二使混合料逐渐形成微细冰屑；第三使空气以极微小的气泡形式均匀地分布到混合料中，增大混合料的容积。

该工序的第三个作用又称增容作用。容积的增加用百分率表示，叫做膨胀率。

膨胀率＝[（混合料重量－同容积冰淇淋的重量）/同容积冰淇淋的重量]×100％

如果该工序控制得好，膨胀率一般为 80％～100％。膨胀率太低则产品风味过浓，食用时融解不良，感觉粗硬。过高则变成海绵状组织，气泡大，保型性不良，食用时溶解性过快，风味和凉爽感均差。

凝冻操作的方法如下：

①冻结器中，装入容器 1/2 量的陈化混合料。随着温度的下降，缓缓搅拌。

②当混合料的温度下降到－5℃时（一般用－20℃的冷盐水，通入夹层5 min，停止盐水，此时温度即下降到－5℃），提高搅拌速度为 150～200 r/min，搅拌 10～15 min。

③加果酱。在混合料大部分冻结之后，将果酱加入，并启动搅拌器将其搅碎。

④检查冻结程度。取混合料少许徐徐倒至平板上，倾倒时左右移动，如果呈现出叠带状则表明适度。

7. 灌装成型　冰淇淋是半流体食品，其形状是包装物的形状所赋予的，有杯状、蛋卷锥状、盒式包装等。

8. 硬化　所谓硬化，即将已凝冻并灌装成型的冰淇淋，再加以速冻，使成品保持一定的硬度，便于运输和销售，维持产品感官质量。

其方法是将成型的冰淇淋放入－28～－25℃的低温冷库中，硬化 10～12 h。硬化应当迅速，包装成型后，应马上进行，以免冰淇淋的小冰晶融化。一旦冰晶融化，当再次大幅度降温时冰晶会变大，影响产品质量。

9. 储藏　硬化后的产品，销售前应在低温冷库中储存。冷库的温度以－20℃为宜。储存期间冷库的温度应恒定，避免波动。

(三)冰淇淋的主要缺陷与产生原因

冰淇淋的组织状态是固、液、气三相有机混合的复杂结构。液相中有直径

150 μm 左右的气泡，也有直径大约 50 μm 的冰晶，还分散有脂肪球(2 μm 以下)、乳糖结晶、蛋白质颗粒和不溶性盐类等。由于稳定剂和乳化剂的存在，使分散状态均匀细腻，具有良好的适口性，并改善了成品的保型性和溶解性。但是，如果原料配合不适当，均质、凝冻、硬化等工序处理不当，往往会出现很多缺陷，使产品质量低劣。现用表 1-5-2 说明主要缺陷产生的原因，以备生产时得以有效控制。

表 1-5-2 主要缺陷及产生原因

种类	主要缺陷	产生原因
风味	脂肪分解味、饲料味、加热味、牛舍味、不洁味、金属味，苦、酸、甜、香料太过或不足	使用了品质差的牛乳或乳制品，其他原料质量差，灭菌不彻底，吸收了异味，甜味剂、香料过量或不足
组织状态	砂状组织、轻或膨松的组织、粗或冰状组织、奶油状组织	非脂干物质太高，高温储存，乳糖结晶大，膨胀率过大；凝冻缓慢，储存中变温，气泡大，固型物低，乳化不当，脂肪分离，均质不良
质地	脆弱、水样、软弱	稳定剂、乳化剂添加不当，气泡大，膨胀率高或低，蔗糖高，脂肪凝集不完全，固型物不足，稳定剂过量
融解状态	起泡、乳清分离、凝固、布丁状或黏质状	原料配合不当，蛋白质与矿物质不均衡，酸度高，均质不完全，膨胀率不合适
其他	收缩、干燥、变色、微生物污染、异物污染	容积减少，空气排出，水分不足； 水分蒸发，冷冻保管不适当； 添加物发生反应； 混合料灭菌不彻底，卫生管理差； 原料配合及各过程管理不当

第二节 麦乳精生产技术

麦乳精是 20 世纪 70 年代迅速发展起来的一种粉粒混合型、速溶性含乳营养食品。它是以牛乳或乳粉、炼乳、奶油、麦精、蛋粉为主体原料，并添加蔗糖、葡萄糖、可可粉、杏仁粉等辅助性植物原料，经过调配、乳化、脱气浓缩、真空干燥、轧粒、包装等工艺过程而制得的一种具有酥松、轻脆、多孔质的冲调食品。有些产品还添加了维生素、钙、磷等成分予以强化。产品还允许有少量的磷酸氢钠、柠檬酸存在。麦乳精易溶于热水中，加水冲调后即成为人们所喜爱的具有芳香气味的营养饮料。食用时麦乳精的稀释度通常为含干物质 15%。稀释后，每 100 mL 冲调液具有 270～300 J 发热量，与消毒牛乳相近似。

一、麦乳精的配方

提供以下 3 个配方供参考，如表 1-5-3 所示。

表 1-5-3　麦乳精产品配方

原料名称	配方 1		配方 2		配方 3	
	比例/%	重量/kg	比例/%	重量/kg	比例/%	重量/kg
甜炼乳	22	259.5	42.6	135	27.2	30
乳粉	—	—	7.1	25	4.54	5
奶油	2.5	9	—	—	1.82	2
蛋粉、蛋黄粉	0.75	2.7	0.6	2	0.73	0.8
可可粉	7	25.2	6.3	20	0.91	1(可可脂)
蔗糖	48	61.5	21.4	67.5	36.1	40
麦精、麦芽糖	16	70	19.0	60	22.7	25
葡萄糖	3.5	15	2.4	7.5	1.82	2(多维葡萄糖)
小苏打	0.2	360 g		250		50
柠檬酸	4 g/60 kg	12 g		7.5		
香精	—	—				
茜色	0.25	1.5				
合计	100	444.5	100	317	100	110.8
说明	360 kg 成品投料量		277 kg 成品投料量			

二、麦乳精的生产过程

(一)生产麦乳精所用的主要原料及对原料的要求

1. 甜炼乳　色淡黄，无杂质，无沉淀，无异味及酸败味，不得有凝块和霉斑。脂肪含量 8.5%以上，水分 28%以下，蛋白质 7%～9%，含蔗糖 40%～44%。酸度 48°T 以下，微生物指标符合要求。

2. 乳粉　为一级以上喷雾干燥的全脂乳粉。色淡黄，气味新鲜，无受潮、发霉、变色以及不正常气味。含脂肪 26%以上，水分不大于 2.5%，蛋白质不少于 26%。微生物指标符合特级奶粉标准。

3. 奶油　为特级新鲜奶油。含水分 16%以下，无特异性气味，无脂肪分解味(油哈味)，每克奶油中细菌数不超过 5 万个，大肠杆菌群值每 100 g 应低于 90 个。

4. 全蛋粉或蛋黄粉　以鲜蛋或新鲜蛋黄喷雾干燥制得。色淡黄或黄色，气味正常，溶解度好。水分不超过 4.5%，脂肪 40%以上。细菌数不超过 50 万个/g，大肠杆菌群值大于 1 g。

5. 可可粉　深棕色，有天然可可的香气，无受潮、发霉和异常气味。含水 3% 以下，脂肪含量应为 18%～20%，能通过 8 目筛。细菌数不超过 1 万个/g，大肠杆菌群值大于 1 g。

6. 麦精或麦芽糖　无杂质，无发霉、发酵现象，无焦苦等不良异味，有大麦芽的清香，干物质不低于 75%，基本呈透明状态。

7. 葡萄糖　食品级或医药级葡萄糖。白色，无味，无杂质。符合相关标准。

8. 蔗糖　洁净无杂质，纯度达 99.6%以上，水分 4%以下。

9. 小苏打（碳酸氢钠）　食品级或药用级，符合相关标准。

10. 柠檬酸、香精　食品级或药用级，符合相关标准。

（二）工艺流程

我国麦乳精的生产工艺基本相同。只是在干燥方法上有所区别，有的采用真空干燥，有的采用喷雾干燥。加工工艺如下：

加柠檬酸
↓
溶糖 → 中和 → 制浆 → 混合 → 乳化脱气 ↗ 分盘 → 真空干燥 → 轧粒 → 包装
　　　　　　　　　　　　　　　　　　　↘ 真空浓缩 → 喷雾干燥 → 成品包装

（三）操作要点

1. 溶糖　在溶糖锅内放入一定量的水，加热至 60～70℃后，将蔗糖、葡萄糖、麦芽糖（或饴糖）投入，并不停搅拌使之溶解。再将糖浆加热至 90～95℃，保持 5～10 min，然后降至 70℃左右，加入可可粉，充分搅拌混合均匀，并进行过滤（孔径为 0.28 mm），则制得可可糖浆。

2. 中和　发酵生产的麦芽糖，常含有乳酸及其他有机酸，为了防止乳蛋白凝固，糖浆温度在 70℃左右时，添加小苏打（碳酸氢钠）调节酸度，限度为 0.16%～0.18%。

3. 制浆　将炼乳、乳粉、奶油、蛋粉等原料进行混合。一般是将固体粉料用 60 目筛子筛入炼乳中，再加适量水调匀。经过滤（孔径为 0.28 mm）后再与鲜乳等物料混合，制得混合料浆。

4. 浆糖混合　将过滤后的糖浆和混合料浆加入到混合器中，然后添加适量的柠檬酸，添加量约为料液量的 2.5%，其作用是可以调节制品的风味及防止脂肪氧化等。在 65～70℃的温度下，经过循环搅拌，使其混合均匀，同时起到杀灭病原菌的作用。

5. 乳化与脱气　乳化是用齿轮泵将物料加压到 980～1 176 kPa 高速通过超

声波乳化器而实现,也可使用均质机进行乳化。如果采用均质机,则均质压力一般在 6 860～9 800 kPa 范围内。可可麦乳精不宜用均质机乳化,否则柱塞易磨损。有的企业采用胶体磨进行乳化,效果良好。在混合料制备过程中,混入了大量空气,为了防止混合料在干燥时溢出烘盘,乳化后需要脱气。该过程常常与混合料杀菌一起进行。将混合料在脱气系统中循环 2～3 次即可达到要求。脱气罐内保持着 86～96 kPa 的真空度。夹道内通过 20 kPa 的蒸汽加热,有利于混合料内空气泡的排除。同时起到了杀菌作用。

6. 真空干燥　本工序是最重要的一环,在真空系统的作用下,物料完成了减压蒸发、排除水分、受热发泡、冷却固形等过程从而获得具有疏松多孔、呈蜂窝状的固体。对真空干燥操作的要求是:使物料迅速排除水分;最大限度地保留营养素;获得理想的组织状态及外观色泽。

在真空干燥过程中,操作条件的控制很重要,特别是干燥后期真空度的控制直接影响成品的比容等质量指标。应根据物料浓度、料浆厚度、加热蒸汽压力、真空度及物料温度等因素综合考虑,恰当配合。一般的控制方法是:干燥初期适当采用高真空度和较高蒸汽压力,以加速蒸发速度。通常在干燥初期的 25～30 min 内,用 390～490 kPa 蒸汽压力,98～120 kPa 的真空度,快速完成恒速干燥阶段,除去大部分的水分。然后,进入中期操作。根据物料的干燥状况,中期在 98～196 kPa 的蒸汽压力下,采用间歇破坏真空的措施。经过“几起几落”,使物料受热均匀,上下层浓差小,为拉泡抛高创造有利条件。这种操作在 40～45 min 内进行 4～5 次。后期为发泡阶段,在 93～99 kPa 的真空度下,使物料均匀发泡,防止拉泡过猛。发泡达到要求后,就立即在高真空度的状态下迅速冷却固形。一般要用15～20 min 使物料冷却至 50℃以下,然后开箱出料。通常真空干燥全过程经过 110～120 min 即可完成。

7. 轧粒(粉碎)　麦乳精冷却后出箱,立即脱盘并粉碎。粉碎前半成品呈蜂窝状酥松结构。粉碎间的工作台及工具等均应清洗、消毒,保持无菌,防止再污然。室内保持 20℃左右的气温,空气相对湿度为 40%～50%,采用篮式粉碎机,其筛网孔径约为 4 mm。粉碎后的半成品应储存于防潮的料箱中,经检验后进行包装。如果使用喷雾干燥器,物料能一次成粒。

8. 包装　一般分为高型听装、玻璃瓶装和塑料袋装,装量为 500 g。

第三节　干酪和干酪素生产技术

一、干酪生产技术

(一)概述

1. 干酪的概念　干酪是以乳、脱脂乳、稀奶油、酪乳或这些原料的混合物为原料,经凝乳酶或其他凝乳剂凝乳,并排除部分乳清而制成的新鲜或发酵成熟的产品。

2. 干酪的种类　世界各地生产干酪的步骤和成熟的方法不同。在漫长的生产实践中,出现了多种多样的干酪品种,据称达 900 种之多。面对众多产品,其分类方法也多种多样。目前国际上较通行的分类方法是以质地、脂肪含量以及成熟情况 3 个方面对干酪进行描述和分类。按照干酪的定义分为新鲜干酪和成熟干酪,而这两类干酪统称天然干酪;按水分在干酪非脂成分中所占比例可分为硬质、特硬质、半硬质、软质;按脂肪占干酪总干物质的比例分为高脂、低脂、中脂、全脂和脱脂干酪。

除天然干酪外,各地还用干酪生产了干酪制品,包括融化干酪和干酪食品。利用 2 种以上的干酪混合而制成的产品叫融化干酪;在干酪中添加不是来自乳中的脂肪、蛋白质、碳水化合物而制成的产品叫干酪食品。生产融化干酪和干酪食品时容许添加香料。

(二)干酪用发酵剂

1. 干酪发酵剂的种类　在生产干酪过程中,用来使干酪发酵与成熟的特定微生物及培养物称为干酪发酵剂。干酪发酵剂分为细菌发酵剂和霉菌发酵剂两大类。

细菌发酵剂主要以乳酸菌为主,其中主要有乳酸链球菌、乳油链球菌、干酪杆菌、丁二酮杆菌、嗜酸乳杆菌、保加利亚乳杆菌以及嗜柠檬酸明串珠菌等,有时也使用丙酸菌。

霉菌发酵剂主要有卡门塔尔干酪青霉、干酪青霉、娄地青霉。某些酵母,如解脂假丝酵母,也在一些品种的干酪中应用。

根据制品需要和菌种组成情况,可将干酪发酵剂分为单菌种发酵剂和混合菌种发酵剂 2 种。

2. 干酪发酵剂的制备

(1)乳酸菌发酵剂的制备　乳酸菌发酵剂的制备分为 3 个阶段,即乳酸菌纯培养、母发酵剂的制备和工作发酵剂制备。基本过程与酸乳发酵剂制备一样。

(2)霉菌发酵剂的制备　霉菌发酵剂的制备除使用的菌种和培养温度有差异外，其基本方法与乳酸菌发酵剂的制备方法相似。将除去表皮后的面包切成立方体小块。盛入三角瓶加适量水，并进行高压灭菌处理。如加入少量乳酸增加酸度更好。将霉菌悬浮于无菌水中，再喷洒于灭菌面包上。置于 21～25℃的恒温箱中，经 8～12 d 培养，使霉菌布满面包表面。从恒温箱中取出，在 30℃条件下干燥 10 d，或在室温下进行真空干燥，最后研成粉末，经筛选后，盛于容器中保存备用。

(三)天然干酪的生产

1. 工艺流程　在天然干酪生产中，一些主要工艺过程是通用的。生产某些特殊品种干酪可采用一些特殊的处理方法。现以硬质为例，加工工艺如下：

原料乳预处理→添加发酵剂→加氯化钙→加色素→调整酸度→加凝乳剂→凝块切割→搅拌→加温→排除乳清→成型压榨→盐渍→成熟和储存

2. 操作要点

(1)对原料乳的要求　生产干酪所用的原料乳必须是新鲜的优质乳。其感官指标正常，无不良气味，酸度正常(18°T)，酒精试验为阴性，无抗生素残留。

(2)原料乳的净化　在干酪生产中，净化能去除原料乳中的机械杂质。用离心除菌机可以除去乳中 90%的细菌，对比重较大的芽孢菌非常有效。

(3)原料乳的标准化　为了使每批干酪质量统一，使产品符合统一的标准，在加工前要对原料乳进行标准化。首先要测定或计算乳脂率和乳中酪蛋白的量，计算乳脂和酪蛋白的比例，然后，用脱脂乳与全脂乳混合调节主要物质的量，使其符合生产要求。

(4)原料乳的杀菌　杀菌的目的是杀灭原料乳中的致病菌和有害菌，使酶类失活，使干酪的质量稳定，安全卫生。由于加热杀菌使部分白蛋白凝固，留存在干酪中，可以增加干酪产量。但杀菌温度的高低，影响着产品质量。温度过高，时间过长，则受热变性的蛋白质增多，破坏了乳中盐类离子的平衡，当用凝乳酶凝固时，凝块松软。收缩作用弱，形成含水量过多的干酪。在实际生产中多采用 63℃，30 min 保温杀菌，或 72～73℃，15 s 高温短时杀菌。

(5)添加发酵剂和预酸化　杀菌后的原料乳，被直接打入干酪槽中。干酪槽为夹层装置，可对原料乳进行加热和冷却。也带有搅拌装置，能对乳进行搅拌。当灭菌乳温度下降到 35℃时，就可添加发酵剂。添加发酵剂的目的，是通过发酵剂发酵乳糖产生乳酸，提高凝乳酶的活性，缩短凝乳时间，促进切块后乳清的排出。发酵剂利用本身的酶类促进干酪的成熟，防止杂菌的繁殖。添加发酵剂时，首先要确定制品的性质和特征，选择合适的发酵剂种类或组成，然后取原料乳量1%～2%的工作发酵剂，边搅拌边加入。加入后，在30～32℃的温度下，充分搅拌3～5 min。为了使干酪在成熟期间能获得预期的效果，加入发酵剂后应使原料进行短期发酵，一般为1 h，以保证充分的乳酸菌数量，该过程叫预酸化。取样测定酸度，酸度以0.18%～0.22%为宜。

(6)加入添加成分与调整酸度　为了改善干酪的凝固性能，应根据所生产的品种以及生产条件的需要，在预酸化以后，要添加氯化钙、色素、防腐剂，使干酪硬度适宜，色泽一致，并减少有害微生物的危害。添加氯化钙应预先配置成10%溶液，每100 kg原料中加5～20 g为宜。干酪的色泽取决于脂肪的颜色，而脂肪颜色受季节和饲料等因素的影响，为使干酪颜色一致，通常向原料中加胡萝卜素、胭脂红等。

(7)添加凝乳剂和凝乳的形成　几乎所有干酪的制作都需加凝乳剂。凝乳剂有通过乳酸凝乳，但多数通过凝乳酶凝乳。天然凝乳酶是从牛犊或羔羊的皱胃中分泌，又叫皱胃酶，现生产中多使用微生物凝乳酶。使用前，应测定凝乳酶的活性(效价)。活性用活力单位(RU)表示，它指的是原料在35℃的条件下，加入1 g或(1 mL)酶，经40 min能够凝固牛乳的毫升数。

酶活力的测定方法较多，一般是取100 mL脱脂乳，调整酸度为0.18%，用水浴锅加热到35℃，添加1%的酶，食盐水溶液10 mL，迅速搅拌均匀，准确记录从加入酶液到乳凝固的时间(s)，该时间也称酶的绝对强度。然后按下式计算酶的活力：

活力＝(供试乳的数量/酶的数量)×(2 400/凝乳时间)

式中2 400 s为测定酶活力时所规定的时间(40 min)。活力确定之后，可根据活力计算出应加的皱胃酶的数量。

[例] 今有原料乳80 kg，用活力为100 000单位的皱胃酶进行凝固，需加皱胃酶多少？

$$1/100\ 000 = x/80\ 000$$

解比例式x＝0.8，即80 kg原料乳需要添加这样的皱胃酶0.8 g。

计算好用量之后，将应加的皱胃酶用1%的食盐水稀释成2%的溶液，并在28～32℃下保温30 min，然后加入到乳中，待充分搅拌(2～3 min)后加盖凝固。在32℃的条件下静置30 min，即形成乳凝块。

(8)凝块切割　乳形成凝块后，要判断是否可以切割。其判断方法是：用小刀斜插入凝乳表面，轻向上提，则表面出现裂口，当渗出的乳清澄清透明时，说明可以切割。切割时,根据干酪的品种选择干酪刀。钢丝刃的间距一般为 0.79～1.27 cm,先沿干酪槽的长轴向用水平刀平行切割,再用垂直刀沿长轴垂直切割,最后沿短轴垂直切割,使其成 0.1～1.0 cm 的小方形。

(9)搅拌和加温　凝块切割后,具有互相聚集的倾向,需要用干酪搅拌器轻轻搅拌。这时凝块柔弱易碎,因此,搅拌必须轻缓。经过 15 min 后,搅拌速度可稍快。同时,在干酪槽的夹层中通入热水加热,使温度逐渐升高。升温的速度应严格控制,初始时每 3～5 min 升高 1℃,当温度升高到 35℃时,每隔 3 min 升高 1℃,温度达到 38～42℃时停止加温(要根据干酪的品种确定具体终止温度),并维持此时的温度约 30 min。在整个升温和恒温过程中应不停地搅拌,以促进凝块的收缩和乳清的渗出,防止凝块沉淀和粘连。在整个升温过程中,温度不宜升得过快,否则,凝块收缩过快,表面形成硬膜,影响乳清渗出,造成产品水分含量过高。升温过程中还应不断测定乳清酸度,据此控制升温和搅拌的速度。

(10)排除乳清　到搅拌升温的后期,乳清酸度为 0.17%～0.18%时,凝块收缩到原来体积的一半,用手捏一下干酪粒,感觉有适宜的弹性或用手握一下干酪粒,压出水分后松手,如果干酪粒有弹性,则能重新分散开,此时即可排除乳清。

排除乳清的方式有 3 类,即捞出式、吊袋式和堆积式。捞出式是将凝乳颗粒用滤框等工具从乳清中捞出,倒入带孔的模具中完成排乳清的一种方式。吊袋式是将干酪颗粒和乳清一起装进粗布制成的布袋中,吊出干酪槽,使乳清滤出的方式。堆积式是将乳清从干酪槽底部的滤筛排出后,再将干酪颗粒在热的干酪槽中堆放一定时间,以排除空隙内部乳清的一种方式。排除的乳清,通常的脂肪含量为 0.3%,蛋白质含量为 0.9%。若脂肪含量大于 0.4%,说明操作不理想。排除的乳清可作为副产品回收,进一步加工成乳清粉。

(11)压榨成型　在干酪槽中堆积了一段时间的干酪颗粒,上面用带孔的木板或不锈钢板压 5～10 min,压出乳清使其成块,然后将堆积施压后的干酪块切成方砖形或小立方体,装入成型器中进行定型压榨。干酪成型器依干酪的品种不同,其形状和大小也不同。成型器周围有小孔,由此渗出乳清。在内装衬网的成型器内装满干酪块后,放在压榨机上进行压榨定型。压榨的压力和时间根据干酪品种的不同而异。预压榨的压力一般为 0.2～0.3 MPa,时间为 20～30 min。预压榨结束后,取下进行转向并根据情况确定是否再进行一次预压榨。经转向装进成型器的预压干酪块,在 0.4～0.5 MPa,温度为 15～20℃(有的品种为 30℃)的条件下,再压榨 12～24 h。压榨结束,所得的干酪叫生干酪。

(12)加盐　加盐的目的是改善干酪的风味、组织状态和外观;继续排除内部的乳清和水分，增加干酪硬度；限制乳酸菌活力，延缓发酵进程；抑制腐败菌繁殖，调节干酪成熟时间。加盐量一般在1%～3%范围内。加盐的方法有3种。

①干盐法：在压榨定型前，将所需的食盐撒布在干酪粒中，或者将食盐涂布在干酪表面。

②湿盐法：将压榨后的生干酪包布，浸入盐水池中。并控制盐水的浓度，第一至第二天为17%～18%，以后保持在20%～23%。为了防止干酪内部产生气体，盐水的温度应控制在8℃。浸盐时间为4～6 d。

③混合法：指在压榨定型后先在干酪表面涂布食盐，过一段时间，再浸入盐水中。

(13)干酪的成熟与储存　将生干酪放在一定的温度和湿度下，常用的温度为10～12℃，相对湿度为85%～90%，在成熟室中经过一定时间(3～6个月)在乳酸菌和凝乳酶的作用下，生干酪内部会发生一系列物理与生物化学变化，该过程称干酪的成熟。成熟过程，使干酪的组织状态、营养价值和风味发生了变化，形成了柔软的、有韧性的质地，具备了清香的风味，产生了人易吸收的肽、氨基酸、脂肪酸以及羟基化合物。

干酪成熟后，放在5℃及相对湿度80%～90%的条件下进行储藏。也有研究证明，干酪最好在－5℃和相对湿度90%～92%的条件下进行储藏，这样可以保存1年以上。

(四)乳化干酪的生产

1.乳化干酪的概念　将同一种类或不同种类的两种以上的天然干酪，经粉碎、加乳化剂、加热搅拌、充分乳化、浇灌包装而制成的产品称为乳化干酪，又称再制干酪、杀菌干酪或加工干酪。这种干酪占全世界干酪消费量的60%～70%。

2.乳化干酪的特点

(1)可以将不同组织和不同成熟度的干酪适当配合，制成质量一致的产品。

(2)在加工过程中经过杀菌，使食品安全可靠，且易于保存。

(3)产品采用现代食品包装材料进行包装，水分挥发少，重量损失小。

(4)集各种干酪的风味于一体，并且在加工时可添加调味成分，使干酪风味独特。

(5)乳化干酪的包装形式多样，大小、重量、形状可任意选择，满足了不同消费者的需求。

3.工艺流程

原料选择→原料整理→切割→粉碎→加水→ 加色素→加乳化剂→加热融化→浇灌包装→静置冷却→冷藏→成品。

4. 操作要点

(1)选择原料　一般用细菌成熟的硬质天然干酪。其表面颜色、组织状态、大小和形状等达到食用干酪的要求,腐败变质的干酪不可作原料使用。其中,成熟7～8个月的干酪占20%～30%,成熟2～3个月的干酪占20%～30%,中间成熟度的占50%左右,使平均成熟度在4～5个月之间,含水量为35%～38%,成熟度过大的干酪,由于有的氨基酸或乳酸已析出,不宜作原料使用。

(2)原料整理　整理是去掉干酪的包装材料,削去原料的表皮,进行洗涤处理。

(3)切割与粉碎　用切割机将原料干酪切成块状,用混合机将原料混合,然后用粉碎机粉碎成4～5 cm的面条状,最后用磨碎机处理。

(4)融化与乳化　在融化锅中加入适量的水,一般为干酪量的5%～10%,因原料干酪的含水量为40%～50%,为此避免加水过多,使脂肪比例下降,加水后按配方将调味剂、色素、已粉碎的原料干酪投入融化锅并进行加热,当温度达到50℃左右时,加入1%～3%的乳化剂(磷酸钠、柠檬酸钠、偏磷酸钠、酒石酸钠等),这些乳化剂可以单用也可以混用。随后将温度提高到60～70℃,保温20～30 min,使原料干酪完全融化。加入乳化剂后,物料的pH值应保持在5.6～5.8,不得低于5.3。进行乳化操作时,融化锅内搅拌器的转速应较大,才能乳化彻底。乳化结束后,应检测水分、风味、pH值,然后抽真空脱氧。

(5)浇灌与包装　乳化之后要趁热进行充填包装。包装材料多用玻璃纸、涂塑性蜡、玻璃纸、铝箔纸、偏氯乙烯薄膜等。

(6)包装后的乳化干酪　应静置在10℃以下的冷藏库中定型和储藏。

二、干酪素的生产

(一)干酪素的概念和种类

微生物、酸和皱胃酶能使原料乳中的酪蛋白形成凝固物,经干燥后的产品称干酪素。产品的主要成分是酪蛋白。工业上用做胶着剂或食品添加剂。干酪素的品种很多,但是,根据凝乳剂的不同,干酪素被分为两大类,即酸干酪素和凝乳酶干酪素。

(二)干酪素生产方法

因生产干酪素时酪蛋白的凝固采用不同的凝固剂,所以,其生产工艺和生产方法也不同。

1. 对原料乳的要求　生产干酪素所用的原料乳必须是优质原料乳,酸度低于23°T。经脱脂后,脂肪含量不应超过0.05%。

2. 凝乳酶凝固法　用皱胃酶的凝固作用从脱脂乳中分离出酪蛋白。常用以下方法:在脱脂乳中,加入皱胃酶,逐渐将温度升高到38～42℃,边升温边不停地搅拌,此时酪蛋白会脱水收缩。形成的微细的酪蛋白颗粒,通过离心或利用振动筛分离。然后用水清洗,最后在干燥机中干燥即制得干酪素。这样制得的干酪素,其主要杂质成分是酪蛋白酸钙、磷酸钙。灰分含量高,不溶于水。

3.乳酸菌发酵凝固法　是用乳酸菌分解脱脂乳中的乳糖,产生乳酸使酪蛋白凝固沉淀而制得。发酵时温度控制在37℃,当pH值达到4.6时,脱脂乳形成凝块。然后,加热到50℃,在不断搅拌的情况下,使酪蛋白凝块与乳清分离。凝结的酪蛋白通过脱水机除去乳清,再经洗涤、脱水、粉碎、干燥制得干酪素。

4.酸凝固法　将原料乳加热到32～35℃脱脂,然后加热到34～35℃,由于加酸时的温度对形成的酪蛋白的颗粒状态有很大影响,应该根据脱脂乳的酸度确定加酸时的温度。新鲜乳温度控制在35℃,酸度稍大的乳,控制在34℃。否则,当温度偏高,易使酪蛋白形成粗大的颗粒,不宜干燥。温度低时,颗粒细小,不宜分离。调整脱脂乳的酸度,常用乳酸、盐酸和硫酸。使用乳酸、盐酸的浓度为4%～5%,用硫酸的浓度为24%～25%。加酸时要边加边搅拌,直至加到酪蛋白的等电点使其沉淀。加酸不足,钙不能充分分离出来,被包在酪蛋白颗粒中,使灰分提高,影响产品质量。加酸过量,酪蛋白会重新溶解,使产量下降。因此,必须准确确定加酸终点。第一次,将pH值调至4.6～4.8,除去1/2的乳清,然后再加酸重调pH值至4.2,此时,乳清应清澈透明,酪蛋白颗粒大小应为3～5 mm,并且致密而结实,颗粒间呈松散状态。颗粒与乳清分离之后,用20～25℃的水清洗,并用冷水清洗一次,用压榨机或脱水机脱水,待水分含量为50%～60%时,再用粉碎机破碎成10～20目的颗粒,用沸腾床干燥机在55～80℃之间干燥,时间不超过6 h。

该法制得的干酪素为白色或淡黄色粉状或颗粒状,水分在12%以下,灰分为2.5%～4%,脂肪在1.5%以下,酸度低于80°T。

5.酪蛋白酸钠的制取　酸沉的酪蛋白溶于碱液(NaOH),随后喷雾干燥,就制取了酪蛋白酸钠。产品高度水溶,作为食品添加物具有高营养,无不良气味。

第四节　奶油生产技术

一、概述

(一)奶油的概念

牛乳经奶油分离机分离得到脱脂乳和稀奶油两种产品,其中的稀奶油再经成熟、搅拌、压炼而制成的一种乳制品称为黄油、酥油,我国统一命名为奶油,奶油含脂肪 80%～83%,含水约 16%。

(二)奶油的种类与性质

1. 奶油的种类　由于制造方法不同,所用原料不同,生产地区不同,奶油具有不同的名称,但其品质大同小异。现介绍如下:

(1)按原料不同一般分为新鲜奶油(甜奶油)和发酵奶油。发酵奶油又分为天然发酵奶油和人工发酵奶油。

(2)按制造方法不同分为鲜制奶油、酸制奶油、重制奶油和连续式机制奶油。

(3)按生产地区不同分为牧场奶油和工厂奶油。

2. 奶油的性质　奶油的主要成分为脂肪、水分、蛋白质、食盐(加盐奶油),还有灰分、乳糖、维生素等。由于不同品种的成分以及制造方法的差异,在色泽、气味、物理结构和脂肪特点等方面有所不同。

(1)脂肪性质　与乳牛品种、泌乳季节有关系。有些品种的乳牛(如荷兰牛、爱尔夏牛)的乳脂中油酸高,制成的奶油比较软。而娟姗牛的乳脂中油酸含量比较低,熔点高的脂肪酸含量高,因此制得的奶油比较硬。在泌乳初期,挥发性脂肪酸多,而油酸较少,随着泌乳时间的延长,这种性质变得相反。青饲料多的季节,油酸的含量高,脂肪熔点低,所以夏季的奶油较软。为了制得硬度大的奶油,在稀奶油成熟、搅拌、水洗及压炼过程中,应尽可能降低温度。

(2)奶油的色泽　奶油的颜色从白色到淡黄色,深浅各有不同。影响颜色的主要因素是由于其中胡萝卜素含量的多少。通常冬季的奶油为淡黄色或白色。为了使奶油的颜色全年一致,秋冬之间往往加入色素以增色。奶油长期暴晒于日光下,会自行褪色。

(3)奶油的芳香味　奶油有一种特殊的芳香味,这种芳香味主要是由于丁二酮、甘油及游离脂肪酸等综合而成。其中丁二酮主要来自发酵时细菌的作用。因此酸性奶油比新鲜奶油芳香味更浓。

(4)奶油的物理结构　奶油的物理结构是水在油中的分散系(固体系)即在脂肪中有游离脂肪球与细微水滴。此外,还有少量气泡。

二、乳的离心分离与稀奶油生产

(一)牛乳离心分离的目的

牛乳离心分离是乳制品生产的必备程序,离心分离的目的是获得稀奶油和脱脂乳,以便对乳和乳制品进行标准化,制得符合标准的乳制品。另一个目的是清除乳中杂质,如脏的颗粒、白细胞等。离心还能去除细菌和芽孢。

(二)分离机操作要点

①必须将分离机安装在水平而牢固的基础上,防止开动时造成轴弯曲和喉轴承的损坏。

②使用前必须在机件以及其他注油器中加足优质润滑油。

③遇到寒冷天气,分离器内先通热水,将分离器加热后再开始分离。

④将预热后的乳通过纱布过滤入受乳器中。

⑤开动分离机时,最初要缓慢,逐渐加快,等达到正常转数后再打开进乳口,开始分离。

⑥正常分离 3～5 min 后,于稀奶油和脱脂乳出口处同时放两个容器,以测定在同一时间内两个出口的流量比,一般在稀奶油流出口下部可用 100～200 mL 的量筒,脱脂乳下部则可以用有刻度的大容器,待稀奶油达到一定刻度后,即把两容器同时移开,并将稀奶油倒出,然后量一下脱脂乳的数量,并求出两者的大致倍数。

不同的加工目的对稀奶油的浓度要求不同。生产奶油用的稀奶油,含脂率要求在 30%～35%之间;加工冰淇淋时用含脂 22%～25%的稀奶油。

所分离的稀奶油含脂率的高低,可通过调整分离器上的调节栓加以调整,一般将该栓左旋 1 周,含脂率可提高 4%～5%;如果将调节栓向右旋则含脂率降低。分离机不同,调节方法也不同。

⑦每隔 1.5～2 h,应清洗一次分离机中的乳泥。乳泥内含有大量灰尘和细菌,应被废弃。据报道,每分离 2 000 kg 鲜乳即得 1.5～2 kg 乳泥。

⑧分离结束后,将部分脱脂乳倒入分离器内,以便将稀奶油全部冲出,然后停止摇动,使分离器自然停止,不得强行停止。

⑨拆卸分离机应按顺序进行,分离机的机身先用湿布擦净,再用干布擦干。

⑩分离机上与乳接触的部件,拆卸后应用 0.5%的碱水洗净,然后用 90℃以上的热水清洗消毒,最后用布擦干,并置于清洁干燥的地方,以便下次再用。

⑪将稀奶油冷却到 10℃以下。

⑫经常检查含脂率,以确定分离工作的好坏(取脱脂乳平均样品分析脂肪含量)。

三、奶油生产技术

(一)工艺流程

稀奶油选择→稀奶油中和→杀菌→冷却与成熟→添加色素→搅拌→排除酪乳及水洗→加盐与压炼→压型→包装→冷藏。

(二)操作要点

1.原料的选择　制造奶油用的原料乳必须由健康乳牛生产，感官、理化及细菌学指标符合NY 5045—2001，含有抗生素和消毒剂的乳不得用于酸性奶油生产。初乳和末乳也不得用于奶油生产。购进的稀奶油在使用前要进行检验，以确定质量，划分等级。用不同等级的稀奶油生产不同等级的奶油。

2.稀奶油的中和　加工用的稀奶油必须进行中和，以降低酸度。该过程直接影响奶油的保存性和奶油品质。经中和处理能改变奶油的风味，防止加工过程中脂肪和酪蛋白凝结，从酪乳中排出，还可防止奶油变质。中和限度以0.15%～0.25%酸度为宜(55°T以下)。较低的稀奶油以0.15%为限，酸度(55°T以上)较高的以0.25%为限。常用的中和剂为石灰。其方法为，先计算稀奶油中乳酸的含量，再计算中和乳酸的石灰用量，然后将石灰兑成20%的石灰乳缓慢地加入到稀奶油中。计算方法如下：

$$稀奶油中乳酸量=稀奶油量\times(稀奶油酸度-限定酸度)/100$$

$$加石灰量=乳酸量\times 74/90$$

式中：74为氢氧化钙分子量；90为乳酸分子量。

3.稀奶油的杀菌　稀奶油杀菌的目的是消灭能使奶油变质及危害人体健康的微生物；破坏各种酶，增加奶油保存性和改善奶油风味；除去稀奶油中特异的挥发性物质。杀菌的温度和时间应根据稀奶油的质量而定。用新鲜稀奶油生产奶油并立即销售时，用63℃，保持30 min的巴氏消毒法。稀奶油有金属味，产后需储藏一段时间，用70℃，30 min的中温巴氏消毒法。如果稀奶油质量较差，可将温度提高到85～90℃，保持15 min，用高温巴氏消毒法进行杀菌。加热处理不能过分强烈，以免引起蒸煮味。杀菌后将稀奶油冷却到发酵温度。

4.冷却与成熟　杀菌后的稀奶油应尽快冷却。快速冷却对它的成熟有重要意义。它能更有效地抑制残存微生物的活动；组织芳香物质的挥发，以获得较好的成品。稀奶油的冷却采用两段冷却法。杀菌结束后先冷却到25℃左右，再继续冷却到2～10℃。

稀奶油中的脂肪经加热杀菌融化后，为了使后续的搅拌操作能顺利进行，保证奶油的质量(不至于过软或含水量过多)以及防止乳脂肪损失，应降温到乳脂肪的凝固点，使大部分乳脂变为固体结晶状态，该过程称为稀奶油的物理成熟。稀奶油成熟的温度越低，脂肪结晶越快，成熟所需的时间越短。稀奶油成熟与温度的关系见表1-5-4。

表 1-5-4 稀奶油成熟时间与温度的关系

成熟温度/℃	成熟持续时间/h	成熟温度/℃	成熟持续时间/h
0	0.5～1	4	4～6
1	1～2	6	6～8
2	2～4	8	8～12
3	3～5	—	—

稀奶油的成熟程度对奶油质地有很大的影响，成熟不足，所获得的奶油颗粒较软，黏度高。搅拌时容易粘壁，且排出的酪乳中脂肪含量高，降低了奶油产率。另外，由于水分含量高，不易压炼。如果在过低的温度下成熟，会造成搅拌时间延长，奶油颗粒硬，压炼后奶油水分含量低，特别是在制作加盐奶油时，压炼困难，影响奶油组织状态。稀奶油的成熟一般在5℃以下进行。

5. 添加色素　为了使奶油的颜色一致，对白色或色淡的稀奶油需添加色素。常用的色素为安那妥，为天然植物色素。安那妥3%的溶液叫奶油黄。一般用量为稀奶油的0.01%～0.05%，夏季奶油色较浓，不需另加色素。加色素时应对照标准奶油色标本，调整色素加入量，色素通常在搅拌前直接加到搅拌器中。

6. 搅拌　将稀奶油置于搅拌器中，利用机械的冲击力使脂肪球膜破坏形成脂肪团粒并将酪乳从中分离出来，这个过程叫搅拌。其方法是在8～14℃（夏季略低，冬季略高）的温度下，将成熟后的稀奶油装入搅拌器内，装量为设备容量的1/3～1/2，关紧搅拌器门。旋转3～5 min，停机打开放气栓，排除空气及二氧化碳，再关闭放气栓继续旋转到奶油粒形成为止。搅拌时转速应均匀，按各型号的设备操作规程进行。一般控制的转速为20～25 r/min，持续时间为45～60 min。当奶油颗粒形成2～5 mm大小时，立即停止搅拌。奶油颗粒的形成情况，可从搅拌器的窥视镜中观察到。搅拌结束放出酪乳，该工序即宣告完成。

7. 奶油粒的洗涤　用经过灭菌的冷却水冲洗奶油粒表面的过程叫洗涤。设置该工序的目的是清除酪乳、调整硬度、驱除异味。洗涤用水为灭菌水。一般需连续洗涤3次，第一次洗涤加入8～10℃的水，加入量为奶油粒的30%，加水后慢慢转动搅拌器4～5圈，放出洗涤水。第二次加入5～7℃的水，加入量为奶油粒的50%，转动搅拌器8～10圈，放出洗涤水。第三次加入5℃的水，加水量同第二次，转动10圈，放出洗涤水即可结束。

8. 加盐与压炼　加盐的目的是为了增加风味，抑制微生物的繁殖，延长保存性。加入的食盐的纯度应符合国家特级品或一级品精盐标准。加盐的量应参照鲜制咸奶油的标准，大致为2%～2.5%。由于在压炼过程中食盐会流失，因此，加盐量以 2.5%～3%为宜。加盐前，将食盐在 120～130℃的烘箱中烘 3～5 min，然后经过筛后加入到压炼器内。

将奶油粒压成奶油层的过程称为压炼。压炼的目的是使奶油粒变为组织致密的奶油层，使食盐溶解，水滴分布均匀。也能调节奶油的水分含量。压炼的方法是将奶油粒置于奶油压炼器中，开动压滚进行压炼，通常压炼 5～10 次，压炼好的奶油含水量不得超过 10%。

9. 包装　大包装多以木桶(50 kg)和木箱(25 kg)灌装。装前把包装容器灭菌，灭菌后喷以 115～120℃的石蜡浸入木质中，冷却后用无菌硫酸纸衬里，装入奶油后密封。

现在也出现了一些简易小包装，有 100 g，250 g，500 g 多种，多用彩制蜡纸模制包装。现代乳品厂用 A、K、O 罐或马口铁罐包装，包装过程应在严格无菌的环境中进行。包装后储藏在 3～5℃的冷库内待销。

10. 冷藏　为了保持奶油的硬度和外观，奶油包装后应尽快进入冷库并冷却到 5℃，存放 24～48 h。如果不这样做，脂肪结晶就非常缓慢，奶油搅拌硬度和外观只能保持几天。然而一旦经过了充分冷却，以后既是温度上升也不会使它变得如同在冷冻前相同温度下那样软。同时，新搅拌好的硬度有些像软膏状的奶油，也变得发硬。低温存放也能提高其保藏质量，减少销售中包装变形的危险。

第五节　炼乳生产技术

鲜乳经真空浓缩除去大部分水分而制成的产品称炼乳。加工时由于所用原料和添加的辅料不同，可分为加糖炼乳(甜炼乳)、淡炼乳、脱脂炼乳、半脱脂炼乳、花色炼乳、强化炼乳及调制炼乳等。目前我国主要生产的是全脂甜炼乳和淡炼乳。

一、甜炼乳的加工

甜炼乳是在牛乳中加入约 16%的蔗糖，并浓缩成原体积 40%的一种乳制品。成品中蔗糖含量为 40%～50%，由于加糖后增大了渗透压，而赋予成品一定的保存性。

由于甜炼乳蔗糖含量很高，不适合作婴儿代乳品。目前甜炼乳主要作为饮料及其他食品加工的原料。

1. 工艺流程　见图 1-5-1。

2. 操作要点

(1)原料乳的验收与预处理　甜炼乳生产所用原料乳按常规的方法验收与预

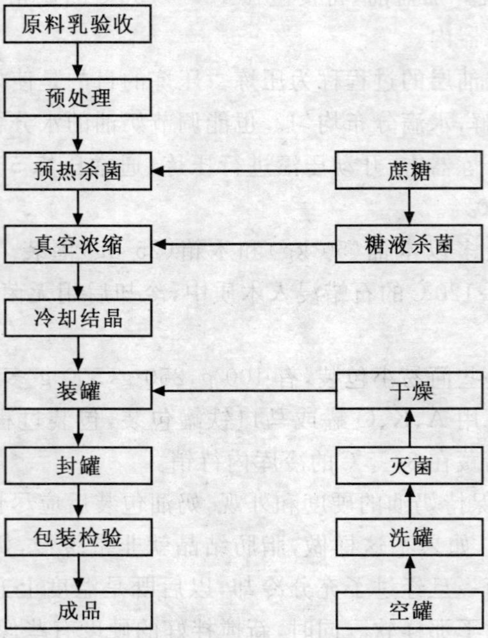

图 1-5-1 甜炼乳生产工艺

处理。但原料乳的酸度不大于 18°T。

(2)预热杀菌 原料乳在标准化之后浓缩之前,必须进行加热杀菌处理。加热杀菌还有利于下一步浓缩的进行,故称为预热,也可统称为预热杀菌。

预热的温度、保持时间等条件,根据原料乳的质量、制品组成、预热设备等的不同而异。预热条件从 63℃,30 min 低温长时间杀菌法,到 150℃超高温瞬间杀菌法等都广泛应用。一般为 75℃以上 10～20 min 及 80℃左右保持 5～15 min。近年来有采用 110～150℃瞬间杀菌的方法。

由于预热的目的不仅是为了杀菌,而且关系到成品的保藏性、黏度和变稠等,所以必须对乳质的季节性变化和浓缩、冷却等工序中的处理条件等加以综合考虑。一般应根据各厂所用原料乳的乳质情况,通过多次试验,试制品保存 2～3 年不变时,才可确定适当的预热条件,确定以后仍应随季节不同稍加变动以保证产品质量。

(3)加糖 加糖的目的在于利用蔗糖溶液的渗透压抑制微生物繁殖,使成品具有保存性。

加糖量与蔗糖比:乳中必须加入能够充分抑制微生物繁殖的足够量的蔗糖,炼乳中的蔗糖与其溶液的比率，称为蔗糖比，一般用下式表示：

蔗糖比＝蔗糖/（100－总乳固体）×100％

或蔗糖比＝蔗糖/（蔗糖＋水分）×100％

蔗糖比是决定甜炼乳应含蔗糖浓度和向原料乳中添加糖量的计算基准。据研究，蔗糖比必须在60％以上，为安全起见可掌握在62.5％以上。在原料乳质量好，而且杀菌充分和卫生管理良好的情况下，蔗糖比为62.5％即能防止由细菌造成的质量不良。如蔗糖比在65％以上，则有析出蔗糖结晶的危险，所以一般蔗糖比为62.5％～64.5％。

根据上述蔗糖比的计算公式，可根据所要求的蔗糖比算出甜炼乳中的蔗糖百分率。

甜炼乳中蔗糖＝（100－总乳固体）×所要求的蔗糖比×100％

$$浓缩比=\frac{甜炼乳中的总乳固体}{原料乳中的总乳固体}$$

应添加的蔗糖量＝甜炼乳中的蔗糖/浓缩比

加糖的方法：一般采用下述3种方法。

①将糖加入原料乳中加热溶解，进行预热。

②把经杀菌的浓缩糖浆与进行预热的原料乳混合。

③当浓缩到即将结束时，把经杀菌的浓蔗糖浆吸入真空浓缩锅内。

现在为了杀菌彻底和防止变稠，一般多采用第三种方法，第二种方法次之，第一种方法由于杀菌时糖的影响提高了细菌的耐热性，且储存中容易变稠，故一般不用。

(4)真空浓缩　浓缩是使乳中水分蒸发以提高乳固体含量使其达到所要求浓度的过程。其原理、方法及设备和前述乳粉生产中浓缩过程基本相同，不再赘述。

(5)冷却结晶　真空浓缩锅放出的浓缩乳，温度为50℃左右，如果不及时冷却，会加剧在储藏期变稠与褐变的倾向，所以需迅速冷却至常温。另一方面，通过冷却结晶可使处于过饱和态的乳糖形成细微的结晶，保证炼乳具有细腻的感官品质。

由于乳糖的溶解度较低，甜炼乳中乳糖处于过饱和状态，饱和部分的乳糖结晶析出是必然趋势。但任其缓慢地自然结晶，则晶体颗粒少而晶粒大，会影响成品的感官质量。乳糖结晶大小10 μm以下则舌感细腻；15 μm以上则舌感呈粉状；超过30 μm则呈显著的砂状，感觉粗糙。而且大的结晶体在保存中会形成沉淀而成为不良成品。冷却结晶就是要创造适当的条件，促使乳糖形成“多而细”的结晶。

炼乳结晶时，按照乳糖浓度，迅速冷却至结晶温度是获得微细结晶的主要条件。此外，加入微细晶种以及搅拌也对结晶有利。为达到微细结晶的目的，一般冷却分为2个阶段，即先将出罐后的炼乳在搅拌的同时迅速冷却至28℃，为了加速结晶，此时可加入0.025%的微细晶种或1%的成品炼乳，并在此温度下保持1 h左右，然后进一步冷却至12～15℃。

(6)装罐及包装　装罐前需将马口铁盒及盒盖用蒸汽杀菌(90℃以上保持10 min)。沥去水分或烘干后使用。

用真空封罐机进行封罐。装罐时应装满全罐，封罐后洗去罐外附着的污物或炼乳，再贴上商标。

(7)储藏　炼乳储藏于仓库内，应离开墙壁及保暖设备30 cm以上。仓库内的温度应恒定，不得高于15℃，空气湿度不应高于85%。如果储藏温度常常发生变化，则可能引起乳糖形成大的结晶。储藏中每月应进行1～2次的翻罐。

二、淡炼乳的加工

淡炼乳是将牛乳浓缩至原体积的40%后，装罐、密封，并经灭菌的制品。淡炼乳需经高温灭菌，故维生素B、维生素C受到损失，但如果加以补充，则其营养价值几乎与鲜乳相同。而且由于经高温处理，使其成为软凝块乳。又因经过均质处理，使脂肪球微细化，因而容易消化吸收，是很好的育儿制品。

淡炼乳的加工方法与甜炼乳比较，主要有3点区别：第一，不加糖；第二，进行均质处理；第三，进行灭菌和添加稳定剂。

1. 生产工艺流程

原料乳验收→标准化→预热杀菌→浓缩→均质→冷却→再标准化→小样试验→装罐→灭菌→振荡→保存试验→包装。

2. 生产操作要点

(1)原料乳的验收与标准化　生产淡炼乳的原料乳的要求比甜炼乳严格，因为生产过程中要进行高温灭菌，原料乳的热稳定性要高。因此，除采用75°酒精试验外，还必须做热稳定性试验(如磷酸酶试验)，检验合格后方能作为加工淡炼乳的原料。

原料乳的标准化与甜炼乳相同。

(2)预热杀菌　在淡炼乳的生产中，预热杀菌的目的不仅是为了杀菌和破坏酶类，而且由于适当的加热可使酪蛋白的稳定性增强，防止灭菌时凝固，并赋予制品以适当的黏度。

生产淡炼乳一般采用95～100℃，10～15 min的杀菌条件。低于95℃，尤其在 80～92℃，热稳定性显著降低。高温加热会降低钙、镁离子的浓度，相应地减少了与酪蛋白结合的钙，因而随杀菌温度升高热稳定性提高；但 100℃以上黏度渐次降低，所以简单地提高杀菌温度是不适当的。适当高温可使乳清蛋白凝固成微细的粒子，仍分散在浆中，灭菌时不会再形成感官可见的凝块。近年来采用超高温瞬间杀菌装置和杀菌条件，进一步提高了稳定性。如 120～140℃，25 s 杀菌，乳干物质 26%的成品的热稳定性是 95℃，10 min 杀菌产品的 6 倍，是 95℃，10 min 加稳定剂产品的 2 倍。因此，超高温处理可降低稳定剂的使用量，甚至可不加稳定剂仍能获得稳定性高、褐变程度低的产品。

(3)浓缩　基本与甜炼乳相同，但因预热温度高，浓缩时乳沸腾剧烈，易起泡和焦化，应注意加热蒸汽的控制。淡炼乳的浓缩比在 2.3～2.5 之间，用波美度表来测定浓缩终点。

(4)均质　均质的目的主要是防止成品发生脂肪上浮，此外还可适当增加黏度。淡炼乳不加糖，长期放置时上部容易出现稀奶油层，可因振动而形成奶油粒，使其商品价值显著降低。为防止这种缺陷，可进行均质处理，使脂肪球变小，增加其表面积，减小上浮能力。

均质要求的压力为 12.5～25 MPa。多采用二段均质，第一段压力为 14.7～16.6 MPa，第二段压力为 5 MPa。均质温度以 50～60℃为宜。

(5)冷却　淡炼乳生产中，冷却只是单一目的，而甜炼乳除冷却外还为了乳糖的结晶，两者性质不同。因此，淡炼乳应迅速冷却至 10℃以下。如当日不能装罐，则应冷却到 4℃储存。这是因为淡炼乳没有蔗糖的渗透压的防腐能力，另外，冷却温度对浓缩乳的稳定性有影响，冷却温度高，稳定性降低。

(6)再标准化　因原料乳已进行过标准化，所以浓缩后的标准化称为再标准化。再标准化的目的是调整乳干物质浓度使其合乎要求，因此也称浓度标准化。一般炼乳生产中浓度难于正确掌握，往往都是浓缩到比标准略高的浓度，然后加蒸馏水进行调整。所以再标准化习惯上就称为加水。加水量可按下式计算：

$$\text{加水量}=A/F_1-A/F_2$$

式中：A 为标准化乳的脂肪含量(%)；F_1 为成品的脂肪含量(%)；F_2 为浓缩乳的脂肪含量(%)。

(7)小样试验

①实验目的：为了防止不能预计的变化而造成大量损失，灭菌前先按不同剂量添加稳定剂，试封几罐进行灭菌，然后开罐检查以决定添加稳定剂的数量、灭菌温度和时间，此即为小样试验的目的。

②稳定剂的种类、作用与使用量：根据盐类平衡学说，乳中的钙、镁与磷酸、柠檬酸之间应保持适当的平衡，钙、镁阳离子等含量过多过少都会使酪蛋白的稳定性降低。通常牛乳中钙、镁离子过剩，这时加入柠檬酸钠、磷酸二氢钠，则生成钙、镁的磷酸盐与柠檬酸盐，使可溶性钙、镁减少，因而增强了酪蛋白的热稳定性。

据研究，稳定剂的添加量，按 100 kg 原料乳以 10～25 g 为宜。超过此限度，产品风味不好，且褐变显著。

③小样试验方法：先由储乳槽中采取浓缩乳调制成含有各种剂量稳定剂的样品，分别装罐、封罐。再将样品罐放入小型灭菌器中进行灭菌试验。最后开罐检查，先检查有无凝固物，然后检查黏度、色泽、风味。最后根据小样试验的结果确定稳定剂的添加量及灭菌条件。

(8)装罐与封罐　按照小样试验结果添加稳定剂后应立即进行装罐封罐。装罐时要留有顶隙，不可装满，以免灭菌时膨胀变形。

(9)灭菌

①间歇灭菌法：批量不大的生产可用回转式灭菌机。一般按小试方法控制温度和升温时间，要求在 15 min 内，使温度升至 116～117℃。一般的灭菌公式为：15 min－20 min－15 min/116℃。

②连续式灭菌法：大规模生产多采用连续式灭菌机灭菌。灭菌机由预热区、灭菌区和冷却区 3 部分组成。封罐后的罐内温度在 18℃以下，进入预热区被加热至 93～99℃，然后进入灭菌区升至 114～119℃。经一段时间运转进入冷却区冷至室温。

③使用乳酸链球菌素改善灭菌法：乳酸链球菌素是一种安全性高国际上允许使用的生物防腐剂，人体每日允许摄入量为每千克体重 0～33 00 IU。由于淡炼乳生产必须采用强烈的杀菌制度，高温长时间处理会造成成品质量不够理想，而且必须使用热稳定高的原料乳。如果添加乳酸链球菌素，可减轻灭菌程度且能保证成品质量，并为热稳定性较差的原料乳提供利用的可能性。

(10)振荡　如果灭菌操作不当，或使用了热稳定性较差的原料乳，则淡炼乳常常出现软的凝块。振荡可使凝块分散复原成均匀的流体。

使用振荡机进行振荡，应在灭菌后 2～3 d 进行，每次振荡 1～2 min。

(11)保温检查　淡炼乳出厂之前，一般还要经过保温试验。即将成品在 25～30℃下保温 3～4 周，观察有无胀罐，并开罐检查，有无缺陷。必要时可抽取一定量的样品于 37℃下保温 7～10 d，并加以观察检验。保温检查合格的产品方可装箱出厂。

本章小结

- 其他乳制品生产技术
  - 冰淇淋生产技术
    - 概念、种类
    - 生产
      - 工艺
        - 原料标准化与原料配合
        - 均质
        - 灭菌
        - 冷却
        - 陈化（成熟）
        - 凝冻
        - 灌装成型
        - 硬化
        - 储藏
      - 质量缺陷与产生原因
  - 麦乳精的生产技术
    - 配方
    - 生产过程
  - 干酪和干酪素生产技术
    - 干酪
      - 概念、种类、发酵剂
      - 生产
        - 原料乳
        - 净化
        - 标准化
        - 杀菌
        - 添加发酵剂和预酸化
        - 加入添加成分、调整酸度
        - 添加凝乳剂和凝乳的形成
        - 凝块切割
        - 搅拌和加温
        - 排除乳清
        - 压榨成型
        - 加盐
        - 成熟与储存
    - 干酪素生产
  - 奶油生产
    - 种类与性质
    - 稀奶油生产
    - 奶油生产
  - 炼乳生产技术
    - 甜炼乳的加工
    - 淡炼乳的加工

复习思考题

1. 冰淇淋有哪些类型？调研当地市场的冰淇淋类型。
2. 冰淇淋主要工艺环节中应掌握哪些方面？
3. 麦乳精加工与乳粉加工有何异同？
4. 硬质干酪加工的主要环节有哪些？

参考文献

[1] 顾瑞霞. 乳与乳制品的生理功能特性. 北京:中国轻工业出版社,2000.
[2] 刘冬梅,李理,梁世中,等. 直投式酸奶发酵剂研究进展. 中国乳品工业,2005,33(29):29-32.
[3] 曾寿瀛. 现代乳与乳制品. 北京:中国农业出版社,2003.
[4] 杨洁彬,郭兴华,张篪,等. 乳酸菌生物学基础及应用. 北京:中国轻工业出版社,1996.
[5] 利乐公司. 乳品工业手册(光盘). 2002.
[6] 骆承庠. 乳与乳制品工艺学. 2 版. 北京:中国农业出版社,1999.
[7] 乳品工业手册编写组. 乳品工业手册. 北京:中国轻工业出版社,1987.
[8] 瑞典阿法-拉伐公司. 乳品手册. 北京:农业出版社,1986.
[9] 谢继志. 液态乳制品科学与技术. 北京:中国轻工业出版社,1999.
[10] 徐守渊. 乳品超高温杀菌和无菌包装. 北京:中国轻工业出版社,1986.
[11] 曾寿瀛. 现代乳与乳制品加工技术. 北京:中国农业出版社,2003.
[12] 蒋爱民. 乳制品工艺及进展. 西安:陕西科学技术出版社,1996.
[13] 郭本恒. 功能性乳制品. 北京:中国轻工业出版社,2001.
[14] 郭本恒. 乳品化学. 北京:中国轻工业出版社,2001.
[15] 郭本恒. 现代乳品加工学. 北京:中国轻工业出版社,2001.
[16] 张兰威,李晓东. 无公害乳品生产技工综合技术. 北京:中国农业出版社,2003.
[17] 吴祖兴. 现代食品生产. 北京:中国农业大学出版社,2000.
[18] 孔保华. 乳品科学与技术. 北京:科学出版社,2004.

第二篇

肉与肉制品加工

第一章　肉制品加工的基础知识

知识目标

- 了解肉的基本结构和化学组成。
- 掌握肉的物理特性与肉质的关系。
- 了解屠宰后肉发生的变化规律及对肉质的作用。

技能目标

- 了解肉的系水力测定办法。
- 了解肉剪切力值的测定办法。

在肉与肉制品加工中，按照一定的工艺路线控制最好的产品品质成为加工中的主要任务。要达到这些要求，了解肉的一些基础知识是必需的。

第一节　肉的形态结构与化学组成

一、肉的形态结构

畜禽经屠宰后，除去皮、毛、头、蹄、骨及内脏后的可食部分叫做肉。在肉品工业中，畜肉可理解为胴体，即动物宰杀放血后，去毛或皮、头、蹄、尾、内脏的肉尸，俗称白条肉。它包括肌肉、脂肪、骨、筋腱、韧带、神经、血管、腺体、淋巴结等。

在食品加工中，原料品质的好坏对制品影响很大，原料品质又受构成原料的各个组成部分的状态的影响。因此，了解原料组成状态，才能更好地指导生产。

在肉的形态结构上，肉主要有肌肉组织、结缔组织、脂肪组织和骨组织 4 大部分组成。它依动物的种类、品种、年龄、性别、营养状况不同而异。其组成比例为：肌肉组织50%～60%，脂肪组织15%～45%，骨组织5%～20%，结缔组织9%～13%。在4种主要组织中，肌肉组织对肉的品质影响最大。

(一)肌肉组织

肌肉组织是肉的主要组成部分，也是肉品加工的主要对象。它包括横纹肌、平滑肌、心肌3种。

1. 横纹肌　横纹肌附着在骨骼上，故又称骨骼肌。它可以随动物的意志伸长或收缩，从而完成动物的运动机能，所以又称随意肌。骨骼肌是肉制品加工主要的肌肉原料。

(1)骨骼肌的一般结构　肌肉的基本构造单位是肌纤维，也叫肌细胞。每根肌纤维外面包一层结缔组织膜，称做肌内膜，也叫肌纤维膜；50～150根肌纤维聚集成束，称为肌束，外面包的结缔组织膜称为肌束膜，这样形成的小肌束也称为初级肌束；由数十根初级肌束集结在一起称为次级肌束；许多次级肌束集在一起形成肌肉，再包以结缔组织称为肌外膜。这些分布在肌肉中的结缔组织既起着支架的作用，又起着保护作用，血管、神经通过3层膜穿行其中，伸入到肌纤维的表面，以提供营养和传导神经作用。此外，还有脂肪沉积其中，使肌肉断面呈现大理石样纹理。

(2)肌肉的微观结构　肌细胞是一种相当特殊化的细胞，呈长线状，不分支，直径为10～100 μm，长度为1～40 mm，最长可达100 mm，见图2-1-1。肌纤维本身具有的膜叫肌膜，由蛋白质和脂质组成，具有很好的韧性，因而可承受肌纤维的伸长和收缩。肌膜的性质、组成、构造相当于体内其他的细胞膜。

肌纤维的细胞质称为肌浆，填充于肌原纤维间和核的周围，是细胞内的胶体物质，呈红色，含有大量的肌溶蛋白质、肌红蛋白和参与糖代谢的多种酶类。

肌原纤维是肌细胞的主要成分，占肌纤维固形成分的60%～70%，是肌肉的伸缩装置。肌原纤维在电镜下呈长的圆筒状结构，其直径是1～2 μm，其长轴与肌纤维的长轴相平等并浸润于肌浆中。肌原纤维的构造见图2-1-2。肌原纤维的横切面可见大小不同的点呈有序排列，这些点实际上是肌原丝，又称肌微丝。肌原丝包括粗肌原丝(简称粗丝)和细肌原丝(简称细丝)。由于粗丝和细丝的排列在某一区域形成重叠，从而形成了在显微镜下观察时所见的明暗相间的条纹，即横纹。我们将光线较暗的区域称为暗带(A带)，而将光线较亮的区域称之为明带(I带)。I带的中央有一条暗线，称之为Z线，将I带从中间分为左右两半，A带的中央也有一条暗线称M线，将A带分为左右两半。在M线附近有一颜色较浅的区域，称为H区。

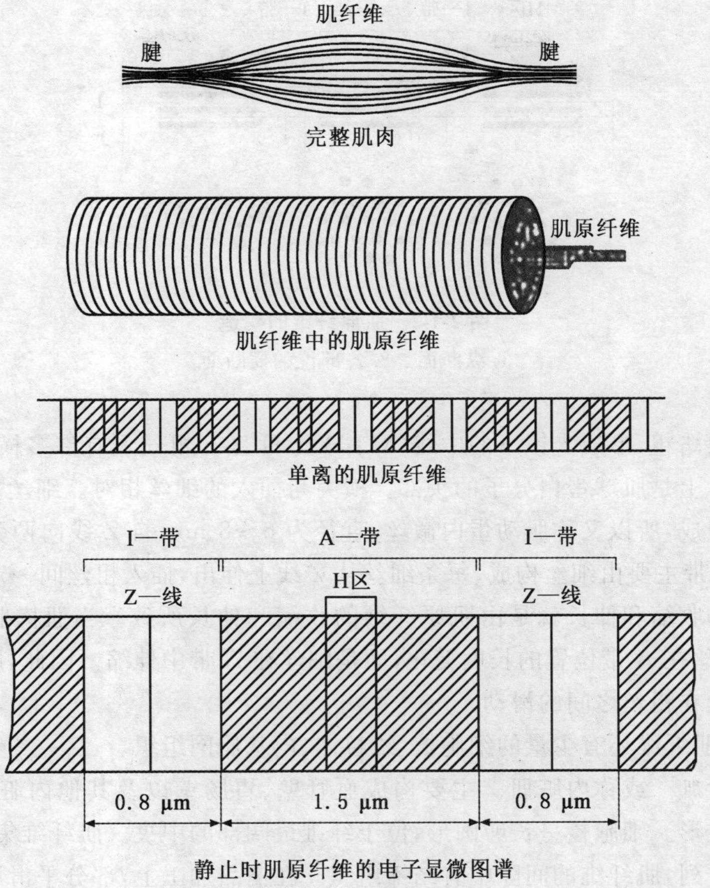

图 2-1-1　肌肉的微观结构

从肌原纤维的构成上看，它是由许多按一定周期重复的单元组成的。我们把两个相邻 Z 线间的肌原纤维单位称为肌节，它包括一个完整的 A 带和两个位于 A 带两边的半 I 带。肌节是肌肉收缩、松弛交替发生的基本单位，也是肌原纤维的基本重复构成单位。肌节的长度是不恒定的，它取决于肌肉所处的状态。当肌肉收缩时，肌节变短；松弛时，肌节变长。哺乳动物放松时的肌肉，其典型的肌节长度为 2.3 μm。

构成肌原纤维的粗丝和细丝不仅大小、形态不同，而且它们的组成性质和在肌节中的位置也不同。粗丝主要由肌球蛋白组成，故又称之为肌球蛋白微丝，直径约 10 nm，长约 1.5 μm。A 带主要由平行排列的粗丝构成，另外有部分细丝插入。每

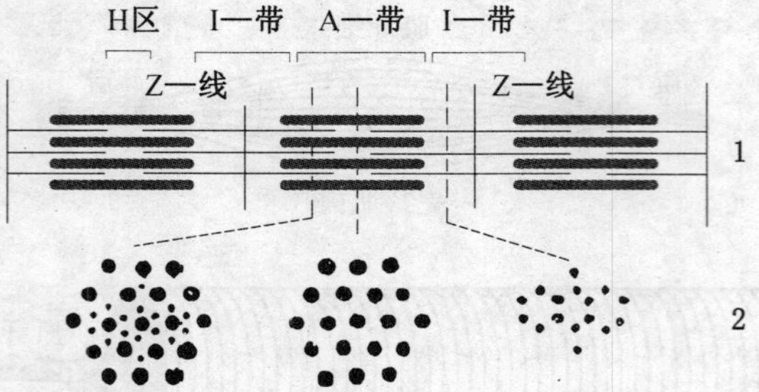

图 2-1-2 肌原纤维的构造

1. 纵断面 2. 各部位的横断面

条粗丝中段略粗，形成光镜下的中线（M 线）及 H-区。粗丝上有许多横突伸出，这些横突实际上是肌球蛋白分子的头部。横突与插入的细丝相对。细丝主要由肌动蛋白分子组成，所以又称肌动蛋白微丝，直径为 6～8 nm，自 Z 线向两旁各扩张约 1.0 μm。I 带主要由细丝构成，每条细丝从 Z 线上伸出，插入粗丝间一定距离。

肌肉的收缩和伸长就是由肌原纤维的收缩和伸长所致。当肌肉收缩或松弛时，不是粗丝在 A 带位置的长度变化，而是细丝在 A 带中伸缩。因此，肌肉收缩的原因是细丝在粗丝之间的滑动。

此外，肌纤维还有少量的细胞核、线粒体、内基质网组织。

2. 平滑肌 或称内脏肌。主要构成血管壁、胃肠壁以及其他内脏器官的壁。肌纤维成梭形。细胞核呈长卵圆形，位于纤维最阔部的中央。肌纤维集结成束，按一定方向排列，肌纤维的间隙中有结缔组织。在肉品加工上，部分平滑肌可供制作特殊产品。

3. 心肌 是构成心脏的肌肉组织，肌纤维为长柱形，平行排列，自由分支，自由吻合，呈合体细胞。心肌纤维集成束，其间由结缔组织充填。

(二)脂肪组织

脂肪组织是决定肉品质的第二个重要因素，存在于畜禽身体的各部分，是由退化的疏松结缔组织和大量的脂肪细胞集聚而成。胴体中脂肪的含量变化较大，一般占活重的 2%～40%。动物种类、品种、年龄、肥育程度不同，脂肪的分布也不同。猪一般多蓄积在皮下、肾脏周围和腹腔内；羊多蓄积在尾根、肋间；肉用牛主要蓄积在肌肉内；鸡蓄积在皮下、腹腔及肠胃周围。脂肪可在肌肉中间形成大理石花纹状，这种肉较嫩而多汁，营养丰富，具有较高的食用价值。

脂肪的构造单位是脂肪细胞。细胞中心充满脂肪滴，细胞核被挤到周边。脂肪细胞外层有一层膜，膜为胶状的原生质构成，细胞核即位于原生质中。脂肪细胞是动物体内最大的细胞，直径通常为 30～120 μm，最大可达 250 μm，脂肪细胞越大，里面的脂肪滴越多，因而出油率也越高。脂肪细胞的大小与畜禽的肥育程度及不同部位有关。如肥育牛肾周围的脂肪直径为 90 μm，瘦牛为 50 μm；猪脂肪细胞的直径皮下脂肪为 152 μm，而腹腔脂肪为 100 μm。

脂肪细胞或单个或成群地借助于疏松结缔组织连在一起。一定数量的脂肪细胞聚集在一起，形成直径 1～2 mm 的一次小叶，外包一层结缔组织膜。一次小叶再聚集成较大的二次小叶、三次小叶。外面都包有一层结缔组织膜，以防止脂肪滴外流。

脂肪对肉的风味有重要影响，各种动物肉有其独特的风味，主要是脂肪中所含的脂肪酸种类不同及其他脂溶性成分造成的。

不同动物脂肪色泽不同，如猪、羊脂肪为白色，牛脂肪呈黄色。幼畜的脂肪颜色较老龄稍浅。

(三)结缔组织

结缔组织是由细胞、纤维和无定形基质组成，将动物体内不同部位连接和固定在一起的组织，分布于体内各个部位，构成器官、血管和淋巴管的支架，包围和支撑着肌肉、筋腱和神经束，将皮肤连接于机体。结缔组织有固定和游动 2 种细胞，固定细胞包括成纤维细胞、间质细胞和脂肪细胞；游动细胞主要参与机体修复，有嗜酸细胞、肌浆细胞、乳腺细胞、淋巴细胞和巨噬细胞。纤维分为胶原纤维、弹性纤维和网状纤维。胶原纤维在肌腱、软骨和皮肤等白色结缔组织中分布较多；弹性纤维在血管、韧带等黄色结缔组织中较多；网状纤维主要分布在内脏的结缔组织中。基质是一种黏稠的蛋白多糖溶液，其中含有结缔组织代谢产物和底物。

结缔组织的含量决定于年龄、性别、营养状况及运动等因素。老龄、公畜、消瘦及使役的动物结缔组织含量高；同一动物不同部位也不同，一般来讲，前躯由于支持沉重的头部而结缔组织较后躯发达，下躯较上躯发达。结缔组织的胶原纤维及弹性纤维为非全价蛋白，具有坚硬、难溶、不易被消化吸收的特点，能增加肉的硬度，降低肉的食用价值。因此含大量结缔组织的肉，其品质低。但可以用来加工胶冻类食品。

(四)骨组织

骨组织和结缔组织一样也是由细胞、纤维性成分和基质组成，但不同的是基质已经钙化，所以很坚硬，起支撑机体和保护器官的作用，同时又是钙、镁、钠等元素的储存组织。

骨组织包括硬骨组织、软骨组织和骨髓。骨是由骨松质、骨密质、骨膜构成的，骨的内腔和骨松质中充满骨髓。红骨髓是造血组织，黄骨髓是脂肪。骨膜是由胶原纤维构成的包围在骨骼表面的一层硬膜，骨膜中含有丰富的血管、神经。

不同动物屠宰后骨组织占胴体比例为：牛肉 15%～20%，猪肉 12%～20%，羊肉 24%～40%，鸡肉 8%～17%，兔肉 12%～15%。

骨的化学成分中水占 40%～50%，胶原蛋白占 20%～30%，无机质占 20%。无机质的成分主要是钙和磷。

骨骼中含有大量胶原纤维，含量为 10%～32%，胶原纤维是由胶原蛋白构成的，在 70～100℃温度下长时间加热会转化为明胶，胶原蛋白对人体健康有利，能提高血小板的功能、增强免疫力、提高皮肤和血管弹性等。骨髓中还含有大量脂肪(3%～27%)。因此可将骨骼熬出骨胶和骨油，或利用超微粒粉碎机制成骨泥，作为肉制品的良好添加剂，也可以作为其他食品的钙、磷强化剂。除此之外，还可以将骨骼制成骨泥、骨粒、骨粉、骨味素等，作为食品或饲料添加剂使用。

二、肉的化学组成

肉与肉制品和其他食品一样，是由许多不同的化学物质组成，主要包括水分、蛋白质、脂肪、浸出物、维生素和矿物质等化学成分。这些化学物质大多是人体所必需的营养成分，这些营养成分的含量和性质，决定着肉的食用品质，特别是肉中的蛋白质，是人们饮食中优质蛋白的重要来源。

(一)水分

水是肉中含量最多的成分，不同组织水分含量差异很大，肌肉含水 70%，皮肤 60%，骨骼 12%～15%，脂肪组织含水甚少。肉中水分含量多少及存在状态影响肉的品质、加工特性、储藏性，甚至风味。

肉中的水分存在形式大致可分为结合水、不易流动水、自由水 3 种。

1. 结合水　结合水约占水分总量的 5%，是指与蛋白质分子表面借助极性基团的静电引力紧密结合的水分子层。由于它们和蛋白质分子之间的相互作用，导致该水层的性质稳定。它的蒸气压极低，冰点为－40℃，不能作为其他物质的溶剂，不易受肌肉蛋白质结构或电荷的影响，甚至在施加严重的外力的作用下，也不能改变其与蛋白质分子的紧密结合状态。

2. 不易流动水　约占总水分的 80%。指存在于纤丝、肌原纤维及膜之间的一部分水分。这些水分能溶解盐及溶质，并可在－1.5～0℃下结冰。不易流动水易受蛋白质结构和电荷变化的影响，同时也受到外力的影响，因此，肉的保水性能主要取决于此类水的保持能力。肉品加工中，盐水火腿类食品就是要最大限度保持住这部分水分，提高出品率，而肉松等干制品主要是要脱除这部分水分。

3. 自由水　存在于细胞外间隙中能够自由流动的水，它们不依电荷基团而定位排序，仅靠毛细管作用力而保持，约占水分总量的15%。

(二)蛋白质

肌肉中蛋白质约占20%，分为3类：肌原纤维蛋白，占总蛋白的40%～60%；肌浆蛋白，占20%～30%；结缔组织蛋白，约占10%，这些蛋白质的含量因动物种类、分解部位不同而有一定差异(表2-1-1)。

表2-1-1　动物骨骼肌中不同种类蛋白质的含量　%

种类	哺乳动物	禽类	鱼肉
肌原纤维蛋白	49～55	60～65	65～75
肌浆蛋白	30～34	30～34	20～30
结缔组织蛋白	10～17	5～7	1～3

1. 肌原纤维蛋白　肌原纤维蛋白质占肌肉蛋白质总量的40%～60%，它主要包括肌动蛋白、肌球蛋白和肌动球蛋白，其他还有肌钙蛋白、原肌球蛋白和2～3种调节性蛋白等。

肌球蛋白是肌肉中含量最高也是最重要的蛋白质，约占肌肉总蛋白质的1/3，占肌原纤维蛋白的50%～55%，是粗丝的主要成分，构成肌节的A带。肌肉中的肌球蛋白可以用高离子强度的缓冲液如0.3 mol/L KCl，0.15 mol/L磷酸盐缓冲液抽提出来。肌球蛋白的形状很像豆芽，全长为140 nm，其中头部20 nm，尾部120 nm；头部的直径为5 nm，尾部直径2 nm。肌球蛋白在胰蛋白酶的作用下，裂解为2个部分，即由球形头部和一部分杆状尾部构成的重酶解肌球蛋白和杆状尾部的轻酶解肌球蛋白。肌球蛋白的头部有ATP酶活性，可以分解ATP，并可与肌动蛋白结合形成肌动球蛋白，与肌肉的收缩直接有关，这种活性可被Ca^{2+}激活，被Mg^{2+}抑制。肌球蛋白不溶于水或微溶于水，属球蛋白性质，在中性盐溶液中可溶解，等电点5.4，在50～55℃发生凝固，易形成黏性凝胶，在饱和的NaCl或$(NH_4)_2SO_4$溶液中可盐析沉淀。这些特性直接影响碎肉或肉糜类制品的质地、保水性和风味等。

肌动蛋白占肌原纤维蛋白的20%，是构成细丝的主要成分。肌动蛋白质的性质属于白蛋白类，不具备凝胶形成特性，它能溶于水及稀的盐溶液中，在半饱和的$(NH_4)_2SO_4$溶液中可盐析沉淀，等电点为4.7。肌动蛋白的作用是与原肌球蛋白及肌原蛋白结合成细丝，在肌肉收缩过程中与蛋白的横突形成交联(横桥)，共同参与肌肉的收缩过程。

肌动球蛋白是肌动蛋白和肌球蛋白的复合物,是肌肉收缩时肌动蛋白和肌球蛋白的存在状态。肌动球蛋白的黏度很高,具有明显的流动双折射现象,由于其聚合度不同,因而相对分子质量不稳定。肌动蛋白与肌球蛋白结合比例在1:(2.5～4)。肌动球蛋白也具有ATP酶活性,但与肌球蛋白不同,Ca^{2+}和Mg^{2+}都能激活。肌动球蛋白能形成热诱导性凝胶,影响肉制品的工艺特性。

2.肌浆蛋白　肌浆是浸透于肌原纤维内外的液体,含有机物与无机物,一般占肉中蛋白质含量的20%～30%。通常将磨碎的肌肉压榨便可挤出肌浆。它包括肌溶蛋白、肌红蛋白、肌球蛋白X、肌粒蛋白和肌浆酶等。这些蛋白质易溶于水或低离子强度的中性盐溶液,是肉中最易提取的蛋白质。故称之为肌肉的可溶性蛋白质。

肌红蛋白是一种复合性的色素蛋白质,由一条肽链的珠蛋白和一分子亚铁血色素结合而成,是肌肉呈现红色的主要成分。肌溶蛋白是一种清蛋白,存在于肌原纤维中因溶于水,易从肌肉中分离出来。

3.结缔组织蛋白　结缔组织构成肌内膜、肌束膜、肌外膜和筋腱,本身由有形成分和无定形基质组成,前者主要包括胶原蛋白、弹性蛋白和网状蛋白,它们是结缔组织中的主要蛋白质。

胶原蛋白是构成胶原纤维的主要成分,约占胶原纤维固形物的85%;胶原蛋白性质稳定,具有很强的延伸力,不溶于水及稀溶液,在酸或碱溶液中可以膨胀,不易被一般蛋白酶水解,但可以被胶原蛋白酶水解;胶原蛋白遇热收缩,但当热温度大于热收缩温度时,胶原蛋白就会水解变成明胶。弹性蛋白因含有色素而呈黄色,为弹力纤维的主要成分,约占弹力纤维固形物的75%。弹性蛋白不被胃蛋白酶、胰蛋白酶水解,可被弹性蛋白酶(存在于胰腺中)水解。网状蛋白为构成肌内膜的主要蛋白,对酸、碱比较稳定。

(三)脂肪

动物的脂肪根据其作用可分为蓄积脂肪和组织脂肪两大类,蓄积脂肪包括皮下脂肪、肾周围脂肪、大网膜脂肪及肌间脂肪等;组织脂肪为肌肉及脏器内的脂肪。

在动物的四大组织中,脂肪的含量变动范围最大,为2%～40%,脂肪含量的多少直接影响肉的多汁性和嫩度,脂肪酸的组成在一定程度上决定了肉的风味,因此,脂肪对肉的食用品质具有重要作用。

(四)浸出物

浸出物是指除蛋白质、盐类、维生素外能溶于水的浸出性物质,包括含氮浸出物和无氮浸出物。

1.含氮浸出物　含氮浸出物为非蛋白质的含氮物质,如游离氨基酸、磷酸肌酸、核苷酸类(ATP,ADP,AMP,IMP)及肌苷、尿素等。这些物质为肉滋味的主要来源,如 *L*-谷氨酸和 *L*-天冬氨酸的钠盐和酰胺都是具有鲜味的物质,ATP 除供给肌肉收缩的能量外,逐级降解成为肌苷酸,是肉香的主要成分,磷酸肌酸分解成肌酸,肌酸在酸性条件下加热则为肌酐,可增强熟肉的风味。

2. 无氮浸出物　无氮浸出物为不含氮的可浸出的有机化合物,包括有糖类化合物和有机酸。糖类化合物包括糖原、葡萄糖、麦芽糖、核糖、糊精,有机酸主要是乳酸及少量的甲酸、乙酸、丁酸、延胡索酸等。

糖原主要存在于肝脏和肌肉中,肌肉中含 0.3%～0.8%,肝中含 2%～8%,马肉肌糖原含 2%以上。宰前动物消瘦、疲劳及病态,肉中糖原储备少。糖原在动物死后的肌肉中进行无氧酵解,肌糖原含量多少,对肉的 pH 值、保水性、颜色等均有影响,并且影响肉的加工和储藏性。

(五)维生素

肉类中含有维生素 A、维生素 B_1、维生素 B_2、维生素 PP、叶酸、维生素 C、维生素 D 等。是人们获取 B 族维生素的主要食物来源,特别是尼克酸。除此外,动物器官中含有大量维生素,尤其是脂溶性维生素,如肝脏中含有大量的维生素 A。

(六)矿物质

肌肉中含有大量的矿物质如钾、磷、铁、钙镁等,尤以钾、磷含量最多。

第二节　肉的物理性质与肉质

对肉及肉制品的品质,人们大都从色、香、味、嫩等几方面来评价。肉的物理性质包括许多内容,而肉色、风味、嫩度和系水力等 4 个方面的性质决定了肉质的优劣。它们的变化,对肉制品的品质影响很大。

一、肉色

肉色是重要的食用品质之一,颜色的重要意义在于它是肌肉的生理学、生物化学和微生物学变化的外部表现,通常给消费者以好或坏的印象。

肉色主要取决于肌肉的色素物质——肌红蛋白和血红蛋白的多少和状态。血红蛋白存在于血液中,如果放血充分,肌红蛋白在肉中比例为 80%～90%。因此决定肌肉色泽的固有因素是肌红蛋白的含量多少和状态变化。

肌红蛋白是一种复合蛋白质,由一条多肽链构成的珠蛋白和一个血红素组成,在肌肉中主要起载氧功能。肌肉中肌红蛋白的含量受动物种类、肌肉部位、运动程度、年龄以及性别的影响。如肌红蛋白的含量，由多到少依次为牛、羊、猪、兔，颜色由深到浅也依次是牛、羊、猪、兔。一般公畜、运动多的动物或肌肉部位其肌红蛋白的含量高，颜色较深。

肌红蛋白(Mb)本身是紫红色，在高氧分压下，与氧结合可生成氧合肌红蛋白，为鲜红色，是新鲜肉的象征；Mb 和氧合 Mb 在低氧分压环境下或时间稍长，均可以被氧化生成高铁肌红蛋白，呈褐色，使肉色变暗(图 2-1-3)；有硫化物存在时 Mb 还可被氧化生成硫代肌红蛋白，呈绿色，是一种异质肉色；Mb 与亚硝酸盐反应可生成亚硝基肌红蛋白，呈粉红色，是腌肉的典型色泽；Mb 加热后蛋白质变性形成珠蛋白氧化血色原，呈灰褐色，是熟肉的典型色泽。

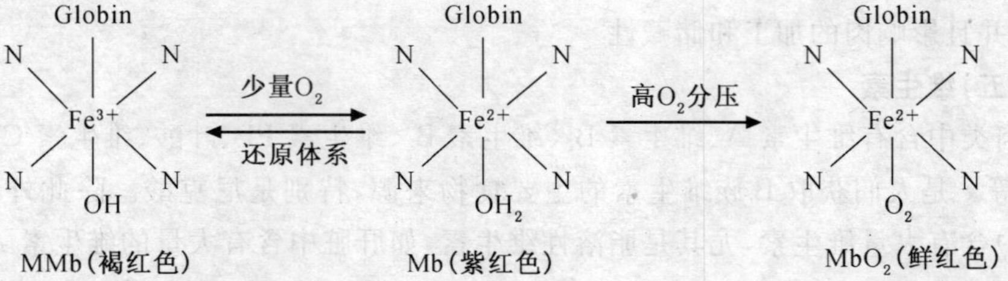

图 2-1-3 肌肉颜色的变化机理

Globin：肌红蛋白中的球蛋白　MMb：高铁肌红蛋白

Mb：肌红蛋白　MbO_2：氧合肌红蛋白

氧合肌红蛋白和高铁肌红蛋白的形成和转化对肉的色泽最为重要，前者为鲜红色，代表着肉新鲜，为消费者所钟爱；而后者为褐色，是肉放置时间长久的象征。在不采取任何措施情况下，一般肉的颜色将经过 2 个转变：第一个是由紫红色转变为鲜红色，第二个是由鲜红色转变为褐色。第一个转变很快，将肉置于空气中 30 min 内就发生，而第二个转变快者几个小时，慢者几天，主要受环境中 O_2 分压、pH 值、细菌繁殖程度和温度等诸多因素的影响。减缓第二个转变，即由鲜红色转为褐色，是保色的关键。

二、风味

(一)概述

肉的风味大都通过烹调后产生，生肉一般只有咸味、金属味和血腥味。当肉加热后，前体物质反应生成各种呈味物质，赋予肉以滋味和芳香味。鉴于肉主要由蛋白质、脂肪、碳水化合物等组成，而风味又是由这些物质反应生成，且烹调方法具有共性（如加热），因此无论来源于何种动物的肉均具有一些共性的呈味物质。当然，不同来源的肉有其独特的风味，如牛、羊、猪、禽肉有明显的不同，风味的差异主要来自于脂肪的氧化，这是因为不同种动物脂肪酸组成明显不同，从而造成氧化产物及风味的差异。另一些异味物质如羊膻味和公猪的腥味分别来自于脂肪酸和激素代谢产物。肉的风味由肉的滋味和香味组合而成，滋味的呈味物质是非挥发性的，主要靠人的舌面味蕾（味觉器官）感觉，经神经传导到大脑反映出味感。香味的呈味物质主要是挥发性的芳香物质，主要靠人的嗅觉细胞感受，经神经传导到大脑产生芳香感觉，如果是异味物，则会产生厌恶感和臭味的感觉。

（二）加工与储藏中肉风味的形成

1. 美拉德反应　人们较早就知道将生肉汁加热就可以产生肉香味，通过测定成分的变化发现在加热过程中随着大量的氨基酸和绝大多数还原糖的消失，一些风味物质随之产生，这就是所谓的美拉德反应。氨基酸的氨基和还原糖的羰基反应生成香味物质，也称羰氨反应。此反应较复杂，步骤很多，在大多数生物化学和食品化学书中均有陈述，此处不再一一列出。

2. 脂质氧化　脂质氧化是产生风味物质的主要途径，不同种类风味的差异也主要是由于脂质氧化产物不同所致。肉在加热时的脂肪氧化（加热氧化）原理与常温相似，但产物大不相同。总的来说，常温氧化产生酸败味，而加热氧化产生风味物质。

3. 硫氨素热降解　肉在烹调过程中有大量的物质发生降解，其中硫胺素（维生素 B_1）降解所产生的 H_2S（硫化氢）对肉的风味，尤其是牛肉味的生成至关重要。H_2S 本身是一种呈味物质，更重要的是它可以与呋喃酮等杂环化合物反应生成含硫杂环化合物，赋予肉强烈的香味，其中 2-甲基-3-呋喃硫醇被认为是肉中最重要的芳香物质。

4. 腌肉风味　亚硝酸盐在腌肉时除有发色作用外，对腌肉的风味也有重要影响。亚硝酸盐（抗氧化剂）抑制了脂肪的氧化，所以腌肉体现了肉的基本滋味和香味。

5. 加入辅料产生的风味　在肉制品加工过程中，为了改善其感官性状及风味，延长其储藏性，常添加一些辅料，包括调味料、香辛料。

三、嫩度

嫩度是肉的主要食用品质之一，它是消费者评判肉质优劣的最常用指标。肉的嫩度指肉在食用时口感的老嫩，反映了肉的质地，由肌肉中各种蛋白质的结构特性决定。肉的嫩度用剪切力值表示，在测定仪上测定剪切单位面积肌肉（横向）所用的力的大小。剪切力值越高，说明嫩度越差。

(一)影响肉嫩度的因素

影响肌肉嫩度的实质主要是结缔组织的含量与性质及肌原纤维蛋白的化学结构状态。它们受一系列的因素影响而变化，从而导致肉嫩度的变化。这些因素主要是畜龄、肌肉部位、大理石花纹、尸僵和成熟。其影响结果见表 2-1-2。

表 2-1-2 影响肉嫩度的因素

因 素	影 响
年龄	年龄越大，肉亦越老
运动	一般运动多的肉较老
性别	公畜肉一般较母畜和腌畜肉老
大理石花纹	与肉的嫩度有一定程度的正相关
成熟	改善嫩度
品种	不同品种的畜禽肉在嫩度上有一定差异
电刺激	加速嫩化过程
成熟	尽管和成熟一样均指成熟，而有特指将肉放在 10～15℃环境中解僵，这样可以防止冷收缩
肌肉组分	肌肉不同，嫩度差异很大，源于其中的结缔组织的量和质不同所致
僵直	动物宰后将发生死后僵直，此时肉的嫩度下降，僵直过后，成熟肉的嫩度得到恢复
解冻僵直	导致嫩度下降，损失大量水分

(二)肉的人工嫩化

人们很早就知道，通过人为破坏肉的结构和结缔组织而达到嫩化肉的目的。随着近现代科技的发展，肉的人工嫩化方法也越来越丰富，下面简单介绍几种常用的人工嫩化方法。

1. *酶法* 利用蛋白酶类作用于特定的蛋白质如肌动球蛋白、胶原蛋白、弹性蛋白等，从而使肉嫩化，常用的酶为植物蛋白酶，主要有木瓜蛋白酶、菠萝蛋白酶和无花果蛋白酶，商业上使用的嫩肉粉多为木瓜蛋白酶。

2. *电刺激* 对动物胴体电刺激，可引起肌肉的痉挛性收缩，导致肌纤维结构破坏，同时电刺激可加速家畜宰后的代谢速率，是肌肉的尸僵和解僵发展加快，缩短成熟时间。电刺激对牛羊肉的嫩度改善较大，而对猪肉的改善较差，据报道，对牛肉进行电刺激，可使嫩度提高 20%，而猪肉通常只提高 3%左右。

3. 机械法　通过滚揉、绞碎、斩拌等机械处理，可以破坏肉的肌原纤维结构，从而导致肉的嫩化。

4. 成熟作用　经过成熟处理，肌肉处于解僵状态，嫩度增加。

四、保水性

肉的保水性能以肌肉系水力来衡量，是指当肌肉受到外力作用时，其保持原有水分与添加水分的能力。所谓的外力指压力、切碎、冷冻、解冻、储存、加工等。

系水力是肌肉一项重要的品质特性，它不仅影响肉的色香味、营养成分、多汁性、嫩度等食用品质，而且有着重要的经济价值。利用肌肉有系水潜能（表示肌肉在外力的影响下超量保持水的能力）这一特性，在其加工过程中可以添加水分，从而提高出品率。如果肌肉保水性能差，那么从家畜屠宰后到肉被烹调前这一段过程中，肉因为失水而失重，造成经济损失。

（一）影响肌肉系水力的因素

影响系水力的因素很多，宰前因素包括品种、年龄、宰前运输、囚禁和饥饿、能量水平、身体状况等。宰后因素主要有屠宰工艺、胴体储存、尸僵开始时间、熟化、肌肉的解剖学部位、脂肪厚度、pH 值的变化、蛋白质水解酶活性和细胞结构，以及加工条件如切碎、盐渍、加热、冷冻、融冻、干燥、包装等。而最主要的是 pH 值（乳酸含量）、ATP（能量水平）、加热和盐渍。比如，蛋白质在接近等电点（pH 值为 5.0～5.4）时，肌肉的系水力最低；尸僵导致系水力下降，而成熟使其重新回升；加热时系水力明显下降；盐对肉系水力的影响取决于肉的 pH 值，当 pH 值＞等电点时，盐可以提高系水力，反之亦然。

（二）测定方法

测定肌肉系水力的方法主要有压力法和滴水损失法。压力法主要是通过施加一定的压力测定被压出的水分重量来衡量肉的系水力；而滴水损失法是在没有任何外力下在一定时间内测定肉样的滴水损失。除了以上两种方法外，还可通过测定熟肉率来反映烹调过程中水分的损失。

第三节 屠宰后肉的变化

畜禽屠宰后，胴体的肌肉内部发生一系列生化变化。动物刚屠宰后，肉温还没有散失，柔软具有较小的弹性，这种处于生鲜状态的肉称作热鲜肉。经过一定时间，肉的伸展性消失，肉体变为僵硬状态，这种现象称为尸僵。随着时间的延长，僵直缓解，经过自身解僵，肉变得柔软，同时保水性增加，风味提高，此过程称作肉的成熟。成熟肉在不良条件下储存，经酶和微生物的作用，称作肉的变质。在肉品工业生产中，要控制尸僵、促进成熟、防止变质。

一、尸僵

尸僵指胴体在宰后一定时间内，肉的弹性和伸展性消失，肉呈紧张、僵硬的状态。

(一)尸僵产生的原因

活体肌肉处于静止状态时，由于 Mg^{2+} 和 ATP 形成复合体的存在，妨碍了肌动蛋白与肌球蛋白粗丝突起端的结合。肌原纤维周围糖原的无氧酵解和线粒体内进行的三羧酸循环，使 ATP 不断产生，以供应肌肉收缩之用。

活体肌肉收缩时来自大脑的信息经神经纤维传到肌原纤维膜产生去化作用，神经冲动沿着 T 小管进入肌原纤维，可促使肌质网将 Ca^{2+} 释放到肌浆中。进入肌浆中的 Ca^{2+} 浓度增高，钙离子即与细丝的肌原蛋白钙结合亚基(TnC)结合，引起肌原蛋白 3 个亚单位构型发生变化，使原肌球蛋白更深地移向肌动蛋白的螺旋槽内，从而暴露出肌动蛋白纤丝上能与肌球蛋白头部结合的位点。钙离子可以使 ATP 从其惰性的 Mg-ATP 复合物中游离出来，并刺激肌球蛋白的 ATP 酶，使其活化。肌球蛋白 ATP 酶被活化后，将 ATP 分解为 ADP、无机磷和能量，同时肌球蛋白纤丝的突起端点与肌动蛋白纤丝结合，形成收缩状态的肌动球蛋白。

当神经冲动产生的动作电位消失，通过肌质网钙泵作用，肌浆中的钙离子被收回。肌原蛋白钙结合亚基(TnC)失去 Ca^{2+}，肌原蛋白抑制亚基(TnI)又开始起控制作用。ATP 与 Mg^{2+} 形成复合物，且与肌球蛋白头部结合。而细丝上的原肌球蛋白分子又从肌动蛋白螺旋沟中移出，挡住了肌动蛋白和肌球蛋白结合的位点，形成肌肉的松弛状态。

尸僵产生的原因与动物死后继续发生一系列生理生化变化有关。动物死亡后，呼吸停止了，供给肌肉的氧气也就中断了，此时其糖原不再像有氧存在时最终

氧化成 CO_2 和 H_2O，而是在缺氧情况下经糖酵解作用产生乳酸。在正常有氧条件下，每个葡萄糖单位可氧化生成 39 个分子 ATP，而经过糖酵解只能生成 3 分子 ATP，ATP 的供应受阻。然而体内 ATP 继续消耗。由于肌浆中 ATP 酶的作用却在继续进行，因此动物死后，ATP 的含量迅速下降。ATP 的减少及 pH 值的下降，使肌质网功能失常，发生崩解，肌质网失去钙泵的作用，内部保存的钙离子被放出，致使 Ca^{2+} 浓度增高，促使粗丝中的肌球蛋白 ATP 酶活化，更加快了 ATP 的减少，结果肌动蛋白和肌球蛋白结合形成肌动球蛋白，引起肌肉收缩表现出肉尸僵。这种情况下由于 ATP 不断减少，所以反应是不可逆的，则引起永久性的收缩。

(二)尸僵阶段肉的变化

①尸僵阶段最显著的变化就是肌肉收缩，硬度增加，嫩度降低。

②pH 值的下降。刚屠宰后的肉呈中性(pH 值为 7.0 左右)，但随着糖原酵解产生乳酸以及 ATP 分解产生磷酸根离子等反应的进行，肉的 pH 值下降，通常当 pH 值降到 5.4 左右时，就不再下降。这时的 pH 值是死后肌肉的最低 pH 值，称为极限 pH 值。肉在极限 pH 时的保水性最差，硬度最大。

③保水性的变化。刚刚屠宰后的肉，保水性很好，随着尸僵的进行，肉的保水性逐渐下降，到最大僵直期时，肉的保水性降至最低限度。因为肉的极限 pH 值为 5.4，此时正是肌原纤维主要蛋白质的等电点，因而，这时即使没有蛋白质的变性，其保水性也会下降。此外，由于肌动球蛋白的形成，使肌球蛋白粗丝和肌动蛋白细丝间的有效空隙大为减少，这样一种结构的变化，使肉的保水性也大为降低。

④ATP 的降解与僵直产热。宰后肌肉糖原分解产生的 ATP，经 ATP 分解酶分解成 ADP 和磷酸，同时释放出能量。机体死亡后，这些能量不能用于体内各种化学反应和运动，只能转化为热量，同时由于动物死后呼吸停止，产生的热量不能即时排出，蓄积在体内造成体温上升，即形成僵直产热。

二、解僵与成熟

尸僵以后，肌肉内的生物化学变化仍在继续。肌肉在宰后僵直达到最大程度并维持一段时间后，其僵直缓慢解除、肉的质地变软的过程叫解僵。解僵所需要的时间因动物的种类、肌肉的部位、温度及其他条件的不同而不同。在 0～4℃的环境温度下，鸡需要 3～4 h，猪需要 2～3 d，牛需 7～10 d。

僵直逐渐解除的肉，继续发生变化使肌肉变软、系水力和风味得到很大改善的过程称为肉的成熟。

(一)解僵的机制

关于解僵的实质，很多人进行了大量研究，至今尚未充分判明，但有不少有价值的论述，主要有以下几个方面。

1. 肌原纤维小片化　刚宰后的肌原纤维和活体肌肉一样，是由数十到数百个肌节沿长轴方向构成的纤维，而在肉成熟时则断裂成1～4个肌节相连的小片状。这种肌原纤维断裂现象被认为是肌肉软化的直接原因。这时在相邻肌节的Z线变得脆弱。受外界机械冲击很容易断裂。

2. 死后肌肉中肌动蛋白和肌球蛋白纤维之间结合变弱　虽然肌动蛋白和肌球蛋白的结合强度变化尚不十分清楚，但是随着保藏时间的延长，肌原纤维的分解量逐渐增加，如家兔肌肉在10℃条件下保藏2 d的肌原纤维只分解5%，而到6 d时近50%的肌原纤维被分离，当加入ATP时分解量更大。肌原纤维分离的原因，恰与肌原纤维小片化是一致的。小片化是从肌原纤维的Z线处崩解，也表明肌球蛋白和肌动蛋白之间的结合减弱了。

3. 肌肉中结构弹性网状蛋白的变化　结构弹性网状蛋白是肌原纤维中除去粗丝、细丝及Z线等蛋白质后，不溶性的并具有较高弹性的蛋白质，贯穿于肌原纤维的整个长度，连续地构成网状结构。它随着保藏时间的延长和弹性的消失而减少。当弹性达到最低值时，结构弹性蛋白的含量也达到最低值。肉类在成熟软化时结构弹性蛋白质的消失，导致肌肉弹性的消失。

从上述3个方面的叙述可知，死后肌肉从僵直到软化，其基本原因是Ca^{2+}不断变化，因此称为僵直解除的钙离子学说。

4. 蛋白酶说　成熟肌肉的肌原纤维，由于蛋白酶作用，发生分解。分解蛋白质起主要作用的酶为钙激活酶、组织蛋白酶B和组织蛋白酶L 3种酶。

(二)成熟阶段肉质的变化

1. 保水性提高　肉在成熟时，保水性又有回升。一般宰后2～4 d，pH值下降，极限pH值在5.5左右，此时水合率为40%～50%；最大尸僵期以后pH值为5.6～5.8，水合率可达60%。因此成熟时pH值偏离了等电点，肌动球蛋白解离，扩大了空间结构和极性吸引，使肉的吸水能力增强，肉汁的流失减少。

2. 嫩度改善　随着肉成熟的发展，肉的嫩度产生显著的变化。刚屠宰后的肉嫩度最好，在极限pH值时嫩度最差。成熟的肉嫩度有所改善。

3. 蛋白质的变化　肉成熟时，肌肉中许多酶类对某些蛋白质有一定的分解作用，从而促使成熟过程中肌肉中盐溶性蛋白质的浸出性增加。伴随肉的成熟，蛋白质在酶的作用下，肽链解离，使游离的氨基增多，肉水合力增强，变得柔嫩多汁。

4. 风味的变化　成熟过程中改善肉风味的物质主要有两类，一类是ATP的降解物次黄嘌呤核苷酸(IMP)；另一类则是组织蛋白酶类的水解产物氨基酸。随着成熟，肉中浸出物和游离氨基酸的含量增加，多种游离氨基酸存在，但是谷氨酸、精氨酸、亮氨酸、缬氨酸和甘氨酸较多，这些氨基酸都具有增加肉的滋味或有改善肉质香气的作用。

三、肉的变质

肉的变质是指肉在组织酶和微生物的作用下发生质的变化，最终失去使用价值的过程。它包括肉的自溶和腐败。

(一)自溶

肉因本身的分解酶(组织蛋白酶)作用而分解的过程称为自溶。

肉在无外来微生物介入的情况下，也会引起自身组织的分解，这主要是自身蛋白酶作用的结果。肉在自溶过程中，虽有种种变化，但主要是蛋白质的分解，除产生氨基酸外，有时还会有硫化氢和硫醇等不良气味的挥发性物质产生，但一般没有氨或含量极微。自溶不同于腐败，自溶过程一般只分解蛋白质到氨基酸为止，即分解达到某种平衡程度就不再分解了。自溶表现为肌肉松弛，缺乏弹性，无光泽，带有酸味，但还能食用。

(二)肉的腐败

成熟后的肉如果没有及时进行加工和食用，在自身酶和微生物的作用下，会有发黏、变色、霉斑、变味等现象发生，这种现象称肉的腐败。

1. 肉腐败的原因　腐败发生的主要原因是微生物的生长、繁殖。肉在成熟过程中的分解产物，为腐败微生物生长、繁殖提供了良好的营养物质。一旦温度和湿度等条件适宜，微生物大量繁殖而导致肉中的蛋白质、脂类、及糖类的分解，形成低级产物，使肉的质量发生根本性的变化。

2. 肉腐败的实质　肉的腐败主要是由肉中的蛋白质、脂肪、糖类等化学成分在微生物和酶的作用下发生分解造成的。

(1)蛋白质的分解　肉中的蛋白质在芽孢杆菌属、假单胞菌属、梭菌属等分泌的蛋白酶和肽链内切酶作用下，首先分解成多肽，后断裂成氨基酸。氨基酸进一步分解成相应的胺类、有机酸和各种碳氢化合物，肉品出现腐败特征。如甘氨酸产生的甲胺，具有强烈氨臭气体；含硫氨基酸蛋氨酸分解产生的硫化氢具有臭鸡蛋的气味；色氨酸分解会产生吲哚等。这些都是肉类出现腐败特征的原因。

(2)脂肪的氧化和分解　肉中脂肪的变质，主要是经水解和氧化产生相应的分解产物。脂肪的水解主要是脂肪组织本身所含酶及微生物代谢产生酶的作用。而脂肪的氧化主要在空气中氧的作用下发生的酸败作用。酶将中性脂肪分解为甘油和脂肪酸，脂肪酸进一步断链而形成不愉快味道的酮类或酮酸，不饱和脂肪酸还可以形成过氧化物；脂肪酸也可以分解成具有特殊臭味的醛类和醛酸，即所谓的油哈味。

(3)糖类的分解　肉品中的糖类在微生物及酶的作用下发生水解并进而形成低级产物，如醛、酮、酸直到最后生成二氧化碳和水。在分解或降解的同时，使肉带有这些产物所具有的特殊气味。

污染肉类的微生物可分为两大类，一大类是腐生微生物；另一大类是病原微生物。腐生微生物中的细菌、酵母、霉菌都可以污染肉品，这些微生物主要使肉品发生腐败变质，如假单胞菌、无色杆菌等。病原微生物不仅可使肉腐败变质，还能传播疾病，造成食物中毒，如沙门氏菌、金黄色葡萄球菌等。

3.腐败肉的特征　肉类腐败变质时，往往在肉的表面产生明显的感官变化。

(1)发黏　微生物在肉的表面大量繁殖后，使肉体表面有黏液状物质产生，拉出时如丝状，并有较强的臭味，这是微生物繁殖后形成的菌落，以及微生物分解蛋白质的产物。当肉的表面有发黏、拉丝现象时，其表面含菌数一般为 10^7 cfu/cm^2。

(2)变色　肉类腐败时肉的表面常出现各种颜色变化。最常见的是绿色，这是由于蛋白质分解产生的硫化氢与肉中的血红蛋白结合后形成的硫化氢血红蛋白，这种化合物积蓄在肌肉和脂肪表面即显示暗绿色。另外，黏质赛氏杆菌在肉表面产生红色斑点，深蓝色假单胞杆菌能产生蓝色，黄杆菌能产生黄色。有些酵母菌能产生粉红色、灰色等斑点。

(3)霉斑　肉体表面有霉菌生长时，往往形成霉斑，特别是干腌的肉制品，更为多见。如枝霉和刺枝霉在肉表面产生羽毛状菌丝；白色侧孢霉和白地霉产生白色霉斑；扩展青霉、草酸青霉产生绿色霉斑；蜡叶芽枝霉在冷冻肉上产生黑色斑点。

(4)变味　肉类腐烂时往往伴有一些不正常或难闻的气味，最明显的是肉类蛋白质被微生物分解产生的恶臭味；还有乳酸菌和酵母菌的作用下产生的挥发性有机酸的酸味；霉菌生长繁殖产生的霉味等。

肉腐败后不仅产生有强烈恶臭气味的物质，而且产生的有些胺类还具有很大的生理活性，危害人体健康，因此肉的安全性和卫生性越来越受到消费者的重视。肉制品加工与经营者应更加重视和改善卫生条件，减少微生物的污染，防止肉的腐败。

本章小结

- 肉制品加工的基础知识
  - 肉的形态结构与化学组成
    - 形态结构
      - 肌肉组织
        - 骨骼肌
          - 一般结构
          - 微观结构
        - 平滑肌
        - 心肌
      - 脂肪组织
      - 结缔组织
      - 骨组织
    - 化学组成
      - 水分
        - 结合水
        - 不易流动水
        - 自由水
      - 蛋白质
        - 肌原纤维蛋白
        - 肌浆蛋白
        - 结缔组织蛋白
      - 脂肪
      - 浸出物
      - 维生素
      - 矿物质
  - 肉的物理性质与肉质
    - 肉色
    - 风味
    - 嫩度
    - 保水性
  - 屠宰后肉的变化
    - 尸僵
      - 产生的原因
      - 尸僵阶段肉的变化
    - 解僵与成熟
      - 解僵的机制
      - 成熟阶段肉质的变化
    - 肉的变质
      - 自溶
      - 腐败

复习思考题

1. 肉由哪几部分组成？各部分对制品加工有何价值？

2. 肉的化学组成有哪些特殊性？

3. 肉的主要物理性状与肉质有何关系？

4. 屠宰后肌肉会发生哪些系列变化？各个阶段的变化对肉质产生什么样影响？

第二章　畜禽屠宰与分割肉加工

知识目标

- 了解畜禽屠宰加工条件对肉质的影响。
- 掌握屠宰加工、分割肉加工的基本工艺条件。

技能目标

- 掌握畜禽宰前检验的基本方法。
- 了解畜禽屠宰加工的基本工艺。
- 了解屠宰检验的内容和方法。
- 掌握分割肉加工的基本方法。

第一节　畜禽屠宰加工

肉用畜禽经过刺杀放血、解体等一系列处理过程，最后加工成胴体（即肉尸，商品学称做白条肉）的过程叫做屠宰加工，它是深加工的基础，也叫初步加工。优质肉品原料的获得，除了与原料本身因素有关，很大程度上取决于屠宰加工的条件和方法。

一、畜禽屠宰前的检验

1. 畜禽入场检验　运到屠宰场的畜禽，在未卸车之前，应索取畜禽检疫证件，核对畜禽数目，了解途中病亡等情况。如检疫证上注明的产地现已有传染病疫情或运输途中患病、死亡较多时，对这批畜禽应采取紧急措施，隔离观察，并根据疫病性质，按现行“屠宰牲畜及肉品卫生检验规程”加以处理。若检查核对正常时，将畜禽卸下车分批、分地区地赶入预检圈休息饲养，不可混杂。进入预检圈的畜禽先饮水，经 2～4 h 后逐头测量体温、检查其外貌、步样和精神，正常的畜禽可转入健康畜禽饲养圈，并按肥瘦程度进行分圈。如发现异常时，应立即隔离，待验收后详细检查，或送往急宰。

2. 送宰前的检验　经过预检的畜禽在待宰圈休息 24 h 后，再测体温，进行外貌检查，正常的畜禽即可送往屠宰间等候屠宰。对圈内的畜禽进行宰前检验，假若有离群现象、行走异常、被毛不光亮、皮肤有异状、眼鼻有分泌物、呼吸困难等症状之一者，应挑出圈外做进一步检查。一般观察后再逐头（只）测量体温，必要时检查脉搏和呼吸数。畜禽疑患传染病时，应做细菌学检验。确属健康的畜禽才能屠宰。

二、畜禽屠宰前的饲养管理

1. 畜禽屠宰前休息　宰前休息的目的是为了恢复畜禽在运输途中的疲劳。由于环境的改变、受到惊吓等外界因素的刺激，畜禽易于过度紧张而引起疲劳，使血液循环加速，体温升高，肌肉组织中的毛细血管充满血液，正常的生理机能受到抑制、扰乱或破坏，从而降低机体的抵抗力，微生物很容易侵入到血液中，加速屠宰后肉的腐败，也影响副产品的质量。牲畜经过宰前休息，其肌肉和肝脏中被微生物污染的显著减少，也有利于放血和消除应激反应。所以畜禽宰前充分休息对提高肉品品质具有重要意义。一般休息 24 h。

2. 畜禽屠宰前断食　畜禽一般在宰前 12～24 h 断食，断食时间必须适当，其意义主要是：

(1)临宰前若给予充足饲料，则其消化和代谢机能旺盛，肌肉组织中的毛细血管充满血液，易造成屠宰时放血不完全，肉容易腐败。

(2)停食可减少消化道中的内容物，防止剖腹时胃肠内容物污染胴体，并便于内脏的加工处理。

(3)保持畜禽屠宰时的安静，便于放血处理。

但断食时间不能过长，断食会降低牲畜的体重和屠宰率。一般牛、羊宰前绝食 24 h；猪 12 h；家禽 18～24 h（喂干燥的谷粒即使绝食 36 h，胃肠中仍有内容物残留，喂糠麸需 12～15 h，喂青饲 8 h 即完全消化）。

休息场的圈、舍（保管圈、饲养圈等）应清洁卫生，便于清扫消毒。候宰圈要保持安静，靠近屠宰间。畜禽在宰杀前不得用竹竿、木棍、绳鞭拍打，防止跌滑、撞、摔、踢、压、踏、挤、绑、恐吓、急速驱赶和互相咬打。否则易造成宰后溢血和皮上伤痕，使产品质量降低，造成不必要的损失。天气炎热要防止烈日暴晒而引起的中暑，冬天防止寒冷侵袭，使屠宰加工过程中剥皮或刮毛发生困难。

三、猪的屠宰加工

(一)工艺流程

见图 2-2-1。

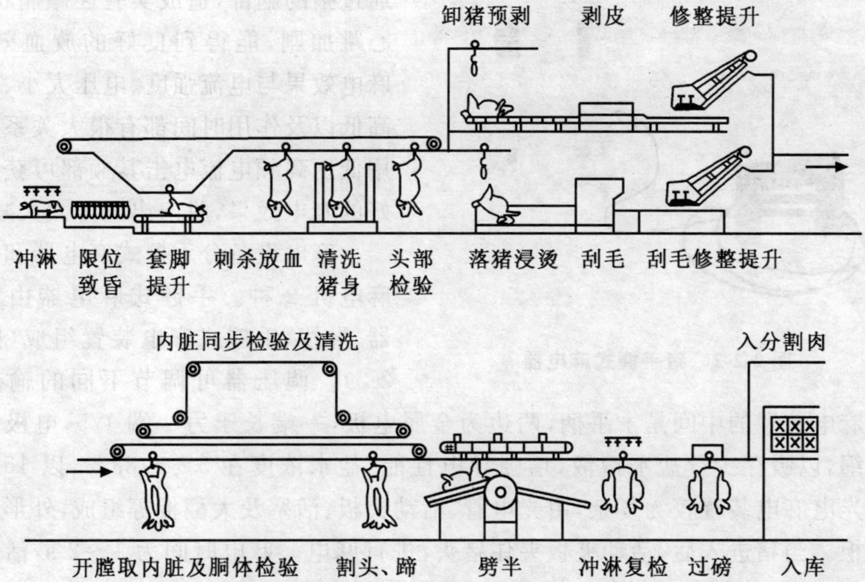

图 2-2-1 猪屠宰加工示意图

(二)操作要点

1. 淋浴 生猪宰杀前必须进行水洗或淋浴，其主要目的是洗去猪体病菌及污物提高肉品质量。另外，生猪淋浴后，体表带有一定的水分，增加了导电性能，有利于麻电操作。

淋浴的水温应根据季节而变化，冬季一般在 38℃左右。夏季一般在 20℃左右。淋浴的时间为 3～5 min。淋浴时保持一定的水压，要给予生猪一定的活动余地，以免互相撞击或挤压，乱蹿乱跳而造成外伤。应以麻电宰杀的速度决定淋浴的批次，其间隔时间是淋浴后休息 5～10 min，但最长不应超过 15 min。

2. 致昏 应用物理的或化学的方法，使家畜在宰杀前短时间内处于昏迷状态，谓之致昏，也叫击晕。主要方法有电击法、CO_2 麻醉法。击晕的目的使屠畜暂时失去知觉，因为屠宰时牲畜精神上受到刺激，容易引起内脏血管收缩，血液剧烈地流集于肌肉内，致使放血不完全，从而降低了肉的品质。同时避免宰杀时屠畜嚎叫、拼命挣扎消耗过多糖原，使宰后肉尸保持较低 pH 值，此外，击晕还可以保持环境安静、减轻工人的体力劳动和保证操作的安全。

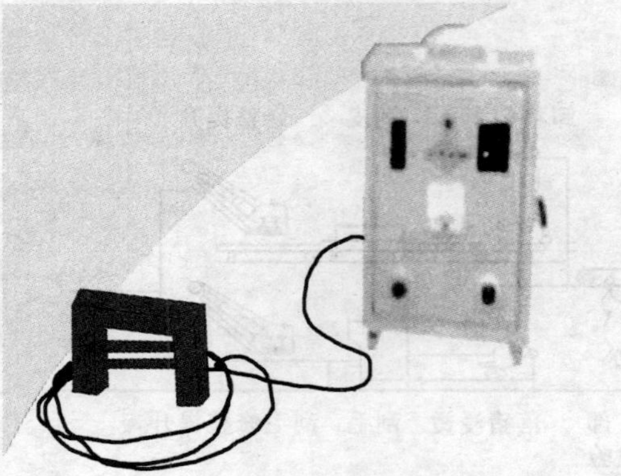

图 2-2-2　猪手握式麻电器

(1)电击晕　目前普遍采用。也就是通常所说的“麻电”。麻电时电流通过猪的脑部，造成实验性癫痫状态，心跳加剧，能得到良好的放血效果。麻电效果与电流强度、电压大小、频率高低以及作用时间都有很大关系。采用低压高频电流电击其额部可获得较好的麻电效果，肌肉出血可大大减少。

麻电设备分手握式麻电器和光电麻电机 2 种。手握式麻电器由调压器、导线、手握式麻电装置组成(图 2-2-2)。调压器可调节不同的输出电压。麻电装置的中间是木手柄，两边为金属电极，一端长于另一端 1/5，电极上附有海绵，以吸存少量盐水镕液，增强导电性能，盐水浓度在 5%～33%，以 15%为宜。光电麻电装置较为复杂，由光电管、活动夹板、活塞及大翻板等组成，外形像一只铁柜。当猪进入后，活动夹板夹住猪头，进行麻电。麻电时间为 1～2 s，活塞向下，大翻板做 45°角的倾斜，麻电后猪落在传送带上见图 2-2-3。

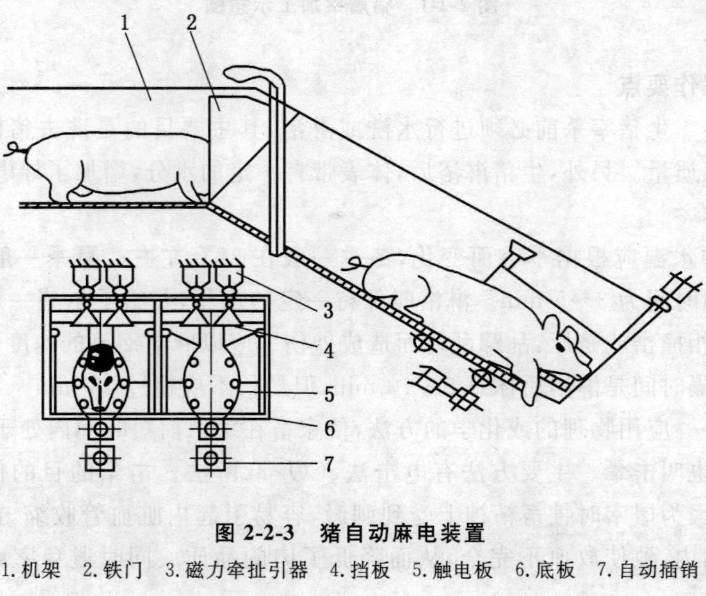

图 2-2-3　猪自动麻电装置

1. 机架　2. 铁门　3. 磁力牵扯引器　4. 挡板　5. 触电板　6. 底板　7. 自动插销

图 2-2-4　荷兰 Stork 公司生产的米达斯电击晕机

一般，麻电所需电压为 78.5～80 V，电流为 0.5 A，频率为 50～60 Hz。有时在电流频率不变的条件下，电压也可使用 100 V 左右。一般需 2～3 s 即可达到麻醉要求。

图 2-2-4 为荷兰 Stork 公司生产的米达斯电击晕机，改进了电击晕的方法。这种机器采用低压高频，频率为 800 Hz，固定电流 1.2～2.8 A，电压 150～300 V 和 3 个击晕电极（头—头—心脏），3 个击晕电极见图 2-2-5。

(2)二氧化碳麻醉　属化学致昏法。使屠畜通过用干冰产生的二氧化碳室，由于吸入二氧化碳而致昏。二氧化碳浓度 65%～70%，猪

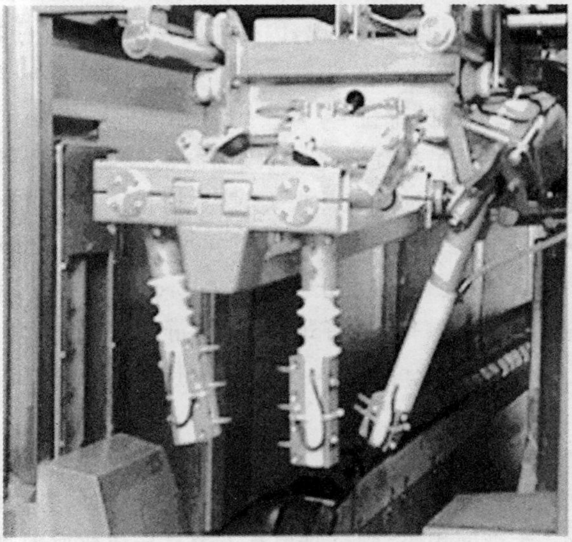

图 2-2-5　米达斯电击晕机 3 个电晕电极(头—头—心脏)

10～15 s 失去知觉而倒下，保持时间 1 min。优点是由于猪的肌肉完全放松，血液循环正常，屠宰放血时利于充分放血，不会出现充血现象，肉的品质较高。此外，肌糖原含量相对较高，肌肉 pH 值偏低，肉的保存性较好。缺点是造价较高。

(3)致昏对肉质的影响　几乎所有击晕法都将使猪产生应激反应，将导致肾上腺皮质突然释放儿茶酚胺进入血液而发生肌肉收缩，伴随临死前的挣扎使磷酸肌

酸、糖原和三磷酸腺苷的水平降低，从而加速尸僵的发生及 pH 值下降的速度，但因击晕方法不同其应激程度也不同。

击晕会使肉尸产生血斑，特别是在腿部和肌肉处发生较多，这是因为血液中儿茶酚胺的积累，促进血压增高和纤维蛋白分解活性增强，伴随肌肉强烈收缩，使毛细血管破裂，而引起肌肉散布着许多淤血区。电击晕可引起小血管损伤和血压明显升高也产淤斑。如应用高电压(300 V)极短时间击晕产生电休克，并快速放血，发生的淤斑比应用低电压少。电压在 80～125 V 或 240 V 击晕时，猪肺脏发生严重出血占 20.6%。应用肌肉神经阻断儿茶酚胺可减少血斑发生，高电压高频率(矩形或梯形交流电)比低电压低频率的交流电击晕可减少 80%淤斑，缩短从击晕到放血时间(不超过 60 s)也有降低血斑的效果。

3.刺杀放血　致昏后的生猪通过吊蹄提升上自动轨道生产线，即进入刺杀放血工作。

(1)刺杀部位　进刀的部位是：纵的位置是在猪的颈部正中线及食道的左侧 2 cm 处(左侧进刀是从安全生产上考虑，因操作时左蹄被手抓住，而右蹄任其自然活动易发生踢伤)，横的位置是颈部第一对肋骨水平线下 3.5～4.5 cm，这个纵与横的交叉点上就是进刀放血的部位。

(2)刺杀技术　生猪经吊挂提升进入轨道后，刺杀人员用左手抓住猪左前蹄，右手持刀，将刀尖对准应刺入的部位。握刀时，大拇指压在刀背上，不得偏斜，刀尖向上，刀刃与猪体颈部垂直线形成 15°～20°的角度，倾斜进刀(即从颈部第一对肋骨水平线下 3.5～4.5 cm 处，与颈部正中线偏左 2 cm 处的交叉点进刀)。刺入后刀尖略向右斜，然后再向下方拖刀，将颈部的动、静脉切断，刀刺入深度按猪的品种、肥瘦情况而定，一般在 15 cm 左右。刀不要刺得太深，以免刺入胸腔和心脏，造成淤血。

(3)刺杀放血的方法　将刀刃向上，斜面要求 15°～20°，按其刺杀部位准确地刺入颈部并用刀往上捅，以切断颈部血管。这种刺杀放血的方法要求技术性较高，刺杀放血的刀口小，污染面积小，刺杀时稍有不慎易造成放血困难。

(4)空心刀刺杀采血　利用多刀旋转采血机是一项先进技术。该机性能比较先进，生产工艺简单，操作方便，放血安全，采集的血液符合卫生要求，适合中小型屠宰加工厂的连续生产使用。

多刀旋转采血机是由旋转拨盘部分、负压抗凝剂自动启动关闭部分、空心刀固定装置和采血储存罐等部分组成。其工作原理是生猪经淋浴、麻电、提升上自动轨道生产线之后，随同输送链条前进的采血机在运转前由真空泵抽为负压状态。传动短条带动采血机拨盘同步运转，猪进入采血机之操作范围内时，及时进行插刀，空心刀在负压情况下刀口自然封闭，血液顺空心刀管路吸入缓冲罐，同时抗凝剂自动进入输血管路与血液一起进入缓冲罐，当拨盘转动半圈，生猪再进入生产轨道，空心刀自动脱落。缓冲罐的血液在负压情况下不断进入储血罐，然后进行离心分离。该机生产能力为每小时处理 150 头。每头猪平均采血量为 2.5～3.0 kg。要想提高血液采出率，必须保持采血机收集系统内有足够的负压。负压采血时还必须与抗凝剂自控装置协调一致。于是采血机旋转，空心刀刺入猪体后，采血时间内空心刀不脱落。

4. *浸烫脱毛* 浸烫脱毛是带皮猪屠宰加工中重要环节，浸烫脱毛好坏与白条肉质量有直接关系。

(1)浸烫脱毛原理 猪宰后浸入一定温度(60℃以上)的水中，保持适当的时间，使表皮、真皮、毛囊和毛根的温度升高，毛囊和毛根处发生蛋白质变性而收缩，促使毛根与毛囊分离。同时毛经过浸烫后变软，增加了韧性，脱毛时不易折断，可收到连根拔起之效。水温过高或过低，都对脱毛的质量产生不利影响。如水温过低，毛根、毛囊、表皮与真皮之间不起变化，无法脱毛、脱皮；如水温过高，蛋白质迅速变性，皮肤收缩，结果毛囊收缩，无法脱毛，表皮与真皮结合在一起，无法分离。所谓烫生烫熟就是指浸烫时水温过低或过高而产生的次品的结果。

(2)浸烫水温与浸烫时间 浸烫水温与浸烫时间与季节、气候、猪品种、月龄有关。不同品种猪的毛稀密程度不同皮厚度也不一样，对浸烫温度和时间有不同要求。月龄大的对水温要求比月龄小的猪高一般浸烫水温为 62～63℃，时间为 3～5 min。

(3)脱毛 机器脱毛设备分烫猪机和刮毛机两部分。烫猪机安装在热水池内，它是一种边将猪拨动，边将其推向前进的水下传送装置。传送带上装有许多蝶形架，每两只蝶形架之间可以横放一头猪。盆(池)内右侧留有宽约 40 m 的一条狭弄，专供不能进烫猪机的 125 kg 以上的大猪浸烫之用。烫猪机右侧装有栅门，以防有些屠体被蝶形架卡住时，可以将猪体拖出。此外，池内还装有自来水管、蒸汽管和温度计。

刮毛机种类很多，常见的有立式三滚轴刮毛机、卧式四轴滚动刮毛机和拉式刮毛机。

立式三滚轴刮毛机除支架外，机身内有 3 个滚筒，成“品”字形。该轴上安装软硬刮刨，各朝不同方向旋转。机身外有温水箱，向机内喷水。猪尸烫好后，被翻进 3 个滚轴之间，边上下滚动，边刮去鬃毛，然后拉动操纵标，猪身从机内滚出，但四肢夹挡残毛仍需人工刮除。产量为 200～250 头/h。

卧式四轴滚动刮毛机分动力部分和机械部分。机内上下左右 4 个滚动轴都装有软刮板，有8排橡皮掌，下边的滚筒上装有螺旋形硬刮板。转动时可边刮毛边推动猪前进，然后进入冷水池。产量为350～400头/h。

拉式刮毛机形似一条隧道，机内按不同方向和角度安装72～74副硬刮刨，下端装有5个滚筒。每个滚筒轴上都有6排带刮片的橡皮掌，朝相反方向转动。机内还有温水管。当猪尸被用特制的铁钩挂上链条并被链条拖过所有刮刨的刨口时，周身鬃毛即被刮除，身上的血污也被冲净。产量为400～500头/h。

(4)温水池刮毛　为进一步将毛以及表皮、黑污刮得干净，需进一步将屠体在温水池内刮毛，以保证白条肉的卫生品质及产品质量。温水池要不断注入清水，使水保持一定流速和清洁度。猪体经机器脱毛后经整理台进入温水池，应立即用刨子、刀对猪体四肢、头、蹄等部位按顺序进行修刮。然后用刀在后肢关节上通一个口子，称刀眼，刀口不得超过5 cm，并不得把肌肉露在皮外。最后盖上工号，盖在前肢前肘的外侧，以便查核其产品质量。最后用铁扁担穿好两边刀眼，挂入滑轮，经提升机上道，该工序即告结束。需注意的是，铁扁担要做到无油污、无锈。

刮毛后，体表会残留有绒毛，可以应用燎毛炉或喷射火焰燎毛机处理。

5.剖腹取内脏　剖腹取内脏主要包括编号，割肥腮(下腮巴肉)，挑胸，剖腹，两刁门圈，拉直肠割膀胱，取胃、肠、脾、胰、肝、心、肺，割肾脏，割尾巴，割头，劈半等内容。

(1)编号　编号人员对自动线输送的屠体，按顺序在每一屠体耳部和前腿外侧用屠宰变色笔编上号码，这有利于统计当日屠宰的头数。编号字迹要清晰、不重号、不错号、不漏号。

(2)割肥腮　操作人员右手持刀，左手抓住左边放血处，刀离颌腺3～5 cm处入刀，顺着下颌骨平割至耳根后再在寰枕关节处入刀，入刀时刀刃横割，刀尖略偏上，刀柄略向下，顺下颌骨割至放血口离颌下3～5 cm处收刀。要割深、割透，两侧肥腮肉要割得平整，一般以小平头为标准。左右肥腮与颈肉相连通，但不能有皮连接。

(3)挑胸　操作者刀刃向下，对准胸部两排乳头的中间略偏左1 cm(放血口在右侧就在右侧挑胸)，由上而下切开胸部的皮肤、皮下脂肪、胸肌至放血口处，直至看见胸骨(俗称胸子骨)，再将刀刃翻转向上，刀刃离胸骨中心线3～5 cm，并与胸骨中线呈40°，与水平线呈70°，从胸前口(放血口)插入胸腔。刀往上挑，挑开左侧全部真肋、肋软骨，与胸骨分离，挑胸口与放血口对齐成一直线。在入刀时，用力要先重后轻，防止用力过重，刺破肝、胆、胃，同时刀尖不宜刺得太深，以免刺破肝脏。

(4)剖腹　剖腹前必须先割除雄性生殖器。操作者将屠体腹部与人相对，左手抓住左后肋，右手持刀，沿腹白线(正中线)由上而下轻轻切开皮肤和皮下脂肪至包皮处，这时外生殖器——阴茎已露出部分，左手用食指、中指和拇指掐住阴茎，右手用刀尖分离阴茎周围的脂肪，左手随之拉开阴茎，从坐骨弓处割断，并与包皮同时切除，放入容器内。剖腹时，屠体腹部与人相对，操作者用左手抓住左后肋，起固定和着力作用。右手持刀，沿两股中间切开皮肤、脂肪层和腹壁肌，到趾骨缝合，然后刀柄和右手在腹腔内，右手拇指和食指紧贴在腹壁上，用力向下推割，一直割到与挑胸口的刀口形成一条线，俗称三口成一线，即放血口、挑胸口、剖腹口成一条线。入刀时用力要适当，用力过重，会切破膀胱、直肠和其余肠子，污染肉尸和刀具；如内脏破损，必须将污物排除，用水冲洗干净，刀具应消毒，以防止交叉污染而影响肉质。

(5)刁肛门圈　操作者面对肉尸背面，刀尖向下，从尾根下面落刀，轻轻划开该部皮肉，然后以左手食指伸入肛门口，拉紧下刀部位皮层，右手刀刃沿肛门绕刀刁成圆形，刀尖稍向外，割开肛圈四周的皮肉，割断尿梗、筋络，使直肠（肛门圈）头脱离肉尸，操作时应注意勿使刀尖戳破里面的直肠，也不要戳入后腿肌肉、膘肉内，同时也应防止指甲划破肠壁。如肛门内粪便较稀且较多时，应在下刀前先排出粪便，以免刁开肛门圈时粪便随直肠落入腹腔，污染肉尸。

(6)拉直肠割膀胱　把直肠、膀胱从骨盆腔中拉出割除，称之为拉直肠割膀胱。操作时使屠体腹腔朝向操作者，左手抓住膀胱体，右手持刀，将左右两边两条韧带切断，然后左手用力一拉，使直肠脱离骨盆腔，同时用刀割开结肠系膜与腹壁的结合部分，直至肾脏处，最后在膀胱颈处切断，将膀胱放入容器内再做处理。拉直肠时注意用力要均匀，防止直肠被拉断或被拉出花纹而降低经济效益。同时，用刀时还要注意防止戳破直肠壁和膀胱。

(7)取胃、肠、脾、胰　操作时左手抓住直肠，右手持刀，割开直肠系膜与腹壁的固着部分直至肾脏处，然后左手食指和拇指再抓住胃的幽门部食管 1.5 cm 处并切断，使其分离，并轻轻提放到内脏整理台上，防止胃、肠破裂，粪便和胆汁污染肉体。此外，如果肉尸已被污染，应立即冲洗肉尸，胃、肠也应冲洗干净。

(8)取肝、心、肺　操作时以左手拨开左边肝叶，右手持刀，从左膈肌处入刀，紧贴腹壁做逆时针方向运转，切开左侧胸膜的腱质部分，接着用左手拎起肝的尾叶，右手持刀在膈肌脚处入刀，切断膈肠脚与肝脏的连接，膈肌脚留在屠体上，大小适中，便于肉品检验时采样用。再用左手拨开肝的右侧叶，右手持刀从右膈肌处入刀，顺时针方向运转，切开右侧肺叶部分，这时左手换抓肺的两叶向下按，右手持刀在肺的背缘和脊椎之间割开纵隔并切断主动脉弓，然后刀刃沿左胸壁向下割开心包膜（护心油），把气管拉到放血口下部即成。操作时注意不要弄破胆囊，以免污染肉尸。

(9)割肾脏　割肾脏俗称割腰子。操作时左手抓住肾脏，右手持刀割下，并放入容器内。要求肾脏不带输尿管和碎油、包膜。

(10)割尾巴　操作时，左手抓住尾巴，右手持刀在尾部关节将尾割下，要求尾根不突出，无残留。

(11)割头　用锯头机，适合大规模生产。操作时，圆盘锯可上下调节，看准屠体大小，迅速调整锯片对准屠体头颈变枕关节处，迅速割下猪头。不足之处是猪体过大影响锯头速度和直接影响出肉率。

(12)劈半　将整个屠体沿椎骨分成两半，术语称开片。劈半方法大致分下列两种。

往复式电锯劈半：使用此电锯前仍需描脊。操作时锯头搭到屠体趾骨中间，电锯沿描脊线从上而下，锯到颈部囊椎为止，不能推前拉后或两边摆动，以达到两边均匀、脊骨对开、整齐美观的要求。

桥形圆盘式电锯劈半：此法可减轻劳动强度，减少操作人员，且操作速度快，但必须配有一套快速牵引设备，且肉的损耗较大。

6.肉尸修整　肉尸修整包括修割与整理两部分。修割就是把残留在肉尸上的毛、灰、血污等，以及对人体有害的腺体和病变组织修割掉，以确保人身健康。修整则是根据加工规格要求或合同的需要进行必要的整理。

(1)割前后爪　手工割爪从后爪开始。割左边一片肉尸脚爪时，刀在关节处，从右向左划成半圆形裂口；割右边一片肉尸脚爪时，则从左向右划成半圆形裂口，并割断血管和韧带，左手用力将脚爪割下。接着割前爪。前爪为腕关节处，后爪为跗关节处。

(2)摘除“三腺”　“三腺”系指对人体有害的3种腺体组织，即甲状腺、肾上腺和病变淋巴结，这三种腺体都损害人的身体健康，人食用后会造成发生腹痛、呕吐、休克等中毒现象，严重者造成死亡。故在屠宰加工中须将“三腺”摘除。尤其是暴露出来的病变淋巴腺体，如出现出血、化脓、肿大、结核等病理性变化，应该全部割除。

(3)割乳头　由上而下，依次将乳头逐个割净。若有黄色乳汁的乳头，要割深一点；如发现乳头部位有灰色色素时，必须把色素全部割掉。

(4)撕板油　板油是屠体的腹壁脂肪，又称大油。

(5)割血污肉　在接近第一肋骨处放血口表层的肉，在第一肋骨处入刀，顺着颈椎割去槽头部位内表层被血和烫池水污染的肉血块和喉管等，然后用刀割下被血污染的肉边子，约割到槽头末端时为止。

(6)割槽头　槽头是指下领后部第一项椎之前的肉。在第一颈椎下1～2 cm处水平入刀，按照不同规格要求进行修割。

(7)割里膜肉　里膜肉又称里肉，是膈肌肉的肌肉部分，应尽量割除。

(8)修刮　肉尸分级后，再修刮一次，逐渐下刮至腰部，再由腰部刮至前肢和颈部把毛刮净为止。

(9)修斑与修病变组织　把表皮上的红斑点、伤痕、疤痕、擦伤、病变组织，整理干净。

(10)冲洗　在剖腹和肉尸整理过程中，由于大小血管内的残血外流和被不慎割破的脏器造成粪胆汁的外溢，使肉尸受到污染，如不及时冲洗，就会造成细菌繁殖，使肉品质和外观都受到影响，所以应反复冲洗，一般要求至少冲洗 5 次。

四、牛羊的屠宰加工

1.宰前检疫与前处理　牛羊宰前要进行严格的检验，一般要测量体温与检查口，鼻，肛门，蹄，阴道等部位，确定没传染病再屠宰，宰前应禁止喂食，给予充足的清洁饮用水，但宰前 2～4 h 应停止喂水。

2.致晕　主要包括锤击致晕和麻电致晕，锤击致晕法是将牛鼻绳系在栏杆上，用铁锤猛击前额(左角至右眼，右角至左眼的交叉点)，将其击昏。此法必须准确有力，一锤成功，否则，有可能给操作者带来很大危险。电击致昏法是用带电金属棒直接与牛体接触，将其击昏。此法操作方便，安全可靠，适宜于较大规模的机械化屠宰厂进行倒挂式屠宰。图 2-2-6 为牛自动麻电装置示意图。

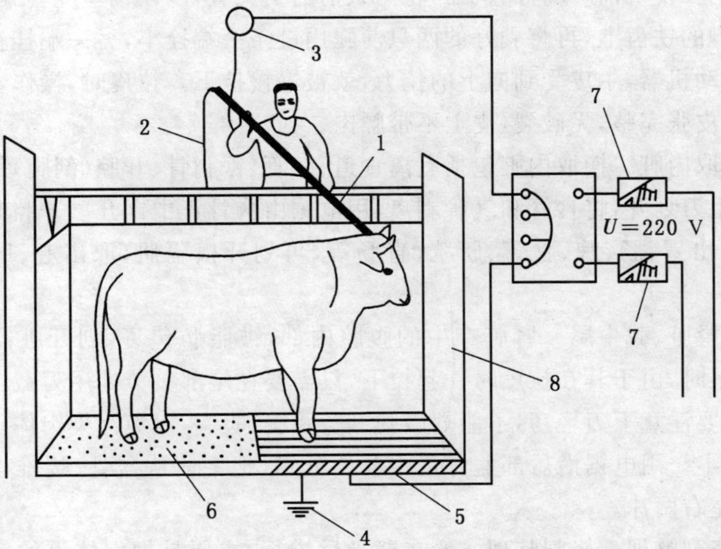

图 2-2-6　牛自动麻电装置示意图

1.麻电杆　2.电线　3.插座　4.地线　5.通电铁板

6.橡胶皮板　7.安全装置　8.自动翻板

3.放血　牛被击昏后，立即进行宰杀放血。用钢绳系牢处于昏迷状态的牛的右后脚，用提升机提起并转挂到轨道滑轮钩上，滑轮沿轨道前进，将牛运往放血池，进行戳刀放血。在距离胸骨前 15～20 cm 的颈部，以大约 15°角刺 20～30 cm 深，切断颈部大血管，并将刀口扩大，立即将刀抽出，使血液尽快流出。

4.剥皮、剖腹、整理

(1)割牛头、剥头皮　牛被宰杀放净血后，将牛头从颈椎第一关节前割下。用刀挑开，把皮剥下。同时割下牛耳，取出牛舌，保留唇、鼻。然后，进行检验。

(2)剥前蹄、截前蹄　沿蹄甲下方中线把皮挑开，然后分左右把蹄皮剥离(不割掉)。最后从蹄骨上前节处把牛蹄截下。

(3)剥后蹄、截后蹄　在高轨操作台 2 人同时剥截后蹄，剥蹄方法同前蹄。

(4)剥臀皮　从剥开的后蹄皮继续深入到臀部两侧及腋下附近，将皮剥离，然后用刀将直肠周围的肌肉划开，使肛门口缩入腔内。

(5)剥腹、胸、肩部　腹、胸、肩各部都由两人分左右操作，先从腹部中线把皮挑开，皮剥离，至此完成除腰背部以外的剥皮工作。若是公牛，还要将其生殖器(牛鞭)割下。

(6)机器拉皮　牛的四肢、臀部、胸、腹、前颈等部位的皮剥完后，将吊挂的牛体顺轨道推到拉皮机前，牛背向机器，将两只前肘交叉叠好，以钢丝绳套紧，绳的另一端扣在柱脚的铁齿上，再将剥好的两只前腿用链条一端拴牢，另一端挂在拉皮机的挂钩上，开动机器，牛皮受到向上的拉力，就被慢慢拉下。拉皮时，操作人员应以刀相辅，做到皮张完整，无破裂，皮上不带膘肉。

(7)摘取内脏　摘取内脏包括剥离食道、气管、锯胸骨、开腔(剖腹)等工序。沿颈部中线用刀划开，将食管和气管剥离，用电锯由胸骨正中锯开。开腔时将腹部纵向划开，取出胃、肠、脾、食管、膀胱、直肠等，再划开横膈肌，取出心、肝、胆、肺和气管。

(8)取肾脏、截牛尾　肾脏在牛的腹腔内部，被脂肪包裹，划开脏器膜即可取下。截牛尾时，由于其在拉皮时一起拉下，只需要在尾部关节处用刀截下即可。摘取内脏时，要注意下刀轻巧，不能划破肠、肚、膀胱、胆囊，以免污染肉体。

(9)劈半　用电锯沿后部盆骨正中开始分锯，把牛体从盆骨、腰椎、胸椎、颈椎正中锯成左右两片。

(10)修割整理　修割整理一般在劈半后进行，主要是把肉体上的毛、血、零星皮块、粪便等污物和肉上的伤痕、斑点、放血刀口周围的血污修割干净。然后对整个牛进行全面刷洗。

羊的屠宰加工和牛基本相同。吊羊时只需人工套腿，直接用吊羊机吊起，沿轨道移进放血池。羊头也在下刀后割下，但不剥皮、不取舌。对绵羊要加剥肥羊尾一道工序。另外，羊的带骨胴体，开剖整理时不必劈半分截和剔骨。

五、家禽的屠宰加工

1. 电昏　用自动水溶式的电昏器，使禽的头经过沉浸式电棒的水槽中，屠宰线的脚扣会接触到另一个电棒，电流即通过整只禽体使其昏迷。电昏条件为电压 35～50 V，电流 0.5 A 以下，时间(家禽通过电昏时间)鸡为 8 s 以下，鸭为 10 s 左右。电昏时间要适当，以电昏后马上将禽只从挂钩上取下。过大的电压、电流会引起锁骨断裂、心肝破坏，心脏停止跳动、放血不良、翅膀血管充血。

2. 刺杀放血　通常用切颈放血，即用刀切断三管(气管、食管、血管)，目前国内多采用此法。

禽只在放血完毕进入烫毛槽之前，其呼吸作用应完全停止，以避免烫毛槽内污水吸进禽体肺脏而污染屠体。放血时间鸡为 90～120 s，鸭 120～150 s。但冬天的放血时间比夏天长 5～10 s。工厂使用集血槽收集血液，其长度一般以能够使禽放血约 150 s 为宜。血液一般占活禽体重的 8%，放血时约有 6% 的血液流出体外。机械宰杀时使用两个高速旋转的不锈钢圆刀片杀鸡。在昏迷的肉鸡进入屠宰机之前，首先使用不锈钢导杆把鸡的方向摆正，使刀片恰好切断鸡头两侧的血管，使鸡血迅速放净。

3. 烫毛　水温和时间依禽体大小、性别、质量、生长期以及不同加工用途而改变。烫毛分高温烫毛、中温烫毛、低温烫毛。

高温烫毛：71～82℃，30～60 s。高温热水处理便于拔毛，降低禽体表面微生物。但由于表层受到热伤害，反而易导致皮下脂肪与水分的流失，故尽可能不采用高温处理。

中温烫毛：58.9～65℃，30～75 s。国内烫鸡通常采用 65℃，35 s，鸭 60～62℃，120～150 s. 中温处理羽毛较易去除，外表稍黏、潮湿，颜色均匀、光亮，适合冷冻处理。

低温烫毛：50～54℃，90～120 s。这种处理方法羽毛不易去除，必须增加人工去毛，而且如脖子、翅膀需再给予较高温的热水(60～62℃)处理。此处禽体外表完整，适合各种包装，而且适合冷冻处理。

4. 脱毛　机械拔毛主要利用橡胶的拍打与摩擦作用脱除羽毛，因此必须调整好橡胶束与屠体之间的距离。靠得太近，会过度拍打屠体而导致骨折、禽皮破裂或翅尖出血；若离得太远，可能导致脱毛不全，影响速度。禽只禁食超过 8 h，脱毛就会较困难，公禽尤为严重。若禽只宰前经过激烈的挣扎或奔跑，则羽毛根的皮层会将羽毛固定得更紧。此外，禽只宰后 30 min 再浸烫或浸烫后 4 h 再脱毛，都将影响到脱毛的速度。

5. 去绒毛　禽体烫拔毛后，尚残留有绒毛，其去除方法主要有 2 种：一为钳毛，将禽体浮在水面（20～25℃）上，用拔毛钳子（一头为钳，一头为刀片）从颈部开始逆毛倒钳，将绒毛钳净，此法速度较慢；二为火焰喷射机烧毛，此法速度较快，但不能将毛根去除。

6. 清洗、去头、切爪

（1）清洗　屠体脱毛后，在去内脏之前须充分清洗，一般采用加压冷水（或加氯水）冲洗。

（2）去头　去头装置是一个"V"形沟槽。倒吊的禽头经过凹槽内，自动从喉头部切割处被拉断而与屠体分离。

（3）切爪　目前大型工厂均采用自动机械从腰部关节切下。如高过腿部关节，称之为"短胫"。"短胫"外观不佳，易受微生物污染，而且影响取内脏时屠体挂钩的正确位置；若是切割位置低于腹部关节，称之为"长胫"，必须再以人工切除残留的股爪，使关节展出。

7. 取内脏　取内脏前需再挂钩。活禽从挂钩到切除爪为止称为屠宰去毛作业，必须与取内脏区完全隔开。此处原挂钩转回活禽作业区，而将禽只重新悬挂在另一条清洁的挂钩系统上。取内脏可分为 4 个步骤：切去尾脂腺；切开腹腔，切割长度要适中，以免粪便溢出污染屠体；切除肛门；扒出内脏，有人工抽出法和机械抽出法。

8. 检验、修整、包装　禽胴体掏出内脏后，经检验、修整、包装后入库储藏。库温－24℃情况下，经 12～24 h 使肉温达到－15℃，即可储藏。

六、宰后的检验及处理

1. 宰后检验的方法　宰后检验通常是以感官检验为主，即在自然光线（室内以日光灯为宜）的条件下，检验人员借助于检验工具，按照规定的检验部位，用视觉、触觉、嗅觉等由表及里进行检查，以做出正确的判断和处理，在必要时，则应进行实验室诊断。具体方法如下。

（1）观察　首先对皮肤、肌肉、脂肪、内脏等的暴露部分进行观察，以了解其外表色泽、形态大小等是否正常，这是宰后检验的重要一环。

（2）剖检　除了上述暴露部分的观察以外，还必须按"肉品卫生检验试行规程"的规定要求，剖检若干部位的淋巴腺、脏器组织、肌肉、脂肪等，以观察其组织性状、色泽变化等是否正常，从而做出正确的判断。剖检时，应注意淋巴结应进行纵剖，肌肉必须顺纤维方向切开。非必要时不得横切以缩小污染面,并保持商品的完整美观。

(3)触检　肌肉组织或脏器,有时在表面不显任何病变,如不以手触摸,则往往不能发觉内部病变。

(4)嗅检　嗅检是辅助观察、剖检、触检方法而采取的一种必要方法。如猪生前患有尿毒症,则宰后肉品必有尿酸味。又如肉品腐败后,则有特异的气味。检验时,可以按其异味轻重的程度而做出适当的处理。

(5)实验室诊断　肉品宰后检验过程中,有些疾病往往不能单凭上述各项检验方法所判定,必须借助于实验室诊断,才能正确判断,如猪的局部炭疽等。为了保证屠体肢解分离后仍能前后对照和统一处理,因此,各头猪的肉尸、内脏、头、蹄和皮张在分离时必须编记同一号码,以便查对。

2. *屠体宰后检验的程序*　对于带皮宰杀猪的检验有以下几项:

(1)头部检验　在猪放血后、浸烫前(或剥皮前),必须先行剖检颈下淋巴结,以检出猪的慢性局部炭疽。在猪的头部检验中,经常遇到化脓或钙化的颈部淋巴结,必须及时割除。此外,在落头前,应有专人负责并将附在喉头的甲状腺割除,以免引起误食中毒。牛的头部检验除普通检查口腔及咽喉膜外,还应检查舌根纵剖面,并切开检查内外咬肌。

(2)皮肤检验　肉尸在剖腹前,必须由检验人员仔细检查全身皮肤,发现体表有传染病症状的及时标记处理。皮肤检验应注意观察在四肢、腋下、耳根、后股、腹部等处有无斑点状或弥漫性的发红或出血症状。如猪瘟一般在四肢、腋下等部有点状或斑状的深红色出血,边缘整齐,肉尸悬挂时间越久,则出血点越加醒目;如猪肺疫,一般在腋下、腹部、耳根等处有界限性、弥漫性的出血斑,先红色后变成紫色,边缘不整齐;如败血型丹毒,则周身或大半身皮肤呈现红色,指压能退色;疹块形丹毒有方形、菱形或不规则形的红色斑块;如黄疸,则体表颜色有不同程度的黄色,与正常皮色显著不同。发现以上皮肤症状,应及时做出标记,结合脏器、肌肉、脂肪等进行综合判断。如有疑难,则应会合数人会诊,再行处理。各种传染病的皮肤症状必须与一般皮肤病如湿疹、虫咬等区别,以免误诊错验。剥皮猪则必须在专设的照皮架上由专人负责照验皮张,以防漏检。

(3)内脏检查

①肺脏检查。观察外表色泽、大小及触检其弹性,必要时切开检查,并剖检支气管淋巴结及纵隔淋巴结。检查牛结核病和传染性胸膜炎,猪的出血性败血病,观察是否有充血、出血、溃烂、硬化等病变;同时切开肺叶,检查是否有住肉孢子虫、肺丝虫等寄生虫。

②心脏检查。检验心包、心肌、心内外膜、心实质是否有急性传染性的出血现象,心肌中是否有囊尾蚴,对猪应特别注意二尖瓣,是否有菜花状的猪丹毒症。

③肝脏检查。检查颜色、硬度、形状、弹性,并剖检肝门淋巴结,是否有硬化及石灰变性,以及寄生的肝蛭。必要时切开检查,并剖检胆囊。

④肠胃检查。切开检查胃淋巴结及肠系膜淋巴结,并观察胃肠浆膜,必要时剖检胃肠黏膜。当牛、马、羊患炭疽时,其肠系膜淋巴结呈急性肿胀,并出血。此外,牛瘟的主要症状是回盲瓣出血溃烂,猪瘟则往往在大肠黏膜上出现扣状溃疡。

⑤脾脏检查。看有无肿胀,弹性如何,必要时切开检查。患炭疽的牛、羊、马,脾脏急性肿大,容易破裂,并呈黑色,猪则在边缘上有梗塞症状。

⑥肾脏检查。观察色泽、大小,并触检弹性是否正常,必要时纵剖检查(须连在肉尸上一同检查)。

⑦必要时检查子宫、睾丸、膀胱等。

⑧乳房检查(牛羊)。触检并切开检查,看乳房淋巴结有无病变。

(4)寄生虫检验

①旋毛虫检验。取出腹腔脏器后,在每头猪的膈膜肌脚处各取一小块肉样(每块重约 10 g),与肉尸编记同一号码,以撕膜与显微镜镜检相结合进行检验。方法是在自然光线十分充足的情况下(或足够的日光灯照明),先撕去肌膜,用肉眼仔细观察肉样,然后在肉样上用医用剪刀剪取 24 个小片(每片约米粒长,但宽度较小,必须顺纤维剪),放在 60~80 倍的低倍镜下检查,同时必须注意有否钙化囊虫或住肉孢子虫的寄生。在旋毛虫检验的采样以后,肉尸劈半以前,对每头猪腹腔内的 2 个肾上腺,必须由专人摘除。

②囊尾蚴。猪主要检查部位为咬肌、深腰肌和膈肌,其他可检部位为心肌、肩胛外侧肌和股部内侧肌等;牛为咬肌、舌肌、深腰肌和膈肌;羊为膈肌、心肌。

③住肉孢子虫。猪镜检横膈膜肌脚(与旋毛虫一同检查);黄牛仔细检视腰肌、腹斜肌及其他肌肉;水牛检视食道、腹斜肌及其他肌肉。

(5)肉尸检验(包括初、复验) 一般应在肉尸劈半后进行初验。首先观察皮肤、脂肪、胸膜、腹膜、脊椎等的色泽有否异状,然后剖检乳房淋巴结是否正常,注意大小腰肌有否囊虫寄生,再检验肾脏,观察其色泽、大小等是否正常,必要时纵剖检查髓质和肾盂。如在割检乳房淋巴结和股前淋巴结时发现疑问,应再剖检股后淋巴结、肩胛前淋巴结等。由于检验是在运输轨道上进行,劈半后肉尸已分成两片,所以初验时往往由检验员两人各验一片,发现问题,应及时互相联系对照。此外,在流速较快的生产中,有必要加强一次复验,目的在于防止初验漏检,以及当发现骨折、肌肉深部的出血、化脓等病灶时,剔出,另行修割整理。如发现有化脓、结核或严重出血肿胀的病变淋巴结必须割除，并对体表及腹腔再做一次全面的观察。牛、羊主要剖检股前淋巴结、肩胛前淋巴结及肠淋巴结。

3.检验后肉品的处理方法

(1)冷冻　对患有口蹄疫体温正常的患畜，其剔骨肉及其内脏，经过按规范冷却产酸无害处理后可以出厂销售。猪和牛在规定检验部位上的 40 cm^2 面积内发现囊尾蚴和钙化的虫体在 3 个以下者(包括 3 个)，整个肉尸经冷冻无害处理后可出厂；羊肌肉的切面上在 40 cm^2 面积内发现有 9 个以上(包括 9 个)虫体，而肌肉无任何病变者，冷冻处理后出厂。低温对寄生在猪、牛肉中的旋毛虫、囊虫等都有致死作用：旋毛虫在－17℃以下时 2 d 死亡；绦虫类在－18℃时，3 d 死亡；囊尾蚴在－12℃时即可死亡。

(2)腌制　宰后检验如发现患布氏杆菌的牲畜，其肉尸可腌制 60 d 出厂，毛皮盐渍 60 d 后出厂。另外肉尸仅脂肪有明显变色而无其他传染病或异味者，可做腌制处理。

(3)高温处理　有如下情况发生者，需进行高温处理。猪患慢性局部炭疽，仅于头部一个淋巴结发现菌体，而其他淋巴结和血液中未发现菌体者，肉尸、内脏可先存放于隔离冷藏室中，再将发现菌体的淋巴结进行细菌培养和动物接种，如检查没有发现炭疽菌时，按规定高温处理后出厂。被炭疽污染或可疑被污染的肉尸、内脏，应经 6 h 内高温处理后出厂。患口蹄疫体温高的患畜的肉尸、内脏及副产品等要进行高温处理。体温正常的患畜，其剔过骨的肉及内脏，不能进行产酸无害处理的，要进行高温处理，包括头(包括脑)、蹄、肠、食道、膀胱、血、骨骼、角及肉屑等高温处理。患全身性结核病，除有病变部分外，其余部分进行高温处理。肉尸有部分淋巴结结核病病变时，割除有病变的淋巴结后其周围部分肌肉割下进行高温处理。患骨结核病牲畜，将病变骨剔除后，肉尸及内脏进行高温处理。患布氏杆菌病的牲畜，宰前诊断为阳性症状，宰后检验无病变者，母牛、羊的肉尸和内脏进行高温处理。患破伤风的牲畜，宰后肌肉有局部病变时，无病变部分及内脏高温处理。有轻微猪瘟、猪丹毒、猪巴氏杆菌病(猪出血性败血病、猪肺疫)和有轻微病变的肉尸及内脏，高温处理。规定高温处理的肉尸及内脏，应在 24 h 内处理完毕，超过 24 h，应延长处理 30 min。患猪喘气病者，无病变内脏进行高温处理。牛羊有巴氏杆菌病(牛羊出血性败血病)，病变轻微的肉尸及内脏，被牛瘟污染的肉尸及内脏，被牛肺炎症浸出液所污染的肉尸部分均进行高温处理。

对于患猪旋毛虫病的猪肉，如果在规定检验部位上，40 cm^2 的面积内有 4 个囊尾蚴和钙化的虫体时，需要再切开其他可检部位详细检查，根据各部位数目多少分别处理(牛不分部位)。羊肌肉切面上在 40 cm^2 面积内虫体 9 个以上(包括 9

个)肌肉无任何病变者,进行高温处理。患住肉孢子虫病,发现全身肌肉有较多的虫体,肌肉无病变时,进行高温处理;局部肌肉发现较多虫体时,该部位进行高温处理。

(4)加工肉　猪、牛患有囊尾蚴病,在规定检查部位,40 cm^2 面积内有 6～10 个虫体,如能将虫体全部清除,可作为肉制品原料。凡是高温处理的原料也可作为加工肉。

(5)炼工业油　患炭疽牲畜的肉尸、内脏、皮毛及血(包括污染的血);患慢性局部炭疽,宰后局部淋巴结发现病变和炭疽菌者和患慢性炭疽,仅在头部一个淋巴结发现菌体,其他淋巴结和血液中未发现菌体者,可炼工业油。被炭疽污染或可疑被污染的肉尸、内脏、血、骨、毛等超过 6 h 不做高温处理者,均炼工业油。患鼻疽家畜的肉尸、内脏、血液和皮张全部炼工业油。

对患全身性结核病的胴体,其肉尸、肋膜或腹膜发现结核病变,而且内脏或内脏淋巴结有病变时,除剔除的骨外,其他部位均炼工业油。患放射线菌病的家畜肉尸,内脏与骨骼均有病变时,或内脏和舌病变轻微者,割下病变器官,头部肌肉及骨筋有病变时,整个头部均炼工业油。

患布氏杆菌病家畜的生殖器官及乳房炼工业油。绵羊和猪肉尸有全身性出血或坏疽时,炼工业油。患破伤风的家畜,肌肉局部病变,其病变部分炼工业油。肌肉多处有病变,且暗淡无色或恶臭时,内脏及肉尸全部炼工业油。患牛、羊巴氏杆菌病,肌肉多处有病变时,内脏,肉尸与血液炼工业油。患牛瘟的肉尸、内脏、血液、骨、角、皮张全部炼工业油。如果家畜患牛肺疫病,而且肉尸、内脏有病变者,要将病变部分及附近部分炼工业油。患旋毛虫病,24 个肉片标本内有 5 个以上者;患囊尾蚴病在规定检查面积内,6～10 个虫体,不能清除者;或 11 个以上虫体者,羊 9 个以上虫体,炼工业油。患住肉孢子虫病全身肌肉有较多虫体,且肌肉有病变时,水牛食道有较多虫体时炼工业油。患肝蛭及肺蛭,损害部位严重时,整个脏器炼工业油。

第二节　分割肉加工

一、猪胴体的分割方法

1. 我国猪胴体的分割方法　我国供市场零售的猪胴体分成臀腿部、背腰部、肩颈部、肋腹部、前后肘子、前颈部及修整下来的腹肋部。供内、外销的猪胴体分成颈背肌肉、前腿肌肉、脊背大排、臀腿肌肉 4 个部分。

市销零售带皮鲜猪肉分成6大部位3个等级，如图2-2-7所示。一等肉：臀腿部、背腰部；二等肉：肩颈部；三等肉：肋腹部、前后肘子；等外肉：前颈部及修整下来的腹肋部。

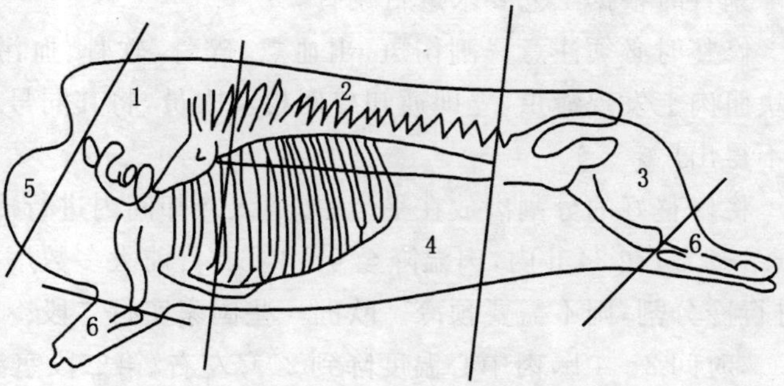

图2-2-7　我国猪胴体分割图

1.肩颈肉　2.背腰肉　3.臀腿肉　4.肋腹肉　5.前颈肉　6.肘子肉

内、外销分割部位肉规格如下：一号肉（颈背肌肉）0.80 kg；二号肉（前腿肌肉）1.35 kg；三号肉（脊背大排）0.55 kg；四号肉（臀腿肌肉）2.20 kg。

每块肉要求去皮、皮下脂肪和骨骼，保留肌膜和腱膜，内销分割肉剔骨后露出的部分脂肪可不修整，外销分割肉允许存在的脂肪比例：一号肉为2%，二号肉为1%，三号肉为0.5%，四号肉为1%。

肩颈部（俗称胛心、前槽、前臀肩）分割方式：前端从胴体第一、第二颈椎切去颈脖肉，后端从第四、第五胸椎间或5，6肋骨中间与背线成直角切断。下端如做西式火腿，则从腕关节截断，如做其他制品则从肘关节截断并剔出椎骨、肩胛骨、臂骨、脑骨和肋骨。

臀腿部（俗称后腿、后丘、后臀肩）分割方式：从最后腰椎与荐椎结合部和背线成直角垂直切断，下端则根据不同用途进行分割，如作分割肉、鲜肉出售。从膝关节切断，剔出腰椎、荐椎、筋骨、股骨并去层，如做火腿则保留小腿、后蹄。

背腰部（俗称通脊、大排）分割方式：前去肩颈部，后去臀腿部。取胴体中段下端从脊椎骨下方4～6 cm处平行切断，上部为背腰部。

肋腹部（俗称软肋、五花、腰排）分割方式：与背通脊肉的分割方式相同。

前臂和小腿部（前后肘子、蹄髈）分割方式：前臂为上端从肘节，下端从腕关节切断；小腿为上端从膝关节，下端从跳关节切断。

前颈部（俗称脖头、血脖）分割方式：从第一、第二颈椎处切断，肌肉群有头前斜肌、头后斜肌、小直肌等。该部肌肉少,结缔组织及脂肪多,一般用于制馅或做灌肠充填料。

2.我国猪肉分割肉的冷加工　在分割肉的基础上进一步进行冷加工。

(1)剔骨　剔骨时根据工艺要求进行剔骨。

(2)修整　修整时必须注意修割伤斑、出血点、碎骨、软骨、血污、淋巴结、脓疱等;如果在一块肌肉上发现囊虫,立即通知兽医检验人员,将其同号猪上的肉挑出,按规定处理,不得出厂。

(3)预冷　将修整好的分割肉放在平盘中,送入冷却间内进行冷却。冷却间内的温度为−3～−2℃,在24 h内,肉温降至0～4℃。目前大多数厂家,采用胴体先冷却排酸后进行冷分割,则不需要预冷。欧洲一些国家实行二段冷却法:第一段室温−10～−5℃,时间2～4 h,肉中心温度降到20℃左右;第二段室温2～4℃,时间14～18 h,肉中心温度冷却到4～6℃。这种方法的优点是外观良好,肉表面干燥,肉味好,干耗比一次冷却少40%～50%。

(4)包装　包装间的温度要求在0～4℃之间,以保证冷却肉温度不回升。

(5)冻结与冷藏　纸箱包装后进行冻结。冻结室的温度−25～−18℃,时间不超过72 h,一般24 h,肉中心温度不高于−15℃。冷藏库温−18℃以下,肉温在−12℃或−15℃以下;相对湿度控制在95%～98%,空气为自然循环。

二、牛胴体的分割方法

1.我国牛胴体的分割方法　本分割方法是在总结了国内不同分割方法的基础上,考虑到与国际接轨而制定的。首先是标准牛胴体的产生过程。主要包括活牛屠宰后放血、剥皮、去头和内脏等步骤。其次是将标准的牛胴体二分体大体上分成臀腿肉、腹部肉、腰部肉、胸部肉、肋部肉、肩颈肉、前腿肉、后腿肉共8个部分。在此基础上再进一步分割,最终将牛胴体分割成牛柳、西冷、眼肉、上脑、胸肉、腑子肉、腰肉、臀肉、膝圆、大米龙、小米龙、腹肉、嫩肩肉13块不同的肉块。

(1)牛柳　牛柳又称里脊,即腰大肌。分割时先剥去肾脂肪,沿趾骨前下方将里脊剔出,然后由里脊头向里脊尾逐个剥肉腰横突,取下完整的里脊。

(2)西冷　西冷又称外脊,主要是背最长肌。分割时首先沿最后腰椎切下,然后沿眼肌腹壁侧(离眼肌5～8 cm)切下。再在第十二、第十三胸肋处切断胸椎,逐个剥离胸、腰椎。

(3)眼肉　眼肉主要包括背阔肌、肋背最长肌、肋间肌等。其一端与外脊相连,另一端与第五或第六胸椎处,分割时先分离胸椎,抽出筋键,在眼肌腹侧距离为8～100 cm处切下。

(4)上脑　主要包括背最长肌,斜方肌。

(5)嫩肩肉　主要包括三角肌。

(6)胸肉　主要包括胸升肌,胸横肌。

(7)腱子肉　腱子分为前后两部分,主要是前肢肉和后肢肉。

(8)腰肉　主要包括臀中肌、臀深肌和股阔筋膜张肌。

(9)臀肉　主要包括半膜肌、内收肌、腹膜肌等。

(10)大米龙　主要是臀股二头肌。

(11)小米龙　主要是半键肌,位于臀部。

(12)腹肉　主要包括肋间内肌、肋间外肌,也即肋排分为无骨肋排和带骨肋排。

(13)膝圆肉　主要包括股四头肌。

2.我国分割牛肉的冷加工　在分割肉的基础上进一步进行冷加工。

(1)预冷　预冷间温度 0～4℃,相对湿度 75%～84%,肉中心温度达 7℃以下,方可包装入急冻库。

(2)急冻　库温在－25℃以下,温度达－15℃以下,方准转入冷藏库。国外现在采用－38℃,38 h 急冻,效果更好。

(3)冷藏　库温稳定在－18℃以下,肉中心温度保持在－15℃以下。

三、羊胴体的分割方法

这里主要介绍美国羊胴体的分割方法。美国羊胴体可被分割成腿部肉、腹部肉、腰部肉、胸部肉、肋排肉、颈部肉、前腿肉、肩部肉。在部位肉的基础上再进一步分割成零售肉块。羊胴体的分割图见图 2-2-8。

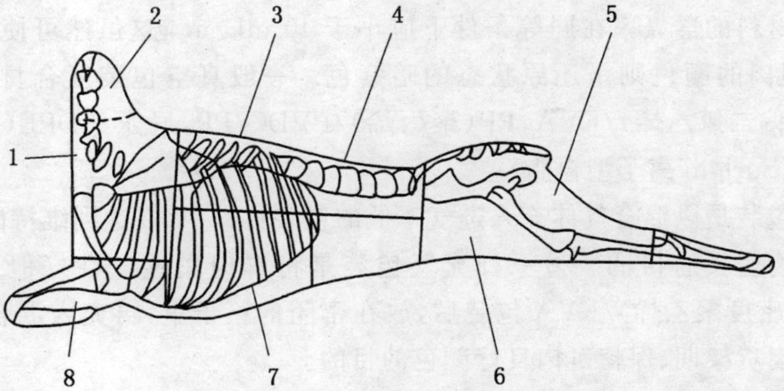

图 2-2-8　美国羊胴体的部位分割图

1.肩部肉　2.颈部肉　3.肋排肉　4.腰部肉
5.腿部肉　6.腹部肉　7.胸部肉　8.前腿肉

四、禽肉的分割

禽肉分割的方法有 3 种:平台分割、悬挂分割、按片分割。前两种适于鸡,后一种适于鹅、鸭。禽类的分割,也是按照不同禽类提出不同要求进行的。

1. 鹅、鸭的分割　鹅分割为头、颈、爪、胸、腿等 8 件;躯干部分成 4 块(1 号胸肉、2 号胸肉、3 号腿肉、4 号腿肉)。鸭躯干部分为 2 块(1 号鸭肉、2 号鸭肉)。

2. 肉鸡的分割工艺　日本将分割鸡肉分为主品种、副品种及二次品种 3 类共 30 种。我国分类大体上分为头、颈、腿肉、胸肉、琵琶腿、翅中、翅尖、鸡架、鸡爪及脏器等。

五、分割肉的包装

肉在常温下的货架期只有 0.5 d,冷藏鲜肉 2~3 d,充气包装生鲜肉 14 d,真空包装生鲜肉约 30 d,真空包装加工肉约 40 d,冷冻肉则在 4 个月以上。目前,分割肉越来越受到消费者的喜爱,因此分割肉的包装也日益引起加工者的重视。

1. 分割鲜肉的包装　分割鲜肉的包装材料透明度要高,便于消费者看清生肉的本色。其透氧率较高,以保持氧合肌红蛋白的鲜红颜色;透水率(水蒸气透过率)要低,防止生肉表面的水分散失,造成色素浓缩,肉色发暗,肌肉发干收缩;薄膜的抗湿强度高,柔韧性好,无毒性,并具有足够的耐寒性。但为控制微生物的繁殖也可用阻隔性高(透氧率低)的包装材料。

为了维护肉色鲜红,薄膜的透氧率在 23℃、101.325 kPa(标准大气压)下,每 24 h 至少需大于 5 000 mL/m^2。如此高的透氧率,使得鲜肉货架期只有 2~3 d。真空包装材料的透氧率在同等条件下应小于 40 mL/m^2,这虽然可使货架期延长到 30 d,但肉的颜色则呈还原状态的暗紫色。一般真空包装复合材料为 EVA/PVDC(聚偏二氯乙烯)/EVA,PP(聚丙烯)/PVDC/PP,尼龙/LDPE(低密度聚乙烯),尼龙/Surlgn(离子型树脂)。

充气包装是以混合气体充入透气率低的包装材料中,以达到维持肉颜色鲜红,控制微生物生长的目的。另一种充气包装是将鲜肉用透气性好但透水率低的 HDPE(高密度聚乙烯)/EVA 包装后,放在密闭的箱子里,再充入混合气体,以达到延长鲜肉货架期、保持鲜肉良好颜色的目的。

2. 冷冻分割肉的包装　冷冻分割肉的包装采用可封性复合材料(至少含有一层以上的铝箔基材)。代表性的复合材料有:PET(聚酯薄膜)/PE(聚乙烯)/AL(铝箔)/PE,MT(玻璃纸)/PE/AL/PE。冷冻的肉类坚硬,包装材料中间夹层使用聚乙烯能够改善复合材料的耐破强度。目前,国内大多数厂家考虑经济问题更多的采用塑料薄膜。

本章小结

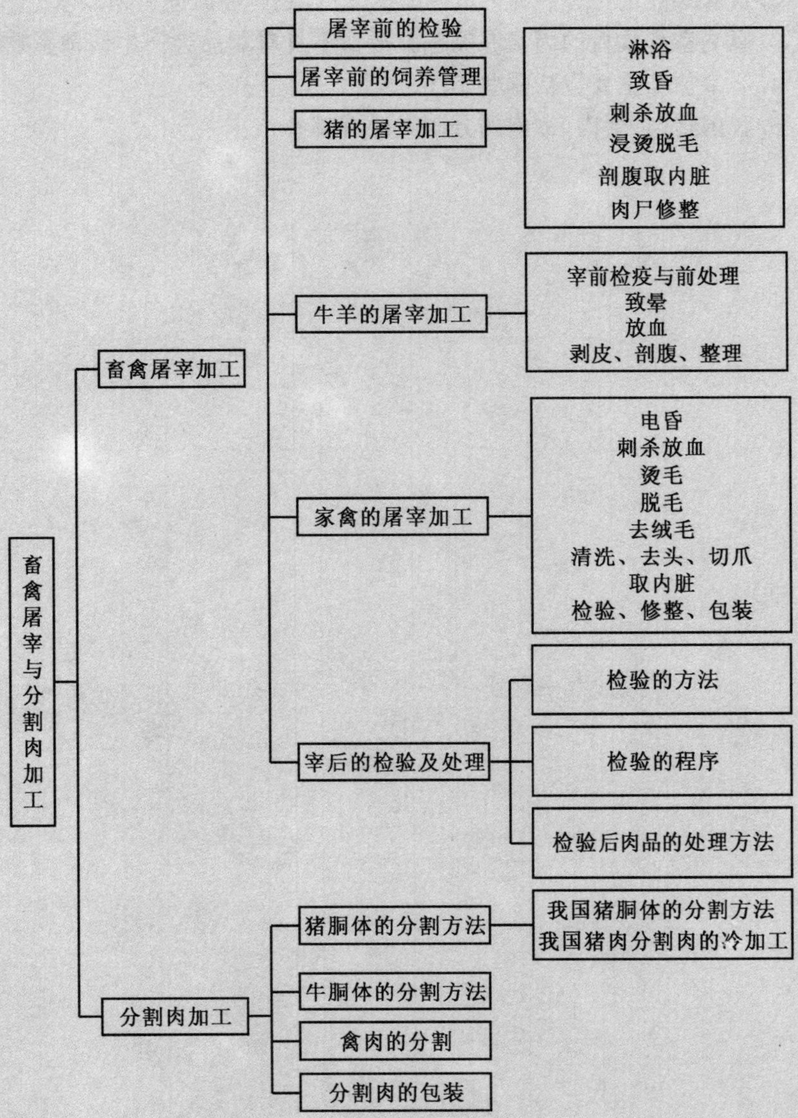

复习思考题

1. 畜禽宰前为什么要休息、禁食、饮水？有何具体要求？
2. 畜禽宰前电击昏有何好处？电压、电流及电昏时间有何要求？
3. 影响畜禽放血的因素有哪些？放血不良对制品会产生何种影响？
4. 屠宰加工主要包括哪些工序？
5. 我国猪肉、牛肉、禽肉的分割方法有哪些？

第三章　肉类储藏技术

知识目标

- 掌握冷却保藏、冻结保藏的基本原理。
- 了解肉在冷藏和冻藏过程中的变化规律。
- 了解辐射保藏的原理。

技能目标

- 掌握肉类冷却的基本技术。
- 掌握冻结和冻藏的方法。
- 掌握肉类各种解冻方法的具体要求。

肉类常用的储藏方法有干燥法、盐藏法、罐藏法、低温储藏法、辐射保藏法、气调保鲜法、加防腐剂法等等，有些储藏方法实际上也是加工方法。在实际生产中，常把几种方法同时采用，以保证储藏效果。本章将重点论述低温储藏法，对辐射保藏法作一简单介绍。对其他与产品加工技术紧密的储藏方法，分别在各类产品加工中介绍。

第一节　低温储藏法

低温，可以抑制微生物的生长繁殖，延缓肉内各化学成分之间的反应，抑制酶的活性。因此低温储藏法能较好的保持肉的色泽与状态，延长肉的保质期。加之操作简单易行，因而被广泛应用于肉及肉制品的保藏。根据所采用低温的不同，低温储藏可分为冷却法和冷冻法。

一、冷却储藏法

使肉深层温度降到－1～0℃，并在0℃左右的环境中储藏的方法，叫冷却储藏法。冷却肉由于有低温菌的活动，储藏期不长。一般适宜储存在短期内加工的肉类和不宜冻藏的肉制品。

(一)肉的冷却

1. 冷却目的　刚屠宰完的胴体，其温度一般在38～41℃，这个温度范围正适合微生物生长繁殖和肉中酶的活性，对肉的保存很不利。肉的冷却目的就是在一定温度范围内使肉的温度迅速下降，使微生物在肉表面的生长繁殖减弱到最低程度，并减弱酶的活性，延缓肉的成熟时间，同时减少肉中水分蒸发。

冷却肉又称冷鲜肉，是指牲畜在宰杀后将胴体迅速进行冷却处理，使温度在24 h内降为0～4℃，并在后续加工、流通和分销过程中始终保持在0～4℃冷藏范围的肉品。

从细菌学角度看，冷冻肉要比"热鲜肉"好，因为冷冻过程中细菌就会被冻死或抑制其生长繁殖，卫生且比较安全。但肌肉中的水分在冷冻时体积会增加9%，细菌膜将被冻裂，然后在解冻时细胞中的汁液会渗透出来，造成"汁液流失"。在这种汁液中含有营养物质，所以随着汁液的流失，营养物质也随着流失。假如解冻后没有及时食用，而再次冻结和解冻，则营养物质的流失就会更严重，风味也会大大地下降。所以，冷冻肉虽有较长的保存期，但并不是保存肉的最好方法。冷却肉吸收了热鲜肉和冷冻肉的优点，又排除了两者的缺陷。肉在冷却加工过程中，细菌不再繁殖，并且迅速排除肉体热量，降低深层温度，并在肉的表面形成一层干燥膜，阻止微生物的生长和繁殖，延长肉的保藏期，减缓肉体内部水分的蒸发，因而冷却肉有较长的货架期。同时，因为没有冻结，所以细胞内的汁液也不会流失，而且在低温下经过24 h以上的冷却，使肉有了一个"后熟"过程。"后熟"的肉柔软多汁，味鲜美、芳香，容易咀嚼，便于消化，吸收利用率高。因而冷却肉不但优于冷冻肉，也好于"热鲜肉"。世界上许多国家的市场上流通的生肉都是冷却肉。

冷却肉生产的环境温度和工作场所卫生条件要求非常严格，屠宰加工企业需要达到HACCP即危害分析与关键控制点的管理水平。如胴体冷却后细菌数必须控制在10^3～10^4个/cm^2，如超过10^4个/cm^2，细菌在以后分割、运输、储藏环节中就会繁殖很快，分割需要在10～12℃的温度下进行。屠宰放血时要求一头猪一把刀，以免交叉感染，烫毛水温度要求60℃左右，并且要勤换，有条件的最好用蒸汽烫毛等等。

肉的冷却是肉的冻结过程的准备阶段。在此阶段,胴体或肉逐渐成熟。

2.冷却方法 冷却方法有空气冷却、水冷却、冰冷却和真空冷却等。

目前,畜肉的冷却主要采用空气冷却,即通过各种类型的冷却设备,使室内温度保持在0~4℃。冷却的时间取决于冷却室温度、湿度和空气流速,以及肉块本身的情况(如肉块大小、肥度、部位、数量、温度、有无包装等)。禽肉可采用液体冷却法,即以冷水和冷盐水为介质进行冷却,也可采用浸泡或喷洒的方法进行冷却,此法冷却速度快,但必须进行包装,否则肉中的可溶性物质会损失。

每次进肉前,将冷却间的温度预先降低到-4~-2℃,进肉后经12~24 h,使肉的中心温度降低到0~4℃,保持冷却间的温度为0~1℃进行储存。

冷却操作时要注意以下几点:

①冷却条件要合适。冷却间在进肉之前,应使空气温度保持在-4℃左右,相对湿度维持在90%~95%,空气流速一般应控制在0.5~1 m/s,最高不超过2 m/s。

②进肉速度快。短时间内一次完成进肉。

③被冷却肉之间保持一定间距。使空气均匀流通,保证良好的散热。如吊轨间的胴体按"品"字形排列,冷却效果好。

④不同等级的肉分别吊挂。一般肥重的胴体应该挂在靠近冷源和风门处。薄而轻的胴体挂在距排风口较远处。

⑤冷却过程中尽量减少人员进出冷却间,保持冷却条件稳定,减少微生物污染。

⑥检查冷却终温。胴体最厚部位中心温度达到0~4℃,即达到冷却终点。

一般冷却条件下,牛半片胴体的冷却时间为48 h,猪半片胴体为24 h左右,羊胴体约18 h。

(二)冷却肉的储藏

1.储藏条件 经过冷却的肉类,一般存放在0~1℃的冷藏间(或排酸库),一方面可以完成肉的成熟(或排酸),另一方面达到短期储藏的目的。冷藏期间湿度要保持相对稳定。以不超出上述范围为宜。进肉或出肉时温度不得超过3℃。相对湿度保持在90%左右,空气流速保持自然循环。冷却肉的储藏期见表2-3-1。

表 2-3-1　冷却肉的储藏条件和储藏期

品名	温度/℃	相对湿度/%	储藏期/d
牛肉	−1.5～0	90	28～35
小牛肉	−1～0	90	7～21
羊肉	−1～0	85～90	7～14
猪肉	−1.5～0	85～90	7～14
全净膛鸡	0	80～90	7～11
腊肉	−3～1	80～90	30
腌猪肉	−1～0	80～90	120～180

2.冷却肉在冷藏中的变化　冷却肉在储藏中会发生一些物理化学变化，包括硬度的变化、重量减轻、色泽变暗等。

(1)硬度的变化　肉在冷藏期间会完成尸僵过程和成熟过程，其硬度随之产生相应的变化。

(2)重量的变化　肉在冷却的最初阶段，水分蒸发较多，重量损失较大。但肉体表面产生干燥层后，水分蒸发量相对减少，但在增加空气的循环速度和降低空气的湿度时，则肉体的失重量增加。肉体的表面积与体积之比越大，水分的蒸发量越多。此外，瘦肉比肥肉的水分的蒸发量多。

(3)肉色的变化　肉在冷藏过程中，由于肌肉组织吸收空气中的氧而使颜色发生变化。在储藏的最初几天，肌红蛋白形成了氧合肌红蛋白而使肉呈现出鲜红色，以后则形成稳定的使肉具有暗红色的高铁肌红蛋白。另一方面由于表面干燥，造成肌肉组织色素浓度的增加。冷藏温度越低，肉保持自然色泽的时间越长。

除此之外，还有少数会变成绿色、黄色、青色等，这都是由于细菌、霉菌的繁殖，使蛋白质分解产生的特殊现象。

(4)发黏、发霉　发黏和发霉是冷却肉污染微生物的结果，它取决于肉最初的污染程度、冷却条件及加工前的质量等。0℃时，当最初肉表面污染的细菌数达到100 个/cm^2，16 d 肉就发黏，当达到 105 个/cm^2 时，只要 7 d 肉就发黏。当温度提高，肉发黏的时间明显缩短。

3.延长冷却肉储藏期的方法　将 CO_2、紫外线照射或臭氧与低温结合使用，可延长冷却肉的储藏期。

(1)CO_2　在低温条件下，CO_2 浓度在 10%时可使肉表面的霉菌生长减慢，20%可使霉菌活动停止。CO_2 具有很大的溶解性，还能很好地透过细胞膜。肉中的蛋白质、脂肪和水都能很好地吸收 CO_2。CO_2 不仅能抑制肉表面微生物的生长，而且能抑制肉组织深部的微生物生长。由于 CO_2 在脂肪中有很好的溶解性，脂肪中氧气的浓度就会降低，从而减缓了脂肪的氧化和水解。在温度为 0℃，CO_2 浓度为 10%～20%时储藏冷却肉，储藏期可延长 1.5～2.0 倍。

使用 CO_2 法储藏肉的缺点是当 CO_2 浓度超过 20%时，由于 CO_2 与血红蛋白和肌红蛋白的结合，而使肉的颜色变暗。此外，CO_2 法储藏需要特殊结构的储藏室。

(2)紫外线照射　在温度为 2～8℃，相对湿度为 85%～95%时，用紫外线照射冷却肉，可使储藏期延长 1 倍。

紫外线照射的缺点是：只能使肉表面灭菌；照射会使肉中的维生素损失；肉的颜色发暗；由于形成臭氧，脂肪的氧化进程显著增强；胴体难以被均匀照射；紫外线对人的眼睛与皮肤有害。

二、冷冻储藏法

把肉的温度降低到－18℃以下，使肉中绝大部分水分变成冰晶，在－21～－18℃的环境下储藏的方法叫肉的冷冻储藏法，简称冻藏。

冷却肉由于其储藏温度在肉的冰点以上，微生物和酶的活动只受到部分地抑制，冷藏期短。当肉在 0℃以下冷藏时，随着冻藏温度的降低，肌肉中冻结水的含量逐渐增加，使细菌的活动受到抑制。当温度降到－10℃以下时，冻肉则相当于中等水分食品。大多数细菌在此温度下不能生长繁殖。当温度下降到－30℃时，霉菌和酵母菌的活动也受到抑制。所以冻藏能有效地延长肉的保藏期，防止肉品质下降，在肉类工业中得到广泛应用。

(一)肉的冻结

肉中的水分部分或全部变成冰的过程叫做肉的冻结。肉在冻结时，肉汁中的纯水分形成结晶；随着水分的冻结，冰点下降，当温度降至－5～－1℃时，组织中的水分有 80%～90%已冻结成冰。通常把肉从开始冻结到有 80%～90%的水形成冰结晶的温度范围称为冰结晶的最大生成带。温度继续下降，由于肉汁中可溶性物质浓度增加，使冰点不断下降，冰结晶生成速度降低。

一般冰结晶的大小与其形成的速度有关。在快速冻结时形成的冰结晶颗粒小，数量多，在组织中分布均匀，对肉组织破坏性小，解冻后汁液又可渗入组织中，几乎可以恢复原有的品质及营养价值。慢速冻结时，冰结晶在肌细胞之间形成和生长，从而使肌细胞外液浓度增加。出于渗透压的作用，肌细胞会失去水分而发生脱水收缩，结果在收缩了的细胞之间形成相对少而大的冰晶。大的冰晶对肌细胞造成机械损伤，肉在解冻时因为水分不能返回到其原来的位置会失去较多的肉汁，从而影响肉的品质。

(二)冻结方法

肉类的冻结方法多采用空气冻结法、板式冻结法和液体冻结法。其中空气冻结法最为常用。根据空气所处的状态和流速的不同,又分为静止空气冻结法和鼓风冻结法。

1. 静止空气冻结法　这种冻结方法是把食品放入－30～－10℃的冻结室内,利用静止冷空气进行冻结。由于冻结室内自然对流的空气流速很低(0.03～0.12 m/s)和空气的导热系数小,肉类食品冻结时间一般在1～3 d。因而这种方法属于缓慢冻结。当然冻结时间与食品的类型包装大小、堆放方式等因素有关。

2. 鼓风冻结法　工业生产上普遍使用的方法是在冻结室或隧道内安装鼓风设备,强制空气流动,加快冻结速度。鼓风冻结法常用的工艺条件是:空气流速一般为2～10 m/s,冷空气温度为－40～－25℃,空气相对湿度为90%左右。这是一种速冻方法,主要是利用低温和冷空气的高速流动,食品与冷空气密切接触,促使其快速散热。这种方法冻结速度快,冻结的肉类品质高。

3. 板式冻结法　这种方法是把薄片状食品(如肉排、肉饼)装盘或直接与冻结室中的金属板架接触,冻结室温度一般为－30～－10℃,由于金属板直接作为蒸发器,传递热量,冻结速度比静止空气冻结法快、传热效率高、食品干耗少。

4. 液体冻结法　这种方法是商业上用来冻结禽肉所常用的方法,也用于冻结鱼类。此法热量转移速度慢于鼓风冻结法。热传导介质必须无毒,成本低,黏性低,冻结点低,热传导性能好。一般常用食盐溶液、甘油、甘油醇和丙烯醇等,但值得注意的是,食盐水常引起金属槽和设备腐蚀。

(三)冻结工艺

冻结工艺分为一次冻结和二次冻结。

1. 一次冻结　宰后鲜肉不经冷却,直接进入冻结间冻结。冻结温度为－25℃,风速为1～2 m/s,冻结时间为16～18 h,肉深层温度达到－15℃,即完成冻结过程,出库进入冷藏间储藏。

2. 二次冻结　宰后鲜肉现送入冷却间,在0～4℃温度下冷却8～12 h,然后转入冻结间,在－25℃条件下进行冻结,一般12～16 h完成冻结。

一次冻结和二次冻结相比,加工时间可缩短40%,减少大量的搬运,提高冻结间的利用率,干耗损失少。但一次冻结对冷收缩敏感的牛、羊肉类,会产生冷收缩现象。二次冻结肉质较好,不易产生冷收缩现象,解冻后汁液流失少,肉的嫩度好。

(四)冻藏条件与冻藏期限

1. 温度　从理论上讲,冻藏温度越低,肉品品质保持得就越好,保存期限也就越长,但成本也随之增大。对肉而言,－18℃是比较经济合理的冻藏温度。近年来，水产品的冻藏温度有下降的趋势，原因是，水产品的组织纤维细嫩，蛋白质易变性，脂肪中不饱和脂肪酸含量高，易发生氧化。冷库中温度的稳定也很重要，温度的波动应控制在±2℃范围内，否则会促进小冰晶消失和大冰晶长大，加剧冰晶对肉的机械损伤作用。

2. 湿度　在－18℃的低温下，温度对微生物的生长繁殖影响很微小，从减少肉品干耗考虑，空气湿度越大越好，一般控制在95%～98%之间。

3. 空气流动速度　在空气自然对流情况下，流速为0.05～0.15 m/s，空气流动性差，温、湿度分布不均匀，但肉的干耗少。多用于无包装的肉制品。在强制对流的冷藏库中，空气流速一般控制在0.2～0.3 m/s，最大不能超过0.5 m/s，其特点是温、湿度分布均匀，肉品干耗大。对于冷藏酮体而言，一般没有包装，冷藏库多用空气自然对流方法，如要用冷风机强制对流，要避免冷风机吹出的空气正对胴体。

4. 冻藏期限　冷冻肉的储藏温度与储藏期关系见表2-3-2。在相同储藏温度下，不同肉品的储藏期大体上有如下规律：畜肉的冷冻储藏期大于水产品；畜肉中牛肉储藏期最长，羊肉次之，猪肉最短；水产品中，脂肪少的鱼储藏期大于脂肪多的鱼。虾、蟹则介于二者之间。

表2-3-2　各种肉类的冻藏条件和冻藏期

类别	冻结点/℃	温度/℃	相对湿度/%	冻藏期/月
牛肉	－1.7	－23～－18	90～95	9～12
猪肉	－1.7	－23～－18	90～95	4～6
羊肉	－1.7	－23～－18	90～95	8～10
小牛肉	－1.7	－23～－18	90～95	8～10
兔肉		－23～－18	90～95	4～6

（五）冻结肉在冻藏期间的变化

各种肉类经过冻结和冻藏后，都会发生一些物理变化和化学变化，从而引起肉的组织结构、外观、气味和营养价值的变化。肉的品质受到影响。

1. 容积　水变成冰所引起的容积增加大约是9%，而冻肉由于冰的形成所造成的体积增加约为6%，肉的含水量越高，冻结率越大，则体积增加越多。在选择包装方法和包装材料时，要考虑到冻肉体积的增加。

2. 干耗　肉在冻结、冻藏和解冻期间都会发生脱水、干缩现象。干缩的程度因空气条件（温度、湿度、流速）、肉的等级和大小、包装情况的不同而不同。对于未包装的肉类，在冻结过程中，肉中水分减少0.5%～2%，快速冻结可减少水分蒸发。

在冻藏期间，当上述各种条件都不利时，肉表层可形成海绵层。海绵层的厚度随冻藏时间的延长而加厚，肉产生酸败味，肉表面发生黄褐色变化，表层组织结构粗糙。这就是所谓的冻结烧。这是由于在冻藏期间肉表层冰晶的升华，形成了较多的微细孔洞，增加了脂肪与空气中氧的接触机会，脂肪严重氧化，肉吸附了其他异味。冻结烧与肉的种类和冻藏温度的高低有密切关系。禽肉和鱼肉脂肪稳定性差，易发生冻结烧。猪肉脂肪在－8℃下储藏6个月，表面有明显酸败味，且呈黄色。而在－18℃储藏12个月也无冻结烧发生。采用聚乙烯塑料薄膜密封包装，隔绝氧气，可有效地防止冻结烧。在冻藏期间，冷藏期间空气流速小，温度尽量保持不变，有利于减少干耗。

3.重结晶　冻藏期间冻肉中冰晶的大小和形状会发生变化。特别是冻藏室内的温度高于－18℃，且温度波动的情况下，微细的冰晶不断减少或消失，形成大冰晶。大冰晶对肌纤维造成挤压，促使肌纤维集结，肌肉组织结构受到破坏。这种机械损伤是不可逆的，解冻时会引起大量的肉汁流失，肉的质量下降。

采用快速陈结，并在－18℃下储藏，尽量减少波动次数和减小波动幅度，可使冰晶生长减慢。

4.蛋白质变性　冻结往往使鱼肉蛋白质尤其是肌球蛋白，发生一定程度的变性，从而导致韧化和脱水。牛肉和禽肉的肌球蛋白比鱼肉肌球蛋白稳定得多。

5.变色　冻藏期间肉的颜色逐渐变暗。这主要是色素物质氧化以及肉表面水分蒸发色素物质浓度增加所致。肉颜色的变化也与包装材料的透氧性有关。

6.风味和营养成分变化　大多数食品在冻藏期间会发生风味和味道的变化，尤其是脂肪含量高的食品。多数不饱和脂肪酸经过一系列化学反应发生氧化而酸败，产生许多有机化合物，醛类、酮类和醇类。醛类是使风味和味道异常的主要原因。冻结烧、Cu^{2+}、Fe^{2+}、血红蛋白也会使酸败加快。添加抗氧化剂或采用真空包装可防止酸败。冻结肉在解冻时不可避免地产生肉汁流失，从而使肉的营养成分产生一定的损失。

（六）冻肉的解冻

解冻是冻结的逆过程，是肉类消费和加工前的必经步骤。即使冻结肉中的冰晶溶化成水，肉恢复到冻前的新鲜状态。解冻肉的品质与解冻速度、解冻温度及方法密切相关。

缓慢解冻时，冰晶溶化成的水，有充足的时间回复到肉组织中去，产生的肉汁流失少，肉的品质好；快速解冻时，肉汁流失多，肉的品质差。通常解冻温度越高，肉解冻越快，肉汁流失越多。

肉的解冻方法有多种，如空气解冻、水或盐水解冻、蒸汽解冻、微波解冻等。在肉类工业中常用的解冻方法有以下几种。

1. 空气解冻 即以空气作为热交换介质的解冻方法。它又分自然解冻和流动空气解冻。空气温度、湿度和流速都影响解冻的质量。

自然解冻又称静止空气解冻，是一种在室温条件下解冻的方法。随着解冻温度的提高，解冻时间变短。一般在0～5℃和相对湿度90%条件下解冻，称缓慢解冻；在12～20℃和相对湿度50%～60%下解冻，称快速解冻。解冻速度也与肉块的形状和大小有关。流动空气解冻是采用强制送风，加快空气循环，缩短解冻时间。采用空气-蒸汽混合介质解冻则比单纯空气解冻所需时间短。

空气解冻的优点是不需特殊设备，适合解冻任何形状和大小的肉块，缺点是解冻速度慢，水分蒸发多，重量损失大。

2. 水解冻 水的导热系数比空气大得多，用水作解冻介质，可提高解冻速度。用4～20℃的水解冻猪肉半胴体，比空气解冻快7～8倍，如在10℃水中解冻半胴体，解冻时间为13～15 h。家禽冻体在5℃空气中自然解冻，解冻时间为24～30 h，而在相同温度的静水中解冻，仅需3～4 h。流水解冻比静水解冻快。

水解冻法还可采用喷淋解冻。根据肉的形状、大小和包装方式，也可采用空气解冻与喷淋解冻相结合的方法。

水解冻的优点是肉表面湿润，由于肉吸收水分而使重量增加3%左右。但色泽淡，呈浅粉红或近乎白色。水解冻多应用于禽类解冻或包装肉解冻。

3. 蒸汽解冻 以热蒸汽作为解冻介质的方法。其优点是解冻速度比水解冻法更快，但肉汁损失比空气解冻大得多。

4. 微波解冻 微波解冻可大大缩短解冻时间，同时能减少肉汁损失，减少肉的污染，提高肉的质量。此法适于半胴体和1/4胴体的解冻，还适于带包装肉类的解冻。

生产实践中要根据肉的形状、大小、包装方式、肉的质量、污染程度以及生产需要等，采取适宜的解冻方法。而且还要根据生产的需要，将肉解冻到完全解冻状态或半解冻状态。

(七)解冻肉的品质变化

肉汁流失是解冻中常出现的对肉品质影响最大的问题。

1. 肉汁流失 影响肉汁流失的因素是多方面的，通过对以下影响因素的控制，可使肉汁流失减少到最小程度。

(1)肉的成熟度 肉的成熟阶段对肉汁流失有很大的影响。处于极限pH值的肉，解冻时肉汁流失最多，为肉重的8%～10%。充分成熟的肉，解冻时肉汁流失少。成熟肉在同样解冻条件下的肉汁流失为3%～4%。

(2)冻结速度 缓慢冻结的肉，形成的冰晶越大，肌肉组织的损伤程度越大，流失的肉汁越多。同时，由于冰晶的形成和增大，细胞内脱水，盐类浓度增大，导致蛋白质变性。解冻时，变性的蛋白质分子空间结构不能复原，不能重新吸附水分，造成肉汁流失。解冻时可逆性小，肉汁流失多；不同温度下冻结的肉在同一温度(20℃)解冻时，肉汁流失差异很大。例如，在－8℃，－20℃和－43℃ 3 种不同条件下冻结的肉块，在 20℃的空气中解冻，肉汁流失分别为 11%，6%和 3%。

(3)冻藏温度 冻藏温度低且稳定，解冻时肉汁流失少，否则反之。例如，在－20℃下冻结的肉块，分别在－1.5℃～－1℃，－9℃～－3℃和－19℃的不同温度下保存 3 d，然后自然解冻，肉汁流失分别为 12%～17%，8%和 3%。

(4)解冻速度 缓慢解冻肉汁流失少，快速解陈肉汁流失多。例如，在－23℃冻结的肉块，在－20℃下冻藏 4 个月后，分别在 1℃，10℃下自然解冻，肉汁流失量分别为 1.76%和 3.27%。一般认为，10℃以下的低温解冻可使肉保持较少的肉汁流失和较少的微生物数。

2. 营养成分的变化 由于解冻造成的肉汁流失，导致肉的重量减轻，水溶性维生素和肌浆蛋白等营养成分减少。此外，反复冻结会导致肉的品质恶化，如组织结构变差，形成胆固醇氧化物等。

第二节 辐射保藏

辐射保藏是利用原子能射线的辐射能量对食品进行杀菌处理的保存食品的一种物理方法，是一种安全卫生、经济有效的食品保存技术。高能射线对微生物的强烈杀伤作用，很早就引起人们的重视，早在 20 世纪 50 年代初，人们已开始研究利用辐射来保藏肉类及其制品。

一、辐射保藏食品的原理

(一)辐射和辐射杀菌的基本原理

1. α，β，γ 射线的特性及形成 α 射线是从原子核中射出的带正电的高速离子流；β 射线则是带负电的高速粒子流；γ 射线是一种光子流，它是原子核从高能态跃迁到低能态时放出的。γ 射线的能量最大，在几十万电子伏特以上，而可见光只有几个电子伏特。从电离能力来看，α 射线最强，γ 射线最弱；从对物质的穿透能力来看，γ 射线最强，β 射线的电离及穿透能力处于 α，γ 射线之间。

2. 辐射源 辐射源是进行食品辐射杀菌最基本的工具。常用的辐射源有电子束辐射源(产生电子射线)、X 射线源和放射性同位素源。用于肉类辐射保鲜的辐射源主要是放射性同位素源，如^{60}Co和^{137}Cs辐射源，^{60}Co最为常见。

3.辐射杀菌原理　食品的辐射杀菌，通常是用γ射线在一定剂量范围内辐照肉，这些高能带电或不带电的射线引起食品中微生物、昆虫发生一系列生物物理和生物化学反应，使它们的新陈代谢、生长发育受到抑制或破坏，甚至使细胞组织死亡等。或利用射线抑制肉品中某些生物活性物质的变化过程，从而达到保藏或保鲜的目的。

(二)辐射的剂量单位

常用的辐射剂量单位有戈瑞(Gy)和拉德(rad)。戈瑞(Gy)是照射剂量的国际单位，即1 kg被照射物质吸收1 J的能量为1戈瑞(Gy)。拉德(rad)表示被照射的物体从辐射场内吸收的能量单位，即1 g物质当吸收10^{-5}J射线能量时，辐射剂量为1拉德(rad)。它们之间的换算关系为：

$$1\ \text{kGy}=1\ 000\ \text{Gy}$$

$$1\ \text{Gy}=1\ \text{J/kg}=100\ \text{rad}$$

二、辐射的应用

辐射杀菌根据其目的及剂量不同，可分为辐射消毒杀菌及辐射完全杀菌2种。

1.辐射消毒杀菌　辐射消毒杀菌的作用是抑制或部分杀灭腐败性微生物及致病性微生物。辐射消毒杀菌又分为选择性辐射杀菌及针对性辐射杀菌，前者又称辐射耐储杀菌，后者称为辐射巴氏杀菌。

(1)选择性辐射杀菌　选择性辐射杀菌的剂量一般定为500 krad以下，它的主要目的是抑制腐败性微生物的生长和繁殖，增加冷冻储藏的期限。结合低温处理，常用于鱼、贝等水产品捕捞后的储运。

(2)针对性辐射杀菌　剂量范围是0.5 Mrad。主要用于畜禽的零售鲜肉和水产品，用来杀灭沙门氏菌。

2.辐射完全杀菌　它是一种高剂量辐射杀菌法，剂量范围为1～6 Mrad。它可杀灭肉类及其制品上的所有微生物，以达到“商业灭菌”的目的。只要包装不破损，能在室温下储藏1年以上。

应用射线的照射可控制寄生虫，延长肉制品货架期，甚至达到灭菌保藏的目的。但食品不同，保藏目的不同，其照射剂量也不同。常用的辐射剂量见表2-3-3。

表 2-3-3 不同食品的辐射剂量(FAO)

食品	主要目的	达到的手段	剂量/Mrad
肉、禽、鱼及其他易腐食品	不用低温,长期安全储藏	杀死腐败菌、病原菌和肉毒梭菌	4～6
肉、禽、鱼及其他易腐食品	在3℃下延长储藏期	减少嗜冷菌数	0.5～1.0
冻肉、冻鸡、鸡蛋及其他易污染病原菌的食品	防止食品中毒	杀灭沙门氏细菌	0.3～1.0
肉及有病原寄生虫的食品	防止食品媒介的寄生虫	杀灭旋毛虫、牛肉绦虫等	0.01～0.03
香辛料、辅料	减少细菌污染	降低菌数	1～3

肉类等食品经过辐照后产生一种类似于蘑菇的味道,称作辐射味。辐射味的产生与照射剂量大致成正比。0.1 Mrad 照射鲜猪肉即产生异味,3 Mrad 异味增强。这主要是含硫氨基酸分解的结果。辐照时加入某些添加剂,如抗氧化剂、柠檬酸、香料、碳酸氢钠、维生素 C 等能抑制辐照味。肉品经辐照后,肉色会变谈。

三、辐照工艺

只有合理的辐照工艺,才能获得理想的效果。其工艺流程是:

前处理→包装→确定辐照剂量→辐照→检验→保存。

(一)前处理

辐射保鲜就是利用射线杀灭微生物,并减少二次污染,从而达到保藏的目的。因此,辐射保藏的原料肉必须新鲜、优质、卫生,这是辐射保鲜的基础。辐照前对肉品进行挑选和品质检查,要求质量合格,原始含菌量、含虫量低。

(二)包装

屠宰后的胴体必须剔骨。去掉不可食部分,然后进行包装。包装的目的是避免辐射过程中的二次污染,便于储藏、运输。包装可采用真空或充入氮气。包装材料可选用金属罐或塑料袋。塑料袋一般选用抗拉度强、抗冲击性好、透氧率指标好、γ 射线辐照后其化学、物理变化小的复合薄膜制成,一般以聚乙烯(PE)、聚对苯二甲酸乙二酯(PET)、聚乙烯醇(PVA)、聚丙烯(PP)和尼龙 6(PA6)等薄膜复合结构,有时在中层夹铝箔效果更好。采用热合封口包装是肉制品辐射保鲜的一个重要环节。因而要求包装能够防止辐照食品的二次污染。

(三)剂量的确定

辐照处理的剂量和处理后的储藏条件往往会直接影响其效果。辐照剂量越高,保存时间越长。各种肉类辐照剂量与保藏时间见表 2-3-4

表 2-3-4 各种肉类辐照剂量与保藏时间

肉类	辐照剂量	保藏时间
鲜猪肉	^{60}Co γ 射线 1 500 rad	常温保存 2 个月
鸡肉	γ 射线 200～700 rad	延长保藏时间
牛肉	γ 射线 500 rad	3～4 周
	γ 射线 1 000～2 000 rad	3～6 个月
羊肉	γ 射线 4 700～5 300 rad	灭菌保藏
猪肉肠	γ 射线照射	减少亚硝酸盐用量
	4 700～5 300 rad	灭菌保藏
腊肉罐头	^{60}Co γ 射线 4 500～5 600 rad	灭菌保藏

(四)辐照

常用辐射源有^{137}Cs,^{60}Co 和电子加速器 3 种,其中^{60}Co 辐照源释放的 γ 射线穿透力强。设备较简单,因而多用于肉品辐照。辐照箱的设计。根据肉品的种类、密度、包装大小、辐射剂量均匀度以及储运销售条件决定,一般采用铝质材料,长方体结构,长、宽、高的比例可为 2 ∶ 15 ∶ 5。辐照条件根据辐照肉品的要求而定,如为减少辐照过程中某些营养成分的损失,可采用高温辐照。在辐照方法上,为了提高辐照效果,经常使用复合处理的方法,如与红外线、微波等物理方法相结合。

(五)辐照后的保藏

肉品辐照后可在常温下储藏。采用辐射杀菌法处理的肉类,结合低温保藏效果较好。肉品辐射处理是一项综合性措施,要把好每一个工艺环节才能保证辐照的效果和质量。

虽然食品辐照可有效减少或去除病原菌和腐败微生物,保证食品的卫生和感官品质,但是许多消费者仍不愿接受辐射食品。因此科学家研究了电子束辐射应用在食品储藏中。因为机械加速的电子束辐射不使用任何放射性材料,消费者的认同可能会提高。

本章小结

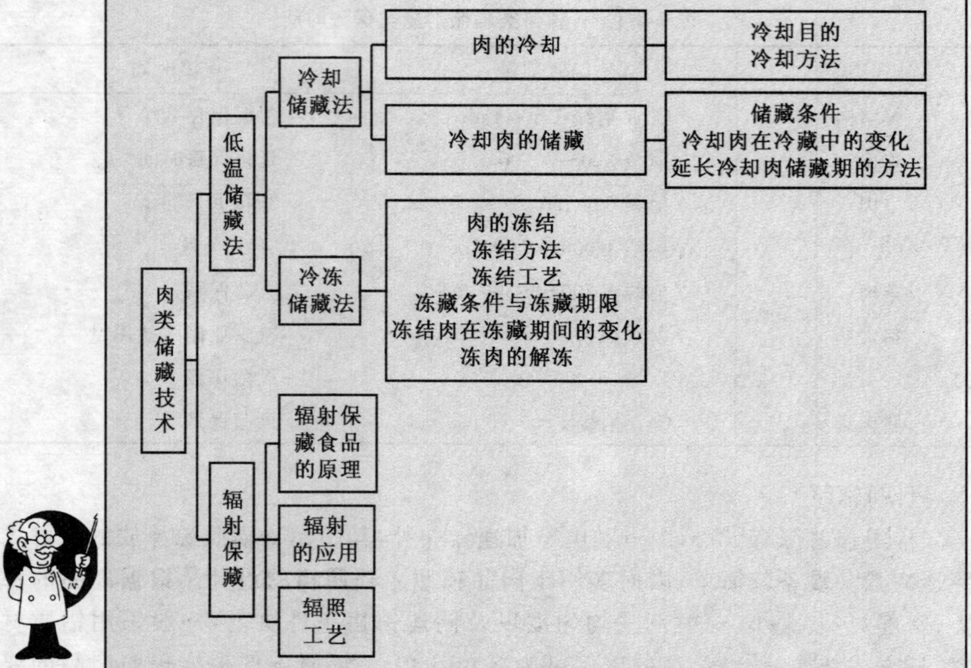

复习思考题

1. 肉类的低温储藏的原理是什么？
2. 肉类的低温储藏分为哪两类？二者的主要区别是什么？
3. 冷却肉加工的基本过程是什么？
4. 冷冻及及冻藏中应注意什么问题？
5. 不同解冻方法对肉有哪些影响？
6. 辐射保藏的基本原理是什么？

第四章　干制肉制品加工

知识目标

- 了解肉制品的干制原理。
- 了解干制方法的分类。

技能目标

- 掌握干制的基本技术。
- 掌握肉松、肉干、肉脯的加工技术。

干制肉制品是指将原料肉先经熟加工，再成型、干燥或先成型再经熟制、干燥加工制成的易于常温下保藏的肉制品。这类肉制品可直接食用，成品呈小的片状、条状、粒状、团粒状、絮状。干肉制品主要包括肉干、肉脯和肉松三大种类。

第一节　肉制品的干制原理与技术

一、干制原理

干制既是一种保存手段，又是一种加工方法。肉品的干制原理是通过脱去肉品中的一部分水，抑制微生物的活动和酶的活力，从而达到延长储藏时间或加工出新颖产品的目的。

水分是微生物生长发育所必需的营养物质，但是并非所有的水分都被微生物利用，我们把能被微生物、酶化学反应所利用的水分（一般是游离水）称为有效水分。有效水分用水分活度（A_W）表示。一般鲜肉、煮制后鲜制品的水分活度为0.99左右，香肠类为0.93～0.97，牛肉干为0.90左右。

每一种微生物生长都有所需的最低水分活度值。一般来说，霉菌需要的 A_W 为 0.80 以上，酵母菌为 0.88 以上，细菌生长为 0.99～0.91。总体上来说，肉与肉制品中大多数微生物都只有在较高 A_W 条件下才能生长。只有少数微生物生活在较低的 A_W 下。因此，通过干制降低 A_W 就可以抑制肉制品中大多数微生物的生长。一般的干燥条件，不能使肉制品中的微生物完全致死，只是抑制其活动。若以后环境适宜，微生物仍会继续生长繁殖。因此，肉类在干制时一方面要进行适当的处理，减少制品中各类微生物数量；另一方面干制后要采用合适的包装材料和包装方法，防潮防污染，以防止微生物遇到合适环境开始生长和繁殖。

二、干制技术

肉类脱水干制方法，随着科学技术不断发展，也在不断地改进和提高。按照加工的方法和方式，目前已有自然干燥、烘炒干燥、烘房干燥、冷冻升华干燥等。

1. 自然干燥　自然干燥是古老的干燥方法，其优点是设备简单，费用低，但受自然条件的限制。温度条件很难控制，大规模的生产很少采用，只是在某些产品加工中作为辅助工序采用，如风干香肠的干制等。

2. 烘炒干燥　烘炒干燥亦称传导干制。靠间接的导热将热量传给与壁接触的物料。由于湿物料与加热的介质（载热体）不是直接接触，又称间接加热干燥。传导干燥的热源可以是水蒸气、热力、热空气等。可以在常温下干燥，亦可在真空下进行。加工肉松大都采用这种方式。

3. 烘房干燥　烘房干燥亦称对流热风干燥。它是直接以高温的热空气为热源，以对流传热的方式将热量传给物料，故称为直接加热干燥。热空气既是热载体又是湿载体。一般对流干燥多在常压下进行。因为在真空干燥情况下，由于气相处于低压，热容量很小，不能直接以空气为热源，必须采用其他热源。对流干燥室中的气温调节比较方便，物料不至于过热，但热空气离开干燥室时，带有相当大的热能。因此，对流干燥热能的利用率较低。香肠的干燥多应用此法。

4. 冷冻升华干燥　在低温下达到一定真空度的封闭容器中，物料中的水分直接从冰升华为蒸汽，使物料脱水干燥，称为冷冻升华干燥。较上述 3 种方法，此法不仅干燥速度快，而且最能保持原来产品的性质，复水后能迅速恢复原来的状态，保持原有成分，很少发生蛋白质变性、营养流失等加热干燥引起的问题。但设备投资大，费用高。

此外，尚有辐射干燥、电加热干燥等，在肉类干制品加工中很少使用，故此处不作介绍。上述几种干燥方法除冷冻升华干燥之外，其他如自然传导、对流等加热的干燥方式，热能都是从物料表面传至内部，物料表面温度比内部高，而水分是从内部扩散至表面，在干燥过程中物料表面先变成干燥固体的绝热层，使传热和内部水分的汽化及扩散增加了阻力，故干燥的时间较长。而微波加热干燥则相反，湿物料在高频电场中很快被均匀加热。由于水的介电常数比固体物料要大得多，在干燥过程中物料内部的水分总是比表面高。因此，物料内部所吸收的电能或热能比较多，则物料内部的温度比表面高。由于温度梯度与水分扩散的梯度是同一方向的，所以，促进了物料内部的水分扩散速度增大，使干燥时间大大缩短，所加工的产品均匀而且清洁。但易出现加热不均匀，表面失水过多等现象，在食品工业中也有应用。

第二节　干制肉制品加工工艺

一、肉干的加工

(一)肉干的种类

肉干类制品是指瘦肉经预煮、切丁(条、片)、调味、浸煮、收汤、干燥等工艺制成的熟肉制品。由于原辅料、加工工艺、形状、产地等的不同，肉干的种类很多，但按加工工艺分不外乎两种：传统工艺和改进工艺。

(二)肉干的传统加工工艺

1. 工艺流程

原料→初煮→切坯→煮制汤料→复煮→收汁→脱水→冷却、包装。

2. 操作要点

(1)原料预处理　肉干加工一般多用牛肉，但现在也用猪、羊、马等肉。无论选择什么肉，都要求是经检验合格的新鲜肉，一般选用前后腿瘦肉为佳。将原料肉剔去皮、骨、筋腱、脂肪及肌膜后顺着肌纤维切成 1 kg 左右的肉块，用清水浸泡 1 h 左右除去血水、污物，沥干后备用。

(2)初煮　初煮的目的是通过煮制进一步挤出血水，并使肉块变硬以便切坯。初煮时以水盖过肉面为原则，一般不加任何辅料，但有时为了去除异味，可加 1%～2%的鲜姜。初煮时水温保持在 90℃以上，并及时撇去汤中污物。初煮时间随肉的嫩度及肉块大小而异，以切面呈粉红色、无血水为宜。通常初煮 1 h 左右。肉块捞出后，汤汁过滤待用。

(3)切坯　肉块冷却后，可根据工艺要求在切坯机中切成小片、条、丁等形状。不论什么形状，都要求大小均匀一致。

(4)复煮、收汁　复煮是将切好的肉坯放在调味汤中煮制，其目的是进一步熟化和入味。复煮汤料配制时，取肉坯重20%～40%的过滤初煮汤，将配方中不溶解的辅料装袋入锅煮沸后，加入其他辅料及肉坯，用大火煮制30 min左右后，随着剩余汤料的减少，应减小火力以防焦锅。用小火煨1～2 h，待卤汁基本收干，即可起锅。

复煮汤料配制时，盐的用量各地相差无几，但糖和各种香辛料的用量变化较大，无统一标准，以适合消费者的口味为原则。以下是几种常见风味肉干的配料配方。

咖喱肉干配方：鲜肉100 kg，精盐1.6 kg，酱油3.5 kg，白糖10.0 kg，白酒2.0 kg，咖喱粉0.5 kg。

麻辣肉干配方：鲜肉100 kg，精盐1.8 kg，酱油4.0 kg，老姜0.5 kg，混合香料0.2 kg，白糖2.0 kg，酒0.5 kg，胡椒粉0.2 kg，味精0.1 kg，海椒粉1.5 kg，花椒粉0.8 kg，菜油5.0 kg。

五香肉干配方：鲜肉100 kg，食盐1.50 kg，白糖4.50 kg，酱油4.5 kg，黄酒0.75 kg，花椒0.15 kg，八角0.20 kg，茴香0.15 kg，丁香0.05 kg，桂皮0.30 kg，陈皮0.75 kg，甘草0.10 kg，姜0.50 kg。

果汁肉干配方：鲜肉100 kg，食盐2.0 kg，酱油0.50 kg，白糖8.0 kg，姜0.25 kg，白酒0.5 kg，大茴香0.15 kg，果汁露0.20 kg，味精0.30 kg，鸡蛋0.50 kg，辣酱0.35 kg，葡萄糖1.00 kg。

(5)脱水　肉干常规的脱水方法有3种。

①烘烤法：将收汁后的肉坯铺在竹筛或铁丝网上，放置于红外炉或远红外烘箱烘烤。烘烤温度前期可控制在80～90℃，后期可控制在50℃左右，一般需要5～6 h，可使含水量下降到20%以下。在烘烤过程中要注意定时翻动。

②炒干法：收汁结束后，肉坯在原锅中文火加温，并不停搅翻，炒至肉块表面微微出现蓬松茸毛时，即可出锅，冷却后即为成品。

③油炸法：先将肉切条后，用2/3的辅料(其中白酒、白糖、味精后放)与肉条拌匀，腌渍10～20 min后，投入135～150℃的油锅中油炸。炸到肉块呈微黄色后，捞出并滤净油，再将酒、白糖、味精和剩余的1/3辅料混入拌匀即可。在实际生产中，亦可先烘干再淋油。

(6)冷却、包装　在清洁室内摊晾、自然冷却较为常用。必要时可用机械排风，但不宜在冷库中冷却，否则易吸水返潮。包装以复合膜为好，尽量选用阻气、阻湿性能好的材料。最好选用PET/Al/PE等塑料薄膜，但费用较高；PET/PE，NY/PE效果次之，但较便宜。

3. 肉干生产新工艺　随着肉类加工业的发展和生活水平的提高，消费者要求干肉制品向着组织较软、色淡、低甜方向发展。在中式干肉制品的配方、加工和质量的基础上，对传统中式肉干的加工方法提出了改进，并把这种改进工艺生产的肉干称之为莎脯。结果表明，这种新产品既保持了传统肉干的特色，如无需冷冻保藏等，质轻、方便和富于地方风味，但感官品质如色泽、质地和风味又不完全与传统肉干相同。

(1)工艺流程

原料肉修整→切块→腌制→熟化→切条→脱水→包装。

(2)配方　原料肉 100 kg，食盐 1.8 kg，蔗糖 2.0 kg，酱油 2.00 kg，黄酒 1.50 kg，味精 0.2 kg，抗坏血酸钠 0.05 kg，亚硝酸钠 0.01 kg，五香浸出液 9.0 kg，姜汁 1.00 kg。

(3)质量控制　选用经兽医检验合格的牛肉、羊肉、猪肉或其他畜禽肉。剔除脂肪和结缔组织，切成大约 4 cm 的块状，每块约重 200 g，然后按配方要求加入辅料，在 0～4℃下腌制 48～56 h。在 100℃蒸汽下加热 40～60 min 至中心温度 80～85℃，冷却到室温后再切成大约 3 mm 厚的肉条。然后将其置于 85～95℃下脱水致肉的表面成褐色，含水量低于 30%，成品的 A_W 低于 0.79(通常为 0.74～0.76)。真空包装，成品无需冷藏。

二、肉脯的加工

(一)肉脯的种类

肉脯是指瘦肉经切片(或绞碎)、调味、腌制、摊筛、烘干、烤制等工艺制成的薄片型的熟肉制品。与肉干加工方法不同的是肉脯不经水煮，直接烘干而制成。同肉干一样，随着原料、辅料、产地等的不同，肉脯的名称及品种不尽相同，但就其加工工艺而言，也分传统工艺和新工艺 2 种。

(二)肉脯的传统加工工艺

1. 工艺流程

原料选择→修整→冷冻→切片→解冻→腌制→摊筛→烘烤→烧烤→压平→切片成型→包装。

2. 操作要点

(1)原料与预处理　传统肉脯一般是由猪、牛肉加工而成，但现也选用其他畜禽肉。选用经兽医检验合格的新鲜的牛、猪后腿肉，去掉脂肪、结缔组织、淤血等，顺肌纤维切成 1 kg 左右的肉块。要求外形规则，边缘整齐，无碎肉、淤血。

(2)冷冻　将修割整齐的肉块移入－20～－10℃的冷库中速冻，以便于切片。冷冻时间以肉块深层温度达－5～－3℃为宜。

(3)切片　将冻结后的肉块放入切片机中切片或手工切片。切片时须顺肌肉纤维切片，以保证成品不易破碎。切片厚度一般控制在1～3 mm。但国外肉脯有向超薄型发展的趋势，最薄的肉脯只有0.05～0.08 mm，一般在0.2 mm左右。超薄肉脯透明度、柔软性、储藏性都很好，但加工技术难度较大，对原料肉及加工设备要求较高。

(4)拌肉、腌制　将粉状辅料混匀后，与切好的肉片拌匀，在不超过10℃的冷库中腌制2 h左右。腌制的目的一是入味，二是使肉中盐溶性蛋白尽量溶出，便于在摊筛时使肉片之间粘连。肉脯配料各地不尽相同，以下是两种常见肉脯辅料配方。

①猪肉脯：猪肉100 kg，食盐2.0 kg，亚硝酸钠0.05 kg，白酱油1.0 kg，小苏打0.01 kg，白糖1 kg，高粱酒为2.5 kg，味精0.30 kg。

②牛肉脯：牛肉100 kg，酱油3 kg，山梨酸钾0.02 kg，食盐1.6 kg，味精2 kg，五香粉0.30 kg，白砂糖12 kg，维生素C 0.02 kg。

(5)摊筛　在竹筛上涂刷食用植物油，将腌制好的肉片平铺在竹筛上，肉片之间彼此靠溶出的蛋白粘连成片。

(6)烘烤　烘烤的主要目的是促进发色和脱水熟化。将摊放肉片的竹筛上架晾干水分后，进入红外炉或远红外烘箱中脱水、熟化。其烘烤温度控制在55～75℃，前期烘烤温度可稍高。肉片厚度为2～3 mm时，烘烤时间为2～3 h。

(7)烧烤　烧烤是将半成品放在高温下进一步熟化并使之质地柔软，产生良好的烧烤味和油润的外观。烧烤时可把半成品放在远红外烘炉的转动铁网上，用200℃左右温度烧烤1～2 min至表面油润、色泽深红为止。成品中含水量小于20%，一般以13%～16%为宜。

(8)压平、成型、包装　烧烤结束后用压平机压平，按规格要求切成一定的形状。冷却后及时包装。塑料袋或复合袋须真空包装。马口铁听装加盖后锡焊封口。

3.肉脯加工新工艺　用传统工艺加工肉脯时，存在着切片、摊筛困难，难以利用小块肉、小畜禽肉及鱼肉，不宜进行机械化生产。因此肉脯生产新工艺在生产实践中广泛使用。

(1)工艺流程

原料肉处理→斩拌配料→腌制→抹片→表面处理→烘烤→压平→烧烤→成型

→包装。

(2)肉脯配方　以鸡肉脯为例：鸡肉 100 kg，亚硝酸钠 0.01 kg，浅色酱油 5.0 kg，味精 0.2 kg，糖 8 kg，姜粉 0.30 kg，白胡椒粉 0.3 kg，食盐 1.50 kg，白酒 1 kg，维生素 C 0.01 kg。

(3)操作要点　将原料肉经预处理后，与辅料入斩拌机斩成肉糜，并置于 4℃ 以下腌制 1.5～2.0 h。竹筛表面涂油后，将腌制好的肉糜涂摊于竹筛上，厚度以 1.5～2.0 mm 为宜，在 70～75℃下烘烤 2 h，120～150℃下烧烤 2～5 min，压平后按要求切片、包装。

三、肉松的加工

(一)肉松的种类

肉松是指瘦肉经煮制、撇油、调味、收汤、炒松干燥或加入食用植物油或谷物粉炒制而成的肌肉纤维蓬松成絮状或团粒状的熟肉制品。随着原料、辅料、产地等的不同，肉松的名称及品种不同，但就其加工工艺而言，肉松类包括肉绒和油松两种。因其加工工艺不同，可分为传统加工工艺和改进加工工艺。

(二)肉松传统加工工艺

1. 工艺流程

原料肉的选择与整理→配料→煮制→炒压→炒松→搓松→跳松→拣松→包装。

2. 操作要点

(1)原料肉与整理　传统肉松是由猪瘦肉加工而成。现在除猪肉外，牛肉、鸡肉、兔肉等均可用来加工肉松。结缔组织的剔除一定要彻底，否则加热过程中胶原蛋白水解后，导致成品黏结成团块而不能呈良好的蓬松状。将修整好的原料肉切成 1.0～1.5 kg 的肉块。切块时尽可能避免切断肌纤维，以免成品中短绒过多。

(2)配料　肉松生产中，配料的种类及比例因原料肉的种类及产地等而异。

猪肉松配方：瘦猪肉 100 kg，黄酒 4.00 kg，糖 3 kg，酱油 15 kg，大茴香 0.12 kg，姜 1 kg。

牛肉松配方：牛肉 100 kg，食盐 2.50 kg，白糖 2.5 kg，葱末 2 kg，姜末 0.12 kg，大茴香 1.0 kg，黄酒 1 kg，丁香 0.10 kg，味精 0.2 kg。

鸡肉松配方：带骨鸡 100 kg，酱油 8.5 kg，生姜 0.25 kg，砂糖 3 kg，精盐 0.5 kg，味精 0.15 kg，50°高粱酒 0.5 kg。

(3)煮制　将香辛料用纱布包好后和肉一起入夹层锅，加与肉等量的水，用蒸汽加热常压煮制。煮沸后撇去油沫。煮制结束后起锅前须将油筋和浮油撇净，这对保证产品质量至关重要。若不除去浮油，肉松不易炒干，炒松时易焦锅，成品颜色发黑。煮制的时间和加水量应根据肉质老嫩决定。肉不能煮得过烂，否则成品绒丝短碎。以筷子稍用力夹肉块时，肌肉纤维能分散为宜。煮肉时间为 2～3 h。

(4)炒压(打坯)　肉块煮烂后，改用中火，加入酱油、酒，一边炒一边压碎肉块。然后加入白糖、味精，减小火力，收干肉汤，并用小火炒压肉丝至肌纤维松散时即可进行炒松。

(5)炒松　肉松中由于糖较多，容易塌底起焦，要注意掌握炒松时的火力。炒松有人工炒和机炒 2 种。在实际生产中可人工炒和机炒结合使用。当汤汁全部收干后，用小火炒至肉略干，转入炒松机内继续炒至水分含量小于 20%，颜色由灰棕色变为金黄色，具有特殊香味时即可结束炒松。在炒松过程中如有塌底起焦现象，应及时起锅，清洗锅巴后方可继续炒松。

(6)擦松　为了使炒好的肉松更加蓬松，可利用滚筒式擦松机擦松，使肌纤维成绒丝松软状。

(7)跳松　利用机器跳动，使肉松从跳松机上面跳出，而肉粒则从下面落出，使肉松与肉粒分开。

(8)拣松　将肉松中焦块、肉块、粉粒等拣出，提高成品质量。跳松后送入包装车间的木架上凉松。肉松凉透后便可拣松。

(9)包装储藏　传统肉松生产工艺中，在肉松包装前需约 2 d 时间凉松。凉松过程不仅增加了二次污染的几率，而且肉松含水量会提高 3%左右。肉松吸水性很强，不宜散装。短期储藏可选用复合膜包装，储藏 3 个月左右；长期储藏多选用玻璃瓶或马口铁罐，可储藏 6 个月左右。

(三)肉松加工新工艺之一

传统工艺加工肉松时存在着以下两个方面的缺陷：①复煮后收汁工艺费时，且工艺条件不易控制。若复煮汤不足则导致煮烧不透，给搓松带来困难；若复煮汤过多，收汁后煮烧过度，使成品纤维短碎。②炒松时肉直接与炒松锅接触，容易塌底起焦，影响风味和质量。因此，蒋爱民等人(1992)以鸡肉为原料，提出了肉松生产改进工艺、参数及加工中的质量控制方法。

1. 工艺流程

原料鸡处理→初煮、精煮(不收汁)→烘烤→搓松→炒松→成品。

2. 操作要点

(1)煮烧时间　初煮的目的是初步熟化以便剔骨,而精煮的目的是进一步熟制以利于搓松,并赋予产品风味。初煮和精煮的时间在很大程度上决定了成品的色泽、入味程度、搓松难易程度和成品形态。在加热煮制过程中鸡肉颜色会发生变化。新鲜鸡肉为浅粉红色。当加热至80℃左右时,肌纤维由浅粉红色变为白色。继续加热,肌纤维又由白色变为黄色,最后变成黄褐色。随着煮烧时间的延长,成品颜色变深、碎松增加。颜色变深是加热过久,非酶促褐变加剧所致;若煮烧时间过短,成品风味不足,颜色苍白,且不易搓成松散绒状,成品中常出现干棍状肉棒。研究结果表明,初煮2 h、精煮1.5 h,则成品色泽金黄,味浓松长,且碎松少。

(2)烘烤温度、时间及脱水率　新工艺中精煮后肉松坯的脱水是在红外线烘箱中进行。烘烤温度和时间对肉松坯的黏性、搓松难易程度、颜色及风味都有不同程度的影响,但对其黏性及搓松的难易程度影响最大。

肉松坯在烘烤脱水前水分含量大,黏性很小,几乎无法搓松。随着烘烤时水分的减少,黏性逐渐增加,脱水率达到30%左右时黏性最大,此时搓松最为困难。随着脱水率的增加,黏性又逐渐减小,搓松变得易于进行。脱水率超过一定限度时,由于肉松坯变干,搓松又变得难以进行,甚至在成品中出现干肉棍。研究结果表明,精煮后的肉松坯70℃烘烤90 min或80℃烘烤60 min,肉松坯的烘烤脱水率为50%左右时搓松效果最好。

(3)炒松　鸡肉经初煮和复煮后脱水率为25%～30%,烘烤脱水率50%左右,搓松后含水量为20%～25%,而肉松含水量要求在20%以下。炒松可以进一步脱水,同时还具有改善风味、色泽及杀菌作用。因搓松后肌肉纤维松散,炒松仅3～5 min即能达到要求。

(四)油松加工

与肉松不同,油松外观呈团粒状、粉状。油松包括油酥肉松和肉粉松2种。

1. 油酥肉松　油酥肉松是瘦肉经煮制、撇油、调味、收汤、炒松后,再加入食用油脂炒制而成的肌肉纤维断碎成团粒状的肉制品。福建肉松属于这类肉松,其加工方法如下:

(1)原料修整　选好的猪后腿精肉切成60 mm长,宽、厚各30 mm的肉块。

(2)配料　肉坯100 kg,白酱油10 kg,白糖10 kg,精炼猪油25 kg,红糖5 kg。

(3)煮烧　加入与肉等量的水将肉煮烂,撇尽浮油,最后加入白酱油、白糖和红糖混匀。

(4)炒松　肉块与配料混合后边加热边翻炒,并用铁勺压散肉块。炒至汤干时，改用小火烤成半成品。

(5)油酥　将半成品用小火继续炒至80%的肉纤维成酥脆粉状时，用筛除去小颗粒，再按比例加入融化猪油，用铁铲翻拌使其结成球形颗粒即为成品。猪油的加入量随季节而异，一般占肉松重的40%～60%，通常冬季稍多，夏季酌减。成品率一般为32%～35%。

(6)包装、保藏　真空白铁罐装可保存1年，普通罐装可保存半年。听装要热装后抽真空密封。塑料袋装保藏期3～6个月。保藏期过长，易发生变质。

2. 肉粉松　肉粉松是将瘦肉经煮制、撇油、调味、收汤、炒松后，再加入食用油脂和谷物粉炒制而成的团粒状、粉状肉制品。谷物粉的量不超过成品重的20%。油酥肉松与肉粉松的主要区别在于肉粉松添加了较多的谷物粉，其加工工艺基本相同。肉粉松加工中，一般先将谷物粉用一定量的食用动物油或植物油炒好后再与炒好的肉松半成品混合后炒制而成。有时也将煮熟的肉经绞碎后，再与炒制好的谷物粉混合后炒制而成。

四、干制肉制品的卫生标准

干制肉制品执行熟肉制品卫生标准GB 2726—2005。GB 2726—2005代替并废止GB 2725.1—1994《肉灌肠卫生标准》、GB 2726—1996《酱卤肉类卫生标准》、GB 2727—1994《烧烤肉卫生标准》、GB/T 2728—1981《肴肉卫生标准》、GB 2729—1994《肉松卫生标准》、GB/T 13101—1991《西式蒸煮、烟熏火腿卫生标准》和GB 16327—1996《肉干、肉脯卫生标准》7项标准。

本标准规定了熟肉制品的卫生指标要求和检验方法以及食品添加剂、生产加工过程、包装、标识、运输、储存的卫生要求。

本标准适用于以鲜(冻)畜、禽肉为主要原料制成的熟肉制品，包括熟肉干制品。

(1)原料要求　原辅料应符合相应标准和有关规定。

(2)感官指标　无异味、无酸败味、无异物，熟肉干制品无焦斑和霉斑。

(3)理化指标　理化指标应符合表2-4-1的规定。

(4)微生物指标　微生物指标应符合表2-4-2的规定。

表 2-4-1　理化指标

项目	指标
水分(g/kg)	
肉干、肉松、其他熟肉干制品	≤200
肉脯、肉糜脯	≤160
油酥肉松、肉粉松	≤40
复合磷酸盐([a] 以 PO_4^{3-} 计)/(g/kg)	
熏煮火腿	≤8.0
其他熟肉制品	≤5.0
苯并[a]芘[b]/(μg/kg)	≤5.0
铅/(mg/kg)	≤0.5
无机砷/(mg/kg)	≤0.05
镉/(mg/kg)	≤0.1
总汞/(mg/kg)	≤0.05
亚硝酸盐	按 GB 2760 执行

a. 复合磷酸盐残留量包括肉类本身所含磷及加入的磷酸盐，不包括干制品。
b. 限于烧烤和烟熏肉制品。

表 2-4-2　微生物指标

项　目	指　标
菌落总数(cfu/g)	
烧烤肉、肴肉、肉灌肠	≤50 000
酱卤肉	≤80 000
熏煮火腿、其他熟肉制品	≤30 000
肉松、油酥肉松、肉粉松	≤30 000
肉干、肉脯、肉糜脯、其他熟肉干制品	≤10 000
大肠菌群/(MPN/kg)	
肉灌肠	≤300
烧烤肉、熏煮火腿、其他熟肉制品	≤900
肴肉、酱卤肉	≤1 500
肉松、油酥肉松、肉松粉	≤400
肉干、肉脯、肉糜脯、其他熟肉干制品	≤300
致病菌(沙门氏菌、金黄色葡萄球菌、志贺氏菌)	不得检出

本章小结

- 干制肉制品加工
  - 肉制品的干制原理与技术
    - 干制原理
    - 干制技术
      - 自然干燥
      - 烘炒干制
      - 烘房干燥
      - 冷冻升华干燥
  - 干制肉制品加工工艺
    - 肉干的加工
      - 原料预处理
      - 初煮
      - 切坯
      - 复煮、收汁
      - 脱水
      - 冷却、包装
    - 肉脯的加工
      - 原料与预处理
      - 冷冻
      - 切片
      - 拌肉、腌制
      - 摊筛、烘烤
      - 烧烤
      - 压平、成型、包装
    - 肉松的加工
      - 原料肉与整理
      - 配料
      - 煮制
      - 炒压(打坯)
      - 炒松
      - 擦松
      - 跳松
      - 拣松
      - 包装储藏
    - 干制肉制品的卫生标准

复习思考题

1. 试述干制的方法及原理。
2. 肉干、肉松和肉脯在加工工艺上有何显著不同？
3. 肉松和油松的异同主要表现在哪几方面？

第五章 腌腊肉制品加工

知识目标

- 了解常用腌制剂的种类。
- 掌握腌制剂对肉产生的作用。

技能目标

- 了解腌制的基本技术。
- 掌握火腿、腊肉、板鸭的加工工艺。

腌腊肉制品是我国传统的肉制品之一。所谓“腌腊”是指畜禽肉类通过加盐(或盐卤)和香料进行腌制,使其在较低的气温下,自然风干成熟,延长储藏期,并形成独特腌腊风味的过程。如今,腌腊早已不单是保藏防腐的一种方法,而成了肉制品加工的一种独特工艺。腌腊肉制品的品种繁多,主要有腊肉、咸肉、板鸭、风鸡、腊肠、香肚、中式火腿及西式火腿等。

第一节 腌制对肉的作用机理

用食盐或以食盐为主,并添加硝酸盐(或亚硝酸盐)、蔗糖和香料等腌制剂对原料肉进行处理的过程称为腌制。我们把以腌制作为主要工艺过程加工而成的产品称作腌腊肉制品。腌制的作用机理主要体现在腌制剂对食品的作用上。

一、食盐的作用

食盐是腌腊肉制品的主要配料,也是唯一不可缺少的腌制材料。食盐的作用主要体现在 3 个方面。一是食盐具有防腐作用,一定浓度的食盐能抑制许多腐败微生物的繁殖。腌制过程中食盐的防腐作用机理是:①食盐较高的渗透压,引起微生物细胞的脱水、变形,同时破坏水的代谢;②影响细菌酶的活性;③钠离子的迁移率小,能破坏微生物细胞的正常代谢;④氯离子比其他阴离子(如溴离子)更具有抑制微生物活动的作用。此外,食盐的防腐作用还在于食盐溶液减少了氧的溶解度,氧很难溶于食盐水中,由于缺氧减少了需氧性微生物的繁殖。二是食盐具有调味作用。肉制品中含有大量的蛋白质、脂肪等成分,其鲜味要在一定浓度的咸味下才能表现出来,不然就淡而无味。因此,只有食盐用量适当才能加工成很好的腌腊制品。三是食盐能够提高肉制品的保水性和结着性。决定肌肉保水性的主要结构性蛋白质是肌球蛋白,一定离子强度的盐溶液可以萃取出肌球蛋白,加上滚揉斩拌处理,可以提高产品的保水性和结着力。盐水火腿等肉制品在加工过程中腌制处理成为重要的工艺环节。

二、硝酸盐和亚硝酸盐的作用

1.防腐作用　硝酸盐和亚硝酸盐可以抑制肉毒梭状芽孢杆菌的生长,也可以抑制许多其他类型腐败菌的生长。肉毒梭状芽孢杆菌能产生肉毒梭菌毒素,这种毒素具有很强的致死性、热稳定性,大部分肉制品进行热加工的温度仍不能杀灭它,而硝酸盐能抑制这种毒素的生长,防止食物中毒事故的发生。

2.发色作用　肉在腌制时食盐会加速肌红蛋白(Mb)氧化,形成高铁肌红蛋白(MMb),使肌肉丧失天然色泽,变成淡灰色。为避免颜色变化,在腌制时常使用发色剂即硝酸盐或亚硝酸盐,使肌肉中色素蛋白质和亚硝酸钠发生化学反应形成鲜艳的一氧化氮肌红蛋白,这种化合物在烧煮时变成稳定粉红色,使肉呈现鲜艳的色泽。

发色机理:首先硝酸盐在肉中细菌还原物的作用下,还原成亚硝酸盐;然后与肉中的乳酸作用形成亚硝酸;亚硝酸再分解产生一氧化氮;一氧化氮与肌肉纤维细胞中的肌红蛋白结合而产生鲜红色的亚硝基肌红蛋白,使肉具有鲜艳的玫瑰红色;亚硝基肌红蛋白受热后变性,形成亚硝基亚铁血色原,呈稳定的粉红色。我们日常看到熟肉腌制品呈红色,除加色素外,主要是由硝盐引起。

由于发生作用的主要是亚硝酸盐,因此亚硝酸盐称为快硝,而硝酸盐称为慢硝。生产中两者常混合使用。

3.改善风味作用　使用亚硝酸盐腌制的肉制品可以明显改善产品的风味。有试验证明,不加亚硝酸盐的西式腌制火腿其风味和盐咸肉没有太大区别。亚硝酸盐能够改善风味的作用机理可能与其具有抗氧化作用有关。

4.毒性作用　硝酸盐和亚硝酸盐对人体具有毒性作用,可以和人体的血红蛋白结合，使血液输送氧气的功能丧失。因此，生产中不能随意使用。

另外，硝酸盐和亚硝酸盐的代谢产物在肉中可以与二甲胺类物质作用产生亚硝胺，具有致癌作用。

实际上，腌制中加入一定数量的硝酸盐和亚硝酸盐后，经过腌制作用后残留的硝酸盐和亚硝酸盐大约不到10%，大部分都发生了变化，转变成其他物质。所以，只要正常使用，不必过分担心其毒性问题。我国食品添加剂使用卫生标准规定，肉类罐头及制品的硝酸钠和亚硝酸钠最大使用量分别为0.50 g/kg和0.15 g/kg，其中亚硝酸盐的残留量规定，肉类罐头≤0.05 g/kg，肉制品≤0.03 g/kg，净肉制盐水火腿≤0.07 g/kg。由于硝酸盐和亚硝酸盐使用量较小，因此多与食盐等腌制剂混合使用或溶解于水中使用，便于混合均匀。

肉制品中还经常使用发色助剂，如抗坏血酸和异抗坏血酸及其钠盐、烟酚胺等。其助色机理与硝酸盐或亚硝酸盐的发色过程紧密相连。发色助剂具有较强还原性，其助色作用通过促进NO生成，防止NO及亚铁离子的氧化。抗坏血酸盐容易被氧化，是一种良好的还原剂。它能促使亚硝酸盐还原成一氧化氮，并创造厌氧条件，加速一氧化氮肌红蛋白的形成，完成肉制品的发色作用，同时在腌制过程中防止一氧化氮再被氧化成二氧化氮，有一定的抗氧化作用。若与其他添加剂混合使用，能防止肌肉红色褐变。抗坏血酸的最大使用量为0.1%，一般为0.025%～0.05%。

三、糖的作用

肉品腌制中添加的糖主要有葡萄糖、麦芽糖、蔗糖等。在腌制中糖的作用主要有以下几个方面：

(1)保色作用　还原糖具有保持肉的颜色的作用，还原糖能吸收氧而防止肉的氧化脱色。在短期腌制时最好用葡萄糖，长期腌制时加蔗糖。蔗糖是二糖，可在微生物和酶的作用下分解成葡萄糖及果糖。

(2)改善肉质地的作用　腌制过程中在微生物酶和组织酶的作用下，糖形成酸，使pH值降低，使胶原膨胀和松软，从而使肉的组织状态变得更柔嫩。

(3)呈味作用　糖与盐呈现相反的滋味，在一定程度上缓冲腌肉的咸味，提高盐液的渗透压，使氢离子浓度发生改变。

(4)抑菌防腐作用　在有糖和亚硝酸存在下长时期腌制，当pH值为5.4～7.2时，盐水可在一定的微生物菌株作用下形成氢氧化氨，从而抑制有害微生物的发育。像这样长期腌制时，糖对产品的质量有良好的作用，如果盐液中糖含量高于2%，当温度升高时，可引起盐水发酵和肉变质，反而产生不利影响。

四、磷酸盐的作用

磷酸盐的作用主要是提高肉制品的保水性、肉的嫩度和出品率。目前肉制品加工中使用的磷酸盐有焦磷酸钠、三聚磷酸钠和六偏磷酸钠。通常混合成复合磷酸盐，其保水效果优于单一成分。焦磷酸钠主要可增加肉与水的结合力和产品弹性，还有抗氧化作用；三聚磷酸钠对多种金属离子有较强的螯合作用，对 pH 值也有一定的缓冲能力，并能防止酸败；六偏磷酸钠能加速蛋白质的凝固，减少水分流失。目前认为磷酸盐的作用机制主要有以下几点：

(1)提高 pH 值　磷酸盐呈碱性反应，可以提高肉的 pH 值，从而增加肉的保水性。如 1%的焦磷酸钠水溶液的 pH 值为 10～10.2；而 2.1%的三聚磷酸钠水溶液的 pH 值约为 9.5。

(2)增加离子强度　多聚磷酸盐是多价阴离子化合物，即使在较低的浓度下也具有较高的离子强度，使处于凝胶状态的球状蛋白转变成溶胶状态，提高了肉的保水性。

(3)与金属离子发生螯合作用　多聚磷酸盐能结合肌肉蛋白质中的 Ca^{2+}，Mg^{2+}，使蛋白质的羧基(—COOH)解离出来，从而使蛋白质结构松弛，可提高肉的保水性。

(4)解离肌动球蛋白　焦磷酸盐和三聚磷酸盐可将肌动球蛋白离解成肌球蛋白和肌动蛋白。肌球蛋白的增加也可使肉的保水性提高。

(5)抑制肌球蛋白的热变性　肌球蛋白是决定肉的保水性的重要成分，但是，肌球蛋白对热不稳定，其凝固温度为 42～51℃，在盐溶液中 30℃就开始变性。肌球蛋白过早变性会使其持水能力降低。焦磷酸盐对肌球蛋白的变性有抑制作用，可以使肌肉蛋白质的持水能力更稳定。

在几种磷酸盐中，以三聚磷酸盐和焦磷酸盐的效果最好，而只有当三聚磷酸盐水解形成焦磷酸盐时，才起到良好的作用。焦磷酸钠可因酶的作用分解失去其效用。因此，焦磷酸盐最好在腌制以后斩拌时加入。加入磷酸盐后，由于 pH 值升高，对发色有一定影响。过量使用会有损风味，使呈色效果不佳。因此磷酸盐的用量要慎重，一般宜控制在 0.1%～0.4%。

第二节　肉品腌制方法

肉的腌制是为了改善肉的风味、稳定肉的颜色、提高保水性、抑制微生物的生长繁殖、延长肉制品的货架期。肉的种类不同，所用的腌制材料不同，腌制方法也不一样。一般来说,肉的腌制方法主要可以分为干腌法、湿腌法、混合腌制法及盐水注射滚揉法4种。

一、干腌法

干腌法是用盐或盐和硝酸盐及糖的混合物,擦涂肉块表面,然后将肉块堆放在容器中进行腌制。干腌法技术操作和设备都比较简单,小规模肉制品厂多采用这种方法。我国传统的腌腊制品如金华火腿、咸肉、风干肉等都用干腌法腌制。

用干腌法时,在肉的表面擦盐后堆放,堆高不超过1.5 m。也可放在缸或池内腌制,这样可使肉制品不受空气和光线的作用。干腌法腌制时蛋白质和浸出物损失较别的方法少,但会出现腌制不均匀的现象,且产品脱水量大,减重多,特别是肉中脂肪含量少的部位,含水量大,重量损失更大,在一定程度上降低了产品的滋味和营养价值。

二、湿腌法

用湿法腌制肉制品时,把肉放在桶或陶瓷缸内,然后倒入盐水。盐水成分和浓度根据产品种类、肉的等级、温度、产品的保藏期和保藏条件来决定。湿腌的优点是渗透迅速、盐水分布均匀、剂量准确和盐水保持良好,缺点是产品水分大。用这种方法腌制的产品不能作长期保藏。

三、混合腌制法

是干腌法和湿腌法相结合的一种方法,在制作猪肉腌熏制品和腌肉时采用这种方法。肉在注射盐水以后,用干的硝盐混合物擦涂,然后放在容器内或擦上干的盐硝混合物腌制(排血),再放在容器中用盐水浸腌。采用干腌法和湿腌法混合加工可增加储藏时的稳定性,防止产品过度脱水,并减少产品营养物质损失。为加速腌制过程,也可采用热腌法,即在50℃左右时对肉进行腌制,这样腌制速度加快3~3.5倍,产品的质量也很好,主要原因是肉中自溶过程加强的结果。

四、盐水注射滚揉法

盐水注射是将一定浓度的盐水(广泛含义的盐水,包括腌制剂、调味料、黏着剂、填充剂、色素等)通过特制的针头直接注入肉制品内,使盐水能够快速、均匀地分布在肉块中,提高腌制效率和出品率,再经过滚揉,使肌肉组织松软,大量盐性蛋白渗出,提高了产品的嫩度,增加了保水性,颜色、层次、纹理(填充剂与肉结合得更好)等产品结构得到了极大的改善。注射腌制肌肉要比一般盐腌缩短时间1/3以上的时间。

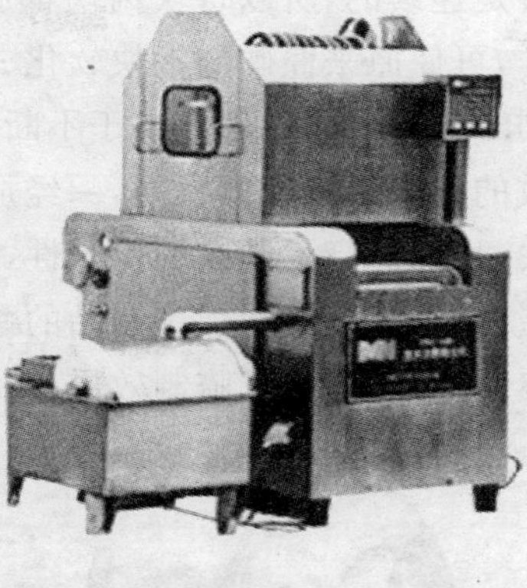

图 2-5-1　盐水注射机

图 2-5-1 是盐水注射机的外形图，图 2-5-2 是盐水注射机的结构示意图，是由注射针及针板、肉料传送带、盐水循环系统、针板运动系统及电动机、控制装置等部分构成。注射针的针管的侧壁上有许多小孔，腌液可从小孔流出。工作时，将配好净化后的腌制液装入贮液装置中，贮液装置与注射针的针管压力阀相连通。作业时，将肉块放在喂料传送带上，经过一整套的过滤器，压力泵从盐水槽吸取盐水，在经过调节阀（用于调整注射压力）和针盒上部的截止阀（用于控制盐水注射量），将泵所抽取的盐水运送到注射针。传动带带动肉块向前步进，将肉输送到注射针下部时停止，针头恒速下降，插入肉中，开始注射。注射结束，阀门关闭，针头上升，针盒处于最高位置，传送带步进，把肉块送出。然后，传送带将下一批送入，开始新的循环。未注射的盐水在机器内收集，过滤，再流回盐水槽。

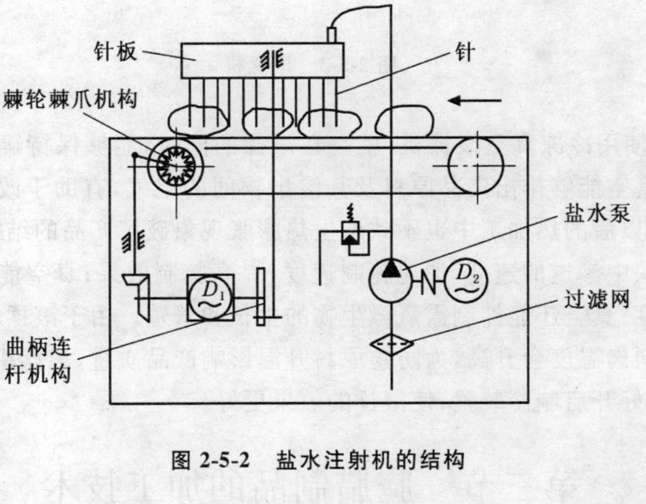

图 2-5-2　盐水注射机的结构

滚揉机的外形是一个卧式的滚筒（图 2-5-3），滚筒内部有螺旋状桨叶，经注射后的肉块在滚筒内随着滚筒的转动，桨叶把肉块带到上端，随即一部分肉块在重力的作用下摔下，与低处的肉互相撞击，同时，一部分沿着桨叶向位置低的一端滑去，就这样，肉块在滚揉机内与腌制液一起相互“摩擦、挤压、摔打”（立式按摩机只是在搅拌桨叶的作用下，肉块相互摩擦、挤压、按摩)，将纤维结缔组织"打开"。由于旋转是连续的，所以每块肉块都有自身翻滚、肉间互相揉搓和互相撞击的机会。这样，可使原来僵硬的肉块软化、肌肉组织松弛、盐水容易渗透和扩散、肉发色均匀、同时起到拌和作用。由于不断的滚揉和相互挤压，可使肌肉里的蛋白质与未被吸收的盐水组成胶体物质，一经加热，此部分蛋白质先凝固，阻止里面的汁液外渗、流失，从而提高了制品的保水性，保持了肉质鲜嫩，同时也提高了出品率。另外，盐溶蛋白质的提取，增加了制品的黏着性、切片性，改善了产品的品质，也加速了盐水的渗透速度，提高了腌制效果。

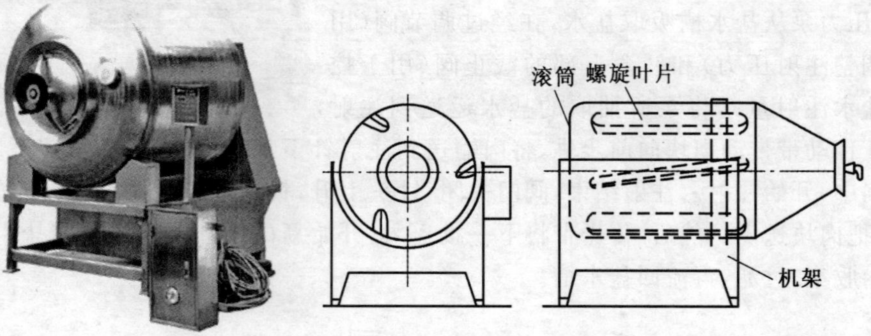

图 2-5-3 滚揉机

目前多使用冷冻真空滚揉机，就是在滚揉的同时，能够保持罐内一定的真空度和温度。真空能够排出肉品原料及其渗出物间的空气，有助于改善腌肉制品的外观颜色，在以后的热加工中也不致产生热膨胀现象破坏产品的结构；真空可以加速盐水向肉块中渗透的速度，加速腌制速度，提高腌制效果；真空能使肉块膨胀从而提高了嫩度；真空还能抑制需氧微生物的生长和繁殖。由于滚揉摩擦生热，在滚揉过程中原料肉温度会升高，为防止原料升温影响产品质量，滚揉机除放置在低温场所之外，最好开启制冷装置，使滚揉的效果更好。

第三节 腌腊制品的加工技术

一、中式火腿

火腿是我国有名的传统腌腊猪肉制品。我国的火腿按产地不同有浙江金华火腿、江苏如皋火腿、云南宣威火腿、湖北恩施火腿、贵州威宁火腿和四川剑门火腿等。各地火腿腌制剂配料和加工方法因地方风味、气候条件而各有区别，但生产工序基本相同。

(一)工艺流程

选料→修整→腌制→浸洗→整形→晒腿→发酵。

(二)操作要点

1.选料　火腿原料主要是猪的后腿肉，也可用前腿肉，但质量稍次。用做原料的猪要求健康无病，腿部不能有损伤。鲜腿重量以 4.0～7.0 kg 为最适宜，太大时不易腌透或腌制不均匀；若太小(4.0 kg 以下)，肉质太嫩，水分含量高，腌制时水分损失大，既损失了可溶性蛋白质又易造成盐分过高，不易发酵，风味欠佳。要求选择细皮、小爪、脂肪少、腿心丰满的鲜猪腿。

2.修整　为了使火腿有完美的外形以保证腌制质量，必须对鲜腿加以修整。修整时注意不要损伤肌肉面。开面处，将油膜割去，尽量保留瘦肉，仅露出肌肉表面。

修整时先用刀刮去皮面的残毛和污物，使皮面光洁。然后再用削骨刀削平趾骨，修整坐骨，斩去脊骨，使肌肉外露。再将周围过多的脂肪和附着肌肉表面的碎肉割去，使皮面不见肉，肉面不见皮，将鲜腿修整为琵琶形，腿面平整；并将血管中残留的淤血用大拇指揿出，防止腌制时腐败变质。

3.腌制　火腿的擦盐腌制是决定加工质量的关键环节。应根据不同气温、腿的大小等，控制好腌制时间、加盐数量、翻倒次数。腌制火腿的气温通常以 3～10℃最为适宜。金华火腿采用加压干腌使盐分充分渗入肌肉组织中，水分被挤出，同时使肌肉收缩紧密，可防止微生物侵入，产品不易发生腐败变质。

一般在正常气温下，腌制过程中共擦盐和倒堆 6～7 次。若腌房温度在 10～18℃，用盐量可增加到 12%。气温也影响腌制时间，气温高渗透加快，腌制时间缩短。腌制时间还受鲜腿大小、脂肪层厚度的影响。鲜腿愈大，脂肪愈厚，腌制时间愈长。因此，在堆叠时应将相同大小的鲜腿堆在一起。腌制方法如下：

第一次上盐：在腿面上均匀地撒上一层薄盐，用盐量为腿重量的 1.25%。将盐在猪腿上使劲搓压并用力摩擦，以不擦破肉表面为限，使盐溶化，逐渐渗入肌肉内。上盐后将腿放在木架上堆叠起来，在 10℃左右可堆叠 8～10 层，使火腿受到均匀压力。腌制 24 h 左右，鲜肉表面变得湿润松软，肌肉色泽发暗。在 20℃左右时，表面食盐在 12 h 内即开始溶化，必须立即进行第二次上盐，否则肉容易变质发臭。

第二次上盐：若温度较低，第一次上盐 24 h 后进行第二次上盐。此次上盐量较大，约为腿重的 3.8%，俗称“上大盐”。方法是将腿取下，再次用手揿出血管中污血。在腰椎骨、趾骨关节、大腿上部肌肉较厚处先抹少许硝酸钠，然后在这三个部位多涂抹一些盐，使盐层比其余地方厚一些。因为这三个部位不仅肌肉较厚，而且在肌肉内部包埋有扁圆形大腿骨、趾骨，不易腌透。上盐后将上下层倒换堆叠（俗称翻堆），堆叠方式与第一次上盐后的相同。第二次上盐腌制 48 h 后，肌肉色泽呈暗红色，肌肉组织在压力和盐的渗透下脱水而收缩，逐渐变得坚实，腿呈扁平状，中间肌肉处凹陷，四周的脂肪凸起而显得丰满。

第三次上盐：第二次上盐后经 3 d 左右腌制即可进行第三次上盐。这次上盐量的多少主要根据火腿大小、脂肪层厚薄来控制盐层厚度。用盐量约为腿重的 1.8%，当火腿较大而且脂肪层较厚时，应多加盐；当火腿较小时，则只修补添盐。然后再次将底层与上层倒换堆叠。

第四次上盐：第三次上盐 4～5 d 后可进行第四次抹盐，用盐量更少，约为腿重的 1.2%。主要看火腿的大小或不同部位的腌透程度而将腿面的盐层逐步向三签部位收拢继续腌制。三签部位是指用竹签检验火腿而穿刺的部位。腌制时间 7 d 左右，堆叠层数可适当增加。鉴别火腿是否腌透或已腌好，还可用手指按压肉面，若按压时有充实坚硬的感觉说明已腌透；若表面虽坚硬而内部空虚、发软，则表明还未腌透，肉面还应保持盐层。

第五次复盐、第六次复盐：腌制间隔时间为 7 d，两次用盐量相同，约为腿重的 0.4%。这两次上盐的面积更明显地集中在三签部位。此时火腿已大部分腌透，主要在脊椎骨下部的肌肉处还未完全腌透，仍然很松软，应涂抹少许盐。

对于大的腿坯（6.0 kg 以上）可复 7 次盐。火腿经过 7 次复盐和几次上下层翻倒后，肌肉由暗红转为鲜艳的红色，肌肉组织坚硬结实，小腿部呈橘红色且坚硬。此时火腿已腌好，可进行下一步工序。

4. 浸洗　将腌好后的火腿放入清水中浸泡，肉面向下、皮面朝上全部浸没，不得露出水面。浸泡时间视火腿大小、含盐量多少和气温而定。如浸泡时发现火腿颜色发白而且坚硬，说明含盐量高，可适当延长浸泡时间；如火腿肌肉颜色发暗，表明含盐量少，可缩短浸泡时间。气温为 16℃左右时，浸泡 10 h 左右。浸泡后即用刷子顺着肌肉纤维的方面刷洗油腻、污物或腐败物，刮净残余的毛，洗刷到腿身清洁、肌肉表面露出红色为止。洗刷干净后，再将火腿放入清水中进行第二次浸漂，气温 10℃左右时约浸 4 h，气温较高时则只浸 2 h。

5. 整形　洗净后用绳吊在晾架上，经 4 h 后肉面微干时打印商标，再晾晒 3～4 h，待腿皮微干、肉面尚软时整形。即将火腿用力逐渐校成一定形状。整形时，将小腿骨校直、皮面压平，使脚爪弯曲，将肉向腿心挤拢，使其饱满、外形美观。

6. 晒腿　用竹竿木架将腿挂在太阳下晾晒，晾晒时间根据季节、气温、风速、腿的大小、肥瘦、含盐量的不同而异。当气温低时，晾晒时间长些；气温高时可短些。一般晾晒 3～6 d，晒至皮紧、红(黄)亮、皮下脂肪洁白、形态固定、肌肉坚实、发香时即可。应注意，如晾晒时间太长，可造成火腿干硬、损耗增大，又使得在储藏鲜化时因含水量过低不利于发酵；时间过短，含水量过大，容易腐败变质。晒腿时仍应整形，使外形更加美观。如遇阴雨天气，则晾挂在室内，如室内通风不好、腿上有黏液产生时应立即揩去，严重的要重新洗晒。

7. 发酵鲜化　将经过阳光晒过的料坯腿，按大小逐只挂于木架上，腿与腿之间相隔 5～7 cm，离地 20 cm。发酵鲜化的时间与库内温度有关，温度高则发酵时间短，反之则长。一般为 2～3 个月，当肉面上渐渐长出绿、白、黑和黄色霉菌时发酵完成。如毛霉生长较少，则表明发酵时间不够。在发酵过程中，由于微生物酶的作用使蛋白质、脂肪发酵分解，逐渐形成特殊的芳香气味。

发酵后，将腿上毛霉刷去。削去晒制、发酵过程中所突露出的趾骨、股关骨、坐骨，再修整腿皮，使达到腿正直、腿身呈橄榄形，继续发酵。挂至农历 7 月初，依次取出刷去毛霉、灰尘等，分大、中、小分别堆叠，每堆不超过 15 只。腿面向上、皮面向下，每隔 5～7 d 上下翻堆一次，互相调换，使火腿得到均匀压力，盐分充分内渗。同时检查有无虫害、鼠咬等，并将发酵期间从腿上滴下的原油涂抹于腿面，以经常保持肉面油润光泽。

二、西式火腿

(一)西式火腿的种类及特点

西式火腿一般由猪肉加工而成。但在加工过程中因对原料肉的选择、处理、腌制及成品包装形式不同，西式火腿的种类很多。

Ham 原是指猪的后腿，但在现代肉制品加工业中通常称为火腿。因这种火腿与我国传统火腿(如金华火腿)的形状、加工工艺、风味有很大不同，习惯上称其为西式火腿。西式火腿包括带骨火腿、去骨火腿、里脊火腿、成型火腿(包括市场上广泛出现的三文治火腿)。这些火腿虽加工工艺各有不同，但其腌制都是以食盐为主要原料，而加工中其他调味料用量甚少，故又将西式火腿称为盐水火腿。

西式火腿中除带骨火腿为半成品，在食用前需熟制外，其他种类的火腿均为可直接食用的熟制品。其产品色泽鲜艳、肉质细嫩、口味鲜美、出品率高、且适于大规模机械化生产，成品能完全标准化。因此，近几年西式火腿成了肉品加工业中深受欢迎的产品。西式火腿生产中，一般猪前后腿可用于生产带骨火腿和去骨火腿，背腰肉可用于生产高档的里脊火腿，而肩部及其他部位肌肉因结缔组织及脂肪组织较多、色泽不均，不宜制作高档火腿，但可用于生产成型火腿和肉糜火腿肠。

(二)盐水火腿的加工

1. 工艺流程

盐水配制
↓
原料→解冻→修整→盐水注射→嫩化→滚揉腌制→灌装→蒸煮→冷却→包装→入库。

2. 配方　猪瘦肉 100 kg,复合磷酸盐 0.5 kg,食盐 3 kg,砂糖 1.5 kg,亚硝 10 g,味精 0.5 kg,维生素 C 100 g,胡椒粉 180 g,小茴粉 120 g,土豆淀粉 4 kg,分离蛋白 1 kg,卡拉胶 0.2 kg,冰水 38 kg(含料水),红曲红(粉)7 g。

3. 操作要点

(1)原料　原料是经过兽医宰前宰后检验来自非疫区的合格的 2#、4# 冻藏猪肉。

(2)解冻　原料解冻要采用自然解冻法(也可采用水解冻),即:在 15～17℃的室温下,利用空气自然流通解冻,使解冻后肉的中心温度在 −2～−1℃。禁止使用解冻不透或解冻过度的原料。

(3)修整　按照 2#、4# 肉的自然纹路修去筋膜、骨膜、血管、淋巴、淤血、碎骨等,剔除 PSE 肉,修去大块脂肪(如三角脂肪),允许保留较薄的脂肪层,必须将猪毛及其他异物挑出。分割成拳头大小的肉块,0.5～1 kg。修整后的原料在修整间停留时间不得超过 1 h。否则,需转移至晾肉间(即 0～4℃的冷库)。

(4)盐水配制　准确称量腌制所用的盐量(广泛意义的"盐",即食盐、亚硝酸盐或腌制剂、糖、味精等),并准备好所用的冰水。将冰水倒入搅拌机,开动搅拌机,先放入融化的亚硝,再放入温水溶解而又冷却的磷酸盐,然后放入糖、盐、味精,再放入蛋白、淀粉、卡拉胶、香料、色素等,最后放维生素 C。待盐、糖等全部溶化后,卸出,整个搅拌过程要保持料温在 −1～1℃。

(5)盐水注射　按照产品要求的出品率,可注射两遍,剩余盐水倒入滚揉桶。

(6)嫩化　利用嫩化机尖锐的齿片刀、针、锥或带有尖刺的拼辊,对注射盐水后的大块肉,进行穿刺、切割、挤压,对肌肉组织进行一定程度的破坏,打开肌肉束腱,以破坏结缔组织的完整性;增加肉块表面积,从而加速盐水的扩散和渗透,也有利于产品的结构。

(7)滚揉腌制　将搅拌好的肉馅倒入滚揉机中,采用滚 30 min、歇 30 min 的作业方式,真空滚揉 4 h。滚揉期间料馅温度应保持在 6～8℃。

(8)灌装　用真空灌肠机将滚揉好的料馅装入复合收缩膜中,控制好产品的重量、灌制松紧程度、灌肠机真空度、U 形扣的牢固程度等。用自来水将产品两头及产品全身所附的料馅清洗干净,水温以不冻手为准,温度不能过高,以免造成质量降低。然后装模。

(9)蒸煮　将灌装好的盐水火腿整齐摆入盘中，放入 85℃的蒸煮池中，保持 82℃ 1 h 后(根据产品重量，蒸煮时间不同。一般产品中心温度达到 72℃，稳定 10 min 即可)，吊入冷却池，用循环水冷却 45 min，送入风冷库(即 0～4℃库)，冷却至中心温度 10℃以下。

(10)包装　将盐水火腿脱模，表面水垢擦净，将日期打印清晰的标签贴端正，点好数量，装入纸箱，送交成品库。

(11)成品库储存　成品库温度应控制在 0～4℃，在储存时要注意观察产品质量的变化，并在发货时坚持先进先出的原则。

三、广式腊肉

腊肉是我国传统的腌腊肉制品之一，是指用较少的食盐配以其他风味辅料腌制后再经烘烤等工艺加工而成的一类耐储藏并具特殊风味的肉制品。腊肉的种类很多，即使同一品种也因产地不同，其风味、形状等也各具特点。

广式腊肉刀工整齐，不带碎骨，每条重 150 g 左右，长 33～35 cm，宽 3～4 cm，无骨带皮。色泽金黄、香味浓郁、味鲜甜美、肉质细嫩、肥瘦适中、干爽性脆。

(一)工艺流程

原料选择→剔骨、切肉条→配料→腌制→烘烤→包装→成品。

(二)操作要点

1. 原料选择　选择新鲜猪肉，符合卫生标准之无伤疤、膘肥肉满、不带奶脯的肋条肉。修刮净皮上的残毛及污垢。

2. 剔骨、切肉条　将适于加工腊肉的猪肉割去前、后腿。将腰部肉剔去肋骨、椎骨和软骨，修整边缘，按规格切成长 35～40 cm，每条重 180～200 g 的薄肉条，并在肉的上端用尖刀穿一小孔，系 15 cm 长的麻绳，以便悬挂。将切条后的肋肉浸泡在 30℃左右的清水中漂洗 1～2 min，以除去肉条表面的浮油、污物，然后取出沥干水分。

3. 配料　去骨肋条肉 100 kg，白糖 3.75 kg，硝酸钾 0.125 kg，盐 1.88 kg，大曲酒(60°)1.56 kg，白酱油 6.25 kg，麻油(滴珠油)1.5 kg 。

4. 腌制　将辅料倒入缸或木盆内，充分混合拌匀，完全溶化后，把切好的肉条放进腌肉缸中翻动，使每根肉条均与腌液接触，腌制 8～12 h，每 3 h 翻一次缸，使配料完全被肉条吸收后，取出挂在竹竿上。

5. 烘烤　传统烘房系三层式，烘烤 36 h 左右。肉烘烤之前，先在烘烤房内放上火盆，使烘房温度上升到50℃后用炭把火压住，再将腌制好的肉悬挂在烘房的横竿上。肉条挂完后，再将火盆中炭拨开，使其燃烧进行烘烤。烘烤时底层温度在80℃左右，不宜太高，以免烤焦。但温度太低，水分蒸发不足。烘房内温度要求均一。

6. 包装　冷却后的肉条即为腊肉的成品。传统腊肉用防潮蜡纸包装，现多用抽真空包装。

广式腊肉应符合腌腊肉制品卫生标准GB 2730—2005。

四、南京板鸭

南京板鸭外形较干，状如平板，肉质酥烂细腻，香味浓郁，故有“干、板、酥、烂、香”之美誉。板鸭分为腊板鸭与春板鸭两种，前者的产季是小雪至立春；后者是立春至清明，质量以前者为佳。其他还有盐水鸭、桂花鸭、琵琶鸭、酱鸭等。

（一）工艺流程

选鸭与催肥→宰前断食→宰杀放血→浸烫煺毛→摘取内脏→清膛水浸→擦盐干腌→制备盐卤→入缸卤制→滴卤叠坯→排坯晾挂。

（二）操作要点

1. 选鸭　要挑选体长、身宽、胸腿肉发达、两腋有核桃肉、体重1.75 kg以上的健康活鸭为原料鸭。活鸭在屠宰前最好用精料进行2～3周催肥，使膘肥肉嫩、皮肤洁白。

2. 宰杀、烫煺毛　宰前断食18～20 h的鸭，电麻后，采用切断三管宰杀法或口腔宰杀法宰杀后，必须在5 min内用60～65℃的热水浸烫毛，以利拔净鸭毛。拔大毛时顺序：右翅→肩头→左翅→背部→腹部→尾部→颈部。鸭毛拔完后随即拉出鸭舌齐根割下，把鸭投入冷水中浸洗并用镊子拔净小毛。一般浸洗分三次，第一次约浸10 min，第二次约20 min，第三次约1 h。其目的是洗去表皮上残留的污垢，使皮肤洁白；从刀口浸出一部分残留的血液；降低鸭体的温度；使残留小毛在水中游动，便于拔除。

3. 修整与去内脏　将浸洗后的鸭去翅（桡骨、尺骨以下）、腿（趾骨以下），在右翅腋下开一长5～6 cm的“半月形”刀口，取出心、肝、食管、嗉囊，拉断结肠。

4. 冷水浸泡拔血　去内脏后，先用冷水洗净体内残留的破碎内脏和血液，然后放入冷水中浸泡4～5 h，中途最好换水1次，气温高于20℃需在水中加冰块降温。其目的是浸出体内血液，使肌肉洁白、口味鲜美。浸泡后沥干水分再进行腌制。

将鸭仰放，用手紧压胸部，把胸部的前三叉骨压扁，使胴体呈现正规的长方形，即保持外形美观又便于腌制。

5.腌制　板鸭的腌制主要分擦盐、抠卤、复卤、叠坯4个过程。

①擦盐　用盐量为光鸭重的1/16，食盐加少量茴香，炒干并磨细。先取3/4的炒盐放入鸭体腔内，反复转动鸭体，使体腔内全部布满食盐。然后将余盐在大腿下部用手向上一勒，在肌肉与腿骨脱开的同时，使部分食盐进入骨肉之间，从而使大腿肌肉得以充分腌制，然后把落下的食盐分别揉搓在刀口、鸭嘴及胸部两旁肌肉上。擦盐后，将鸭放在案板上，背向下，腹部向上，头向里，尾向外，双手交叉以平掌用力压扁三叉骨，使鸭体呈扁长形。

②抠卤　将擦盐后的鸭体逐只叠入缸中，经12 h后，用左手提起鸭的头部，右手二指撑开肛门，放出体腔内的盐水，这称为抠卤。第一次抠卤后将鸭再叠入另一空缸内，再经过8 h后进行第二次抠卤，目的是腌透鸭体以及拔出肌肉中剩余血水，使肌肉洁白美观。

③复卤　抠卤后，从右翅刀口处灌入预先配制好的老卤，再逐只浸入另一缸中，缸上用竹篾盖上，并用石块压住，使鸭体全部浸入卤中。

卤的配制：新卤是用泡鸭血水加盐配成。50 kg血水中加盐25～35.7 kg，放于锅中煮沸，并撇去血沫与污物，澄清后倒入缸内，冷却后每缸（约200 kg）中加入打扁的生姜200 g、茴香100 g。腌过鸭的卤经煮沸后称老卤。盐的浓度以22～25°Be为宜。一般200 kg老卤可腌鸭70～80只。

鸭在卤缸中腌渍的时间随鸭的大小和气候而定，一般24 h即可全部腌透出缸，出缸时也要进行抠卤，以便除尽体腔内盐水。

④叠胚、排胚和晾挂　鸭出缸后，沥尽卤水，放在案板上用手掌压成扁形，再叠入缸内，这一工序称为“叠胚”。鸭放入缸中时必须头向缸中心，以免刀口渗出的血水污染鸭体。叠胚时间需2～4 d，以后进行排胚，即将鸭体用清水洗净，挂在档钉上，用手将颈拉开，胸部拍平，挑起腹肌（即将两腿之间和肛门部用手指挑成球形），达到外形美观，然后挂在通风处风干，待鸭皮水干净后，再收回复排，加盖印章后转到仓库晾挂保管。排胚的目的是使鸭体肥大美观，同时也使鸭体内部通气。晾挂仓库必须通风良好，不受日晒雨淋，鸭体相互不接触，经过2周左右即成板鸭。

6.成品板鸭的质量要求　必须颈部发硬，周身干燥，皮面光滑、无皱纹，肌肉收缩；胸部凸起，颈椎呈扁圆形，肌肉切面平而紧密，呈玫瑰色，具有板鸭的特殊风味。

五、产品卫生标准

以鲜(冻)畜禽肉为主要原料制成(未经熟制)的各类肉制品执行GB 2730—2005《腌腊肉制品卫生标准》。GB 2730—2005《腌腊肉制品卫生标准》是在GB 2730—1981《广式腊肉卫生标准》、GB 2731—1988《火腿卫生标准》、GB 2732—1988《板鸭(咸鸭)卫生标准》、GB 10147—1988《香肠(腊肠)、香肚卫生标准》和GBn 137—1981《咸猪肉卫生标准》5个标准的基础上合并修订而成,见表2-5-1。

表2-5-1 新旧标准对照表

	旧标准	新标准	备注
标准名称	GB 2730—1981《广式腊肉卫生标准》、GB 2731—1988《火腿卫生标准》、GB 2732—1988《板鸭(咸鸭)卫生标准》、GB 10147—1988《香肠(腊肠)、香肚卫生标准》和GBn 137—1981《咸猪肉卫生标准》	GB 2730—2005《腌腊肉制品卫生标准》	合并修订
适用范围	每个标准分别规定定义	以鲜(冻)畜禽肉为主要原料制成(未经熟制)的各类肉制品	
铅	—	≤0.2 mg/kg	
无机砷	—	≤0.05 mg/kg	
总汞	—	≤0.05 mg/kg	
镉	—	≤0.1 mg/kg	
三甲胺氮(火腿)	≤1.3 mg/100g(一级),≤2.5 mg/100g(二级)	≤2.5 mg/kg	更具操作性
其他	—	1. 按照GB/T 1.1—2000对标准文本的格式进行了修改。 2. 增加了原料、食品添加剂、生产加工过程、包装、运输和储存的卫生要求。 3. 取消了食盐指标	

本章小结

- 腌腊肉制品加工
  - 腌制对肉的作用机理
    - 食盐的作用
    - 硝酸盐和亚硝酸盐的作用
    - 糖的作用
    - 磷酸盐的作用
  - 肉品腌制方法
    - 干腌法
    - 湿腌法
    - 混合腌制法
    - 盐水注射滚揉法
  - 腌腊制品的加工技术
    - 中式火腿
    - 西式火腿
    - 广式腊肉
    - 南京板鸭
    - 产品卫生标准

复习思考题

1. 腌腊对肉产生什么作用?
2. 肉类腌制的方法有哪些?
3. 中式火腿和西式火腿加工工艺有何区别?
4. 在肉制品加工中对肉进行滚揉的作用是什么?

第六章　熏烤肉制品加工技术

知识目标

- 了解熏烟的产生和烟熏成分对肉的作用。
- 掌握肉品熏制、烤制的基本原理。

技能目标

- 掌握熏烟产生技术。
- 掌握肉制品熏、烤的基本方法。
- 掌握熏鸡、烤鸭的加工技术。

熏烤肉制品是指以熏烤为主要加工方法生产的肉类制品。根据是以烟熏还是以烤制为主要加工工艺又分为熏制品和烤制品两类。

许多肉制品都要经过烟熏这一工艺过程，特别是西式肉制品，如灌肠、火腿、培根、生熏腿、熟熏圆腿等，烟熏风味是西式肉制品特有的风味。食品经过烟熏后不仅获得特有的烟熏风味，而且保存期延长。

第一节　熏烤的基本原理

熏制是利用燃料没有完全燃烧的烟气对肉品进行烟熏，以改变产品口味和提高品质的一种加工方法。

一、烟熏的目的

肉制品烟熏可以形成特有的烟熏味；部分脱水，延长储存期；改变肉制品色泽，呈棕褐色，使颜色美观；起杀菌作用，使产品对微生物生长的抑制作用更稳定。

人们过去常以提高产品的防腐性为烟熏的主要目的，从目前市场销售情况和消费者喜爱来看，是以产品具有特殊的烟熏味作为主要目的。

二、熏烟成分及其作用

熏烟是由蒸汽、气体、液体（树脂）和微粒固体组合而成的混合物，熏制的实质就是制品吸收木材分解产物的过程。因此木材的分解产物是烟熏作用的关键。

熏烟的成分很复杂，现已从木材发生的熏烟中分离出来200多种化合物，其中常见的化合物为酚类、醇类、羰基化合物、有机酸和烃类等。熏烟的成分常因燃烧温度、时间、燃烧室的条件、形成化合物的种类等变化而有所差异。对熏制品起作用的主要是酚类和羰基化合物。

1. 酚类　熏烟中有20多种之多，酚类在熏制中的作用是：抗氧化作用；产生特有的烟熏风味；抑菌防腐。其中酚类的抗氧化作用对熏制品最重要，尤其是采用高温法熏制时，所产生的酚类，如2,6-双甲氧基酚有极强的抗氧化作用。

2. 羰基化合物　熏烟中的羰基化合物主要是酮类和醛类，它们存在于蒸汽中，也存在于熏烟的颗粒上。羰基化合物可使熏制品形成熏烟风味和棕褐色。

3. 醇类　熏烟中醇的种类很多，主要有甲醇、伯醇、仲醇等。醇类的作用主要是作为挥发性物质的载体。醇类的杀菌效果很弱，对风味、香气并不起主要作用。

4. 有机酸　熏烟组成中存在有1～10个碳的简单有机酸。有机酸有促使熏制品表面蛋白质凝固的作用，但对熏制品的风味影响较少，防腐作用也较弱。

5. 烃类　熏烟中有许多环烃类，其中有害成分以3,4-苯并芘为代表，它是强致癌物质。随着温度的升高，3,4-苯并芘的生成量直线增加，为了减少熏烟中的3,4-苯并芘含量，提高熏制品的卫生质量，对发烟时燃烧温度要控制，把生烟室和烟熏室分开，将生成的熏烟在引入烟熏室前用其他方法加以过滤，然后通过管道把熏烟引进烟熏室进行熏制。

三、烟熏对肉质的影响

肉在烟熏过程中，由于熏烟成分的蓄积和渗透作用而引起肉质的变化。

1. 重量变化　在熏制过程中重量变化的主要原因是在一定温度下造成肉中水分的蒸发，同时伴随着挥发性的其他物质如挥发性酸、挥发油的挥发，但这些物质本身的量不大。蒸发程度不像水分那么大，因此对重量影响很小。

2. 主要化学成分的变化

(1)蛋白质的变化　熏制的肉制品最显著的变化是可溶性蛋白质态氮、浸出物氮增加。猪肉经过熏制处理后pH值降低，—SH基减少，这是因为烟气成分与肉中的官能团反应的结果。

(2)油脂变化　由于烟中有机酸在肉中的沉积,肉制品的酸价明显增大,游离脂肪酸含量也增加,碘值升高。但是,因为烟中含有的酚类及其衍生物使油脂的性质更稳定。

3. 熏制肉制品的发色作用　发色作用不仅与腌制有关,还与烟熏有相当的关系。随着烟熏时间的延长,颜色越来越浓重。而且,烟熏温度越高,呈色越快。烟熏过程中的微生物生长发育促使硝酸盐向亚硝酸盐转化,有时出现烟熏环。烟熏环是在熏制肠断面四周显示淡红色或中心部位呈灰褐色的环,环的中间不发色。例如,在猪肉肠的烟熏工艺中,当细菌数异常增加时,烟熏环消失,整个肠呈鲜艳的淡红色。

四、烤制的原理

烤制是利用热空气对原料肉进行的热加工,原料肉经过高温烤制,产品表面产生一种焦化物,从而使肉制品表面增强酥脆性,产生美观的色泽和诱人的香味。

肉类中的蛋白质、糖、脂肪、盐和金属等物质在加热过程中,经过降解、氧化、脱水、脱羧等一系列变化,生成酸类、酮类、醚类、内酯、呋喃、吡嗪、硫化物、低级脂肪酸等化合物,尤其是糖、氨基酸之间的美拉德反应,它不仅生成棕色物质,同时伴随着生成多种香味物质,脂肪在高温下分解生成的二烯类化合物,从而赋予肉制品的香味。蛋白质分解产生谷氨酸、与盐结合生成的谷氨酸钠,使肉制品带有鲜味。

此外,腌制时加入的辅料也有增香的作用。如五香粉含有醛、酮、醚、酚等成分,葱、蒜含有硫化物;浇淋糖水所用的麦芽糖在烧烤时会发生美拉德反应,不仅起着美化外观的作用,还产生香味物质。烧烤前浇淋热水和白醋,使皮层蛋白凝固,皮层变厚、干燥,烤制时在热空气作用下,因蛋白质变性而酥脆。

第二节　肉品烟熏、烧烤技术

一、熏烟方法

1. 冷熏法　冷熏法的温度为30℃以下,熏制时间一般需7～20 d,这种方法在冬季时比较容易进行,而在夏季时由于气温高,温度较难控制,特别是当发烟少的情况下易发生酸败现象。由于熏制时间长,产品深部熏烟味较浓,又因产品含水量通常在40%以下,提高了产品的耐储藏性。本法主要用于腌肉或灌肠类制品。

2. 温熏法　又称热熏法。本法又可分为中温和高温两种。

(1)中温法　温度控制在30～50℃,熏制时间视制品大小而定,如按肉块大小不同,熏制 5～10 h,火腿则 1～3 d。这种方法可使产品风味好,重量损失较少,但由于温度条件有利于微生物的繁殖,如烟熏时间过长,有时会引起制品腐败。

(2)高温法　温度控制在 50～80℃,多为 60℃,熏制时间 4～10 h。采用本法在短时间内即可起到烟熏的目的,操作简便,节省劳力。但要注意烟熏过程不能升温过快,否则会有发色不均的现象。本法在我国肉制品加工中用的最多。

3. 焙熏法　焙熏法的温度为 95～120℃,是一种特殊的熏烤方法,包含有蒸煮或烤熟的过程。

4. 液熏(湿熏)法　液态烟熏制剂由硬木等熏材干馏,并经特殊净化制成液态烟熏剂使用于肉品腌制工序,使制品不经烟熏而具有烟熏风味。目前,已经大量使用。使用烟熏液和天然熏烟相比,优点是不需用熏烟设备,大大减少投资;制品重现性好;液态烟熏制剂中的固相已去净,无致癌性。一般用硬木制液态烟熏剂。使用方法两种:一种是加热使其挥发,包附在制品上;另一种是直接加入、浸渍或喷洒法。

二、熏烟设备及燃料

1. 熏烟设备　熏烟设备根据发烟方式不同有差异。分直接发烟式设备和间接发烟式设备。

直接发烟式设备比较简单,只有烟熏室。烟熏室的装备分为平床式、一层炉床式和多层炉床式。平床式是将烟熏室的地面作炉床;一层炉床式的烟熏室是下挖一层火床进行烟熏,使用比较多;多层炉床式的烟熏室为好几层,从最下面一层发烟,用滑车将制品放在适当位置进行烟熏。

间接发烟式设备有烟雾发生器、送风机、送烟控制装置、管道、烟熏室等。烟雾发生器产生烟,而后利用送风机和送烟控制装置(附有烟浓度、温湿度控制装置等)通过管道将烟送入室内,自动控制熏烟的全过程。

2. 熏烟燃料　熏烟燃料很多,如木材、木屑、稻壳、蔗渣等。一般来说,硬木为熏烟最适宜的燃料。含油脂多的树(如松木),烟雾质量差,有苦味,应避免使用。胡桃木、赤木、橡木、苹果树都是较优质的熏烟燃料。糖也是很好的燃料,常和锯末混用。熏烟成分中的酚类对熏制品的影响较大,不同品种木材熏制时酚的含量不同。

三、烤制方法

烤制是利用烤炉或烤箱在高温条件下干烤,温度一般在 180～220℃,由于温度较高,肉品表面产生一种焦化物,从而使制品香脆酥口,有特殊的烤香味,产品已熟制,可直接食用。烤制使用的热源有木炭、无烟煤、红外线电热装置等。烤制方法分为明烤和暗烤两种。

1. 明烤　把制品放在明火或明炉上烤制称明烤。从使用设备来看，明烤分为3种：第一种是将原料肉叉在铁叉上，在火炉上反复炙烤，烤匀烤透，烤乳猪就是利用这种方法；第二种是将原料肉切成薄片状，经过腌渍处理，最后用铁钎穿上，架在火槽上边烤边翻动，炙烤成熟，烤羊肉串就是用这种方法；第三种是在盆上架一排铁条，先将铁条烧热，再把经过调好配料的薄肉片倒在铁条上，用木筷翻动搅拌，成熟后取下食用，这是北京著名风味烤肉的做法。

明烤设备简单，火候均匀，温度易于控制，操作方便，着色均匀，成品质量好。但烤制时间较长，需劳力较多，一般适用于烤制少量制品或较小的制品。

2. 暗烤　把制品放在封闭的烤炉中，利用炉内高温使其烤熟，称为暗烤。又由于制品要用铁钩钩住原料，挂在炉内烤制，又称挂烤。北京烤鸭、叉烧肉都是采用这种烤法。暗烤的烤炉最常用的有3种：第一种是砖砌炉，中间放有一个特制的烤缸（用白泥烧制而成，可耐高温），烤缸有大小之分，一般小的一炉可烤6只烤鸭，大的一炉可烤12～15只烤鸭。这种炉的优点是制品风味好，设备投资少，保温性能好，省热源，但不能移动。第二种是铁桶炉，炉的四周用厚铁皮制成，做成桶状，可移动，但保温效果差，用法与砖砌炉相似，均需人工操作。这两种炉都是用炭作为热源，因此风味较佳。第三种是红外电热烤炉，比较先进，炉温、烤制时间、旋转方式均可设定控制，操作方便，节省人力，生产效率高。

第三节　熏烤制品加工

一、沟帮子熏鸡

沟帮子是辽宁省北镇县的一座集镇，以盛产味道鲜美的熏鸡而闻名北方地区。沟帮子熏鸡已有50多年的历史，很受北方人的欢迎。

1. 工艺流程

原料选择→宰杀、整形→投料打沫→煮制→熏制→涂油→成品。

2. 配方　鸡400只，食盐10 kg，白糖2 kg，味精200 g，香油1 kg，胡椒粉50 g，香辣粉50 g，五香粉50 g，丁香150 g，肉桂150 g，砂仁50 g，豆蔻50 g，砂姜50 g，白芷150 g，陈皮150 g，草果150 g，鲜姜250 g。

以上辅料是有老汤情况下的用量，如无老汤，则应将以上的辅料用量增加1倍。

3. 操作要点

(1)原料选择　选用当年的健康活鸡,公鸡优于母鸡,因母鸡脂肪多,成品油腻,影响质量。

(2)宰杀、整形　颈部放血,烫毛后褪净毛,腹下开腔,取出内脏,用清水冲洗并沥干水分。然后用木棍将鸡的两大腿骨打折,用剪刀将膛内胸骨两侧的软骨剪断,最后把鸡腿盘入腹腔,头部拉到左翅下。

(3)投料打沫　先将老汤煮沸,盛起适量沸汤浸泡新添辅料约 1 h,然后将辅料与汤液一起倒入沸腾的老汤锅内,继续煮沸约 5 min,捞出辅料,并将上面浮起的沫子撇除干净。

(4)煮制　把处理好的白条鸡放入锅内,使汤水浸没鸡体,用大火煮沸后改小火慢煮。煮到半熟时加食盐,一般老鸡要煮制 2 h 左右,嫩鸡则 1 h 左右即可出锅。煮制过程勤翻动,出锅前,要始终保持微沸状态,切忌停火捞鸡,这样出锅后鸡躯干爽质量好。

(5)熏制　出锅后趁热在鸡体上刷一层香油,放在铁丝网上,下面架有铁锅,铁锅内装有白糖与锯末(白糖与锯末的比例为 3∶1),然后点火干烧锅底,使其发烟,上盖经 15 min 左右,鸡皮呈红黄色即可出锅。熏好的鸡还要抹上一层香油,即为成品。

4. 质量标准　成品色泽枣红发亮,肉质细嫩,熏香浓郁,味美爽口,风味独特。

二、生熏腿

生熏腿又称熏腿,是西式烟熏肉制品中的一种高档产品,用猪的整只后腿加工而成。我国许多地方生产,受到群众的喜爱。

1. 工艺流程

原料选择与整形→腌制→浸洗→修整→熏制→成品。

2. 配方　猪后腿 10 只(重 50～70 kg),食盐 4.5～5.5 kg,硝酸钠 20～25 g,白糖 250 g。

3. 操作要点

(1)原料的选择与整形　选择健康的猪后腿肉,要求皮薄骨细,肌肉丰满。将选好的原料肉放入 0℃左右的冷库中冷却,使肉温降至 3～5℃,约需 10 h。待肉质变硬后取出修割整形,这样腿坯不易变形,外形整齐美观。整形时,在跗关节处割去脚爪,除去周边不整齐部分,修去肉面上的筋膜、碎肉和杂物。使肉面平整、光滑。刮去肉皮面残毛,修整后的腿坯重 5～7 kg,形似琵琶。

(2)腌制　采用盐水注射和干、湿腌配合进行腌制。先进行盐水注射,然后干腌，最后湿腌。

盐水注射需先配盐水。盐水配制方法：取食盐 6～7 kg，白糖 0.5 kg，亚硝酸钠 30～35 g，清水 50 kg，置于容器内，充分搅拌溶解均匀，即配成注射盐水。用盐水注射机把盐水强行注入肌肉，要分多部位、多点注射，尽可能使盐水在肌肉中分布均匀，盐水注射量约为肉重的 10%。注射盐水后的腿坯，应即时揉擦硝盐进行干腌。硝盐配制方法：取食盐和硝酸钠，按 100∶1 之比例混合均匀即成。将配好的硝盐均匀揉擦在肉面上，硝盐用量约为肉重的 2%。擦盐后将腿坯置于 2～4℃冷库中，腌制 24 h 左右。最后将腿坯放入盐卤中浸泡。盐卤配制方法：50 kg 水中加盐约 9.5 kg，硝酸钠 35 g，充分溶解搅拌均匀即可。湿腌时，先把腿坯一层层排放在缸内或池内，底层的皮向下，最上面的皮向上，将配好的浸渍盐水倒入缸内，盐水的用量一般约为肉重的 1/3，以将肉浸没为原则。为防止腿坯上浮，可加压重物。浸渍时间约需 15 d，中间要翻倒几次，以利腌制均匀。

(3)浸洗　取出腌制好的腿坯，放入 25℃左右的温水中浸泡 4 h。其目的是除去表层过多的盐分，以利提高产品质量，同时也使肉温上升，肉质软化，有利于清洗和修整。最后清洗刮除表面杂物和油污。

(4)修整　腿坯洗好后，需修割周边不规则的部分，削平趾骨，使肉面平整光滑。在腿坯下端用刀戳一小孔，穿上棉绳，吊挂在凉架上晾挂 10 h 左右，同时用干净的纱布擦干肉中流出的血水，晾干后便可进行烟熏。

(5)熏制　将修整后的腿坯挂入熏炉架上。选用无树脂的发烟材料，点燃后上盖碎木屑或稻壳，使之发烟。熏炉保持温度在 60～70℃，先高后低，整个烟熏时间为 8～10 h。如生产无皮火腿，须在坯料表面盖层纱布，以防木屑灰尘沾污成品。当手指按压坚实有弹性，表皮呈金黄色时出炉即为成品。

4. 质量标准　成品外形呈琵琶状，表皮金黄色，外表肉色为咖啡色，内部淡红色，硬度适宜，有弹性，肉质略带轻度烟熏味，清香爽口。

三、北京烤鸭

北京烤鸭是典型的烤制品，为我国著名特产。北京的“全聚德”烤鸭，以其优异的质量和独特的风味在国内外享有盛誉。

1. 工艺流程

原料选择→宰杀→打气→开膛、洗膛→挂钩→烫皮→挂糖色→灌水→烤制→成品。

2. 操作要点

(1)原料选择　选择经过填肥的北京鸭，以 55～65 日龄、活重 3～3.5 kg 的填鸭最为适宜。

(2)宰杀　切断三管,放净血,用70℃热水浸烫鸭体3～5 min,然后去掉大小绒毛,不能弄破皮肤,剁去双脚和翅尖。

(3)打气　从颈部放血切口处向鸭体打气,使气体充满鸭体皮下脂肪和结缔组织之间,当鸭身变成丰满膨胀的躯体便可。打气要适当,不能太足,否则会使皮肤胀破,也不能过少,以免膨胀不佳。充气目的是使鸭体外形丰满,显得更加肥嫩,烤制时受热均匀,容易熟透,烤鸭皮脆。

(4)开膛、洗膛　用尖刀从鸭右腋下开6 cm左右切口,取出全部内脏,然后取一根长约7 cm秸秆或细竹,塞进鸭腹,一端卡住胸部脊柱,另一端撑起鸭胸脯,要支撑牢固。支撑后把鸭逐只放入水中洗膛,用水先从右腋下刀口灌入体腔,然后倒出,反复洗几次,同时注意冲洗体表、口腔,把肠的断端从肛门拉出切除并洗净。

(5)挂钩　北京烤鸭过去挂钩比较复杂,现在用特制可旋转的活动钩,非常简便。使用时先用铁钩下面的两个小钩分别钩住两翅,头颈穿过铁钩中间的铁圈,即可将鸭体稳定地挂住。

(6)烫皮　提起挂鸭的钩,用沸水烫鸭皮,第一勺水先烫刀口处的侧面,防止跑气,再淋烫其他部位,用3勺沸水即可把鸭坯烫好。烫皮的目的是使皮肤紧缩,防止跑气,减少烤制时脂肪从毛孔流失,并使鸭体表层的蛋白质凝固,烤制后鸭皮酥脆。烫皮后须晾干水分。

(7)挂糖色　取1份麦芽糖或蜜糖与6份水混合后煮沸,和烫皮的方法一样,浇淋鸭体全身。挂糖色的目的是使鸭体烤制后呈枣红色,外表色泽美观。

(8)灌水　先用一节长约6 cm秸秆塞住肛门,以防灌水后漏水,然后从右腋下刀口注入体腔内沸水80～100 mL。注入烫水的鸭进炉后能急剧汽化,这样里蒸外烤,易熟,并具有外脆里嫩的特色。灌水后再向鸭坯体表淋浇2～3勺糖液。

(9)烤制　将鸭坯挂入已升温的烤炉,炉温一般控制在200～230℃。2 kg左右的鸭坯需烤制30～45 min。烤制时间和温度要根据鸭体大小与肥瘦灵活掌握,一般鸭体大而肥,烤制时间应长些,否则相反。如用砖砌炉或铁桶炉进行烤制,应勤调转鸭体方向,使之烤制均匀。当鸭全身烤至枣红色并熟透,出炉即为成品。

3.质量标准　成品表面呈枣红色,油润发亮,皮脆里嫩,肉质鲜美,香味浓郁,肥而不腻。

四、广东脆皮乳猪

广东脆皮乳猪是广东地方传统风味佳肴,有着1 400多年的悠久历史,据说乾隆年间,烤乳猪已很盛行。由于产品风味很有特色,深受全国广大消费者的欢迎。

1. 工艺流程

原料选择→屠宰与整理→腌制→烫皮、挂糖色→烤制→成品。

2. 配料

乳猪 1 头(5～6 kg),食盐 50 g,白糖 150 g,白酒 5 g,芝麻酱 25 g,干酱 25 g。

3. 操作要点

(1)原料选择　选用 5～6 kg 重的健康有膘乳猪,要求皮薄肉嫩,全身无伤痕。

(2)屠宰与整理　放血后,用 65℃左右的热水浸烫,注意翻动,取出迅速刮净毛,用清水冲洗干净。从腹中线用刀剖开胸腹腔和颈肉,取出全部内脏器官,将头骨和脊骨劈开。切莫劈开皮肤,取出脊髓和猪脑,剔出第 2～3 条胸部肋骨和肩胛骨,用刀划开肉层较厚的部位,便于配料渗入。

(3)腌制　除麦芽糖之外,将所有辅料混合后,均匀地涂擦在体腔内,腌制时间夏天约 30 min,冬天可延长到 1～2 h。

(4)烫皮、挂糖色　腌好的猪坯,用特制的长铁叉从后腿穿过前腿到嘴角,把其吊起沥干水。然后用 80℃热水浇淋在猪皮上,直到皮肤收缩。待晾干水分后,将麦芽糖水(1 份麦芽糖加 5 份水)均匀刷在皮面上,最后挂在通风处待烤。

(5)烤制　烤制有两种方法,一种是用明炉烤制,另一种是用挂炉烤制。

①明炉烤制　铁制长方形烤炉,用木炭把炉膛烧红,将叉好的乳猪置于炉上,先烤体腔肉面,约烤 20 min 后,然后反转烤皮面,烤 30～40 min 后,当皮面色泽开始转黄和变硬时取出,用针板扎孔,再刷上一层植物油(最好是生茶油),而后再放入炉中烘烤 30～50 min,当烤到皮脆,皮色变成金黄色或枣红色即为成品。整个烤制过程不宜用大火。

②挂炉烤制　将烫皮和已涂麦芽糖晾干后的猪坯挂入加温的烤炉内,约烤制 40 min 左右,猪皮开始转色时,将猪坯移出炉外扎针、刷油,再挂入炉内烤制 40～60 min,至皮呈红黄色而且脆时即可出炉。烤制时炉温需控制在 160～200℃。挂炉烤制火候不是十分均匀,成品质量不如明炉。

4. 质量标准　合格的脆皮乳猪,体形表观完好,皮色为金黄色或枣红色,皮脆肉嫩,松软爽口,香甜味美,咸淡适中。远在北魏时期成书的《齐民要术》有关于烤乳猪的详细记载,其中对烤乳猪品质的标准要求是:“色同琥珀,又类真金,入口则消,状若凌雪,含浆膏润,特异非常。”

五、广东叉烧肉

广东叉烧肉是广东各地最普遍的烤肉制品,也是群众最喜爱的烧烤制品之一。以其在选料上的不同,有枚叉、上叉、花叉和斗叉等品种。

1. 工艺流程

原料选择与整理→腌制→上铁叉→烤制→上麦芽糖→成品。

2. 配方　鲜猪肉 50 kg，精盐 2 kg，白糖 6.5 kg，酱油 5 kg，50°白酒 2 kg，五香粉 250 g，桂皮粉 350 g，味精、葱、姜、色素、麦芽糖适量。

3. 操作要点

(1)原料选择与整理　枚叉采用全瘦猪肉；上叉用去皮的前、后腿肉；花叉用去皮的五花肉；斗叉用去皮的颈部肉。将肉洗净并沥干水，然后切成长约 40 cm、宽 4 cm、厚 1.5～2 cm 的肉条。

(2)腌制　切好的肉条放入盆内，加入全部辅料并与肉拌匀，将肉不断翻动，使辅料均匀渗入肉内，腌浸 1～2 h。

(3)上铁叉　将肉条穿上特制的倒丁字形铁叉（每条铁叉穿 8～10 条肉），肉条之间需间隔一定空隙，以使制品受热均匀。

(4)烤制　把炉温升至 180～220℃，将肉条挂入炉内进行烤制。烤制 35～45 min，制品呈酱红色即可出炉。

(5)上麦芽糖　当叉烧出炉稍冷却后，在其表面刷上一层糖胶状的麦芽糖即为成品。麦芽糖使制品油光发亮，更美观，且增加适量甜味。

4. 质量标准　成品色泽为酱红色，香润发亮，肉质美味可口，咸甜适宜。

六、烤鸡

1. 工艺流程

选料→屠宰与整形→腌制→上色→烤制→成品。

2. 配方　肉鸡 100 只（150～180 kg），食盐 9 kg，八角 20 g，小茴香 20 g，草果 30 g，砂仁 15 g，豆蔻 15 g，丁香 3 g，肉桂 90 g，良姜 90 g，陈皮 30 g，白芷 30 g，麦芽糖适量。

3. 加工工艺

(1)选料　选用 8 周龄以内，体态丰满，肌肉发达，活重 1.5～1.8 kg，健康的肉鸡为原料。

(2)屠宰与整形　采用颈部放血，60～65℃热水烫毛，褪毛后冲洗干净，腹下开膛取出内脏，斩去鸡爪，两翅按自然屈曲向背部反别。

(3)腌制　采用湿腌法。湿腌料配制方法是：将香料用纱布包好放入锅中，加入清水 90 kg，并放入食盐，煮沸 20～30 min，冷却至室温即可。湿腌料可多次利用，但使用前要添加部分辅料。将鸡逐只放入湿腌料中，上面用重物压住，使鸡淹没在液面下，时间为 3～12 h，气温低时间长些，反之则短，腌好后捞出沥干水分。

(4)上色　用铁钩把鸡体挂起，逐只浸没在烧沸的麦芽糖水[水与糖的比例为

(6～8)∶1]中，浸烫 30 s 左右，取出挂起晾干水分。还可在鸡体腔内装填姜 2～3 片，水发香菇 2 个，然后入炉烤制。

(6)烤制　现多用远红外线烤箱烤制，炉温恒定至 160～180℃，烤 45 min 左右。最后升温至 220℃烤 5～10 min。当鸡体表面呈枣红色时出炉即为成品。

4. 质量标准　成品外观颜色均匀一致，呈枣红色或黄红色，有光泽，鸡体完整，肌肉切面紧密，压之无血水，肉质鲜嫩，香味浓郁。

本章小结

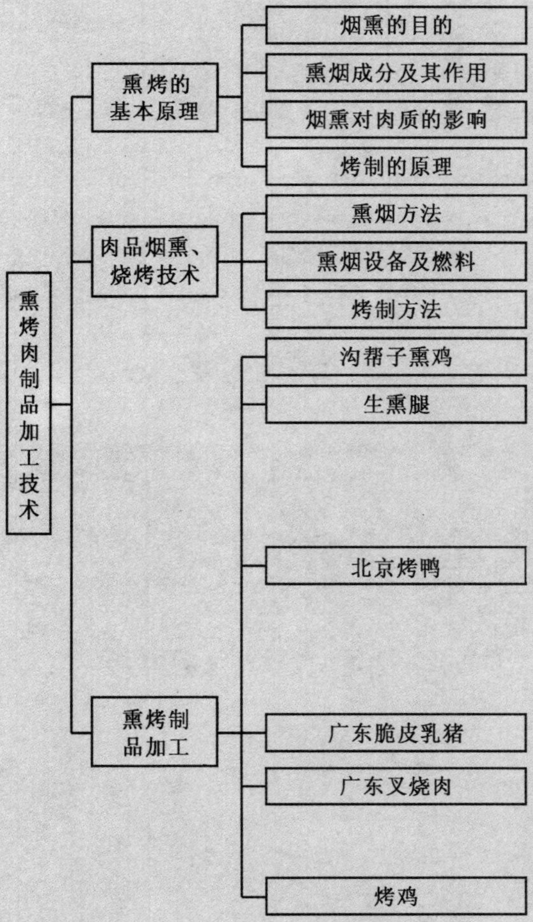

复习思考题

1. 烟熏对肉产生哪些作用？
2. 如何掌握烟熏的技术？
3. 烧烤的方法有哪几种？各有何特点？

第七章　灌制类肉制品加工

知识目标

- 了解灌制类产品的分类。
- 了解中式香肠与西式灌肠加工的主要区别。

技能目标

- 了解肠衣的类型及天然肠衣加工的基本方法。
- 掌握中式香肠的加工技术。
- 掌握火腿肠以及其他熟制灌肠的加工技术。

第一节　灌制类产品的分类

灌制类产品是我国肉类制品中品种最多的一大类制品，是以畜禽肉为主要原料，经绞制、斩拌（或乳化）而使肉成为肉粒状或肉糜状，再配上其他辅料，经腌制（或不腌制）、搅拌或滚揉后而灌入天然肠衣或人造肠衣，再经烟熏（或不烟熏）、熟制（或不熟制）等工艺而制成的产品。

一、灌制类产品的种类

灌肠制品是世界上产量最高、品种最多的肉制品（表 2-7-1），按制作情况可分为加热肠和非加热肠；按生熟情况，可分为生香肠（或鲜香肠）和熟香肠；按烟熏情况，可分为烟熏肠和非烟熏肠；按发酵情况，可分为发酵肠和不发酵肠；按脱水程度，分干香肠(失水＞30％，Aw≤0.90)、半干香肠(失水＞20％，Aw＝0.93)、非干香肠(失水＞10％)；按原料肉切碎的程度，可分为颗粒型和肉糜型肠；按原料肉腌制程度，可分为鲜肉型和腌肉型肠；按添加填充料，可分为纯肉和非纯肉肠；按所用原料肉，可分为猪肉肠、牛肉肠、兔肉肠、混合肉肠等。

表 2-7-1 灌肠制品及特征

名称	主要特征
生鲜肠	用新鲜肉，不腌制，原料肉切碎后加入调味料，搅拌均匀后灌入肠衣，冷冻储藏，食用前需进行熟制
烟熏生肠	用腌制或不腌制的原料肉，切碎，加入调味料后搅拌均匀灌入肠衣，经烟熏，而不熟制，食用前需进行熟制
熟肠	用腌制或不腌制的肉类，绞碎或斩拌，加入调味料后，搅拌均匀灌入肠衣，熟制而成
烟熏熟肠	经腌制，绞碎或斩拌，加入调味料后灌入肠衣内经烟熏及熟制工艺而制成
发酵肠	肉经腌制、绞碎，加入调料后灌入肠衣内，可烟熏或不烟熏，然后干燥，在合适环境中经发酵工艺除去大部分水分后而制成
特殊制品	用一些特殊原料(肉皮，麦片，肝，淀粉等)，经搅拌，加入调料后制成的产品
混合制品	以畜肉为主要原料，再加上鱼肉、禽肉或其他动物肉等制成的产品

二、中式香肠与西式灌肠加工的主要区别

中式香肠与西式灌肠加工的主要区别见表 2-7-2。

表 2-7-2 国内外灌制品加工的主要区别

	中式香肠	西式灌肠
原料肉	以猪肉为主	除了猪肉以外，可用猪肉与其他肉混合(如牛肉)
原料肉的处理	瘦肉肥肉都切成丁	瘦肉成馅，肥肉成丁或瘦肥肉都要成肉馅
调味料	加酱油不加淀粉	加淀粉不加酱油，加玉果、胡椒、洋葱及大蒜
日晒熏烟	长时间日晒挂晾	烘烤烟熏
包装容器	猪、羊的小肠进行灌制，体积小	牛盲肠或猪、牛的大肠进行灌制，体积大
含水量	≤20％，可长期保存	40％以上，保藏性差

第二节 肠衣分类与天然肠衣加工技术

一、肠衣的分类

肠衣是灌肠制品的特殊包装物，主要分为两大类，即天然肠衣和人造肠衣。

1. 天然肠衣 即猪、牛、羊的大肠、小肠、盲肠、食管（牛）和膀胱等。因加工方法不同，分干制和盐渍两类。天然肠衣弹性好，保水性强，可食用，但规格和形状不整齐，数量有限。

2. 人造肠衣 人造肠衣使用方便，安全卫生，标准规格，填充量固定，易印刷，价格便宜，损耗少。人造肠衣包括以下几种：

纤维素肠衣：用天然纤维如棉绒、木屑、亚麻和其他植物纤维制成。此肠衣不能食用，不能随肉馅收缩。

胶原肠衣：用动物胶原制成，分可食和不可食两类。

塑料肠衣：用聚丙二氯乙烯、聚乙烯膜制成，品种样式较多，便于蒸煮，不能食用。

二、天然肠衣加工技术

1. 取肠 猪宰后，先从大肠与小肠的连接处割断，随即一只手抓住小肠，另一只手抓住肠网油，轻轻地拉扯，使肠与油层分开，直到胃幽门处割下。

2. 捋肠 将小肠内的粪便尽量捋尽，然后灌水冲洗，此肠称为原肠。

3. 浸泡 从肠大头灌入少量清水，浸泡在盛清水的木桶或缸内。一般夏天 2～6 h，冬天 12～24 h。冬天的水温过低，应用温水调节水温。要求浸泡的用水要清洁，不能含有矾、硝、碱等物质。将肠泡软，易于刮制，又不损害肠衣品质。

4. 刮肠 把浸泡好的肠放在平整光滑的木板（刮板）上，逐根刮制。刮制时，一手捏牢小肠，一手持刮刀，慢慢地刮，持刀需平稳，用力应均匀。既要刮净，又不损伤肠衣。

5. 盐腌 每把肠（91.5 m）的用盐量为 0.7～0.9 kg。要轻轻涂擦，力求均匀，一次腌足。腌好后的肠衣再打好结，放在竹筛上，盖上白布，沥干生水。夏天沥水 24 h，冬天沥水 2 d。沥干水后将多余盐抖下，无盐处再用盐补上。

6. 浸漂拆把 将半成品肠衣放入水中浸泡、拆把、洗涤、反复换水。浸漂时间夏季不超过 2 h，冬季可适当延长。漂至肠衣散开、无血色、洁白即可。

7. 灌水分路 将漂洗净的肠衣放在灌水台上灌水分路。肠衣灌水后，两手紧握肠衣，双手持肠距离 30～40 cm，中间以肠自然弯曲成弓形，对准分路卡，测量肠衣口径的大小，满卡而不碰卡为本路肠衣。测量时要勤抄水，多上卡，不得偏斜测量。盐渍猪小肠衣路分标准见表 2-7-3。

表 2-7-3　猪肠衣路分标准

路	4	5	6	7	8	9
口径/mm	30～32	32～34	34～36	36～38	38～40	40 以上

备注：清 9 路(40～42)，混 9 路(40 以上)，混 10 路(42 以上)。

8. 配码　将同一路的肠衣，在配码台上进行量码和搭配。在量码时先将短的理出，然后将长的倒在槽头，肠衣的节头合在一起，以两手拉着肠衣在量码尺上比量尺寸。量好的肠衣配成把。配把要求：每把长 91.5 m，节头不超过 18 节，每节不短于 1.37 m。

9. 盐腌　每把肠衣用精盐(又称肠盐)1 kg。腌时将肠衣的结拆散，然后均匀上盐，再重新打好把结，置于筛盘中，放置 2～3 d，沥去水分。

10. 扎把　将肠衣从筛内取出，一根根理开，去其经衣，然后扎成大把。

11. 装桶包装　扎成把的肠衣，装在木制的“腰鼓形”的木桶内，桶内用塑料袋再衬白布袋，将肠衣在白布袋里由桶底逐层整齐地排列，每一层压实，撒上一层精盐。每桶 150 把，装足后注入清洁热盐卤 24°Be。最后加盖密封，并注明肠衣种类、口径、把数、长度、生产日期等。

12. 储藏　肠衣装在木桶内，木桶应横放储藏，每周滚动一次，使桶内卤水活动，防止肠衣变质。储藏的仓库须清洁卫生、通风。温度要求在 0～10℃，相对湿度 85%～90%。还要经常检查防止漏卤等。

第三节　灌制类产品加工技术

一、灌制类产品加工的主要技术要点

(一)选料

供肠类制品用的原料肉，应来自非疫区、经兽医检验合格的健康牲畜，经屠宰分割且符合卫生质量标准的猪肉、牛肉、鸡肉等。凡热鲜肉、冷却肉或解冻肉都可用来生产。

猪瘦肉可制作成肉糜、肉块或肉丁，而肥膘则切成肥膘丁或绞制成肥膘颗粒，按照不同配方标准加入，制成肉馅。用牛肉制作的产品一般使用不带牛脂的牛瘦

肉，由于牛肉的加工性能较好，肠类制品中加入一定数量的牛肉，可以提高肉馅的黏着力和脆嫩度，使肉馅色泽美观，增加弹性，改善制品口感。某些肠类制品还应用各种屠宰产品，如肉屑、肉头、食道、肝、脑、舌、心和胃等。

（二）腌制

一般认为，在原料中加入 2.0%的食盐、0.01%的硝酸钠及 0.05%的抗坏血酸，基本能适合人们的口味，并且具有一定的保水性、储藏性和抗氧化性。

将细切后的瘦肉粒和脂肪块（或肥膘丁），加入食盐等辅料搅拌均匀，为缓解设备生产能力不足的矛盾，往往采取滚揉加腌制的方法来保证加工效果。尽管温度和腌制时间同蛋白的萃取程度呈正相关，但从控制微生物角度考虑，如果产品出品率高且加入所有辅料后的肉馅腌制时间一般不超过 24 h，温度控制在 0～4℃；如果只加食盐、亚硝、磷酸盐等腌制料的肉馅可增加腌制时间，一般在 3～7 d，腌制时间越长风味越好。

（三）绞肉

用绞肉机将肉或脂肪切碎称为绞肉。经绞肉机绞出的原料必须是肉粒状，肉粒直径大小根据工艺要求由孔板孔径而定，绞肉时肉温应不高于 10℃。在进行绞肉操作之前，应检查金属筛板和刀刃部是否吻合，绞肉机要定时清洗，生产临时中断时，要及时清除机内残留的肉粒，杜绝原料肉在机器内堆积，以防细菌大量繁殖，造成交叉污染。

（四）乳化

可分为斩拌机肉馅乳化和乳化机肉馅乳化两种，乳化的目的是为了使肉馅均匀混合且提高肉的黏着性，增加肉馅的保水性和出品率，减少油腻感，提高制品的嫩度和弹性，改善肉的结构状况，使瘦肉和肥肉能充分乳化结合在一起。

斩拌机肉馅乳化是将原辅料加入到斩拌锅内进行肉馅的乳化，注意事项如下：

①斩拌时所添加的辅料，应先确认品种和数量后，再按照工艺要求依次添加。先将食盐和磷酸盐（斩拌剂）同原料肉一起进行斩拌，同时加入少量的冰水以控制斩拌温度，斩至成发黏的肉泥状后，再陆续加入调味料和其他物料。对于添加量较少的物料（如亚硝、色素、香精、防腐剂等）一般要进行预混或预溶，以达到斩拌均匀要求。

②斩拌过程为高速斩拌（3 900 r/min），斩拌结束温度控制在 15℃以下，以 10℃为最佳，温度过高易导致产品出油。为防止肉馅升温过快，当加入淀粉后斩拌机应低速混合均匀即可；斩拌接近结束时要抽真空，以防肉馅氧化及增强产品的致密质感。

③各辅料添加时一定要注意均匀性，添加量较少的物料（如亚硝、色素、香精、

防腐剂等）一般要进行预混或预溶，以确保斩拌均匀；斩拌、乳化效果以肉馅细腻、光亮、有弹性为判断依据。

④淀粉添加完毕后要注意清锅，肉馅出锅时严禁有淀粉颗粒或蛋白块出现。

乳化机肉馅乳化是将各种原辅料搅拌均匀后的肉料通过乳化机进行肉馅的乳化，注意事项如下：

①为充分发挥蛋白粉的功能性，确保产品良好的成型，蛋白粉在加入产品配比前一般要和产品配方中膘、水混合在斩拌机内高速（3 900 r/min）斩拌成乳化脂，然后再加入产品配比中，乳化脂斩成后要求细腻、有弹性。

②乳化前的肉料必须搅拌均匀，严禁大的乳化脂和肉颗粒存在。

③乳化机必须定时清洗，定期更换孔板和刀片，以确保肉馅乳化质量。

（五）搅拌

搅拌的目的是使原料和辅料充分结合，使斩拌后的肉馅继续通过机械搅动达到最佳乳化效果。操作前要认真清洗搅拌机叶片和搅拌槽。搅拌操作程序是先投入原料肉，调味料等物料在添加时，要添加至搅拌叶片的中央部位，靠叶片从内侧向外侧的旋转作用，使肉馅分布均匀。根据物料情况一般搅拌 5～10 min，搅拌出锅温度一般控制在 8℃以下，根据工艺要求需抽真空时肉馅出锅前要抽真空，保证抽真空度在 90%以上。

（六）充填

充填主要是将制好的肉馅装入肠衣或容器内，成为定型的肠类制品。这项工作包括产品品种、规格、半成品的定量、卡扣型号、肠衣、模具均要匹配，充填操作时注意肉馅装入灌装机料斗内要紧要实，灌装后的产品不易过松或过紧，根据成品蒸煮后的形状来确定松紧度，过松易出现皱皮，过紧蒸煮时肠衣易崩裂。灌装时要保持一定真空度，避免有大的气泡存在。

（七）烘烤

烘烤的作用是使肉馅的水分再蒸发掉一部分，使肠衣干燥，紧贴肉馅，并和肉馅黏合在一起，防止或减少蒸煮时肠衣的破裂。另外，烘干的肠衣容易着色，且色调均匀。烘烤温度为 65～70℃，一般烘烤 40 min 即可。目前采用的有木柴火明、煤气、蒸汽、远红外线等烘烤方法。

（八）煮制

肠类制品煮制一般用方锅，锅内铺设蒸汽管，锅的大小根据产量而定。煮制时先在锅内加水至锅容量的 80%左右，随即加热至 90～95℃。如果煮制红肠制品，需放入红曲色素，加以拌和后，关闭气阀，保持水温 80℃左右，将肠制品一根一根的放入锅内，排列整齐。煮制的时间因品种而异。如肠体直径较小，一般需 10～

20 min,其中心温度 72℃时,证明已煮熟。熟后的肠制品出锅后需用自来水对肠体进行喷淋,然后迅速移入冷却间进行冷却。

(九)熏制

熏制主要是赋予肠类制品以熏烟的特殊风味,增强制品的色泽,并通过脱水作用和熏烟成分的杀菌作用增强制品的保藏性。

传统的烟熏方法是用木粒或木屑发烟,目前,多采用烟熏液处理来代替烟熏工艺。

二、灌制类产品的加工

(一)中式香肠加工

中式香肠是指以肉类为主要原料,经切丁或绞成肉粒,再配以辅料,灌入动物肠衣再晾晒或烘烤而成的肉制品。

1. 工艺流程

原料肉选择与修整→切丁→拌馅、腌制→灌制→漂洗→晾晒或烘烤→成品。

2. 配方　以广式香肠为例:瘦肉 80 kg,肥肉 20 kg,猪小肠衣 300 m,精盐 1.8 kg,白糖 7.5 kg,白酒(50°)2.0 kg,白酱油 5 kg,亚硝酸钠 0.01 kg,抗坏血酸 0.01 kg。

3. 操作要点

(1)原料选择与修整　原料以猪肉为主,要求新鲜。瘦肉以前腿肉为最好,肥膘用背部硬膘为好。加工其他肉制品切割下来的碎肉亦可作原料的一部分。原料肉经过修整,去掉筋腱、骨、淤血、伤肉和皮。瘦肉用装有筛孔为 0.4～1.0 cm 的筛板的绞肉机绞碎,肥肉切成 0.6～1.0 cm^3 大小。肥肉丁切好后用温水清洗一次,以除去浮油及杂质,捞起沥干水分待用,肥瘦肉要分别存放。

(2)拌馅与腌制　按选择的配料标准,原料肉和辅料混合均匀。搅拌时可逐渐加入 20%左右的冷水,以调节黏度和硬度,使肉馅更滑润、致密。在清洁室内腌制 12 h 左右。当瘦肉变为内外一致的鲜红色,用手触摸有坚实感,不绵软,肉馅中汁液渗出,手摸有滑腻感时,即完成腌制,此时加入白酒拌匀,即可灌制。

(3)灌制　将肠衣套在灌装管上,使肉馅均匀地灌入肠衣中。要掌握松紧程度,不能过紧或过松。

(4)排气　用排气针扎刺湿肠,排出肠内部空气。

(5)结扎　按品种、规格要求每隔 10～20 cm 用细线结扎一道,要求长短一致。

(6)漂洗　将湿肠用 35℃左右的清水漂洗一次,除去表面污物,然后依次分别挂在竹竿上,以便晾晒、烘烤。

(7)晾晒和烘烤　将悬挂好的香肠放在日光下暴晒 2～3 d。在晾晒过程中，有胀气处应针刺排气。晚间送入烘烤房内烘烤，温度保持在 40～60℃。一般经过 3 昼夜的烘晒即完成，然后再晾挂到通风良好的场所，风干 10～15 d 即为成品。

(二)西式灌肠加工

灌肠制品是以畜禽肉为原料，经腌制(或不腌制)、斩拌或绞碎而使肉成为块状、丁状或肉糜状态，再配上其他辅料，经搅拌或滚揉后灌入天然肠衣或人造肠衣内经烘烤、熟制和熏烟等工艺而制成的熟制灌肠制品或不经腌制和熟制而加工的需冷藏的生鲜肠。

1. 工艺流程

原料肉选择和修整(低温腌制)→绞肉或斩拌→配料、制馅→灌制或填充→烘烤→蒸煮→烟熏→质量检查→储藏。

2. 配方　以哈尔滨红肠为例：猪瘦肉 76 kg，肥肉丁 24 kg，淀粉 6 kg，精盐 5～6 kg，味精 0.09 kg，大蒜末 0.3 kg，胡椒粉 0.09 kg，硝酸钠 0.05 kg。肠衣用直径 3～4 cm 猪肠衣，长 20 cm。

3. 操作要点

(1)原料肉的选择与修整　选择兽医卫生检验合格的可食动物瘦肉作原料，肥肉只能用猪的脂肪。瘦肉要除去骨、筋腱、肌膜、淋巴、血管、病变及损伤部位。

(2)腌制　将选好的肉切成一定大小的肉块，按比例添加配好的混合盐进行腌制。混合盐中通常盐占原料肉重的 2%～3%，亚硝酸钠占 0.025%～0.05%，抗坏血酸约占 0.03%～0.05%。腌制温度一般在 10℃以下，最好是 4℃左右，腌制 1～3 d。

(3)绞肉或斩拌　腌制好的肉可用绞肉机绞碎或用斩拌机斩拌。斩拌时肉吸水膨润，形成富有弹性的肉糜，因此斩拌时需加冰水。加入量为原料肉的 30%～40%。斩拌时投料的顺序是：猪肉(先瘦后肥)→冰水→辅料等。斩拌时间不宜过长，一般以 10～20 min 为宜。斩拌温度最高不宜超过 10℃。

(4)制馅　在斩拌后，通常把所有辅料加入斩拌机内进行搅拌，直至均匀。

(5)灌制与填充　将斩拌好的肉馅，移入灌肠机内进行灌制和填充。灌制时必须掌握松紧均匀。过松易使空气渗入而变质；过紧则在煮制时可能发生破损。如不是真空连续灌肠机灌制，应及时针刺放气。

灌好的湿肠按要求打结后，悬挂在烘烤架上，用清水冲去表面的油污，然后送入烘烤房进行烘烤。

(6)烘烤　烘烤温度 65～80℃，维持 1 h 左右，使肠的中心温度达 55～65℃。

烘好的灌肠表面干燥光滑，无油流，肠衣半透明，肉色红润。

(7)蒸煮　水煮优于汽蒸。水煮时，先将水加热到90～95℃，把烘烤后的肠下锅，保持水温78～80℃。当肉馅中心温度达到70～72℃时为止。感官鉴定方法是用手轻捏肠体，挺直有弹性，肉馅切面平滑光泽者表示煮熟，反之则未熟。汽蒸煮时，肠中心温度达到72～75℃时即可。例如肠直径70 mm时，则需要蒸煮70 min。

(8)烟熏　烟熏可促进肠表面干燥有光泽；形成特殊的烟熏色泽(茶褐色)；增强肠的韧性；使产品具有特殊的烟熏芳香味；提高防腐能力和耐储藏性。过去常用土炉烟熏，温度控制在50～70℃，时间2～6 h。目前很多采用全自动烟熏炉进行烘烤、蒸煮和烟熏，只是蒸煮时用蒸汽而不用热水。

(9)储藏　未包装的灌肠吊挂存放，储存时间依种类和条件而定。湿肠含水量高，如在8℃条件下，相对湿度75%～78%时可悬挂3 d。在20℃条件下只能悬挂1 d。水分含量不超过30%的灌肠，当温度在12℃，相对湿度为72%时，可悬挂存放25～30 d。

(三)烤肠加工

烤肠是一种采用低温条件下，通过把绞制后的原料肉、香辛料、辅料等搅拌、灌肠、低温烘烤的西式肉制品，它具有营养丰富，口味鲜美，适于工厂化、系列化批量生产，又具有携带、保管、食用方便等优点，已进入千家万户，成为我国肉制品加工行业颇具竞争力和发展前景的产品。

1. 工艺流程

原料肉选择→分割及处理→腌制→滚揉→灌装→干燥→蒸煮→烟熏→冷却→真空包装→二次杀菌→冷却吹干→贴标→入库。

2. 配方

猪精肉80 kg，肥膘20 kg，冰水70 kg，精盐3.2 kg，白糖1.5 kg，味精0.6 kg，腌制剂1.7 kg，亚硝酸钠0.01 kg，高粱红0.015 kg，猪肉香精0.4 kg，胡椒粉0.1 kg，姜粉0.12 kg，大豆分离蛋白3 kg，改性淀粉25 kg。

3. 操作要点

(1)原料肉的选择　选择经动检合格的冻鲜2号或4号去骨猪分割肉为原料，要求感官指标及理化指标符合冻鲜肉加工标准。

(2)原料肉修整及处理　原料肉经自然解冻或水浸解冻至中心温度－1～1℃，按其自然纹路修整，同时要剔除淤血、软骨、淋巴、大的筋膜及其他杂质，猪肉经清洗后用直径7 mm孔板绞一遍，肥膘用3 mm孔板绞一遍，搅拌机内与盐、亚硝酸盐、腌制剂混合均匀。

(3)腌制　将搅拌好的肉料转至料车中,压实后加盖在0～4℃下腌制18 h。

(4)滚揉　腌好的肉及其他辅料一起加入滚揉机内连续真空滚揉4 h,真空度为0.08 MPa,出料温度控制在6～8℃为好,肉馅有光泽,无油块及结团现象,肉花散开分布均匀。

(5)灌制　猪肠衣8路灌制,重量依具体要求而定,一般在315 g左右(成品280 g),灌装时肠体松紧适度,可用针打眼放气,挂杆摆架,肠体间不得粘连。然后用自来水冲洗烤肠表面油污和肉馅。

(6)干燥　干燥温度为60℃时间45 min,肠衣紧贴肠馅,表面透出馅料的红色,肠衣干燥且透明,手摸有唰唰的声响。

(7)蒸煮　蒸煮温度82～84℃,中心温度达到72℃。蒸煮50 min,肠体饱满有弹性。

(8)烟熏　烟熏炉70℃熏制20 min,肠表面呈褐色,有光泽。

(9)冷却　对于烟熏产品,一种冷却方法是在0～4℃冷库冷却至中心温度10℃以下,低温有利于抑制微生物的生长繁殖,但往往使外表有水珠冷凝,产生花斑;另一种是在车间自然冷却,虽不产生花斑,但容易造成微生物的生长繁殖。

(10)真空包装　按规格要求定量真空包装。包装前,要注意个人卫生,在消毒液中将手洗净,还要用75%的酒精对工具、用具、操作台进行消毒。真空包装时,要调整好包装机的真空度、热合时间、热合温度,减小破袋率。

(11)二次杀菌　为了保证产品质量,延长货架期,要求对包装后的产品进行二次杀菌,温度为90℃,时间10 min。

(12)冷却吹干　经二次杀菌的产品要尽快将温度降至室温或更低,吹干袋表面水分。

(13)打印日期装箱入库　按要求打印生产日期,按规格装箱打件,入库保存。0～4℃可储存3个月。

(四)台湾烤肠加工

台湾烤肠运用现代西式肉制品加工技术生产,是具有中国传统风味的低温肉制品,是近年来我国低温肉制品中发展最快的香肠品种之一,其加工主要使用天然肠衣和胶原肠衣,以猪肉为主要原料,原料肉经过绞切,腌制,添加辅料搅拌,灌肠,扎节、吊挂,干燥,蒸煮,冷却,急速冻结(－25℃以下),真空包装,冷冻状态下(－18℃以下)储藏,食用前需要煎烤熟制的香肠。近年来,由于速冻台湾烤香肠色鲜润泽,口感脆爽甜润,香甜美味,一直受到以小朋友和女士为主要消费群体的广大消费者的喜爱。该产品在保存和流通过程中保持在－18℃以下,因而货架期长、易保存,安全卫生易于控制。可在商场、超市和人口流动的场所采用滚动烤肠机进行现场烤制售卖，也可在家中油煎食用，食用方法简易方便。

1. 工艺流程

原料肉解冻→绞切→腌制→搅拌→灌肠→扎节→吊挂→干燥→蒸煮→冷却→速冻→真空包装→品检和包装→卫检冷藏。

2. 配方 1号肉100 kg(或猪肥膘15 kg，2号肉85 kg)，食盐2.5 kg，复合磷酸盐750 g，亚硝酸钠10 g，白砂糖10 kg，味精650 g，异抗坏血酸钠80 g，卡拉胶600 g，分离大豆蛋白0.5 kg，猪肉香精精油120 g，香肠香料500 g，马铃薯淀粉10 kg，玉米变性淀粉6 kg，红曲红(100色价)适量，冰水50 kg。

3. 操作要点

(1)原料肉的选择 选择来自非疫区的经兽医卫检合格的新鲜(冻)猪精肉和适量的猪肥膘作为原料肉。由于猪精肉的含脂率低，加入适量含脂率较高的猪肥膘可提高产品口感、香味和嫩度。

(2)切肉或绞肉 原料肉解冻后，可以采用切丁机切成肉丁，肉丁大小6～10 mm^3。也可采用绞肉机绞制。绞肉机网板以直径8 mm为宜。在进行绞肉操作前，先要检查金属筛板和刀刃是否吻合，原料的解冻后温度－3～0℃，可分别对猪肉和肥膘进行绞制。

(3)腌制 将猪肉和肥膘按比例添加食盐、亚硝酸钠、复合磷酸盐和20 kg冰水混合均匀，容器表面覆盖一层塑料薄膜，防止冷凝水下落污染肉馅，放置于0～4℃低温库中存放，腌制12 h以上。

(4)搅拌 准确按配方称量所需辅料，先将腌制好的肉料倒入搅拌机里，搅拌5～10 min，充分提取肉中的盐溶蛋白，然后按先后顺序添加食盐、白糖，味精、香肠香料，白酒等辅料和适量的冰水，充分搅拌成黏稠的肉馅，最后加入玉米淀粉、马铃薯淀粉，剩余的冰水，充分搅拌均匀，搅拌至发黏、发亮。在整个搅拌过程中，肉馅的温度要始终控制在10℃以下。

(5)灌肠 香肠采用直径26～28 mm天然猪羊肠衣或者直径20～24 mm胶原蛋白肠衣。一般单根重量40 g用直径20 mm蛋白肠为好，灌装长度11 cm左右，单根重量60 g用直径24 mm蛋白肠为好，灌装长度13 cm左右，同样重量的肠体大小与灌装质量有关，灌肠机以采用自动扭结真空灌肠机为好。

(6)扎节、吊挂 扎节要均匀，牢固，肠体吊挂时要摆放均匀，肠体之间不要挤靠，保持一定的距离，确保干燥通风顺畅，香肠不发生靠白现象。

(7)干燥、蒸煮 将灌装好的香肠放入烟熏炉干燥、蒸煮，干燥温度70℃，干燥时间20 min；干燥完毕即可蒸煮，蒸煮温度80～82℃，蒸煮时间25 min。蒸煮结束后，排出蒸汽，出炉后在通风处冷却到室温。

(8)预冷(冷却) 产品温度接近室温时立即进入预冷室预冷，预冷温度要求0～4℃，冷却至香肠中心温度10℃以下。预冷室空气需用清洁的空气机强制冷却。

(9)真空包装 采用冷冻真空包装袋，分两层放入真空袋，每层25根，每袋50根，真空度－0.08 MPa以下，真空时间20 s以上，封口平整结实。

(10)速冻 将真空包装后的台湾烤肠转入速冻库冷冻，速冻间库温－25℃以下，时间24 h，使台湾烤香肠中心温度迅速降至－18℃以下出速冻库。

(11)品检和包装 对台湾烤香肠的数量、重量、形状、色泽、味道等指标进行检验，检验合格后，合格产品装箱。

(12)卫检冷藏 卫生指标要求：细菌总数小于20 000个/g；大肠杆菌群，阴性；无致病菌。合格产品在－18℃以下的冷藏库冷藏，产品温度－18℃以下，储存期为6个月左右。

(五)火腿肠的加工

是以猪肉为主要原料，经解冻、绞制、腌制、斩拌、加入香料、大豆蛋白、卡拉胶、淀粉等，采用日本KAP自动充填机，灌入PVDC肠衣膜，经高压、高温杀菌制成的高温肉制品。它的本质是一种软包装的午餐肉罐头，但由于携带、食用方便，曾经给肉制品工业带来了一次革命。

1.工艺流程

选料→解冻→绞制→腌制→斩拌→充填→杀菌→冷却→包装→入库。

2.配方 瘦肉80 kg，肥肉20 kg，乳化腌制剂2 kg，亚硝酸钠10 g，食盐2.5 kg，白糖2 kg，味精0.25 kg，花椒0.3 kg，桂皮0.15 kg，白胡椒0.2 kg，姜粉0.2 kg，肉蔻0.15 kg，大豆蛋白2 kg，玉米淀粉12 kg，卡拉胶0.3 kg，冰水40 kg，色素适量。

3.操作要点

(1)选料、解冻、绞制、腌制 均同上，但生产规模较大的，也可不经过腌制。

(2)斩拌 斩拌的目的，一是对原料肉进行细切，使原料肉馅乳化，产生黏着力；二是将原料肉馅与各种辅料搅拌混合，形成均匀的乳化物。目前很多厂家使用真空斩拌机，它的优点是避免空气打入肉糜中，防止脂肪氧化，保证产品风味；可减少产品中的细菌数，延长产品储藏期；稳定肌红蛋白颜色，保护产品的最佳色泽，相应减少体积8%左右。

在操作时，将瘦肉在低速下放入，然后添加腌制剂，启动中速斩拌，添加配方设定的1/3的冰水后高速斩拌1～3 min，在换为中速后加入除淀粉外的所有辅料、脂肪，再加1/3的冰水，重新启动高速斩拌3 min，再中速把淀粉和剩余水倒入斩拌机再高速斩拌1～3 min，最后加入色素(和香精)，斩拌至成品料黏稠有光泽即可出料。出料温度不能超过 12℃，所以，要添加冰水并控制好斩拌时间和速度的关系。

(3)充填　采用日本吴羽 KAP 自动灌肠机进行灌装，该机具有自动定量、自动热合、自动分节、自动结扎、自动打印等功能。灌装时，要根据不同的产品要求和 PVDC 薄膜的宽度，控制好产品重量和长度，还要保证肠体无油污、肉馅，字迹清晰，热合牢固，卡扣紧固，饱满坚挺，摆放整齐。

(4)杀菌　一般多采用卧式杀菌锅高温杀菌，并根据产品直径的不同采用不同的杀菌时间，比如薄膜直径 80 mm 的，杀菌时间为 25 min；直径 70 mm 的，杀菌时间为 15 min。利用 2.2～2.5 atm 反压冷却到 40℃即可。

(5)冷却、包装　杀菌后在包装间用冷风吹干表面水分，并擦干水迹，贴上标签，装箱。

(6)储藏　常温下可保存半年。

(六)其他熟制灌肠的加工

1. 大红肠　大红肠又名茶肠，是欧洲人喝茶时用的肉食品。

(1)工艺流程　原料修整→腌制→绞碎→斩拌→搅拌→灌制→烘烤→蒸煮→成品。

(2)配方　牛肉 45 kg，玉果粉 125g，猪肥膘 5 kg，猪瘦肉 40 kg，白胡椒粉 200 g，硝石 50 g，鸡蛋 10 kg，大蒜头 200 g，淀粉 5 kg，精盐 3.5 kg，牛肠衣口径 60～70 mm，每根长 45 cm。

(3)操作要点　烘烤温度 70～80℃，时间 45 min 左右。水煮温度 90℃，时间 1.5 h。不熏烟。

成品外表呈红色，肉馅呈均匀一致的粉红色，肠衣无破损，无异斑，鲜嫩可口，得率为 120%。

2. 小红肠　小红肠又名维也纳香肠，味道鲜美，风行全球。将小红肠夹在面包中就是著名的快餐食品，因其形状像夏天时狗吐出来的舌头，故得名热狗(Hot Dog)。

(1)工艺流程　原料肉修整→绞碎斩拌→配料→灌制→烘烤→蒸煮→熏烟或不熏烟→冷却→成品。

(2)配方　牛肉 55 kg，精盐 3.50 kg，淀粉 5 kg，猪瘦肉 20 kg，胡椒粉 0.19 kg，硝石 50 g，猪奶脯肥肉 25 kg，玉果粉 0.13 kg。

(3)操作要点　肠衣用 18～20 mm 的羊小肠衣，每根长 12～14 cm。烘烤温度 70～80℃，时间 45 min；蒸煮温度 90℃，时间 10 min。

成品外观色红有光泽，肉质呈粉红色，肉质细嫩有弹性，成品率为 115%～120%。

三、灌制类产品的质量标准

中式未经熟制香肠执行 GB 2730—2005《腌腊肉制品卫生标准》，详见本篇第五章。

熟制灌肠质量标准引用 GB 2726—2005《熟肉制品卫生标准》。详见本篇第四章。

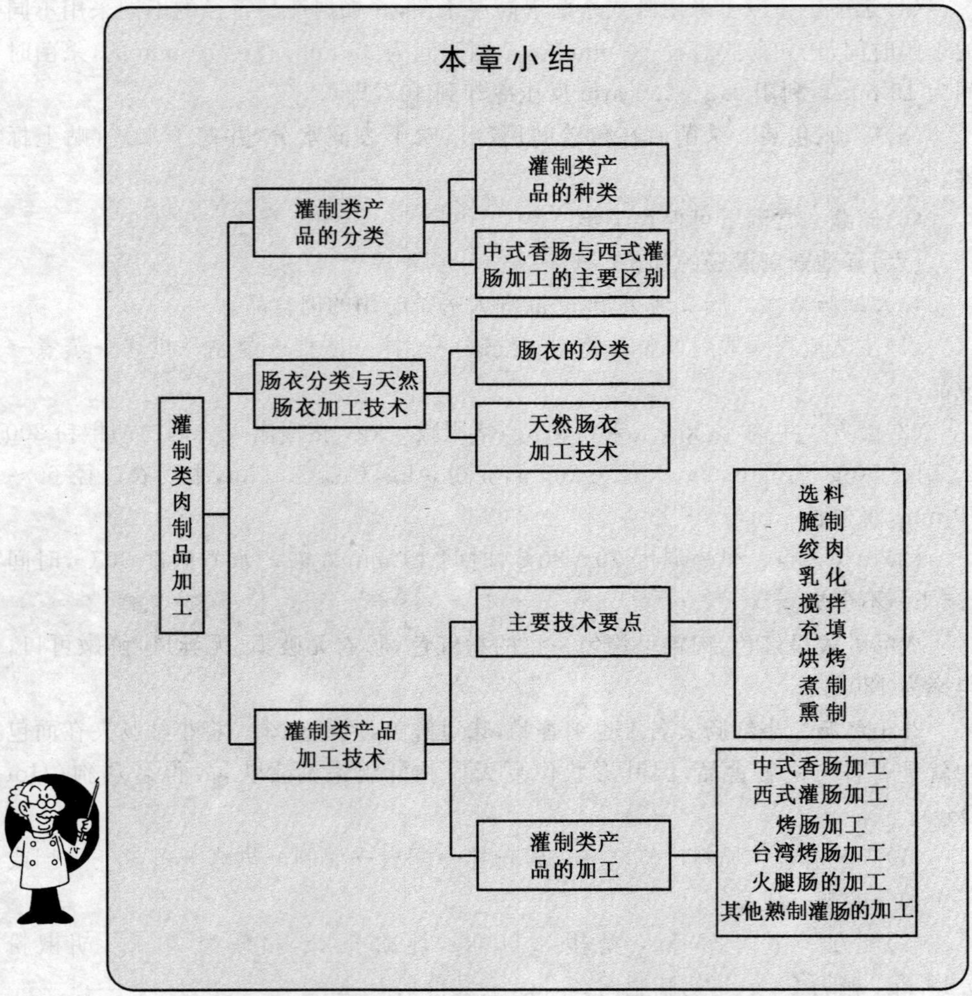

复习思考题

1. 灌制类产品有哪些种类？
2. 中式香肠与西式灌肠加工的主要区别在哪些方面？
3. 用于肉制品加工的肠衣有几种，各有何特点？
4. 试述中式香肠的加工工艺及质量控制。
5. 试述熟制灌肠加工的基本工艺及质量控制。

第八章　酱卤肉制品加工

知识目标

- 掌握调味、煮制对肉的作用。
- 了解酱卤制品的种类。

技能目标

- 掌握酱卤制品加工的基本技术。
- 掌握烧鸡、酱汁肉、软包装酱牛肉等产品的加工技术。

酱卤制品是用畜禽肉及可食副产品加调味料和香辛料，以水为加热介质煮制而成的一大类熟肉制品。酱卤制品几乎在我国各地均有生产，但由于各地的消费习惯和加工过程中所用的配料、操作技术不同，形成了许多品种，有的已成为地方名特产，如苏州的酱汁肉、北京月盛斋的酱牛肉、河南的道口烧鸡等。

近年来，随着对酱卤制品的传统加工工艺理论的研究以及先进加工设备的应用，一些酱卤制品的传统加工工艺得以改进，如用新的工艺加工的烧鸡、酱牛肉等产品更受人们的欢迎。

第一节　酱卤制品加工基本技术

酱卤制品加工应掌握3个关键环节，一是原料选择好，二是调好味，三是煮制掌握好火候和时间。原料是第一位的，除去卫生指标外，每种产品还有特定的原料要求。下面着重讲调味和煮制。

一、调味

调味就是根据各地区消费习惯、品种的不同加入不同种类和数量的调料，将原料加工成具有特定风味的产品。如北方喜欢咸味稍浓，则加盐量多；而南方喜爱甜味，则加糖多些，不能强求一律。

调味根据加入调料的作用和时间大致可分为基本调味、定性调味、辅助调味 3 种。在原料整理之后，经过加盐、酱油或其他配料进行腌制，奠定产品的咸味，叫基本调味。原料下锅后，随同加入主要配料如酱油、盐、酒、香料等，加热煮制或红烧，决定产品的口味叫定性调味。加热煮制之后或即将出锅时加入糖、味精等，以增进产品的色泽、鲜味，叫辅助调味。

二、煮制

煮制是酱卤制品加工中主要的工艺环节，其对原料肉实行热加工的过程中，使肌肉收缩变形，降低肉的硬度，改变肉的色泽，提高肉的风味，达到熟制的作用。加热的方式有水、蒸汽、油等，通常多采用水加热煮制。

(一)煮制方法

在酱卤制品加工中煮制方法包括清煮和红烧。

1. 清煮　清煮又称预煮、白煮等。其方法是将整理后的原料肉投入沸水中，不加任何调料，用较多的清水进行煮制。清煮的目的主要是去掉肉中的血水和肉本身的腥味或气味，在红烧前进行，清煮的时间因原料肉的形态和性质不同有异，一般为 15～40 min。清煮后的肉汤称白汤，清煮猪肉的白汤可作为红烧时的汤汁基础再使用，但清煮牛肉及内脏的白汤除外。

2. 红烧　红烧是将清煮后的肉放入加有各种调味料、香辛料的汤汁中进行烧煮，是酱卤制品加工的关键性工序。红烧的目的不仅可使制品加热至熟，更重要的是使产品的色、香、味及产品的化学成分有较大的改变。红烧的时间，随产品和肉质不同而异，一般为 1～4 h。红烧后剩余之汤汁叫老汤或红汤，要妥善保存，待以后继续使用。制品加入老汤进行红烧风味更佳。

另外，油炸也是某些酱卤制品的制作工序，如烧鸡等。油炸的目的是使制品色泽金黄，肉质酥软油润，还可使原料肉蛋白质凝固，排除多余的水分，肉质紧密，使制品造型定型，在酱制时不易变形。油炸的时间，一般为 5～15 min。多数在红烧之前进行。但有的制品则经过清煮、红烧后再进行油炸，如北京盛月斋烧羊肉等。

(二)煮制火候

在煮制过程中，根据火焰的大小强弱和锅内汤汁情况，可分为大火、中火、小火三种。

1. 大火　又称旺火、急火等。大火的火焰高强而稳定，锅内汤汁剧烈沸腾。

2. 中火　又称温火、文火等。火焰较低弱而摇晃，锅内汤汁沸腾，但不强烈。

3. 小火　又称微火。火焰很弱而摇晃不定，锅内汤汁微沸或缓缓冒气。

火力的运用，对酱卤制品的风味及质量有一定的影响，除个别品种外，一般煮制初期用大火，中后期用中火和小火。大火烧煮的时间通常较短，其主要作用是尽快将汤汁烧沸，使原料初步煮熟。中火和小火烧煮的时间一般比较长，其主要作用是可使肉品变得酥润可口，同时使配料渗入肉的深部。加热时火候和时间的掌握对肉制品质量有很大影响，需特别注意。

第二节　酱卤制品的加工工艺

一、酱卤制品种类及特点

1. 白煮肉类及特点　白煮也叫白烧、白切。白煮肉类可以认为是酱卤肉类未经酱制或卤制的一个特例，是肉经（或不经）腌制，在水（盐水）中煮制而成的熟肉类制品。一般在食用时再调味，产品最大限度地保持原料肉固有的色泽和风味。其特点是制作简单，仅用少量食盐，基本不加其他配料；基本保持原形原色及原料本身的鲜美味道；外表洁白，皮肉酥润，肥而不腻。白煮肉类以冷食为主，吃时切成薄片，蘸以少量酱油、芝麻油、香醋、葱花、姜丝等。白煮肉类有白切肉、白斩鸡、白切猪肚、盐水鸭等。

2. 酱卤肉类及特点　酱卤肉类是酱卤制品中品种最多的一类熟肉制品，其风味各异，但主要制作工艺大同小异，只是在具体操作方法和配料的数量上有所不同。根据这些特点，酱卤肉类可划分为以下 5 种。

(1)酱制　亦称红烧或五香，是酱卤肉类中的主要制品，也是酱卤肉类的典型产品。这类制品在制作中因使用了较多的酱油，以至制品色深、味浓，故称酱制。又因煮汁的颜色和经过烧煮后制品的颜色都呈深红色，所以又称红烧制品。另外，由于酱制品在制作时使用了八角、小茴香、桂皮、丁香、花椒五种香料，故有些地区也称这类制品为五香制品。

(2)酱汁制品　以酱制为基础，加入红曲米使制品具有鲜艳的樱桃红色。酱汁制品使用的糖量较酱制品多，在锅内汤汁将干、肉开始酥烂准备出锅时，将糖熬成汁直接刷在肉上，或将糖撒在肉上。酱汁制品色泽鲜艳喜人，口味咸中有甜。

(3)蜜汁制品　蜜汁制品的烧煮时间短，往往需油炸，其特点是块小，以带骨制品为多。蜜汁制品的制作方法有两种：一种是待锅内的肉块基本煮烂，汤汁煮至发稠，再将白糖和红曲米水加入锅内。待糖和红曲米水熬至起泡发稠，与肉块混匀，起锅即成。另一种是先将白糖与红曲米水熬成浓汁，浇在经过油炸的制品上即成（油炸制品多带骨，如大排、小排等）。蜜汁制品表面发亮，多为红色或红褐色，制品鲜香可口，蜜汁甜蜜浓稠。

（4）糖醋制品　方法基本同酱制，配料中需加入糖和醋，使制品具有甜酸味。

（5）卤制品　先调制好卤制汁或加入陈卤，然后将原料放入卤汁中。开始用大火，待卤汁煮沸后改用小火慢慢卤制，使卤汁逐渐浸入原料，直至酥烂即成。卤制品一般多使用老卤。每次卤制后，都需对卤汁进行清卤（撇油、过滤、加热、晾凉），然后保存。

酱卤肉类的特点是制作简单，操作方便；成品表面光亮，颜色鲜艳；并且由于重大料、重酱卤，煮制时间长，制品外部都粘有较浓的酱汁或糖汁。因此，制品具有肉烂皮酥、浓郁的酱香味及糖香味等特色。我国著名的酱卤肉类有酱汁肉、卤肉、糖醋排骨、道口烧鸡、蜜汁蹄膀、德州扒鸡等。

3. 糟肉类及特点　糟肉类是用酒糟或陈年香糟代替酱汁或卤汁制作的一类产品。它是肉经白煮后，再用“香糟”糟制的冷食熟肉类制品。其特点是制品胶胨白净，清凉鲜嫩，保持固有的色泽和曲酒香味，风味独特。但糟制品由于需要冷藏保存，食用时又需添加胨汁，故较难保存，携带不便。因此受到一定的限制。我国著名的糟肉类有糟肉、糟鸡、糟鹅等。

二、酱卤制品的加工工艺

（一）肴肉

肴肉以镇江肴肉最为出名，其特点为皮色洁白，光滑晶莹，卤胨透明，具有香、酥、鲜、嫩四大特色，瘦肉红润、香酥适口、食不塞牙，肥肉不腻、食之不厌。

1. 工艺流程

原料选择与整理→腌制→浸泡→烧煮→压蹄→成品。

2. 配方　去爪猪蹄 100 只，绍酒 250 g，盐 13.5 kg，葱段 250 g，姜片 125 g，花椒 75 g，八角茴香 75 g，硝水 3 kg（硝酸钠 30 g 拌于 5 kg 水），明矾 30 g，以上为平均数，视猪蹄大小和季节不同，酌量增减。

3. 操作要点

（1）原料整理　选用猪的前蹄膀，也可用后蹄膀代替；去爪除毛、剔骨去筋、刮净污物杂质后洗净。将蹄膀置于松板上，皮朝下用铁钎在蹄膀的瘦肉上戳若干小孔。

(2)腌制　在蹄膀上洒上硝水和清盐，揉匀擦透，平放入有老卤的缸内腌制。夏天每只蹄膀用盐 125 g，腌制 6～8 h；冬天用盐 190～200 g，腌制 7～10 d；春、秋季用盐 110 g，腌制 3～4 d。

(3)浸泡　腌好的蹄膀出缸后，在冷水中浸泡 8～10 h，除去涩味，取出刮去皮上污物，用清水漂洗干净。

(4)烧煮　将葱段、姜片、花椒、八角茴香等拌匀，分装在 2 只布袋内，扎紧袋口，制成香料袋。在锅内放入清水 50 kg，加盐 4 kg、明矾 15 g；放入猪蹄膀，皮朝上，逐层相叠，最上一层皮朝下。用旺火烧开，撇去浮沫，放入香料袋，加入绍酒。在蹄膀上盖上竹箕一只，上放清洁重物压紧蹄膀，用小火煮约 1.5 h 保持微沸。将蹄膀上下翻换，重新放入锅内再煮约 3 h 至九成烂时出锅，捞出香料袋，汤留用。

(5)压蹄　取直径 40 cm、边高约 4.3 cm 的平盆 50 只。每只盆内平放猪蹄膀 2 只，皮朝下。每 5 只盆叠压在一起，上面再盖空盆 1 只。20 min 后，将盆逐只移至锅边，把盆内油卤倒入锅内，用旺火将汤卤烧开，撇去浮油，放入明矾 15 g、清水 2～3 kg，再烧开并撇去浮油。将汤卤舀入蹄盆，淹没肉面，置于阴凉处冷却凝胨(天热时凉透后放入冰箱凝胨)即成水晶肴蹄。

(二)苏州酱汁肉

苏州酱汁肉为苏州陆稿荐熟肉店所创。酥润浓郁，皮糯肉烂，色泽鲜艳，入口即化，肥而不腻。

1. 工艺流程

原料肉的整理→煮制→酱制→制卤→成品。

2. 配方　肋条肉 50 kg，绍酒 2～3 kg，白糖 2.5 kg，盐 1.5～1.75 kg，红曲米 600 g，桂皮 100 g，大茴香 100 g，葱 500 g(打成把)，生姜 100 g。香料须用纱布包扎好后下锅；红曲米加工成粉末，越细越好。

3. 操作要点

(1)原料整理　选用毛稀、皮薄、肉质鲜嫩太湖猪的肋条肉为原料。将带皮的整块肋条肉用刮刀把毛、污、杂质刮净，割去奶脯，斩下大排骨的脊背。斩时刀不能直接斩到膘上，斩至留有瘦肉的 3 cm 厚度时，就劈出脊骨，形成带有大排骨的整块方肋条。然后开条(俗称抽条子)，条子宽度 4 cm，长度不限。条子开好后斩成些 4 cm 见方的块，尽可能做到五花肉每千克 20 块，排骨部分每千克 14 块左右。斩好块后，将五花肉、排骨肉分别存放。

(2)煮制　根据原料的规格，分批下锅在沸水中白煮。五花肉烧 10 min 左右，排骨肉烧约 15 min。捞起后用清水冲洗干净，去掉油沫污物等。将锅内白汤撇去浮油，全部舀出。然后在锅内放拆骨的猪头肉 6 块(猪脸 4 块、下巴肉 2 块，主要起衬垫作用,防止原料贴锅焦煳),放入包扎好的香料纱布袋。在猪头肉上面先放五花肉,后放排骨肉。如有排骨碎肉可装入小竹篮中,置于锅中间。最后倒入适量白煮肉汤,用大火煮制 1 h 左右。

(3)酱制 当锅内白汤沸腾时加入红曲米、绍酒和糖(用糖量为总糖量的 4/5),再改用中火焖煮 1 h 左右至肉色为深樱桃红色、汤将干、肉已酥烂时即可出锅。出锅时需用尖筷逐块取出,放在盘中逐行排列,不能叠放。香料、桂皮、八角茴香可重复使用,桂皮用到折断后横切面发黑时为止,八角茴香用到角脱落时为止。

(4)制卤 酱汁肉的质量关键在于制卤,食用时要在肉上泼卤汁。好卤汁既能使肉色鲜艳,又能使味具有以甜味为主、甜中带咸的特点。质量好的卤汁应黏稠、细腻、流汁而不带颗粒。

卤汁的制法是将余下 1/5 白糖加入成品出锅后的汤锅中,用小火熬煎,并用铲刀不断地在锅内翻动,以防止发焦产生锅巴。待锅内汤汁逐步形成糨糊状时成卤汁,舀出盛放在钵或小缸等容器中,以便于出售或食用时浇在酱汁肉上。出售时应在酱肉上浇上卤汁。如果天凉,卤汁冻结时,须加热溶化后再用。

(三)道口烧鸡

道口烧鸡是河南传统的地方特产,历史悠久。道口烧鸡的特点:造型美观,皮色鲜艳,香味四溢,熟烂适中,用手一掰,骨肉分离;用牙一咬,肉茬整齐;五香酥软,肥而不腻,骨酥可嚼,为之叫绝。

1. 工艺流程

原料鸡的选择→屠宰煺毛→去内脏→漂洗→腌浸→整形→油炸→煮制→成品检验。

2. 配方 鸡 100 kg、砂仁 15 g、豆蔻 15 g、丁香 3 g、草果 30 g、肉桂 90 g、良姜 90 g、陈皮 30 g、白芷 90 g、食盐 2~3 kg、饴糖 1 kg、味精 300 g、葱 500 g、生姜 500 g。

3. 操作要点

(1)原料鸡的选择 选择健康的柴鸡,现在一般多用淘汰蛋鸡为原料,不过最好选用半年至两年以内,体重 1~1.5 kg 的母鸡。原料鸡的选择影响成品的色、形、味和出品率。

(2)屠宰煺毛 原料鸡在候宰 20 h 后,采用"断三管"法宰杀,放血完全后,用 58~65℃水浸泡 1~2 min,待羽毛可顺利拔掉时即行煺毛。

(3)去内脏 鸡背朝上,头朝前,然后在鸡颈部右侧切开皮肤 3 cm,用手指把食管嗉囊摘去。再在下腹部肛门前开 3 cm 左右的小横口,用手指伸入剥离鸡油,依次取出鸡的胃、肠、心、肝、肺等全部内脏后,冷水洗净鸡体。

(4)漂洗 把鸡放在清水中漂洗30～40 min,目的是浸出鸡体内残血。

(5)腌浸 将配好的八味香辛料捣碎后,用纱布包好放入锅内,加入一定量的水煮沸1 h,然后在料液中加食盐,使其浓度达13°Be,然后把漂洗好的鸡放入卤水中腌浸35～40 min,中间翻动一二次。

(6)整形 为了使鸡外观漂亮,将腌制好的鸡清水冲洗后放在加工台上,腹部朝上,左手稳住鸡身,将两脚爪从腹部开口处插入鸡的腹腔中,两翅交叉插入口腔,使之成为两头稍尖的独特造型。最后用清水漂洗一次,并晾干水分。

(7)油炸 油炸的目的是使鸡表皮色泽美观大方。将整形后的鸡用铁钩钩着鸡颈,用沸水淋烫2～4次,待鸡水分晾干后再上糖液(饴糖与水1∶3组成)。用刷子在鸡全身均匀刷三四次糖液,每刷一次要等晾干后再刷第二次。将上好糖液的鸡放入加热到170～180℃的植物油中翻炸,油温控制在160～170℃,待其呈橘黄色时即可捞出。油炸时动作要轻,不要把鸡皮弄破。

(8)煮制 在腌浸的卤中加适量水煮沸后,加盐调整咸度,再加适量的味精、葱、姜,把鸡放入,用文火慢慢煮2～4 h,将温度控制在75～85℃,等熟后捞鸡出锅。出锅时要眼疾手快、稳而准,确保鸡形完整、不破不裂。

(四)盐水鸭

盐水鸭是南京的特产之一,加工制作的季节不受限制,特点是腌期短,表皮洁白、鸭肉娇嫩、口味鲜美,食之肥而不腻、清淡而有咸味,具有香、酥、嫩、鲜的特色。除鸭以外,鹅也可照此法加工成盐水鹅,别有一番风味。

1. 工艺流程

原料鸭的选择→宰杀→浸泡→晾干→腌制→冲烫或烘烤→煮制→出锅→成品检验。

2. 配方 光鸭100 kg,食盐6.25 kg(干腌用),生姜、葱各2 kg,曲酒1.8 kg,大茴香100 g。

3. 操作要点

(1)原料鸭选择 选用当年成长的活重1.5～2.0 kg较肥者为宜,若偏瘦可进行短期催肥。

(2)宰杀开剖 制作盐水鸭宰杀要求比较特殊,宰前断食18 h,采用口腔内放血刺杀,放净血(6～8 min),趁鸭体温还没有散失时,用热水(61～63℃)浸烫(45 s左右)煺毛。切去翅膀的第二关节和脚爪,右翅下开膛(用刀先开一小口,再向上划至翅根中部,向下划至腰窝,呈一月牙形刀口,长6～8 cm,刀口与鸭体平行)取出内脏。取出食管、气管。在鸭的下颚正中处用刀尖刺一小口,以便晾挂。若是雄鸭,则用手指在肛门处挤出生殖器并割去。

(3)整理水浸　将除去内脏的鸭坯，用清水洗净体腔内。然后放在清水池中浸泡约 2 h，中途至少换水一次（气温高时需加冰块），拔出血水，使肌肉洁白。浸泡后挂在晾架上沥干水分。

(4)腌制　先干腌，后湿腌。干腌用炒盐量（盐与大茴香炒好备用）为鸭重的 6.25%，3/4 的盐量从右翅刀口处放入体腔（将鸭坯前后左右翻动，使盐在体腔内分布均匀），1/4 的盐量擦在体表（肌肉厚处与刀口处要适当多一些），然后放在缸内，腌 1.5～4 h。抠卤后湿腌，就是将干腌后的鸭坯放在盐卤中浸腌 2～3 h。湿腌后清洗，晾挂沥干。盐卤的制作方法参见（第五章第三节）南京板鸭加工的复卤。

(5)冲烫　用开水冲烫腌后的鸭坯，使皮肤收缩，肌肉丰满。

(6)烘烤　将冲烫后的鸭坯挂在烘房内（温度 40～50℃，通风）架子上，烘 20～30 min。

(7)煮制　先在清水锅中放入生姜、葱、大茴香等煮开。将一 6～8 cm 两头通的竹管或芦苇管插入鸭的肛门，在鸭体腔内放少许生姜片、葱及大茴香。提住左腿，将鸭头朝下，放入沸水中，当热水从右翅下开口处灌满体腔时，提起鸭左腿，倒出体腔内汤水；再放入锅中，当热水灌满体腔时，再次提鸭倒汤。然后在锅中加入占总水量 1/6 的冷水，使鸭体内外的水温达到一致，盖锅用大火煮至锅边出现连珠小泡时，水温约 90℃，加入曲酒，再次提鸭倒汤，再补加入少量冷水，焖 15～20 min，改用大火煮至锅边出现连珠小泡时停火。停火焖煮 10～15 min，出锅冷却即为成品。

(五)糟鹅

苏州糟鹅是江苏苏州著名的风味制品，以闻名全国的太湖白鹅为原料制作而成。糟肉制品须保持一定冷度，食用时须加冷冻汁并放在冰箱中保存，才能保持其鲜嫩、爽口的特色。

1. 工艺流程

原料鹅屠宰→煮制→备糟→拌糟→糟制→成品检验。

2. 配方　光鹅 50 kg（约 25 只）、陈年香糟 1.25 kg，大曲酒 125 g，黄酒 1.5 kg，葱 750 g，姜 500 g，精盐 1 kg，白酱油 400 g，花椒 15 g。

3. 操作要点

(1)原料整理　选用每只重 2.0 kg 以上的太湖鹅，宰杀开膛、清洗。

(2)煮制　锅内放入光鹅，加水以淹没鹅体为宜。用大火煮开，撇去血污后加葱、姜、绍酒，中火煮 40～50 min 起锅。起锅后先在每只鹅上撒一些精盐，然后将鹅斩劈，分成头、脚、翅膀和两片鹅身，一起放入干净的容器内冷却 1 h。将煮汤另盛一干净容器内，撇净浮油，杂质，加入酱油、花椒、葱花、姜末、精盐，放置冷却待用。

(3)备糟　香糟50 kg,加1.5～2 kg炒过的花椒,再加盐拌和后,置入缸内,用泥封口,待第二年使用,称为陈年香糟。

(4)拌糟　每50 kg糟鹅用陈年香糟1.25 kg、盐250 g,放入缸内。先放入少许上等大曲酒,用手边浇边拌,再徐徐加黄酒100 g,直至拌匀、没有结块时为止,称为糟酒混合物。

(5)糟制　将已冷却的熟鹅平放装入糟缸,每放一只要洒适量大曲酒。装好后再倒入0.5 kg左右的冷却汤,然后盖上双层细纱布,将缸口或桶口扎紧,将剩余的冷却汤、糟酒混合物拌好后倒于纱布上,使汤液徐徐流入糟缸,渗入鹅肉中。待糟汤全部滤完,即将糟缸盖紧,鹅块在缸内糟制4～5 h即为成品。食用时可将缸内之糟汤浇在糟好的鹅块上。

(六)北京月盛斋酱牛肉

北京月盛斋酱牛肉亦称五香酱牛肉。产品特点是外表深棕色,食之嫩而爽口,咸淡适宜,香浓味纯。原料是选用膘肥的牛肉,切成1 kg左右的小块。

1.调酱　一定量水和黄酱拌和,把酱渣捞出,煮沸1 h,并将浮在汤面上的酱沫撇净,备用。

2.装锅　将选好的原料肉,按不同部位、肉质老嫩分别放在锅内,倒入调好的汤液进行酱制。

3.酱制　待煮沸之后加入各种调味料。为使肉块均匀煮烂,每隔1 h左右倒锅一次,再加入适量老汤和食盐。用小火煨4 h,使各种调味料均匀地渗入肉中。将肉块逐一托出,码在盘上,将锅内余汤冲洒在肉块上即为成品。

(七)酱牛肉生产新工艺

酱牛肉的传统制法煮制时间长、耗能多、出品率低。根据西式火腿的加工原理,采用盐水注射、滚揉和低温焖煮等方法制作的酱牛肉,肉质鲜嫩,出品率高。

1.工艺流程

原料肉处理→配制腌液→注射→滚揉→煮制→成品。

2.操作要点

(1)原料肉处理　选用牛前肩或后臀肉,去除脂肪、筋腱、淋巴、淤血后,将其切成2～3 kg的小块。

(2)配制注射液(以牛肉100 kg计)　将适量的白胡椒、花椒、大料放入20 kg水中熬制,然后冷却至30℃左右,加入食盐2 kg,品质改良剂2 kg,搅拌使其溶化,过滤后备用。

(3)注射　用盐水注射机将配制好的注射液注入肉块中。

(4)滚揉　将注射后的牛肉块放入滚揉机中,以8～10 r/min的转速滚揉。滚揉时的温度应控制在10℃以下，滚揉时间为4～6 h。

(5)煮制　将滚揉后的牛肉块放入85～87℃的水中焖煮2.5～3.0 h出锅，即为成品。

(6)产品特点　肉质鲜嫩，表面光亮，出品率高达70%（传统工艺出品率仅为45%～50%）。

(八)软包装五香猪蹄

1.原辅料

猪蹄50 kg。

卤制配方：八角130 g，桂皮70 g，砂仁30 g，姜粉100 g，花椒100 g，玉果100 g，白芷30 g，味精70 g，食盐2.4 kg，曲酒0.5 kg。

上色配方：红曲红10 g，烟熏香味料26 g，曲酒250 g，五香汁50 g，焦糖8 g。

2.工艺

(1)原料解冻　将猪蹄浸泡在自来水中4 h，进行水解冻。

(2)清洗整理　将解冻后的猪蹄，用清水清洗，除去表面的污物、杂质，并用刷子除掉表面的浮皮。

(3)预煮　将整理好的猪蹄放入开水中，预煮5 min，以除掉异味，猪蹄表面收缩，残毛直立。

(4)去毛、劈半　预煮好的猪蹄用自来水冷却后，用拔发钳拔掉残毛，或用酒精喷灯燎去残毛。然后用砍刀或斧子将猪蹄劈成两半。

(5)卤制　将卤制用的辅料包成料包，连同其他辅料一同在清水中烧开，将猪蹄放入，水的量以能淹没猪蹄为准，先用大火煮开，然后用文火，保证90～95℃焖煮20 min。

(6)上色　将预煮后的猪蹄捞出，趁热放入上色锅中。上色锅中提前放入10 kg的卤制老汤，并将上色用的辅料溶化、搅拌均匀。经上色锅烧开，并不断翻拌猪蹄，慢慢收汁。待汁液快收干时，出锅。

(7)真空包装　待猪蹄自然冷却后，每450 g一袋装入真空包装袋。装袋时，要将劈半时的刀切面对在一起。然后根据不同的包装袋，调整好真空包装机的真空度、热合温度、热合时间，进行真空热封。

(8)高温杀菌　将包装好的猪蹄在高温杀菌锅中进行水杀，115℃恒温50 min，反压冷却。

(9)装箱　将冷却好软包装高温五香猪蹄贴标、装箱。

本章小结

- 酱卤肉制品加工
  - 酱卤制品加工基本技术
    - 调味
    - 煮制
      - 煮制方法
      - 煮制火候
  - 酱卤制品的加工工艺
    - 酱卤制品种类及特点
    - 酱卤制品的加工工艺
      - 肴肉
      - 苏州酱汁肉
      - 道口烧鸡
      - 盐水鸭
      - 糟鹅
      - 北京月盛斋酱牛肉
      - 酱牛肉生产新工艺
      - 软包装五香猪蹄

复习思考题

1. 酱卤制品加工主要应控制好哪几个关键环节？
2. 酱肉制品有哪些种类？其特点是什么？
3. 烧鸡的加工应掌握哪些环节？

第九章　肉类罐头加工

知识目标

- 掌握罐头加工的基本原理。
- 了解肉类罐头的种类。
- 了解罐头容器的类型与性质。
- 掌握杀菌式的含义。

技能目标

- 熟悉罐头加工的基本过程。
- 掌握杀菌与冷却技术。
- 了解典型罐头的加工方法。

什么叫罐头？简单讲，凡用密封容器包装并经高温杀菌的食品都可称为罐头。罐头加工的实质是将食品密封在容器中，经高温处理，使绝大部分微生物消灭掉，同时在防止外界微生物再次侵入的条件下，获得在室温下较长时期的储藏。

畜禽屠宰后，因本身的酶类和污染的微生物，会导致其腐败变质。但组织酶的抗热性不强，通常在装罐前的热处理过程中就会失活，而微生物的耐热性一般比酶强。因此，罐藏食品的热处理杀菌对象主要是腐败微生物。杀菌的作用是杀灭罐内残留的微生物，保证罐头安全性和食用价值。同时还能够改善食品组织及风味。从理论上讲罐藏食品的特点是必须有一个能够密闭的容器（包括复合薄膜制成的软袋）；必须经过排气、密封、杀菌、冷却这 4 个工序；必须杀死致病菌、腐败菌、中毒菌（在生产上叫商业无菌），并使酶失活。

罐头工业从手工业生产发展成为现代化工业，经历了近 200 年历史，随着物理学、化学、传热学、生物学、机械学和电工学的发展，促进了罐头食品生产技术的改革，出现了许多新工艺、新技术和新设备，产品的品种不断增多，产品的质量不断提高。目前，市场上肉类罐头食品以软包装产品居多。本章在叙述罐头加工基本过程的基础上，对有代表性的肉类罐头产品的工艺作一简单介绍。

第一节　肉类罐头的种类和一般加工过程

一、肉类罐头的种类

根据加工及调味方法不同，畜肉类罐头可分为以下几类：

1. 清蒸类罐头　原料经初步加工后，不经烹调而直接装罐制成的罐头。它的特点是最大限度地保持各种肉类的特有风味。如原汁猪肉、清蒸牛肉、白切鸡等罐头。

2. 调味类罐头　原料肉经过整理、预煮或油炸、烹调后装罐，加入调味汁液而制成的罐头。这类罐头按烹调方法及加入汁液的不同，可分为红烧、五香、豉汁、浓汁、咖喱、茄汁等类别。它的特点是具有原料和配料特有的风味和香味，色泽较一致，块形整齐。如红烧扣肉、咖喱牛肉、茄汁兔肉罐头等。调味类罐头是肉类罐头品种中数量最多的一种。

3. 腌制类罐头　将原料肉整理，用食盐、硝酸盐、白糖等辅料配制而成的混合盐进行腌制后，再经过加工制成的罐头。这类产品具有鲜艳的红色和较高的保水性，如午餐肉、咸牛肉、猪肉火腿等。

4. 烟熏类罐头　处理后的原料经腌制、烟熏后制成的罐头。有鲜明的烟熏味，如西式火腿、烟熏肋条等。

5. 香肠类罐头　肉腌制后再加入各种辅料，经斩拌制成肉糜，然后装入肠衣，经烟熏、预煮再装罐制成的罐头。

6. 内脏类罐头　将猪、牛、羊的内脏及副产品，经处理调味或腌制后制成的罐头即为内脏类罐头。如猪舌、牛舌、猪肝酱、牛尾汤、卤猪杂等罐头。

如果按照使用的包装容器分类，可分为听装罐头、玻璃瓶罐头和软罐头等。

二、罐头容器的选用和处理

(一)听装罐头

听装罐头是采用金属罐为容器进行装罐和包装的罐头。金属罐中目前最常用的材料是镀锡薄钢板，其次是铝材以及镀铬薄钢板等。

1. 镀锡薄钢板　镀锡薄钢板是一种具有一定金属延伸性、表面经过镀锡处理的低碳薄钢板。镀锡板是它的简称，俗称马口铁。现在用于制罐的镀锡板都是电镀锡板，即由电镀工艺镀以锡层的镀锡板。它与过去用热浸工艺镀锡的热浸镀锡板相比，具有镀锡均匀，耗锡量低，质量稳定，生产率高等优点。

镀锡板由钢基、锡铁合金层、锡层、氧化膜和油膜等构成。用镀锡板罐作食品罐头时，有些食品容易与镀锡板发生作用，引起镀锡板腐蚀，这种腐蚀主要是电化学腐蚀。其次是化学性腐蚀，在这种情况下，单凭镀锡板的镀锡层显然不能保护钢基，这就需在镀锡板表面设法覆盖一层安全可靠的保护膜，使罐头内容物与罐壁的镀锡层隔绝开。还可采取罐头内壁涂料的方法，即在镀锡板用于内壁的一面涂刷防腐耐蚀涂料，并加以干燥成膜。对于铝制罐和镀铬板罐，为了提高耐蚀性，内壁均需要涂料。

随着国际市场上锡资源的短缺，锡价猛涨，镀锡板的生产转向低镀锡量，但是镀锡量低往往不能有效地抵制腐蚀，这就要求助于罐内涂料的办法来提高耐蚀性。此外，目前有的国家对食品内重金属含量制定了法规，为了商品贸易的需要，罐头内壁加以涂料势在必行。

2. 镀铬薄板　镀铬薄钢板是表面镀铬和铬的氧化物的低碳薄钢板。镀铬板是20世纪60年代初为减少用锡而发展的一种镀锡板代用材料。镀铬板耐腐蚀性较差，焊接困难，现主要用于腐蚀性较小的啤酒罐、饮料罐以及食品罐的底、盖等，接缝采用熔接法和粘合法接合，它不能使用焊锡法。镀铬板需经内外涂料使用，涂料后的镀铬板，其涂膜附着力特别优良，宜用于制造底盖和冲拔罐，但它封口时封口线边缝容易生锈。

3. 铝合金薄板　它为铝镁、铝锰等合金经铸造、热轧、冷轧、退火等工序制成的薄板。其优点为轻便、美观、不生锈。用于鱼类和肉类罐头，无硫化铁和硫化斑，用于啤酒罐头无发浑和风味变化等现象。缺点为焊接困难，对酸和盐耐蚀性较差，所以需涂料后使用。

4. 焊料及助焊剂　目前使用的金属罐容器中，使用量最大的是镀锡板的三片接缝罐。三片罐身接缝必须经过焊接（或粘接），才能保证容器的密封。焊接工艺中现在基本上采用电阻焊。

5. 罐头密封胶　罐头密封胶固化成膜作为罐藏容器的密封填料，填充于罐底盖和罐身卷边接缝中间，当经过卷边封口作业后，由于其胶膜和二重卷边的压紧作用将罐底盖和罐身紧密结合起来。它对于保证罐藏容器的密封性能，防止外界微生物和空气的侵入，使罐藏食品得以长期储藏而不变质是很重要的。

罐头密封胶除了能起密封作用外，必须适合罐头生产上一系列机械的、化学的和物理的工艺处理要求，同时还需具备其他一系列特殊条件：

①要求无毒无害，胶膜不能含有对人体有害的物质；

②要求不含有杂质，并应具有良好的可塑性，便于填满罐底盖与罐身卷边接缝

间的孔隙，从而保证罐头的密封性能；

③与板材结合应具有良好的附着力及耐磨性能；

④胶膜应有良好的抗热、抗水、抗油及抗氧化等耐腐蚀性能。

作为罐藏容器的密封填料，除了某些玻璃罐的金属盖上使用塑料溶胶制品外，基本上均使用橡胶制品。

(二)玻璃瓶罐头

玻璃瓶罐头是采用玻璃瓶罐为容器进行装罐和包装的罐头。玻璃罐（瓶）是以玻璃作为材料制成，玻璃为石英砂（硅酸盐）和碱即中性硅酸盐熔化后在缓慢冷却中形成的非晶态固化无机物质。玻璃的特点是透明、质硬而脆、极易破碎。使用玻璃罐用于包装食品既有优点，也有许多缺点。其优点为：①玻璃的化学稳定性较好，和一般食品不发生反应，能保持食品原有风味，而且清洁卫生；②玻璃透明，便于消费者观察内装食品，以供选择；③玻璃罐可多次重复使用，甚为经济。

玻璃罐存在的缺点为：①机械性能很差，易破碎，耐冷、热变化的性能也差，温差超过 60℃时容易发生破裂。加热或冷却时温度变化必须缓慢、均匀地上升或下降，在冷却中比加热时更易出现破裂问题；②导热性差，玻璃的热导率为铁的1/60，铜的 1/1 000。它的比热容较大，0～100℃时为 0.722 kJ/(kg·℃)，为铁皮的 1.5 倍。因此，杀菌冷却后玻璃罐所装食品的质量比铁罐差；③玻璃罐比同样体积的铁罐重 4～4.5 倍，因而它所需的运输费用较大，故玻璃罐在罐头食品中的应用受到一定的限制。

(三)软罐头

软包装罐头是指用复合塑料薄膜袋装，杀菌后能较长时期储藏的罐头。它质量轻，体积小，开启方便，耐储藏，可供旅游、航行、登山等需要，目前已大量投入生产。

软罐头使用的复合薄膜包装材料，常称为蒸煮袋，其外层薄膜有尼龙、聚酯，作为阻隔层的薄膜有聚偏二氯乙烯、铝箔、乙烯-乙烯醇共聚物，而作为密封层的薄膜有聚丙烯、特殊聚乙烯等。蒸煮袋可以分 4 种类型进行说明，即透明普通型、透明隔绝型、铝箔隔绝型、高温杀菌用袋。

1.透明普通型　透明普通型蒸煮袋，因为能看见内容物，所以被多数食品加工厂所采用。特别是酱菜、米饭等包装以及在低温下销售的汉堡肉饼，大多采用这种类型的包装材料。这些透明普通型包装材料，其外层采用尼龙或聚酯薄膜，内层是聚丙烯、聚乙烯等聚烯烃薄膜。

2.透明隔绝型　蛋白质和脂肪含量高的肉食加工品和鱼肉加工品的杀菌，要求采用透明隔绝型包装材料。这些包装材料中间夹有高阻隔性聚偏二氯乙烯。用共挤法复合的薄膜等高阻隔性聚偏二氯乙烯作为中间层。高阻隔性聚偏二氯乙烯复合薄膜作为软罐头的包装材料，具有非常良好的特性。

3. 铝箔隔绝型　软罐头中大部分是咖喱类、炖制食品、肉类及高级烹调食品等。在这些食品包装材料中，铝箔是防止香气逸散，具有遮光性的基础材料，是非常优良的软罐头用包装材料。

4. 高温短时间杀菌用袋　高温短时间杀菌，不但食品的风味不受影响，而且可杀死细菌。袋的构成为聚酯/铝箔/特殊层/聚烯烃，其氧气通过量和水蒸气透过度均为零。这些高温短时间杀菌(HTST)用袋和其他蒸煮袋相比，其粘连温度高，为137℃，而热封温度对铝箔袋为190～250℃，透明袋为180～220℃。

许多企业在高温蒸煮袋的加工中，虽然人、物、料等环节都经过严格控制，但生产出的产品仍不尽人意，因复合袋胀袋脱层而屡遭客户投诉。在实际生产中要注意以下几个问题：

(1)印刷油墨的选择。采用特定的高温蒸煮油墨经过121℃ 40 min的蒸煮，仍不发黄、发黑、发暗，不会因附着力下降而脱色，多选用双组分聚氨酯油墨。

(2)复合黏合剂的选用。一般选择符合蒸煮要求的双组分聚氨酯胶，更高温度(135℃以上)要使用专用的耐高温蒸煮的胶。

(3)高温蒸煮袋应当有9.8 N/20 mm宽的剥离强度，涂胶量要达到4.5～5 g/m^2(干)，而且在复合前需检查涂胶辊的清洁程度，以确保有一个良好的涂布状态。

(4)高温蒸煮袋的内层要有良好的热封性、耐温性、无毒性。

(5)高温蒸煮袋的热封强度十分重要，因为在高温蒸煮过程中，虽然已经抽了真空，但还是有残余压力，这个残压在高温下会有较大的体积膨胀，为此袋受到一定的内压，热封不好极易在封口不牢的地方被压破。

(6)蒸煮对复合铝箔的要求较高。其使用厚度一般为7～15 μm。135℃需选择9 μm以上的，另外要注意针孔数和针孔直径，不应有密集的、连续的、周期性的针孔。

三、肉类罐头的一般加工过程

(一)原料选择与预处理

1. 原料选择　原料应选用符合卫生标准的鲜肉或冷冻肉。

2. 原料预处理　畜肉的预处理包括洗涤、剔骨、去皮(或不去骨皮)、去淋巴及切除不宜加工的部分。

原料剔骨前应用清水洗涤，除尽表面污物，然后分段。猪半胴体分为前、后腿及肋条3段；牛半胴体沿第13根肋骨处横截成前腿和后腿两段；羊肉一般不分段，通常为整片或整只剔骨。分段后的肉分别剔除脊椎骨、肋骨、腿骨及全部硬骨和软骨，剔骨时应注意肉的完整，避免碎肉及碎骨渣。若要留料，如排骨、圆蹄、扣肉等原料，则在剔骨前或以后按部位选取切下留存。去皮时刀面贴皮进刀，要求皮上不带肥肉，肉上不带皮，然后按原料规格及要求割除全部淋巴、筋腱、大血管和病灶等，并除净表面油污、毛及其他杂质。

禽则先逐只将毛拔干净，然后切去头，颈可留 7～9 cm 长，割除翅尖、两爪，除去内脏及肛门等。去骨家禽拆骨时，将整只家禽用小刀割断颈皮，然后将胸肉划开，拆开胸骨，割断腿骨筋，再将整块肉从颈沿背部往后拆下，注意不要把肉拆碎，防止骨头拆断，最后拆去腿骨。

（二）原料的预煮和油炸

肉罐头的原料经预处理后，按各产品加工要求，有的要腌制，有的要预煮和油炸，有的要卤制，有的要绞碎斩拌等。而预煮和油炸是调味类罐头加工的主要环节。

1. 预煮　预煮前按制品的要求，切成大小不等的块形。预煮时一般将原料投入沸水中煮制 20～40 min，要求达到原料中心无血水为止。加水量以淹没肉块为准，一般为肉重的 1.5 倍。经预煮的原料，其蛋白质受热后逐渐凝固，肌浆中蛋白质发生不可逆的变化成为不溶性物质。随着蛋白质的凝固，亲水的胶体体系遭到破坏则失去持水能力而发生脱水。由于蛋白质的凝固，肌肉组织紧密变硬，便于切块。同时，肌肉脱水后对成品的固形物量提供了保证。此外，预煮处理能杀灭肌肉上的部分微生物，有助于提高杀菌效果。

2. 油炸　原料肉预煮后即可油炸。经过油炸的产品可脱水上色，增加产品风味，油炸后肉类失重 28%～38%。油炸方法一般采用开口锅。放入植物油加热，根据锅的容量将原料分批放入锅内进行油炸，油炸温度为 160～180℃。油炸时间根据原料的组织密度、形状、肉块的大小、油温和成品质量要求等而有所不同，一般为 3～5 min。大部分产品在油炸前都要求涂上糖稀液，经油炸后，其表面呈金黄色或柿黄色。

（三）装罐

装罐时，原汁、清蒸类以及生装产品，主要是控制好肥瘦、部位搭配、汤汁或猪皮粒的加量，以保证固形物的含量达到要求。装罐时，要保证规定的重量和块数。装罐前食品须经过定量后再装罐，定量必须准确，同时还必须留有适当的顶隙，顶隙的大小直接影响着罐头食品的容量、真空度的高低和杀菌后罐头的变形。顶隙一般的标准为 3～9.6 mm。还要保持内容物和罐口的清洁，严防混入异物，并注意排列上的整齐美观。

目前，装罐多用自动或半自动式装罐机，速度快，称量准确，节省人力。

(四)排气与封罐

1.排气　排气是指罐头在密封前或密封同时，将容器内部分空气排除掉，使罐内产生部分真空状态的措施。

①排气的作用。排气的作用是防止杀菌时及储藏期间内容物氧化，避免香味及营养的损失；减少罐内压力，加热杀菌时不致发生大压力使罐头膨胀或影响罐缝的严密度，便于长期储存。

②排气的方法。排气方法有加热排气和机械排气两种。加热排气是把装好食品的罐头，借助蒸汽排气，罐头厂广泛采用链带式或齿盘式排气箱。装罐后，从一端进入排气箱，箱底两侧的蒸汽喷射管，由阀门调节喷出蒸汽，达到预定的温度时开始排气，然后由链带输送到一端封口。排气温度和时间，可由阀门和变速箱调节。链带式排气箱结构简单，造价低廉，适用于多种罐型。机械排气在大规模生产罐头时都使用真空封罐机，抽真空与封罐同时在密闭状态下进行。抽真空采用水杯式真空泵，封罐后真空度为45～60 kPa。

2.封罐　封罐就是排气后的罐头用封口机将罐头密封住，使其形成真空状态，以达到长期储藏目的。目前多使用自动封罐机，封罐速度快，密封性能好。

(五)杀菌

1.杀菌的意义　罐头杀菌的目的是杀死食品中所污染的致病菌、产毒菌、腐败菌，并破坏食物中的酶，使食品储藏一定时间而不变质。在杀菌的同时，又要求较好地保持食品的形态、色泽、风味和营养价值。

2.杀菌的方法　肉类罐头属于低酸性食品，常采用加压蒸汽杀菌法，杀菌温度控制在112～121℃。杀菌过程可划分为升温、恒温、降温三个阶段，其中包括温度、时间、反压3个主要因素；不同罐头制品杀菌工艺条件不同，温度、时间和反压控制不一样。

杀菌规程用下列杀菌式表示：

$$\frac{t_1 - t_2 - t_3}{t_0} P$$

式中：t_1 为使杀菌锅内温度和压力升高到杀菌温度需要的时间(min)；t_2 为杀菌锅内应保持恒定的杀菌温度的时间(min)；t_3 为杀菌完毕使杀菌锅内温度降低和使压力降至常压所需的时间(min)；t_0 为规定的杀菌温度(℃)；P 为反压压力。

杀菌式的数据是根据罐内可能污染细菌的耐热性和罐头的传热特性值经过计算后，再通过空罐实验确定的。正确的杀菌工艺条件应恰好能将罐内细菌全部杀死和使酶钝化，保证储藏安全，同时又能保证食品原有的品质不发生大的变化。

目前，我国大部分工厂均采用静置间歇的立式或卧式杀菌锅，罐头在锅内静止不动，始终固定在某一位置，通入一定压力的蒸汽，排除锅内空气及冷凝水后，使杀菌器内的温度升至112～121℃进行杀菌。为提高杀菌效果，现常采用旋转搅拌式灭菌器。这种方法改变了过去罐头在灭菌器内静置的方式，加快罐内中心温度上升，杀菌温度提高到121～127℃，缩短了杀菌时间。

罐头经高温高压杀菌处理，由于罐内食品和气体的膨胀，水分汽化等原因，罐内会产生很大的压力，因而罐头在杀菌过程中，有时发现罐头变形、突角、瘪罐等。特别是一些大而扁的罐形，更易产生这种现象。除杀菌过程中采用空气加压或水浴加压防止外，杀菌后的降压和降温过程中，采用反压降温冷却，是十分重要的措施。

反压冷却操作：在杀菌完毕降温降压前，首先关闭一切泄气旋塞，打开压缩空气阀，使杀菌锅内保持稍高的杀菌压力，关闭蒸气阀，再缓慢地打开冷却水阀。当冷却水进锅时，必须继续补充压缩空气，维持锅内压力较杀菌压力高0.21～0.28 kg/cm^2。随着冷却水的注入，锅内压力逐步上升，这时应稍打开排气阀。当锅内冷却水快满时，根据不同产品维持一段反压时间，并继续注入冷却水至锅内水注满时，打开排水阀，适当调节冷却水阀和排水阀，继续保持一定的压力至罐头冷却到40～50℃时，关闭进水阀，排出锅内的冷却水，在压力表降至零度时，打开锅盖取出罐头。

(六)冷却

罐头杀菌后，罐内食品仍保持很高的温度，为了消除多余的加热作用，避免食品过烂和维生素的损失及制品色、香、味的变化，应该立即进行冷却。杀菌后冷却速度越快，对于食品的质量影响越小，但要保证容器在这种温度变异中不会受到物理破坏。

冷却的方法，按冷却时的位置，可分为锅内冷却和锅外冷却；按冷媒介质，可分为水冷却和空气冷却。空气冷却速度极其缓慢，除特殊要求很少应用。水冷却法是肉类罐头生产中使用最普遍的方法，其又分为喷淋冷却和浸水冷却，喷淋方式较好。对于玻璃罐或扁平面体积大的罐型，宜采用反压冷却，可防止容器变形或跳盖爆破，特别是玻璃罐。冷却速度不能过快，一般用热水或温水分段冷却(每次温差不超过25℃)，最后用冷水冷却。冷却必须充分，如未冷却立即入库，产品色泽变深，影响风味。肉罐头冷却到39～40℃时，即完成冷却工序，这时利用罐体散发的余热将罐外附着的少量水分自然蒸发掉，可防止生锈。

(七)检验与储藏

罐头在杀菌冷却后，必须经过成品检查以便确定成品的质量和等级。目前我国规定肉类罐头要进行保温检查，其温度为(37±2)℃，保温7昼夜。如果杀菌不充分或其他原因有细菌残留在罐内时，一遇适当温度，就会繁殖起来，使罐头变质。在保温终了，全部罐头进行一次检查。检查罐头密封结构状况，罐头底盖状态；用打检棒敲击声音判断质量，最后将正常罐与不良罐分开处理。

罐头经检验合格后，在出厂前，一般还要涂擦、粘贴商标和装箱。罐头储藏的适宜温度为0～10℃，一般不宜高于30℃，也不要低于0℃。储藏间相对湿度应在75%左右，并避免与吸湿的或易腐败的物质放在一起，防止罐头生锈。

软罐头的储藏有自身特点，为保持产品口感和风味，往往采用短时杀菌，在0～4℃条件下储藏。保质期因产品而异。

第二节 几种肉类罐头的加工工艺

一、红烧牛肉罐头

(一)工艺流程

原料选择及修整→预煮→配汤→装罐→排气及密封→杀菌及冷却→成品。

(二)配方

牛肉150 kg，骨汤100 kg，食盐4.23 kg，酱油9.7 kg，白糖12 kg，黄酒12 kg，味精240 g，琼脂0.73 kg，桂皮60 g，姜120 g，八角50 g，花椒22 g，大葱0.6 kg，植物油适量。

(三)操作要点

1.原料选择及修整　选去皮剔骨牛肉，除去淋巴结、大的筋腱及过多的脂肪，然后用清水洗净，切成5 cm宽的长条。

2.预煮　将切好的肉条放入沸水中煮沸15 min左右，注意撇沫和翻锅，煮到肉中心稍带血色即可，捞出后，把肉条切成厚1 cm、宽3～4 cm小的肉块。

3.配汤　先将辅料中的香辛料与清水入锅同煮，煮沸约30 min，然后舀出过滤即成香料水。把琼脂与骨汤一起加热，待琼脂全部溶化，再加入其他辅料和香料水，一起煮沸，临出锅时加入黄酒及味精，舀出过滤后即成装罐用汤汁。

4.装罐　罐型为783罐(内径72.9 mm，外高83 mm)时，净重312 g/罐，内装牛肉190 g，汤汁112 g，植物油10 g。

5.排气及密封　抽气密封，真空度53.33 kPa以上。

6. 杀菌及冷却　冷却至40～45℃即可。

$$杀菌式为:\frac{15'-90'-反压冷却(反压1.0\sim1.2\ kg/cm^2)}{121℃}$$

(四)质量标准

色泽:肉色呈酱红色或棕红色。

滋味和气味:具有红烧牛肉罐头应有的滋味和气味,无异味。

组织状态:肉质柔软,块形大小均匀,块厚0.8～1.2 cm,长3～5 cm,净重312 g。固形物:肉和油不低于净重的60%。

二、烧鹅罐头

(一)工艺流程

原料选择及整理→预煮→上色、油炸→烧煮→装罐→真空密封→杀菌及冷却→成品。

(二)配方

鹅坯肉50 kg,食盐0.6 kg,酱油4 kg,黄酒1 kg,白糖2 kg,味精50 g,焦糖100 g,桂皮30 g,生姜125 g,葱500 g,汤汁20～25 kg。

(三)操作要点

1. 原料选择及整理　选用健康的活鹅作原料。宰杀后放净血,烫毛、退净毛,然后在腹下部开口除尽内脏,斩头留颈5～10 cm。

2. 预煮　水沸后放鹅坯下锅煮沸10 min左右,至无血水为准,汤汁留下备烧煮时使用。

3. 上色、油炸　先调好上色液,调制方法:将酒精50 g,焦糖100 g,转化糖200 g混合均匀即可。转化糖制法:白糖80 g,柠檬酸0.9 g,清水200 g,加热至70℃,保持20 min,冷却至常温。上色两遍,将预先制好的上色液均匀地擦抹在鹅坯上,第一遍稍干后再上第二遍。然后油炸,油温在160～180℃,时间5～7 min,炸至鹅坯表面呈酱红色即可捞出。

4. 烧煮　将辅料中的葱、姜、桂皮先熬煮成香料液。然后把鹅坯从腹中线劈成两半,与除黄酒、味精之外的其他辅料同时放入锅中煮沸,约煮15 min,出锅前倒入黄酒、味精搅拌均匀,出锅后的汤汁过滤后备装罐用。

5. 装罐　罐型为962罐时,把鹅坯切成6～7 cm的小块。净重397 g装,放小块鹅肉4～6块,肉重330～340 g,允许颈、翅各一块,加浮油15～20 g,汤汁60 g。

6. 真空密封　抽气密封,真空度61.32～66.65 kPa。

7. 杀菌及冷却

$$杀菌式为:\frac{15'-80'-反压冷却(反压1.5\ kg/cm^2)}{118℃}$$

冷却至 40℃左右即可。

(四)质量标准

色泽:肉色正常,为酱红色或褐色。滋味和气味:具有烧鹅罐头应有的滋味及气味,无异味。组织形态:肉质软硬适度,允许稍有脱骨及破皮现象,块形整齐,每罐 4～6 块,搭配均匀,允许加颈和翅各一块。

三、红烧排骨罐头

(一)工艺流程

原料处理→配料及调味→装罐→排气及密封→杀菌及冷却→成品。

(二)配方

猪肋排 100 kg,食盐 2.5 kg,酱油 17.5 kg,白糖 6.25 kg,味精 315 g,黄酒 1.5 kg,酱色 0.5 kg,桂皮 125 g,花椒 125 g,八角 25 g,生姜 375 g,骨汤 100 kg。

(三)操作要点

1. 原料处理　将洗净的肋排每隔二根排骨斩成条,然后斩成 4～5 cm 长的小块。放入 180～220℃的油锅中炸 3～5 min,炸至表面金黄色时捞出。

2. 配料及调味　将香辛料加水熬煮 4 h 以上,得香料水 2 kg,过滤备用。把除黄酒外的全部辅料与过滤后的香料水混合并加热煮沸,临出锅时加入黄酒,每锅汤汁约得 125 kg,趁热装罐。

3. 装罐　应用 962 罐型时,净重 397 g/罐,内装排骨 285～295 g,汤汁 112～102 g。

4. 排气及密封　抽气密封,真空度 53.33～66.65 kPa,排气密封中心温度 80℃以上。

5. 杀菌及冷却

$$杀菌式为:\frac{15'-90'-反压冷却(反压1.5\sim1.7\ kg/cm^2)}{118℃}$$

冷却至 40～45℃即可。

(四)质量标准

色泽:酱红至黄褐色。滋味气味:具有红烧排骨罐头应有的滋味及气味,无异味。组织形态:肉质软嫩,块形大小均匀,排骨肉层厚度 0.5 cm 以上。净重:

397 g。固形物：排骨加油不低于净重70%。氯化钠含量：1.2%～2.2%。

四、午餐肉罐头

午餐肉罐头是以畜肉为原料，不添加各类蔬菜、动物内脏，经腌制、斩拌等工艺制成的罐头产品，如猪肉、羊肉、牛肉、午餐肉、火腿午餐肉、咸肉午餐肉等。现以猪肉为例介绍午餐肉罐头的加工技术。

(一)工艺流程

原料处理→腌制→绞肉→斩拌→装罐→排气及密封→杀菌及冷却→成品。

(二)配方

猪肥瘦肉80 kg，净瘦肉80 kg，淀粉11.5 kg，玉果粉58 g，白胡椒粉192 g，冰屑19 kg，混合盐3.6 kg(混合盐配料为：食盐98%、白糖1.7%、亚硝酸钠0.3%)。

(三)操作要点

1. 原料处理　选用去皮剔骨猪肉，去净前后腿肥膘，只留瘦肉，肋条肉去除部分肥膘，膘厚不超过2 cm，经处理后净瘦肉含肥膘为8%～10%，肥瘦肉含膘不超过60%。

2. 腌制　净瘦肉和肥瘦肉应分开腌制，各切成3～5 cm小块，分别加入2.5%的混合盐拌匀后，放入缸内，在0～4℃温度下腌制2～4 h，至肉块中心腌透呈红色，肉质有柔滑和坚实的感觉为止。

3. 绞肉斩拌　净瘦肉使用绞板孔径为3 mm、肥瘦肉孔径7～9 mm的绞肉机进行粗绞。将全部绞碎肉倒入真空斩拌机中，并加入冰屑、淀粉、白胡椒粉及玉果粉，进行真空斩拌，时间长短因设备而异，一般3 min左右后取出肉糜。

4. 装罐　应用962型罐，机械罐装397 g/罐。

5. 封罐　抽气密封，真空度约40.00 kPa。

6. 杀菌及冷却

$$\text{杀菌式为：}\frac{15'-70'-\text{反压冷却(压力为 }1.5\ \text{kg/cm}^2)}{121℃}$$

(四)质量标准

色泽：呈淡粉红色。滋味和气味：具有猪肉经腌制的滋味及气味，无异味。组织及形态：组织紧密细嫩，食之有弹性感，内容物完整地结为一块，表面平整，切面有明显的粗绞肉夹花，允许稍有脂肪析出和小气孔存在，不允许杂质存在。净重397 g，每罐允许误差±3%。氯化钠含量：1.0%～2.5%。亚硝酸残留量：每千克制品中不超过50 mg。

五、软罐头

软罐头中常见的品种有肉丸子、切片火腿、酱驴肉、酱牛肉、酱排骨、扒鸡等。下面以道口烧鸡为例进行介绍。

(一)工艺流程

选料→宰杀→去内脏、整形→涂色、过油→焖煮→出锅、包装→杀菌→保温检查、成品。

(二)配料

净膛小鸡(750 g左右),食盐17 g,酱油20 g,小茴香0.25 g,砂仁0.25 g,草果0.25 g,山柰0.4 g,桂皮0.6 g,草蔻0.25 g,陈皮0.25 g,八角0.5 g,花椒0.25 g,丁香0.12 g,白芷0.6 g,肉蔻0.25 g。

(3)操作要点

1.选料　选用经卫生检验无病的鸡。其中以当年鸡体重在1 kg左右最佳,肉质肥嫩,味道鲜美,是加工的理想原料。

2.宰杀　将活鸡以"三管"齐断法宰杀,放血后置于65～68℃的热水中浸烫煺毛,或用专用煺毛机。并去尽鸡爪、舌、冠等处的皮。

(3)去内脏、整形　在鸡腹部开口,取出内脏后冲洗干净。然后将两腿从腹部折回放入腹内,两翅分别从脖子刀口处插入,从嘴内交叉伸出,晾干表皮水分。

(4)涂色、过油　将盘好的鸡身抹一层糖色,再逐个放入热油中炸制,炸到鸡身呈金黄色即可,注意不要炸过头。

(5)煮制

将炸过的鸡放入锅内(锅底放一铁箅,防止煳锅),加入配好的调料,倒入老汤,上面压一铁箅,烧沸后改小火慢慢焖煮,时间约1 h。

(6)出锅　防止破皮掉头,用钩子钩住鸡头,徐徐上提,用漏勺接住,沥干汤汁,稍凉后装入高温蒸煮袋内,真空封口。

(7)杀菌　杀菌公式为15′—40′—15′/121℃反压冷却,冷却至40℃左右出锅,置于清水中浸泡、擦袋,加外包装。注意,根据鸡日龄、大小、煮制时间长短、产品应达到的风味和口感等,可以采用不同的杀菌式。

(8)保温、成品　产品置于37℃的环境中保温7 d,剔除胀袋产品,无胀袋的即为成品。

本章小结

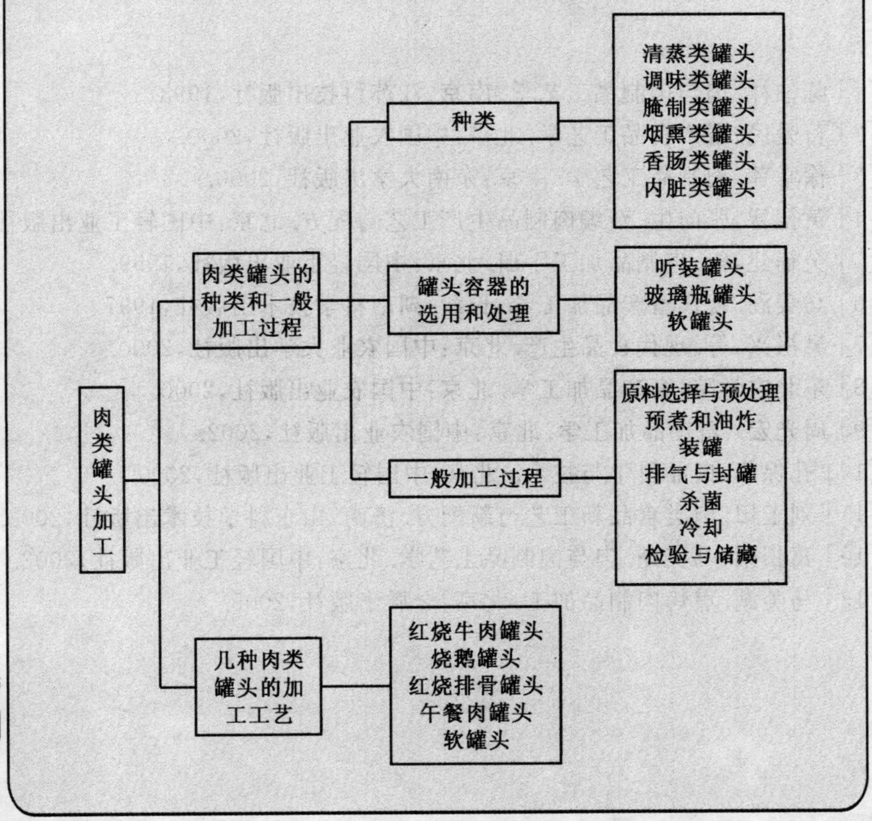

复习思考题

1. 罐头的容器有几类？各具什么特性？
2. 罐头加工过程主要有哪些环节？
3. 市场常见罐头的种类有哪些？主要工艺过程是什么？

参考文献

[1] 陈伯祥.肉与肉制品工艺学.南京:江苏科技出版社,1993.
[2] 蒋爱民.畜产食品工艺学.北京:中国农业出版社,2000.
[3] 徐幸莲.肉制品工艺学.南京:东南大学出版社,2000.
[4] 黄德智,张向生.新编肉制品生产工艺与配方.北京:中国轻工业出版社,2000.
[5] 金辅建,等.肉制品加工手册.北京:中国轻工业出版社,1999.
[6] 马美湖.现代畜产品加工学.长沙:湖南科学技术出版社,1997.
[7] 吴祖兴,等.现代食品生产.北京:中国农业大学出版社,2000.
[8] 东北农学院.畜产品加工学.北京:中国农业出版社,2000.
[9] 周光宏. 畜产品加工学.北京:中国农业出版社,2002.
[10] 孔保华.肉品科学与技术. 北京:中国轻工业出版社,2000.
[11] 刘玉田.肉类食品新工艺与新配方.济南:山东科学技术出版社,2002.
[12] 葛长荣,马美湖.肉与肉制品工艺学.北京:中国轻工业出版社,2002.
[13] 马美湖.熏烤肉制品加工.北京:金盾出版社,2005.

第三篇

蛋与蛋制品加工

第一章　蛋品加工的基本知识

知识目标

- 了解蛋的基本结构。
- 了解蛋的化学组成及其与蛋加工特性的关系。
- 了解鲜蛋的质量指标。

技能目标

- 掌握蛋的主要质量指标的测定方法。
- 掌握鲜蛋的质量鉴定方法。

第一节　蛋的结构与化学成分

禽蛋是禽类繁殖所产的卵，主要包括鸡蛋、鸭蛋、鹅蛋、鹌鹑蛋等。其中以鸡蛋数量最多，鸭蛋次之，鹌鹑蛋、鹅蛋等相对较少。

禽蛋中包含着禽类从胚胎发育到生长成雏禽所必需的全部营养成分，同时还具有保护这些营养的物质。蛋中含有人体所必需的优良蛋白质、脂肪、磷脂质、矿物质、维生素等营养物质，且消化吸收率很高，是人类主要的高营养食品之一。

一、蛋的结构

不论哪种蛋，都由蛋壳（包括蛋壳膜）、蛋白和蛋黄三大部分组成。其组成比例因家禽种类、品种、年龄、所饲养的地区、季节以及饲料的不同而异。蛋壳占蛋重的

10%～13%,蛋白占55%～66%,蛋黄占32%～35%。其构造如图3-1-1所示。蛋壳、蛋白和蛋黄的构造不同,其功能也不同。

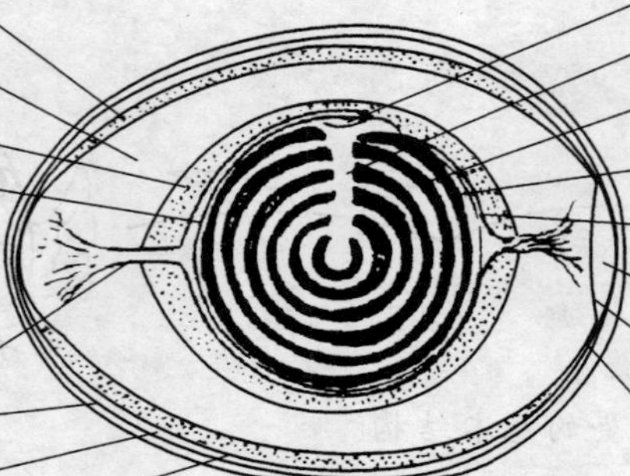

图3-1-1 禽蛋的结构

(一)蛋壳

蛋壳部分包括外蛋壳膜、蛋壳、蛋壳膜和气室。

1. 外蛋壳膜　是指鲜蛋表面覆盖的一层膜,又称壳上膜,是由一种无定形结构、透明、可溶性的胶质黏液干燥后形成的膜。外蛋壳膜有封闭气孔的作用,完整的膜能抑制蛋内水分蒸发、CO_2逸散及外部微生物的侵入。但该膜是水溶性膜,水洗、受潮、机械摩擦或长时间放置均易使其脱落,失去光泽和保护作用,可依据光泽度及该膜的有无判断蛋的新鲜度。

2. 蛋壳　其主要成分为碳酸钙、碳酸镁、磷酸钙及磷酸镁,同时还有少量的有机质,具有固定蛋的形状并起保护蛋白、蛋黄的作用,占整个蛋重的12%左右,其厚度为0.2～0.4 mm,能经受3 MPa压力而不破裂。蛋壳的纵轴较横轴耐压,因此,在储藏运输时,要把蛋竖放。蛋壳的颜色随品种、个体、季节、饲料等不同而异,一般深色蛋壳比白色蛋壳坚硬。蛋壳上有许多气孔,其数量大约130个/cm^2,气孔最多的部位是蛋的大头处,其作用是沟通蛋的内外环境,空气可以由气孔进入蛋内;蛋内水分和气体可以由气孔排出。蛋久存后质量减轻便是此原因。微生物在外蛋壳膜脱落时,通过气孔侵入蛋内,加速蛋的腐败;加工再制蛋时,料液通过气孔浸入。蛋壳有透视性,因此可用灯光透视法检查蛋的内部状态。

3. 蛋壳膜　蛋壳膜位于硬蛋壳里面,由内、外两层组成。外层(紧靠蛋壳)叫壳下膜;内层(包裹蛋白)叫蛋白膜。两层蛋壳膜均是由角质蛋白纤维交织而成的网状结构，其不同之处在于壳下膜较厚 41.1～60.0 μm，纤维较粗，网状结构较为疏松，且间隙较大，细菌可以直接进入蛋内；而蛋白膜较薄 12.9～17.3 μm，纤维交织紧密细致，细菌不能直接进入蛋内，只有被细菌分泌的蛋白酶分解破坏之后才能进入。所有霉菌的孢子均不能透过这两层膜而进入蛋内，但其菌丝体可以自由透过，并能导致蛋内发霉。因此，蛋壳膜对于蛋的内容物具有一定保护作用。

4. 气室 禽蛋产出体外 6～10 min 后，由于蛋的内容物遇冷收缩，便在蛋的两层蛋壳膜之间形成气室。蛋的大端(钝端)气孔较多，故气室多位于蛋大端。鲜蛋在储藏过程中，由于蛋内水分通过气孔不断向外蒸发，气室也就随着储藏时间的增加而不断变大。因此，我们可以根据气室的高度变化来鉴别蛋的新鲜程度。

(二)蛋白

1. 蛋白 又称蛋清，位于蛋白膜的内层，系白色透明的半流动体，并呈不同浓度层：最外层(稀薄层)占全蛋的 20%～55%，次层(浓厚层)占全蛋的 27%～57%，最内层(稀薄层)占全蛋的 11%～36%。

蛋白中含量最多的浓厚蛋白与蛋的质量、储藏、蛋品加工关系密切。它是一种纤维状结构，主要由黏蛋白和类黏蛋白组成，并含有特有成分溶菌酶。溶菌酶能溶解细菌，具有杀菌作用。该酶的含量、活性与浓厚蛋白的含量成正比。刚生的鲜蛋浓厚蛋白含量高，溶菌酶含量多，活性也强，蛋的质量好，耐储藏。随外界温度的升高、存放时间的延长，蛋白会发生一系列变化。首先是浓厚蛋白被蛋白中的蛋白酶迅速分解变为稀薄蛋白，其中的溶菌酶也随之被破坏，失去杀菌能力，使蛋的耐储性大为降低。因此，愈是陈旧的蛋，浓厚蛋白含量愈低，稀薄蛋白含量愈高，愈容易被细菌污染，造成腐败蛋。只有在 0℃ 左右的情况下，这种变化才能降到最小限度。

2. 系带 位于内层浓蛋白、蛋黄的两端，为两条白色、扭转而具有弹性的带状物，其重量为蛋白的 1%～2%，约占全蛋的 0.7%。它的主要作用是固定蛋黄。系带由浓厚蛋白构成，新鲜蛋的系带很粗有弹性，含有丰富的溶菌酶，随着鲜蛋存放时间的延长和温度的升高，受酶的作用系带会发生水解，逐渐变细，甚至完全消失，造成蛋黄上浮，出现靠黄蛋和贴壳蛋。因此，生产中可以根据系带的粗细、有无以及蛋黄所处位置来判断蛋的新鲜程度。

(三)蛋黄

蛋黄位于蛋的中央，呈球形，由蛋黄膜、蛋黄液和胚胎组成。

1. 蛋黄膜 蛋黄膜是包在蛋黄液外面的一层很薄而且具有韧性的透明膜，其厚度约为 16 μm，分 3 层：内外两层为黏蛋白，中间为角蛋白。蛋黄膜具有收缩和膨胀能力，起着保护蛋黄和胚盘的作用，防止蛋黄和蛋白混合。由于新鲜禽蛋的蛋黄膜富有弹性，因此蛋黄才能高高凸起，并呈圆球形。但是，随着鲜蛋储存时间的延长，蛋黄膜就会被逐渐分解，其弹性也会逐渐减弱；加之蛋白内水分的不断渗入，蛋黄高度即随之下降、体积增大最终导致蛋黄膜破裂，形成散黄蛋。生产中也可根据蛋黄的大小和形状来判断蛋的新鲜程度。

2. 蛋黄液　蛋黄液位于蛋黄膜的里面，呈不透明、黏稠的半流动体，也是蛋中最富有营养的部分。蛋黄液由深蛋黄和浅蛋黄组成，而中心部位为浅蛋黄。

3. 胚胎　胚胎位于蛋黄上侧的中央部位和蛋黄膜的下面，呈白色圆盘状。未受精蛋的胚胎叫胚珠，为边缘不整齐的圆形，直径较小，2.5 mm 左右；而受精蛋的胚胎叫做胚盘，呈具有明显界线的圆盘状，形体较大，直径 3～5 mm。受精蛋很不稳定，当外界温度升至 25℃以上时，受精的胚胎就会发育，最初形成血环，随着温度的逐步升高而产生树枝状的血丝，"热伤蛋"也由此而产生。胚盘总是浮在蛋黄的表面，其原因是比重比蛋黄轻。

二、蛋的化学成分

禽蛋的化学成分主要是水分、蛋白质和脂肪，其次还有矿物质、维生素和糖类。禽蛋各种化学成分含量的多少受家禽种类、品种、饲料、产蛋期、环境变化等的影响，变化较大。不同禽蛋的化学组成如表 3-1-1 所示。

表 3-1-1　禽蛋的化学组成　　%

种类	水分	蛋白质	脂肪	灰分	糖类
鸡蛋白	86.6	11.6	0.1	0.8	0.8
鸡蛋黄	49.0	16.7	31.6	1.5	1.2
鸡全蛋(可食部分)	72.5	13.3	11.6	1.1	1.5
鸭全蛋(可食部分)	70.8	12.8	15.0	1.1	0.3
鹅全蛋(可食部分)	69.5	13.8	14.4	0.7	1.6
鹌鹑蛋(可食部分)	73.0	12.8	11.1	1.0	2.1

(一)蛋壳的化学成分

蛋壳为不可食部分，占整个蛋重的 10%～13%。蛋壳中有机物约占 4%，主要为蛋白质；无机物中主要成分是碳酸钙，约占 93%，碳酸镁约占 1%，其次有少量的磷酸钙、磷酸镁及色素。

(二)蛋白的化学成分

蛋白的主要成分是水分，含量为 85%～88%；其次是蛋白质，含量为 11%～

13%；碳水化合物在蛋白中含量较少，为1%～3%，主要是葡萄糖，乳糖极少，不存在果糖和蔗糖；维生素含量很少，主要为核黄素；脂肪微量，约含0.25%；矿物质含量不足1%，主要有钾、钠、钙、镁、磷等。

蛋白中的蛋白质，目前已分离出来的有40多种，但以卵白蛋白、卵伴白蛋白、卵黏蛋白、卵类黏蛋白、溶菌酶和卵球蛋白等为主。这些蛋白质除不溶性的卵黏蛋白外，一般为可溶性的蛋白质，总的来看是由多量的球状水溶性糖蛋白质及卵黏蛋白纤维组成的蛋白质体系。溶菌酶主要与不溶性卵黏蛋白结合而存在，他们是形成浓厚蛋白胶凝结构的基础。

1. 卵白蛋白　在蛋白中含量最多，约占蛋白质的54%，是一个近似于球形的磷糖蛋白，是蛋白中蛋白质的代表类型，其中包含所有的必需氨基酸。S-卵蛋白是卵蛋白的一种变型，对热稳定，它是蛋在储藏过程中由卵蛋白转变生成的，其转变率因储藏天数等条件而异，转变速度也随着pH值增大和温度升高而加快。

2. 卵伴白蛋白（卵铁传递蛋白）　是近似于血清铁传递蛋白的蛋白质，每个蛋白质分子中有2个配体为中心可与Fe，Cu或Zn等金属离子结合。卵伴白蛋白具有阻止细菌生长的作用，容易热变性，与金属形成复合体时热变性温度提高，并对蛋白质分解酶和各种变性处理的抵抗性增强。

3. 卵黏蛋白　占蛋白中总蛋白质含量的2%～2.9%，是一种纤维状蛋白质，在溶液中显示较高的黏性，具有维持浓厚蛋白组织，阻止蛋白起泡的作用。在蛋的储藏中，蛋白的水样化依赖于卵黏蛋白的变化。

4. 卵类黏蛋白　占蛋白中蛋白质的11%，溶解性高，具有抗胰蛋白酶活性，对热稳定。pH值为3.9以下于100℃加热30 min不变性；在pH值为7以下加热，其抗胰蛋白酶活性很稳定。

5. 溶菌酶　是一种碱性蛋白质，占蛋白中蛋白质的3%～4%，在蛋白中也部分地与卵黏蛋白、卵伴白蛋白、卵白蛋白结合而存在。溶菌酶在pH值为4.5以下加热1～2 min能保持稳定，但在pH值为9.0时稍不稳定，尤其是微量的Cu^{2+}存在时，极不稳定。

6. 抗生素蛋白　是一种糖蛋白，能与生物素结合而成为极稳定的复合体，从而影响生物素的吸收。若将生蛋白和生蛋黄一起食用，在蛋黄中的生物素不能被机体吸收。抗生素蛋白能抑制细菌对生物素的摄取，从而起到抗菌剂的作用。

7. 卵巨球蛋白　属于糖蛋白，略具球形，已知它是蛋白中在免疫学上唯一具有广谱交叉反应的成分，具有较强的免疫力。这种蛋白质近似于卵黏蛋白，具有阻遏流感病毒的血液凝集反应活性。

8. 卵球蛋白G_2和G_3　卵球蛋白有3种形式，即G_1，G_2，G_3，其中G_1就是溶菌酶。卵球蛋白是一种典型的球蛋白，饱和的 $MgSO_4$ 和半饱和的 $(NH_4)_2SO_4$ 溶液均能使其沉淀，在食品加工中卵球蛋白可作为优良的发泡剂。

蛋白中的蛋白质均属于完全蛋白质，其中含有人体必需的各种氨基酸，生理价值为 65，消化率为 98%。

(三)蛋黄的化学成分

蛋黄占整个蛋重的 1/3 左右。蛋黄中含有干物质约 50%，为蛋白中干物质的 4 倍。其组成非常复杂，除含水分约 50%外，其余主要成分是蛋白质和脂肪。蛋白质含量占 15%左右，大部分是脂蛋白质，主要有低密度脂蛋白、高密度脂蛋白、卵黄高磷蛋白和卵黄球蛋白。蛋黄中含有 30%～33%的脂肪，其中甘油三酯占 20%，其余 10%是以磷脂为主体的复合脂肪以及类甾醇等。蛋黄中含有各种色素，因此蛋黄呈现黄色以至橙黄色。蛋黄中的色素主要为叶黄素，其次为玉米黄质，此外还有胡萝卜素、核黄素等，色素含量的多少与饲料有密切关系。蛋黄中含有丰富的维生素，有维生素 A、维生素 B_1、维生素 B_2、维生素 B_6、维生素 D、维生素 E、维生素 K 等。蛋黄中的无机成分以磷最为丰富，占灰分总量的 60%，其次为钙。蛋黄中所含碳水化合物与蛋白中类似。

第二节　蛋的物理性质与加工特性

一、鲜蛋的主要物理特性

1. 比重　鲜蛋的比重为 1.078～1.094，但其各组成部分的比重却有所不同：蛋壳的比重为 1.741～2.134，且蛋壳愈厚比重就愈大；去壳后全蛋的比重为 1.040～1.050；蛋白的比重为 1.046～1.052；蛋黄的比重为 1.029～1.030。因此当蛋内的系带消失后，蛋黄便会上浮贴在蛋壳上，从而形成靠黄蛋或贴壳蛋。

鲜蛋经储存后，其比重将随着储存时间的增加而下降。据大量实验证明，陈旧蛋的比重大约为 1.050。因此，生产中可以相据蛋的比重的大小来确定蛋的新鲜程度。

2. 蛋的黏度　蛋白中的稀薄蛋白是均一的溶液，而浓厚蛋白具有不均匀的特殊结构，所以蛋白是完全不均匀的悬浊液。蛋黄也是悬浊液。因此，鲜蛋蛋黄、蛋白的黏度不同。新鲜鸡蛋白的黏度为 0.003 5～0 .010 5 Pa·s，蛋黄为 0.11～0.25 Pa·s。

3. 热凝固点和冰点　蛋液的热凝固点与蛋白质的种类关系密切：全蛋液的热凝固点为 72～77℃；蛋白液为 62～64℃；蛋黄液为 68～71.5℃；而卵白蛋白、卵球蛋白和卵黄球蛋白的热凝固点则分别为 64～67℃、58～67℃和 58℃。

蛋白液的冰点一般为−0.48～−0.41℃，平均值为−0.45℃；而蛋黄液的冰点则为−0.617～−0.545℃。

4.蛋黄膜的渗透性　蛋白与蛋黄之间有一层具有通透性的蛋黄膜相隔。由于蛋黄中富含钾、钠、氯离子，渗透压较高。因此，蛋在储存过程中，蛋黄内的上述离子就会不断向蛋白内渗透，而蛋白内的水分则会不断向蛋黄内渗透，于是，蛋黄的重量随之不断增加，体积也不断加大，达到一定程度后，蛋黄膜破裂而形成散黄蛋。

5.耐压度　对一枚完整的鸡蛋逐渐施加压力，能承受 2.9～6.9 kg/cm^2，甚至高达 13.5 kg/cm^2 的压力而不破损。蛋的耐压性与其形状、大小、蛋壳厚度以及壳的质量有密切关系。就形状而言，圆形蛋的耐压性大于长形蛋；就蛋壳而言，壳厚且质地致密的蛋耐压性较强，反之则小。由于有色蛋蛋壳比白壳蛋蛋壳厚，因此，有色蛋蛋壳的耐压性就高于白壳蛋；就一枚蛋而言，其长轴的耐压性就比短轴耐压性弱。因此，在对鲜蛋进行包装时，应当竖起码放，这样可以减少蛋的破损率。

二、蛋的加工特性

1.蛋壳遇酸的溶解作用　蛋壳的主要成分是钙盐。禽蛋在加工过程中如果遇酸，经酸浸渍后蛋壳即会逐渐变薄、变软，最后脱落。该特性对于糟蛋的加工具有重要意义。

2.蛋液的热凝固变性　蛋白质受热以后发生的变性称为凝固。由于蛋白和蛋黄的性质不同，其热凝固所需要的温度也不相同。一般而言，当蛋白的 pH 值为 9.3 左右、加热使蛋液温度达到 58℃时，开始出现乳浊状态；65℃时呈半凝固状，80℃时才由半凝固状变成凝固体。而蛋黄在 65℃时即开始凝固，达到完全凝固的温度要比蛋白液低。

蛋液加热凝固变性情况与蛋液的含水量关系密切，蛋液含水量愈高，其热凝固点就愈低；蛋液含水量越低，其热凝固点就越高。根据这一特性，在进行蛋制品加工时，可以利用改变蛋液中的含水量来改变蛋液的热凝固点，以防止蛋液热凝固变性的发生。

另外，蛋液热凝固变性与蛋液的 pH 值也有很大关系，而蛋白质的凝固变性则与蛋液本身的等电点密切相关。当鸡蛋 pH 值等于蛋清的等电点 4.8 时，其蛋白质加热最容易凝固变性。因此，生产中在对蛋液进行加工时，为了防止蛋液发生热凝固变性，可以用碱来调整蛋液的 pH 值，使其远离等电点；如果为了促进蛋液的热凝固，则可用酸调整蛋液的 pH 值，使其接近等电点。其原理是，一定浓度的酸或碱，均能影响蛋白质分子中的盐键，酸能消除负电荷，碱能消除正电荷，因此.它们都能破坏分子中的盐键而改变蛋白质分子的空间结构。在加工松花蛋时，加入氢氧化钠而引起蛋白与蛋黄发生凝固变性，就是基于上述原理。

3. 蛋白质的酒精凝固变性　蛋白质遇到酒精后，能够脱去蛋白质分子表面及内部的水分。当其表面的水分脱去后，蛋白质分子就很容易发生碰撞；而当其内部的水分脱去后，蛋白质分子就会松弛，并由此使蛋白质变性、凝固。加工糟蛋时蛋白与蛋黄之所以发生凝固，也都是这个道理。

4. 乳化性　蛋黄中的磷脂具有很强的乳化能力，它是天然乳化剂中效果最好的一种。目前，在食品加工业中主要利用蛋黄粉或鲜蛋作为乳化剂，但是蛋白的乳化性较蛋黄差，这些乳化剂大多用于冰淇淋、人造黄油以及各种糕点的加工等方面。

5. 发泡性　鸡蛋蛋白容易发泡，蛋白液在强烈搅拌的情况下，能够产生大量雪白而松软的气泡，并能维持较长时间而不消失。大量实验表明，蛋白液的发泡性以pH 值为 4.8 时最好。因此，生产中常常利用柠檬酸或乙酸调整蛋白液的 pH 值，以期达到提高其发泡性的目的。如果在蛋液中添加了适量的砂糖，蛋液的强度虽能得到提高，但对其发泡性却有一定影响。

第三节　蛋的品质鉴定技术

一、蛋的质量指标

衡量鲜蛋的主要标准是其新鲜程度和完好性。为了准确掌握、判断这一标准需全面观察分析蛋壳、气室、蛋白、系带、蛋黄、胚胎等情况。

(一)鲜蛋质量总要求

蛋壳表面有光泽、完整、坚实、无裂纹，壳外膜色白呈霜状；气室小，高度 4～5 mm；蛋白浓厚、透明、无杂质异味；系带粗而明显；蛋黄完整，呈半球形，位居蛋的中心；胚胎边缘整齐，未发育，未受精的胚胎直径为 2～3 mm。整个蛋微生物污染少，无细菌、霉菌生长发育。但鲜蛋中蛋的新鲜程度是不一致的，应该根据蛋各部分的具体要求与标准，仔细地检查判断，然后定级按价收购或进行加工。

(二)鲜蛋质量判断的指标

1. 蛋壳状况　蛋壳状况，主要从蛋壳的清洁程度，完整状况和色泽 3 个方面来鉴定。质量正常的鲜蛋蛋壳表面清洁，无禽粪、无杂草及其他污物。蛋壳完好无损，无硌窝，无裂纹及流清等。蛋壳的色泽应当是各种禽蛋所固有的色泽，表面无油光发亮等现象。

2.蛋的形状 人们一般所见到的鸡蛋其形状多为标准的椭圆形,但也有细长形及近似球形的,后两种形状的蛋在储运过程中易破伤,蛋的形状可以用蛋形指数来表示(蛋的长径与短径之比称为蛋形指数),标准形状的鸡蛋其蛋形指数在1.30～1.35之间。蛋形指数大于1.35为细长形,小于1.30为近似球形。

3.蛋的重量 蛋的重量与蛋的储存时间及禽的品种有关。外形、大小相同的蛋,若重量不同,则轻的是陈蛋,这是由于蛋内水分不断向外蒸发的结果。所以,蛋的重量是评定蛋的新鲜程度的重要指标。我国和世界上许多国家出口的鲜蛋都以重量作为等级的标准。蛋的大小不同,其结构不同,蛋壳、蛋白和蛋黄的组成比例不同,所以,在蛋制品工业中选择原料时尤其要重视这一点。

4.蛋的相对密度 蛋的相对密度同蛋的重量无关而同蛋的存储时间、产蛋禽类、饲料以及产蛋季节有关。商业经营和加工用的鲜蛋一般相对密度应在1.06～1.07。若低于1.025则说明蛋已陈腐。

5.蛋白状况 由蛋白状况可以准确地判断蛋的结构是否正常,它是评价蛋的质量优劣的重要指标。质量正常的蛋,应是浓厚蛋白含量多,约占全部蛋白的50%～60%,无色、透明,有时略带有淡黄绿色。

蛋白状况可以用灯光透视法和直接打开两种方法来判明。灯光透视时,若见不到蛋黄的暗影,蛋内透光均衡一致,表明浓厚蛋白很多,蛋的质量优良。打开后,经过滤分离,分别称量浓厚蛋白和稀薄蛋白含量,以蛋白指数来表明蛋白状况(以重量来表示浓厚蛋白和稀薄蛋白的比例称为蛋白指数)。质量正常的蛋,蛋白浓厚或稍稀薄。在商业和对外贸易中均把蛋白状况作为评定蛋的级别的标志之一。

6.蛋黄状况 蛋黄状况也是评定蛋的质量的重要指标之一。观察蛋黄状况可以通过灯光透视或打开的方法。透视时,若蛋黄位居蛋的中心,不显露,不移动,看不到蛋黄的暗影表明蛋新鲜。若暗影明显或靠近蛋壳,表明质量较差。打开后,观察蛋黄的高度也可以看出蛋的质量优劣。质量优良的蛋,蛋黄几乎是半球形,而存放很久的陈蛋,其蛋黄是扁平的。常用蛋黄指数(蛋黄高度与蛋黄直径的比称为蛋黄指数)来反映蛋黄膜的弹性大小和蛋的新鲜程度。新鲜的鸡蛋蛋黄指数通常在0.401～0.442之间,当蛋黄指数小于0.25时,蛋黄膜易破裂,出现散黄现象,这是质量较差的蛋。

7.蛋内容物的气味和滋味 蛋内容物的气味和滋味,是一项说明蛋内容物成分有无变化或变化大小的质量指标。质量正常的蛋,打开后不应有异味,但有时有轻微的腥味,这与禽的饲料有关,属正常情况。若打开后能闻到臭气味,则是轻微的腐败蛋。而严重的腐败蛋可以在蛋壳外面闻到由内容物成分分解的氨及硫化氢的臭气味，这种蛋称其为臭蛋。煮熟后，质量新鲜的蛋，气室处无异味，蛋白应是色白无味，蛋黄应味淡而有香气。

8. 系带状况　质量正常的蛋，其系带粗白并有弹性，位于蛋黄两侧明显可见。如果变细并与蛋黄脱离甚至消失时，表明蛋的质量降低，并易出现程度不同的粘壳蛋。

9. 胚胎状况　鲜蛋的胚胎应无受精或发育现象。未受精蛋的胚胎在受热后发生膨大现象，受精蛋的胚胎受热后，最初产生血环，最后出现树枝状的血管，形成血筋蛋或血环蛋。

10. 气室状况　气室状况是评定蛋的质量的重要因素，也是灯光透视时观察的首要指标。鲜蛋气室很小，随着气室高度（或深度）的增大，蛋的质量也相应地降低。

11. 哈夫单位(Haugh unit)　哈夫单位是根据蛋重和蛋内浓厚蛋白高度，按一定公式计算出其指标的一种方法，可以衡量蛋的品质和新鲜程度，是国际上对蛋品质进行评定的重要指标和常用方法。其测定方法是先将蛋称重，再将蛋打开放在玻璃平面上，用蛋白高度测定仪测量蛋黄边缘与浓厚蛋白边缘的中点，避开系带，测定三个等距离中点的高度平均值。哈夫单位计算公式为：

$$\text{哈夫单位}=100\lg(h-1.7m^{0.37}+7.57)$$

式中：h 为浓厚蛋白高度(mm)；m 为蛋重(g)。

实际上，这种计算很麻烦，可直接利用蛋重和浓厚蛋白高度，查哈夫单位计算表而得出。据测定，新鲜蛋的哈夫单位在 72 以上，100 最优，中等鲜度为 60～72，60 以下质量低劣，30 时最劣。

12. 微生物学指标　微生物学指标是评定蛋的新鲜度和卫生状况的重要指标。质量优良的蛋应当无霉菌和细菌生长现象。

上述各项指标的综合，是评定蛋的质量鲜陈优劣，分等分级的依据。因为，只有综合各项指标状况，并加以分析后才能做出正确的判断和结论。

二、蛋的质量鉴定

掌握蛋的质量鉴定方法，有助于了解和分析各种蛋的质量特点及其变化的原因，以便在加工蛋品中采取措施及时处理。

鉴别鲜蛋质量的方法，一般有 4 种：感官鉴定、光照透视鉴别、理化鉴定和微生物学检查法。通常只要采用前两种鉴定方法就足够反映蛋的质量了。

(一)感官鉴定

主要是凭检验人员的技术经验,靠感官即眼看、耳听、手摸、鼻嗅等方法,以外观来鉴别蛋的质量,是业务人员普遍使用的方法。

1.看 用肉眼观察蛋壳色泽、形状、壳上膜、蛋壳清洁度和完整情况。新鲜蛋蛋壳比较粗糙,色泽鲜明,表面干净,附有一层霜状胶质薄膜;如表皮胶质脱落,不清洁,壳色油亮或发乌发灰,甚至有霉点,则为陈蛋。

2.听 通常有两种方法,一是敲击法,即从敲击蛋壳发出的声音来判定蛋的新鲜程度,有无裂纹、变质及蛋壳的厚薄程度。新鲜蛋掂到手里沉甸甸的,敲击时声音坚实、清脆似碰击石头;裂纹蛋发声沙哑,有啪啪声;大头有空洞声的是空头蛋,钢壳蛋发声尖细,有"叮叮"响声。二是振摇法,即将禽蛋拿在手中振摇,有内容物晃动响声的则为散黄蛋。

3.嗅 即用鼻子嗅蛋的气味是否正常。新鲜鸡蛋、鹌鹑蛋无异味,新鲜鸭蛋有轻微腥味;有些蛋虽然有异味,但属外源污染,其蛋白和蛋黄正常;有霉味的是霉蛋,有臭味的是坏蛋。

(二)光照透视鉴别法

光照透视鉴别法就是根据蛋具有通透性的特性,在黑暗的环境中利用光源对蛋壳、气室、蛋白、系带、蛋黄及胚胎等进行综合评定的一种方法。这一方法简便、易行、结果准确,是普遍采用的方法。生产中常用的有自然光线鉴别法和灯光鉴别法两种,比较先进的还有机械传送照蛋和电子自动照蛋。新鲜蛋在光照透视时,蛋白完全透明,呈淡橘红色;气室极小,深度在 5 mm 内,略微发暗,不移动;蛋白浓厚澄清,无杂质;蛋黄居中,蛋黄膜包裹得紧,呈现朦胧暗影,蛋转动时蛋黄亦随之转动;胚胎不易看出。通过照验还可以看出蛋壳上有无裂纹,气室是否固定;蛋内有无血丝、血斑、肉斑、异物等。

1.日光鉴别法 主要是借助自然日光来鉴别蛋的品质,现多不采用。

2.灯光鉴别法 该法常用的光源主要是电灯。

(1)手工照蛋 是利用照蛋器进行,照蛋器的构造如图 3-1-2 所示。灯罩由白铁皮做成,罩壁上有一个或多个照蛋孔,供一人或多人操作。照蛋孔的高度以对准灯光最强的部位为宜。先用左右两手各拿两枚鲜蛋,一枚蛋握在掌心,用小指或无名指按住。另一枚蛋用拇指、食指和中指托住其下部。然后对准照蛋孔,由里向外旋转半圈,再倒转半圈,这样能看清蛋的内部物质的变化情况。第一枚蛋照完后,退至掌心,将另一枚蛋交换上去照验。左右两手握的蛋依次交替轮换照验,检出的好蛋和次劣蛋按不同品级分别存放。同时,还要对好蛋边照边用手互相轻轻敲击;剔除肉眼所不易看出的裂纹蛋。

(2)机械传送照蛋 机械传送照蛋目前有两种形式。一种是在传送带的两侧装上照蛋的灯台。灯台设置多少要视场地和操作人员的数量而定。每一灯台的间距为 1 m 左右。照完后，将优质蛋和各类次劣蛋移到输送带上送到出口处，分别过秤。另一种是联合照蛋机，集照蛋、装箱等于一体。其工艺流程大体是：上蛋→槽带输送→吸风除草→输送→人工照蛋→输送→下蛋斗→装箱→自动过秤。该方法是半机械化操作，即由工人将鲜蛋搬到上蛋部位，机械手便夹住蛋箱，把蛋倒入槽带，输送到风筒下面，风机将草从风筒中抽出，然后再输送到灯光照验部位，由人工剔除次劣蛋，剩下的好蛋被送入到蛋斗中，下蛋斗翻转后，将蛋装入木箱。也有的将蛋用油泵、真空吸蛋器吸入蛋箱内，这比下蛋斗方法破损少。蛋箱随着鲜蛋的增加自动下降，当重量达到定额时自动停车，将重箱取出换上空箱，磅秤自动复原，机器又开始运转生产。

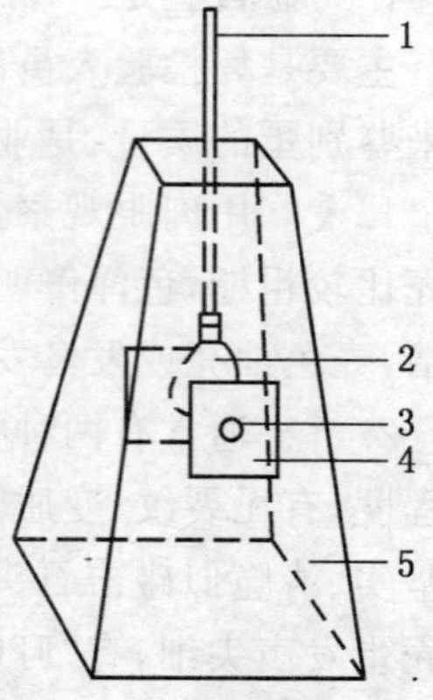

图 3-1-2 照蛋器

1.电源 2.灯泡 3.照蛋孔 4.胶皮 5.木匣

(3)电子自动照蛋 电子自动照蛋是利用光学原理，采用光电元件组装装置代替人的肉眼照蛋，以机械手代替人工手操作，以机器输送代替人力搬运，实现自动鉴别的科学方法。自动鉴别有两种方法：一种方法是应用光谱变化的原理照验，鲜蛋腐败时，氨气的增加会引起光谱的变化。在荧光灯照射下，鲜蛋发出深红、红或淡红的光线，而变质蛋发出紫青或淡紫的光线，由此判断蛋的好坏。另一种方法是根据鲜蛋的透光度来进行照验。鲜蛋变质后，其蛋黄位置、蛋黄的体积和形态以及色泽都将发生变化，光照时，它的透光度也有差异，被自动照蛋器认出。因此，第二种方法是根据不同的通光量来分辨蛋的质量优劣。

(三)理化鉴定

理化鉴定主要包括比重鉴定法和荧光鉴定法。

1.比重鉴定法 是将蛋置于一定比重的食盐水中看其浮沉横竖情况来鉴别蛋的鲜陈。如前所述，新鲜蛋有一定的比重，但随着内容物变化，蛋白变稀，水分不断蒸发，全蛋比重随之日趋下降。测定蛋的比重需先配制各种浓度的食盐水，不同浓度的食盐水其比重也不同。当鸡蛋置于食盐水中时，以鸡蛋不漂浮的食盐水比重作为该蛋的比重。质量正常的新鲜蛋的比重为 1.080～1.090，若低于 1.05，表明蛋已陈腐。

2. 荧光鉴定法 荧光鉴定法是应用发射紫外线的水银灯照射禽蛋，使其产生荧光，根据荧光的强度大小来鉴别蛋的新鲜度的方法。新鲜蛋的荧光强度微弱，蛋壳的荧光反应呈深红色、紫色或淡紫色。

(四)微生物学检查法

对于蛋类进行微生物检查，主要是鉴别蛋内有无霉菌和细菌污染现象，特别是鉴别沙门氏菌的污染状况。新鲜的蛋内菌数不应超标，并应没有霉菌和细菌生长现象。在商业经营中一般不作微生物检查。在蛋品加工企业一般也很少用此法进行鉴别，只有在发现有严重问题时，或深入研究时才进行微生物学检查。

第四节　蛋的分级、包装、运输

一、鲜蛋的分级

我国依据蛋的重量、蛋壳、气室、蛋白、蛋黄、胚胎状况等质量指标进行分级，并参照不同的销售对象和用途，制定了分级标准。

(一)内销鲜蛋的分级标准

1. 感官指标　鲜鸡蛋要求蛋壳清洁完整，灯光透视时全蛋呈微红色，蛋黄不见或略有阴影。打开后蛋黄凸起、完整并有韧性；蛋白澄清透明，稀稠分明。冷藏鲜鸡蛋经冷藏后品质应符合鲜鸡蛋标准。化学储藏蛋经化学方法(灰水、泡花碱等)储藏后，其品质也应符合鲜蛋标准。

2. 理化指标　理化指标主要是指汞的含量，鲜鸡蛋汞的含量(以 Hg 计)应小于 0.05 mg/kg。

3. 分级标准　见表 3-1-2。

表 3-1-2　内销鲜鸡蛋的分级标准

级别	指　标
一级	蛋壳洁净坚固完整，气室高度在 5 mm 内的蛋不超过 10%。蛋白色泽清、明，质浓厚。蛋黄略明显，胚胎不发育
二级	蛋壳洁净坚固完整，气室深度在 5 mm 以上者不超过 10%。蛋白色泽清、明，质较浓厚。蛋黄略明显但仍固定，胚胎不发育
三级	污壳蛋不超过 1%。气室深度在 7～8 mm 者不超过 25%。蛋白色泽清、明，质稍稀薄。蛋黄略明显且移动，胚胎略有发育

(二)出口鲜蛋的品质规格与检验

出口鲜鸡蛋分及时加工出口鲜鸡蛋和冷藏鲜鸡蛋两种，其品质规格按 SN/T 0422—95《出口鲜蛋检验规程》的规定执行。

1. 品质条件　品质新鲜，蛋壳整洁，蛋白浓厚或稍稀薄，蛋黄居中或略偏。及时出口鲜蛋气室固定，高度低于 7 mm，气室波动不超过 3 mm；冷藏蛋气室高度低于 9 mm，气室波动不超过蛋高的 1/4。出口检验时，破（包括咯窝、流清、裂纹、穿孔）、次（包括血丝、血圈、热伤、异味蛋）、劣（包括霉蛋、红、黑贴壳、散黄、泻黄、腐败、绿色蛋白质、孵化、熟蛋、橡皮蛋）总数不得超过 3%，其中劣蛋不超过 1%；冷藏蛋在检验时，破、次、劣蛋总数不得超过 4%，其中劣蛋不得超过 2%。油迹、染色、图案、字迹等污壳蛋不能出口，其他污壳蛋不得超过 5%，沙壳蛋、劣形蛋合计不得超过 5%，邻级蛋不得超过 10%，隔级蛋不得存在。加工时必须剔除气泡蛋、出汗蛋、雨淋蛋、异物蛋、水洗蛋。

2. 规格　鲜鸡蛋及冷藏鲜鸡蛋按检验发运时的重量分为特、超、大、一、二、三共 6 个级别。特、超、大每箱 300 枚净重分别不低于 19.5，18，16.5 kg；任取 10 枚蛋的重量不低于 650，600，550 g；一、二、三级每箱 360 枚净重分别不低于 18，16.2，14.4 kg；任取 10 枚蛋的重量不低于 500，450，400 g。

卫生项目按鲜鸡蛋卫生标准 GB 2748—96 规定执行。

3. 检验　出口鲜鸡蛋按 SN/T 0422—95《出口鲜蛋检验规程》规定的检验方法分外观检验、重量级别检验、透光检验（检查蛋内质量）。在抽查检验时，不允许红（黄）壳蛋混入白壳蛋。

进出口鲜鸡蛋卫生检验项目按 GB 2748—96《国家鲜鸡蛋卫生标准》规定检验。其中，汞按 GB 5009.17—96，“六六六、滴滴涕”按 GB/T 5009.19—96 或标准 SN 0128—92 检验，或根据进口国和地区的要求检验。

二、蛋的包装

包装是禽蛋运输的必要工序，包装质量对蛋的保护有重要意义。包装方法、容器同蛋的破损和腐败有直接的关系。鲜蛋的包装要求是：坚固、干燥清洁、成本低廉、保质保量。为达到这些要求，蛋的包装应做到“三化”，即包装容器规格化、操作方法标准化、技术人员专业化。

三、蛋的运输

包装好的鲜蛋，按加工地点和商品流向，应合理安排运输。因为鲜蛋在运输过程中最易造成破损。运输要快；搬动装卸要轻稳；运输过程中要防止雨淋、日晒、灰尘和震动；冬季要防寒保暖，夏季要防热变质；装运鲜蛋的车、船等工具要清洁干燥，凡装过农药、汽油、煤油等有毒、有异味的车船，一定要冲洗干净后再使用。

本章小结

- 蛋品加工的基本知识
  - 蛋的结构
    - 蛋壳、蛋白和蛋黄
  - 化学成分
    - 蛋壳
      - 碳酸钙为主体
    - 蛋白
      - 水、蛋白质（卵白蛋白、卵伴白蛋白、卵黏蛋白、卵类黏蛋白、溶菌酶等）、糖等
    - 蛋黄
      - 水、蛋白质、脂肪（甘油三酯、磷脂、甾醇）
  - 物理特性
    - 比重、黏度、热凝固点、冰点、蛋黄膜的渗透性、耐压度等
  - 加工特性
    - 蛋壳遇酸的溶解作用、蛋液的热凝固变性、蛋白质的酒精凝固变性、乳化性、发泡性等
  - 质量指标
    - 蛋壳状况、蛋的形状、蛋重、相对密度、气室、蛋白、系带、蛋黄、胚胎、气味与滋味、哈夫单位、微生物学指标等
  - 质量鉴定
    - 感官鉴定、光照透视鉴别法、理化鉴定和微生物学检查法
  - 蛋的分级、包装与运输
    - 分级
    - 包装
    - 运输

复习思考题

1. 禽蛋由哪些部分构成？简述它们在加工储藏中的意义。
2. 鸡蛋白、蛋黄有哪些主要成分？
3. 鲜蛋有哪些主要物理性质？有哪些加工特性和储运特性？
4. 鲜蛋的质量鉴定有哪几方面？如何鉴定？

第二章　鲜蛋的储藏

知识目标

- 了解鲜蛋在储藏期间的变化规律。
- 掌握鲜蛋保鲜原则的储藏原理。

技能目标

- 掌握冷藏法保藏鲜蛋的技术。
- 掌握冷藏法鲜蛋出库技术。

第一节　鲜蛋在储藏期间的变化

禽蛋在储藏过程中会发生一系列的变化，这些变化会影响蛋的品质、加工和食用价值。为了做好禽蛋的储藏保鲜工作，必须掌握这些变化规律。

一、物理变化

1. 蛋重　鲜蛋在储藏期间重量会逐渐减轻。储存时间越长，减重越多；保存温度高，蛋减重多；保存湿度大，蛋减重少；蛋壳厚、致密、气孔少，则蛋的失重就少；不同的保存方法（如涂膜法、谷物储存法等）其失重也各有不同。一般低温冷藏 6 个月蛋的干耗率为 2.5%～3.0%。如果涂膜后再低温保藏则干耗率不超过 2%。

2. 气室　气室是衡量蛋新鲜程度的一个重要标志。在储藏过程中，气室的大小随储存时间的延长而增大。气室的增大是由于水分蒸发，蛋内容物干缩所造成。所以，气室增大和蛋重减小是相对应的，也受储存温度、湿度、蛋壳状况和储存方法等的影响。

3. 水分　经一段时间储存的蛋，由于渗透作用，蛋白中的水分逐渐向蛋黄中转移，使蛋黄中水分增加。蛋白水分减少的原因，除一部分向蛋黄渗透外，还有一部分通过气孔向外蒸发，同时造成气室增大。

4. pH 值　新鲜蛋的 pH 值为 6.0～6.4，储存过程中 pH 值会逐渐上升接近中性。鸡蛋产出后，由于蛋内 CO_2 不断通过气孔向外逸散，使蛋白的 pH 值迅速上升达 8.7，储存一段时间(10 天左右)后，气室内的 CO_2 与外界空气中的 CO_2 达到平衡，蛋白 pH 值就不再上升，此时 pH 值可达 9 以上。但当蛋接近变质时，则 pH 值有下降的趋势。当蛋白 pH 值降至 7.0 左右时尚可食用，若继续下降则不宜食用。采用合适的储藏方法可减缓 pH 值的下降速度。

5. 哈夫单位　哈夫单位越高，表示蛋白越浓稠，品质越好，反之则表示蛋白稀薄，品质较差。哈夫单位随储存时间的延长而降低。这主要是因为浓厚蛋白在酶的作用下逐渐水化而变稀所造成。随着浓厚蛋白的水化，系带逐渐松弛，失去弹性，最后与蛋黄脱离。影响这个过程的主要因素是储藏温度。

6. 蛋黄系数　是衡量蛋新鲜度的一个重要标志。新鲜蛋的蛋黄系数大，平均为 0.36～0.44。随储存时间的延长，蛋黄系数可降至 0.3。除时间因素外，保存温度对蛋黄系数的降低有直接影响。

二、化学变化

1. 蛋白质的变化　鲜蛋在储存过程中，各蛋白质比例将发生变化，其中卵类黏蛋白和卵球蛋白的含量相对增加；而卵伴白蛋白和溶菌酶减少；蛋黄中卵黄球蛋白和磷脂蛋白的含量减少，而低磷脂蛋白的含量增加；由于微生物对蛋白质的分解作用，会使蛋内含氮量增加，储存时间越长，蛋液中含氮量越高，甚至会产生对人体有害的一些挥发性盐基氮类物质。

2. 游离脂肪酸　刚产的蛋，其脂肪中游离脂肪酸含量很低，随储藏时间延长，接触空气后，脂肪酸化速度加快，使其游离脂肪酸含量迅速增加。在冰蛋储藏时，尤其要注意这一点。

3. 酶及碳水化合物　蛋在储藏期间溶菌酶逐渐减少，接触酶明显增多，少量的碳水化合物也逐渐减少。

三、生理学变化

禽蛋在保存期间，较高温度(25℃)会使其胚胎发生生理学变化，使受精卵的胚胎周围产生网状血丝、血圈，甚至血筋，称为胚胎发育蛋；使未受精卵的胚胎有膨大现象，称为热伤蛋。

蛋的生理学变化，常常引起蛋的质量降低，耐储性也随之降低，甚至引起蛋的腐败变质。控制保藏温度是防止蛋生理学变化的重要措施。

四、微生物变化

健康家禽所产的鲜蛋，蛋内容物中是没有微生物的。然而生病的母鸡，在蛋的形成过程中有可能染上各种病原微生物，如沙门氏菌等。禽蛋在储存和流通过程中，外界微生物接触蛋壳，会通过气孔或裂纹侵入蛋内，使内容物发生微生物学变化。

蛋内常发现的微生物主要有霉菌和各种细菌，如曲霉属、青霉属、毛霉属和白霉菌等，葡萄球菌、大肠杆菌、产碱杆菌等。各种微生物的侵入，不仅使蛋内容物的结构形态发生变化，而且蛋内的主要营养成分也发生变化，造成蛋的腐败变质。

第二节 鲜蛋的储藏技术

一、蛋保鲜储藏的基本原则

1. 保持蛋壳和壳外膜的完整性　蛋壳是蛋本身具有的一层最理想的天然包装材料。分布在蛋壳上的壳外膜可以将蛋壳上的气孔封闭，但是这层薄膜很容易被水溶解而失去作用。无论采用什么方法储藏鲜蛋，都应当尽量保持蛋壳和壳外膜的完整性。

2. 抑制微生物的繁育　蛋在放置过程中不可避免地会被各种微生物污染。污染的过程视包装容器和库房的清洁程度而异。在鲜蛋储藏时应尽量设法抑制这些微生物的繁育，通常的方法是对蛋壳进行消毒或者低温储藏。

3. 防止微生物侵入　在储藏中要防止外界微生物继续侵入蛋内，通常采用具有抑菌作用的某些涂料涂抹蛋壳，或将蛋浸入具有杀菌作用的溶液中，使蛋与空气隔绝。

4. 保持蛋的新鲜状态　蛋在产出之后，会不断地发生理化和生物学的变化。据研究，1 g 重的蛋每昼夜要消耗 0.301 J 的热量，一个未受精的蛋每昼夜排出 3.5 mg 或 1.8 cm^3 CO_2。在温度为 10℃和相对湿度为 80％的条件下，每个蛋每天平均损失 0.015 g 水分或减重 0.25％左右。由于水分的损失和能量的消耗，加上蛋内 CO_2 的逸出及 O_2 的渗入，蛋液的 pH 值升高，浓蛋白变稀，蛋黄膜弹性降低，气室增大，蛋的品质下降。鲜蛋储藏过程中应尽量减缓这些变化。通常低温或气调储藏鲜蛋均可收到良好的效果。

5.抑制胚胎发育　受精蛋在储藏过程中要防止胚胎发育。最好用低温储藏，尤其夏季，必须使库温低于23℃，否则就有胚胎发育的可能。

二、鲜蛋的储藏方法

鲜蛋的储藏方法很多，一般根据储藏量、储藏时间及经济条件等来选择合适的储藏方法。工业上常用的方法是冷藏法。

(一)冷藏法

冷藏法的基本原理是利用低温抑制微生物生长繁殖及对蛋内容物的分解作用，并抑制蛋内酶的活力，延缓了蛋内的生化变化，尤其是延缓浓厚蛋白变稀和降低重要损耗，使鲜蛋在较长时间内能较好地保持原有的品质。

1. 冷藏前的准备

(1)对冷库的要求　鲜蛋入库前，库内应预先消毒和通风，以消灭库内残存的微生物和害虫。做好消毒工作，以减少各种微生物的生存与繁殖。其消毒方法是：先将冷库进行清扫后，利用0.4%的漂白粉溶液进行喷雾，或每立方米空间利用15 g高锰酸钾与30 mL的甲醛进行熏蒸(熏蒸时关闭库门)。对于库内的垫木和木架，则须用1%～3%的热碱水进行洗刷，并经阳光曝晒至干后再用。此外，冷库在使用前应先进行预冷，直至库内温度达到要求并稳定后，才能正式使用。

(2)对鲜蛋的要求　鲜蛋入库前应先进行选择，剔除污壳蛋、破损蛋和次劣蛋；然后对欲入库的鲜蛋采用0.1%的多菌灵(苯丙咪唑-44号)于蛋壳表面进行喷雾消毒，最后将清洁、完整、大小均匀的鲜蛋包装后入库储存。

(3)对包装材料的要求　对于包装鲜蛋所用的材料，要求坚固、清洁、干燥、无吸湿性和无异味；装入箱内的鲜蛋不宜过紧，而且最好是大端向上、小端向下码放整齐，以利增加其耐压度。如果条件许可，最好应用塑料托盘装蛋，其主要优点是清洁、无异味、不潮湿、不污染、易消毒和容易码放与计数。

2.冷藏技术管理

(1)鲜蛋的预冷　经过包装后的鲜蛋，在入库冷藏之前，要先行预冷。其主要原因有二：其一，如果大量的、温度较高的鲜蛋一起入库，会引起库内温度上升；其二，入库的鲜蛋如果突然遇冷，会引起蛋的内容物急骤收缩，外界微生物随空气由气孔进入蛋内生长繁殖，从而引起蛋的腐败变质。应当指出，蛋的预冷工作应在预冷间进行。开始时，预冷间的温度要求低于蛋温2～3℃，以后每隔1～2 h降低1℃，直至蛋温达到1～2℃时才能入库储存。

(2)入库　鲜蛋入库时，应当按照原计划出库时间的早晚进行摆放，所有蛋箱均应堆码在垫木或货架上。为了有利于库内空气流通与维持库内湿度的均衡性，在码放蛋箱时，垛与垛之间的距离应保持 25 cm 左右，垛与墙之间的距离应保持 30 cm，箱与箱之间 3～5 cm，垛与地面之间 8 cm，码垛的高度以 8～10 层为宜。为了减少蛋内水分的蒸发，码放的蛋箱应在距离风道稍远的地方。此外，在蛋箱码放过程中，注意轻拿轻放，最好把质量相同的鲜蛋使用专用冷库进行冷藏，切不可与具有异味的其他食品及物品混在一起储藏。这样既便于冷库的管理，同时还能提高鲜蛋的储藏效果。

(3)鲜蛋入库后的管理 鲜蛋入库后，须严格控制库内温度和湿度。储藏鲜蛋最适宜的温度为－2～－1℃，最低不能超过－3.5℃，而相对湿度则应保持在 85％～88％。冷库应有专人管理，对于库内的温度和湿度每昼夜要进行两次检查，库温保持在(0±0.5)℃，并须认真做好记录。为了防止库内不良气体的聚集，还应注意通风换气，换气量的多少则应视外界气温的高低而确定。一般而言，昼夜换气量应为冷库容积的 4 倍。对于库内储藏的鲜蛋，要注意定期进行翻箱，以防靠黄蛋、贴壳蛋等次品蛋的产生。一般在库温为－1.5～0℃的条件下，每隔 30 d 翻箱 1 次；在－2.5～－2℃的条件下，每隔 40～60 d 翻箱 1 次。若是利用塑料托盘，而且是大端向上装蛋，则可适当延长翻蛋间隔时间或不予翻蛋。此外，对储藏中的鲜蛋需每隔 20 d 左右抽查一次。抽查时，应从垛的中央取样，一般每次抽取 2％～5％的样品进行光照检查，然后根据鲜蛋在储藏中的变化情况，合理安排其出库时间。在一般情况下，利用冷藏法储藏鲜蛋均能达 8 个月以上。

3. 出库 当鲜蛋储藏 6 个月后，即可根据具体情况，合理安排出库计划。鲜蛋在出库之前，首先需进行升温，否则，将会由于蛋温与环境温度相差太大，致使蛋面水蒸气凝结而形成大量水珠，俗称“出汗”。由于“出汗蛋”容易造成壳上膜溶解、脱落，并使蛋壳气孔暴露，外界微生物便可趁机侵入蛋内而引起蛋的腐败变质。出库鲜蛋的升温工作可在升温间进行。也就是说，先将升温间的温度上升到比准备出库蛋的温度高 1～2℃，以后每隔 2～3 h，将升温间的温度提高 1℃，直至蛋的温度比环境温度低 3～5℃时，即可进行出库。

(二)石灰水储藏法

是一种操作简便、费用低廉、效果较好、储藏期较长的方法，但蛋壳外观差，在煮制时蛋壳易破裂。

此方法先配制石灰水溶液，即用 50 kg 清水加入 1～1.5 kg 生石灰，搅拌后静置任其沉淀、冷却。待石灰水澄清，温度下降到 10℃以下时，取出上清液倒入放有鲜蛋的水池或缸中，使溶液淹没蛋面 5～10 cm 即可。它的原理是利用蛋内呼出的 CO_2 与石灰水中的 $Ca(OH)_2$ 作用，生成不溶性 $CaCO_3$ 微粒，沉积在蛋壳表面，闭塞气孔，阻止外界微生物侵入并防止石灰水的污染。同时，使蛋的呼吸作用减弱，抑制蛋内微生物的生长,起到保护蛋质量的作用。

石灰水储藏法一定要选择质量优良的鲜蛋,否则,次劣蛋混入后,随着蛋的腐败变质,微生物借助石灰水传播扩散,导致石灰水发浑变质。储藏期间还应尽量降低库温及石灰水温,夏季库温不可超过23℃,水温不高于20℃,冬季不可结冰。溶液温度越低,鲜蛋的耐贮时间越长,蛋的变化也越小,一般可储藏4～5个月。储藏期间应每日早、中、晚3次检查库温和水质,发现石灰水发浑、发绿、有臭味应及时处理。

(三)表面涂膜法

即利用某些专门的涂料抹在蛋壳表面,使蛋壳上形成一层人工保护膜,降低蛋内CO_2和水分的逸散,也可以防止外界微生物进入蛋内,从而达到保鲜的目的。如原料蛋不新鲜,蛋内受到微生物污染,则涂膜后蛋内的微生物仍可继续繁殖而造成蛋的变质。

目前使用的涂料种类很多,有的使用单一成分,如液体石蜡、明胶、4°Be的水玻璃、火棉胶等,也有采用两种以上的成分配制。在被覆剂中加入一些杀菌剂,则效果更加显著。

1. *松脂石蜡合剂法*　将石蜡18份、松脂18份、三氯乙烯64份混合搅匀,将新鲜、清洁的鸡蛋置之其中浸泡30 s,取出晾干,即可在常温下储存6～8个月。

2. *蔗糖脂肪酸酯法*　将经过挑选的新鲜蛋浸入1%的蔗糖脂肪酸酯溶液中20 s,取出风干,在25℃下可储藏6个月以上。

3. *蜂油合剂法*　取蜂蜡112 mL于锅中水浴溶化,然后加橄榄油224 mL,边加边仔细调和均匀,然后将挑选好的鲜蛋浸入其中,均匀涂上一层后取出晾干,可储存半年以上。

(四)气调储藏法

利用CO_2、N_2、臭氧等气体的作用,来抑制微生物的活动,减缓蛋内容物的各种变化,从而保持了蛋的新鲜状态。

采用此法需备有密闭的库房或容器,以保持一定的气体浓度。首先将蛋装入箱内,并通入CO_2气体,置换箱内空气,然后将蛋箱放在含有3%CO_2的库房内储藏。如和冷藏法配合使用,则效果更理想。

用这种方法储存鲜蛋,霉菌一般不会侵入蛋内,浓蛋白很少水样化,蛋黄膜弹性较好且不易破裂。一般可储存半年。

本章小结

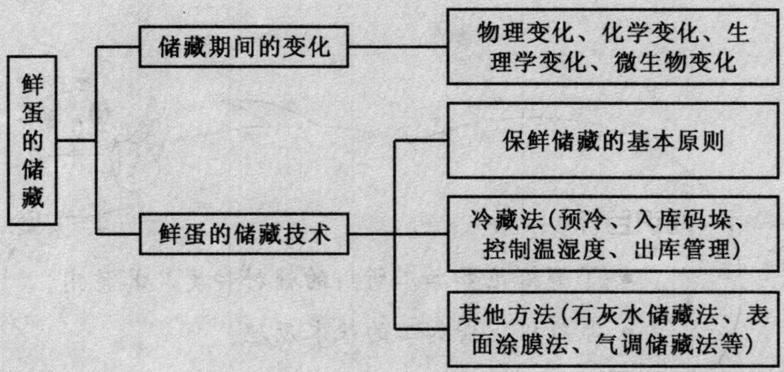

复习思考题

1. 鲜蛋在储藏期间有哪些变化？怎么控制？
2. 鲜蛋的储藏方法有哪些？如何控制其工艺条件？

第三章　松花蛋生产技术

知识目标

- 了解松花蛋加工所用的辅料种类及其作用。
- 掌握松花蛋加工的基本原理。

技能目标

- 掌握浸泡法和包泥法加工松花蛋的工艺技术。
- 掌握松花蛋加工的质量控制方法。

松花蛋又叫皮蛋、彩蛋、变蛋。成熟后的松花蛋，其蛋白呈棕褐色或绿褐色的凝胶体，有弹性，蛋白凝胶体内有松针状的结晶花纹，由此而得名。其蛋黄呈深浅不同的墨绿、草绿、茶色的凝固体（溏心皮蛋蛋黄中心呈橘黄色糨糊状），色彩多样、变化多端。皮蛋的种类很多，按蛋黄的凝固程度不同分为溏心皮蛋和硬心皮蛋；按加工辅料不同分为无铅皮蛋、糖皮蛋等品种。它们都是以鸭蛋（少数用鸡蛋）为原料，用纯碱、生石灰、植物灰、黄泥、茶叶、食盐、氧化铅、水等几类物质，按比例混匀后，将鸭蛋放入其中，在一定的温度和时间内，使蛋白和蛋黄发生一系列的变化而制成的。

第一节　松花蛋加工的原料及加工原理

一、原料选择

为保证松花蛋的质量，加工前对鲜蛋必须进行照检和敲验，逐个检验和挑选，剔除破损蛋、裂纹蛋、散黄蛋、热伤蛋、贴皮蛋等各种次劣蛋，选择新鲜、干净、无水湿、无粪污的质量合格蛋。还要按蛋重或大小进行分级，以便按级进行投料加工，保证皮蛋成熟期一致。

二、辅料选择

鲜蛋变成松花蛋，是各种材料的相互配合所起作用的结果。材料质量的优劣直接影响到松花蛋的质量和商品价值。因此，在材料选用时，要按松花蛋加工要求的标准进行选择，以确保加工出的松花蛋符合卫生要求，有利于人体健康。常用的加工材料有以下 8 种：

1. 纯碱　化学名为无水碳酸钠(Na_2CO_3)，商品名为大苏打、食碱、碱粉等，是加工皮蛋的主要辅料之一。要求其色白、粉细、碳酸钠含量在 96%以上。因其用量直接影响皮蛋的质量，所以配料时一定要知道纯碱中碳酸钠的含量。对含量过低，变色发黄的所谓“老碱”不应使用，含水量高的也要经过处理后使用。其作用是与生石灰、水一起反应生成氢氧化钠，使蛋内容物凝固。

2. 生石灰　化学名为氧化钙(CaO)，俗称石灰、炼石灰、角灰、块灰等，应选用块大体轻、纯度高、加水后发泡多、并能迅速溶化的优质生石灰，其钙含量不得低于 70%。因生石灰易吸潮，一般应随用随购，用不完的应存放在干燥清洁的仓库内密封储藏。

生石灰的主要作用是生成氢氧化钠，游离的碳酸钙有促进皮蛋凝胶和使皮蛋味道凉爽的效能；而大量沉淀的碳酸钙则又有阻止料液进入蛋内的副作用，并增加出缸洗蛋时的破损率。生石灰与纯碱、水反应后，Ca^{2+} 和 CO_3^{2-} 的存在可以影响蛋壳碳酸钙微粒与料液中这些离子的溶解—沉淀平衡，结果是保持或增加了蛋壳的厚度和密度，清洁了蛋壳表面。

3. 烧碱　化学名为氢氧化钠($NaOH$)，又称苛性钠、火碱等，为白色固体，有条棒、颗粒等形状。工业用烧碱为大块状。氢氧化钠含量只有 40%～50%的称为液体烧碱。

烧碱不仅能代替纯碱和生石灰的作用，而且可免除纯碱和石灰料液产生大量碳酸钙沉淀的缺陷，同时给工艺带来了方便，降低了成本。因此，使用烧碱加工皮蛋的厂家越来越多。但在使用时要特别小心，防止其对人体的皮肤和衣服的腐蚀。

4. 食盐　化学名为氯化钠($NaCl$)。食盐能改善皮蛋的风味，减弱其辛辣味，能加快蛋的化清(盐析作用)，促进蛋黄形成清心，并能抑制有害微生物的活动和繁殖，同时也利于松花蛋的收缩和剥壳。所用食盐的氯化钠含量应在 96%以上。

5. 茶叶　加工松花蛋使用茶叶，一是增加松花蛋的色素；二是提高松花蛋的风味；三是茶叶中的单宁能促使蛋白发生凝固作用。加工松花蛋，一般都选用红茶末，因红茶中含有茶单宁 8%～25%，茶素（咖啡碱）1%～5%，还含有茶精、茶色素、果胶、精油、糖、茶叶碱、可可碱等成分。这些成分在绿茶中的含量比较少，故多使用红茶。对受潮或发生霉味的茶叶，严禁使用。

6. 黄丹粉　化学名称为氧化铅（PbO），俗称金生粉、密陀僧等。是黄色的粉末，由于质量的差异，颜色上有明显的差异，质量好的是淡黄色的细粉，质量差的含杂质较多，是红黄色的粉末。其主要作用：一是调节碱液渗入蛋内的速度；二是使皮蛋的蛋白具有特有的青黑色；三是使蛋白凝固后保持有一定的硬度，以便于剥壳。但铅的含量如过高，长期食用会在人体内积累，造成慢性中毒，所以必须尽量降低其用量。目前许多厂家已采用了无铅生产新工艺。

氧化铅之所以有以上作用是因为它是一种两性金属氧化物，在皮蛋加工过程中，氧化铅首先在料液的强碱介质下溶解生成亚铅酸盐，亚铅酸盐易穿过皮蛋气孔和蛋膜渗入蛋内。由于蛋内 pH 值较低，亚铅酸盐又水解而释放出碱，这样就起着引导碱液向蛋内渗透的作用：

$$PbO + H_2O \xrightarrow{NaOH} Pb(OH)_2 \downarrow$$

$$Pb(OH)_2 + 2NaOH \longrightarrow Na_2PbO_2 + 2H_2O$$

$$Na_2PbO_2 + 2H_2O \longrightarrow Pb(OH)_2 + 2NaOH$$

在皮蛋浸泡后期，由于蛋内游离 H_2S 产生，亚铅酸盐与 H_2S 反应生成难溶的 PbS 沉积在蛋壳和壳膜上，同时渗入蛋内的 CO_3^{2-} 也能与铅作用产生难溶的沉淀物。这些沉淀物堵住了蛋壳上的气孔，阻碍碱继续向蛋内渗透，这就避免了因料液进入过多而烂透或液化。

$$Na_2PbO_2 + H_2S \longrightarrow PbS \downarrow + 2NaOH$$

$$Na_2PbO_2 + H_2CO_3 \longrightarrow PbCO_3 \downarrow + 2NaOH$$

7. 草木灰　主要成分为 Na_2CO_3 和 K_2CO_3。有促进蛋白蛋黄凝固的作用，并有特殊的芳香味。使用草木灰时要求干净卫生，无较大的石块，最好用筛子过滤，以除去石块和土粒。

8. 包泥　为了保持松花蛋的质量及防止破损，腌制的成品出缸后需包上含有料汤的黄泥，泥巴表面滚上一层稻壳以防止粘连。现多用涂膜法代替包泥，卫生干净。

三、松花蛋加工的基本原理

(一)氢氧化钠与蛋白质的凝胶变性

鲜蛋转化为松花蛋,起主要作用的是一定浓度的氢氧化钠。我们知道,生石灰和纯碱在有水的状态下,产生氢氧化钠。鲜蛋在40～60 g/L的氢氧化钠料液中,pH值迅速由8～9增加到11以上,蛋白质三、四级结构破坏,蛋白首先液化;随着氢氧化钠继续渗透,蛋白质在一定碱浓度下持续作用,蛋白质分子重新排列,并在金属离子参与下形成盐桥,蛋白渐次凝结成胶体状态,产生弹性。如果鲜蛋浸泡在65 g/L以上的高浓度氢氧化钠溶液中,因为碱度过大蛋白质基本结构破坏,蛋白又会从凝胶状态渐次分解为溶液状态,蛋白不能再凝固,称为"碱伤"。进入蛋黄的氢氧化钠如果超过极限,蛋黄出现硬结,即所谓"蜡黄蛋",失去食用价值。所以加工松花蛋时,要掌握好氢氧化钠的合理浓度。

(二)色泽的产生和变化

从鲜蛋的成分可以看到,鲜蛋蛋白中的蛋白质除卵白蛋白与甘露糖结合存在外,伴白蛋白、卵黏蛋白、蛋类黏蛋白是和甘露糖、半乳糖呈结合状态而存在的。此外,还有部分游离的甘露糖和半乳糖,这样醛糖和氨基的化合物及其混合物与碱性物质相遇时,就会产生美拉德反应,出现玳瑁色、茶红色乃至墨绿色的反应。

蛋黄中的蛋白质由卵黄磷蛋白和蛋黄球蛋白组成,其中硫的成分比较多。蛋白质在碱作用下产生—SH和—S—S—基团,这些基团可以和蛋白质自身作用产生墨绿色;可以和金属离子作用产生不同的颜色;可以和蛋黄中的黄体色素、玉米黄素等作用形成墨绿色。

李树青(1992)研究了蛋黄颜色变化的机理,指出蛋黄成色反应的过程:①在强碱条件下蛋白质中的含硫氨基酸降解产生S^{2-};②S^{2-}将蛋黄中高磷蛋白的三价铁还原成二价铁并与之结合形成硫化亚铁,形成出特征性的蓝绿色;③由蛋黄中固有色素同这种蓝绿色复合作用形成最终视觉上的黄绿色或墨绿色。某些成品松花蛋在储藏过程中蛋黄从特征墨绿色"还原"成原有的黄色反应过程,是硫化亚铁在水分子参与下与氧气发生氧化还原反应生成三价铁和元素硫,失去了蓝绿色成分。蛋黄中深浅不一的色层是由于蛋黄的各层次含铁量不同所致。

(三)风味的形成

松花蛋的风味可以描述为:鲜、咸、香、辣、清凉爽口。鲜是由于大量氨基酸形成所造成;咸是由于加入了食盐;香是由于脂肪部分皂化成酯;辣是碱与硫化氢、氨、酮酸等的复合作用;凉是碱的作用。

(四)松枝花纹的形成

过去有人认为松枝花纹是氨基酸盐的结晶,或是无机磷酸盐的结晶。李树青(1989)利用红外光谱和质谱分析,证实是氢氧化镁的结晶。蛋中氢氧化镁达到100 mg/kg 开始出现松花,达 200 mg/kg 则呈现很多,低于 80 mg/kg 则不会出现松花。镁离子中 40%来源于蛋本身,60%来自料液。

第二节 松花蛋加工生产技术

松花蛋的加工方法很多,特别是民间流传的加工方法更多。根据加工工艺可分为浸泡法、包泥法和滚粉法 3 种。浸泡法生产的是溏心松花蛋,包泥法生产的是硬心松花蛋。

一、浸泡法

1. 原料蛋准备　用照蛋器将原料蛋逐个进行光照检验,剔除裂纹蛋、气孔少或无气孔的钢壳蛋以及气孔大、蛋壳较薄的砂壳蛋。

2. 装缸　先在缸底铺一层薄薄的纸屑,再将选好的原料蛋装入缸内。装蛋时要求大头向上直到八成满为止。然后用自制的竹篾压在蛋面上以防止加入料液后蛋浮起。

3. 配料　配料是加工松花蛋关键性的步骤。可生产有铅松花蛋,也可生产无铅松花蛋。

有铅配方:纯碱 6.5～7 kg,生石灰 20～30 kg,草木灰 5 kg(非必备),茶叶 2～4 kg,盐 3～4 kg,水 120 kg,氧化铅 200 g,鸭蛋 100 kg。

无铅配方:纯碱 6.5～7.5 kg,生石灰 30 kg,食盐 3～5 kg,茶叶 3 kg,硫酸锌 0.6 kg,水 120 kg,鸭蛋 100 kg。

目前,各地的配方都有一定的差异,还根据生产季节、气候等情况作出调整,以保证产品的质量。由于夏季鸭蛋的质量不及春、秋季节的高,蛋下缸后不久便有蛋上浮及变质现象发生,为此,应将生石灰与纯碱的用量适当加大,从而加速皮蛋的成熟,缩短成熟期。我国各地皮蛋加工配方分别见表 3-3-1。

4. 配制料液　一般有熬制和冲制 2 种方法。熬制是将水、茶叶在锅中煮沸10～20 min,过滤出茶汁约 100 kg,趁热倒入盛有碱面、食盐、氧化铅(或硫酸锌)及砸成小块的生石灰的陶瓷缸中,待料液不再沸腾后,充分搅拌均匀,最后加入草木灰充分搅拌。冲制法是先将红茶末、纯碱放于缸底,在缸中加入沸水,随即投入氧化铅搅拌溶解,然后放入生石灰,待其反应并完全溶解后将食盐、草木灰分别放入,反复搅拌使其充分溶解，最后捞出料液中的残渣，待冷却到 15～20℃使用，这是目前比较常用的方法。

表 3-3-1　松花蛋配料标准参考表　kg

原材料	北京		天津		湖北	
	春、秋季	夏季	春初秋末	夏季	一、四季度	二、三季度
鲜鸭蛋(只)	1 600	1 600	1 600	1 600	2 000	2 000
生石灰	28～30	30～32	28	30	32～35	35～36
纯碱	7	7.5	7.5	8～8.5	6.5～7	7.5
黄丹粉	0.3	0.3	0.3	0.3	0.2～0.3	0.2～0.3
食盐	4	4	3	3	3	3
茶叶	3	3	3	3	3.5	4
木炭灰	2	2			5～6	7
松柏枝	0.3	0.3	少许	少许		
黄泥	1	1				
清水或熟水	100	100	100	100	100	100

配好的料液浓度是否恰当，应事先进行检验以保证皮蛋加工的顺利进行。检验料液浓度的方法一般有 3 种，即简易测定法、波美比重计测定法和化学分析法。

(1)简易测定法　将鲜蛋的蛋白滴入料液内，经 15 min 后根据蛋白的凝固状况来进行粗略判定。如果蛋白不凝固，证明料液中 NaOH 浓度不够，应补加适量的纯碱和生石灰；如果蛋白凝固，且在 1 h 内溶化，说明浓度合适；如果凝固蛋白在 0.5 h 内溶化，说明料液太浓，应补加适量的冷开水稀释。

(2)波美比重计测定法　先将适量料液(量筒容积的 4/5 左右)倒入量筒内，再把波美比重计轻轻放入，待其稳定后读取数值。为了使测定结果更准确，数值往往需要矫正。如果料液的温度高于 15.5℃，每高 1℃则从读取的数值中减 0.05°Be；反之若料液的温度低于 15.5℃，每低 1℃则从读取的数值中加上 0.05°Be。据试验，浸泡皮蛋的料液在 13～15°Be 可取得较好的效果。

(3)化学分析法　先在样液中加入适量的氯化钡，使其中的碳酸根离子(来源于料液中未反应完的碳酸钠、碳酸钾)以碳酸钡的形式沉淀下来，再以酚酞作指示剂用标准盐酸(0.1 mol/L)进行滴定，然后经计算就可以求出料液中 NaOH 的浓度。通常料液中 NaOH 的含量在 4.5%～5.5%时效果最好。

5. 灌料　当料液冷却到 25℃左右时，捞出缸底没有充分溶解的石块，再按量补足，待其充分溶解后，搅拌均匀。用勺或搪瓷杯将料液沿缸壁全部灌入装好的蛋缸内，直至鸭蛋全部浸入料液中，然后用双层塑料布将缸口扎紧，置于阴凉干净的地方。

6. 成熟 每种配方都有一个基本稳定的成熟期，但成熟期并不是固定不变的，它随加工条件、温度、配料质量的变化而变动。一般鲜蛋下缸后，要经过 3 次检查。第 1 次检查，在鲜蛋下缸后，夏天(25～30℃)经 5～6 d，冬天(15～20℃)经 7～10 d 即可进行；第 2 次检查，一般在下缸后 20 d，可以看大样，亦可以少量抽查，剥开数枚观察；第 3 次检查，是在装缸后 30 d 左右进行，如果蛋清凝固光洁，不粘壳，呈棕红色或棕褐色，蛋黄大部分凝固，外部呈黄色，内部为青绿色，那么 3～5 d 就可出缸。

7. 出缸 完全成熟的松花蛋应立即出缸以防止碱伤。洗蛋时，要戴耐酸碱的手套或用笊篱将蛋逐个捞出，放入凉开水中，也可用料液中的上清液洗蛋，以洗去蛋壳表面的残液，放入竹筛中晾干。

8. 检验分级 出缸后的皮蛋一般要进行检验分级。

质量检验采取感官检验和灯光透视相结合的方法，即“一观、二掂、三摇、四照”的方法。

“一观”即观察成品蛋的外观，剔除破、次、劣蛋；

“二掂”即拿起一枚成品蛋，向上轻轻抛起两三次，若掂到手里有震颤和沉甸甸的感觉者为优质蛋，微有弹性者为无溏心(死心)蛋，无弹性者需进一步用手摇法鉴别；

“三摇”即用手捏住蛋的两端，在耳边上下左右摇晃，听其有无水响声或撞击声，有水响声者为劣质水响蛋；

“四照”一般用上述方法即能完成成品的检验，如用上述方法难以判明成品质量的优劣时，则采用照蛋法进行鉴定。

经过上述方法鉴定出的优质蛋或正常合格蛋，根据个头大小、按有关分级标准进行分级装篓，以备包泥。

9. 包泥、滚稻 包泥传统方法一种是全部用出缸后的残料，滤出上清液，调成一定黏稠度的泥料，以能包蛋为宜；另一种是用部分残汤料，再加上 40%～60% 的黄泥土，调和成均匀糊状后使用。包泥时用泥料将蛋逐个包裹，然后放在稻壳上来回滚动，使稻壳均匀地粘到包泥上，以便于储存。

配制 2 000 枚皮蛋包泥料一般需干黄泥 35 kg、残料泥 65 kg，在包泥前 1 d 配制。配制时不能使用生水，否则会引起包泥霉变。

包好泥的蛋要迅速装箱、密封，以保持包料湿润，不致干裂脱落，然后入库储存。

为改革包涂工艺，也可采用聚乙烯醇、火棉胶等成膜剂和白油涂料。白油涂料的配比为：液体石蜡 29.7%，司潘 2.6%，吐温 3.9%，平平加 0.67%，硬脂酸 2.0%，三乙醇胺 1.04%，水 60%，使用时再加水稀释 1 倍即可。

10. 储存　松花蛋的储存方法一般有下列 3 种：

(1)原缸储存　即延长已经成熟的松花蛋的出缸日期，继续存放在原缸，一般可储存两三个月而质量不变。

(2)包料后装缸储存　即用全料包蛋，装缸后密封储存，储存期可达半年左右。

(3)包料后装箱或装篓储存　用全料包蛋，不装缸而装入尼龙袋内用纸箱或竹篓包装，放在库内储存，储存期也可达 3～4 个月。但在夏季气温高时一般不用纸箱或竹篓储存方法，最好采用装缸储存。

松花蛋的储存期，还与季节有关，一般春季储存期较长，而夏季储存期较短。由于松花蛋是一种风味食品，一般不宜储存过久。库内的温度控制在 10～20℃ 为宜，并应将盛有松花蛋的缸(坛)或篓(箱)置于凉爽通风处，切勿受日晒，也需防止雨淋或受潮，以免造成松花蛋发霉变质。

二、包泥法

1. 原料蛋准备　同浸泡法。

2. 配料　各地生产硬心皮蛋的配料各有不同，以北京地区为例：纯碱 2.3 kg，生石灰 9 kg，草木灰 26 kg，红茶末 2 kg，盐 3.2 kg，水 43 kg，黄土 30 kg，鸭蛋 100 kg。

3. 配制　挑选质优量轻的生石灰砸成 1/2 个鸭蛋大的小块，放入陶制缸中，加入纯碱、食盐。将茶叶与水煮沸 10～20 min，捞去茶叶，趁热倒入缸内。这时由于生石灰与热茶水反应，出现沸腾状态，待沸腾停止后，充分搅拌，捞出未溶解的石灰块，再取同量的生石灰添补，搅拌均匀，再边搅边加入碾细干燥的黄土，最后加入草木灰，用力搅拌直至料泥拌成黏稠均匀状为止。

配制好的料泥中氢氧化钠浓度是否适当，对硬心皮蛋质量影响很大，故必须进行料泥检验，待检验合适后方能使用，其检验方法有 3 种。

(1)简易测定法　取料泥一块，置于平皿或平盘中，做成扁平形，表面抹光，将鲜鸭蛋的蛋白滴在料泥上，10 min 后用手试摸，若蛋白凝固，有凝固成粒状或片状带黏性的感觉，说明料泥正常；如蛋白不凝固，没有粒状或片状感觉，不带黏性，说明碱性过重；如蛋白轻微凝固，摸上去像粉末状感觉，说明碱性不足；应及时增加或减少有关辅料。

(2)杯样测定法　用小陶瓷酒杯一个，大小以放得下 50 g 料泥和 50 g 蛋白后略有空余为宜。将 50 g 料泥均匀地涂于杯内周围，再将 50 g 蛋白倒入杯内料泥上，用纸封口加盖，不宜通风，然后观察凝固情况。其凝固标准如表 3-3-2 所示。不合标准的料泥需加以调整，直至符合要求后才能加工皮蛋。

表 3-3-2 验料时不同温度下蛋白的变化情况

室内温度/℃	凝固时间/h	凝固后液化时间/h	全部化清时间/h
10	15～16	18～20	72～73
15.5	13～14	15～17	48～49
21.5	10～11 h 后，蛋白未完全凝固，杯边即开始液化，至 12 h 杯心凝固		40
26.5	8 h，蛋白未完全凝固，杯边即开始液化，至 8～11 h 杯心凝固		28～29
31	7 h，蛋白未完全凝固，杯边即开始液化，至 9～9.5 杯心凝固		21～22

注：液化指周围蛋白呈象牙色。

全部化清指杯底蛋白呈金黄色。

料泥碱性太强的反应：提前凝固，提前化清，杯底蛋白呈红色；

料泥碱性太轻的反应：推迟凝固，推迟化清，或者化清不完全，杯底蛋白呈乳白色。

(3)化学分析法　称取料泥 10 g(G)，置于 250 mL 容量瓶中，加蒸馏水定容、摇匀，然后用滤纸过滤，并弃去最初滤液 20 mL；取静置后的澄清滤液 25 mL 于 250 mL 的三角瓶中加入 0.1%的酚酞指示剂 3 滴；用 0.1 mol/L 的盐酸溶液滴定至红色刚刚消失为止，记录盐酸的用量(P)；然后在三角瓶中加入 0.1%的甲基橙指示剂 3 滴，继续用盐酸滴定，直至溶液刚刚变为淡橘红色为止，记录盐酸的用量(M)。用下面的公式计算溶液中 NaOH 的质量分数 c：

$$c=[\,0.04(P-M)/G]\times 100\%$$

正常料泥中氢氧化钠含量应为 6%～8%。

4. 包泥滚糠　用此配方调制的料泥较稠，呈干泥状，可用小铲取泥块包蛋。双手戴耐酸碱的手套，右手用铁铲取鸭蛋 2/3 大小的料泥于左手心，右手取蛋轻轻插入左手料泥中，双手一合轻轻揉搓，使料泥均匀包裹在鸭蛋周围。将包好的鸭蛋逐个放入盛有锯末或稻壳的竹筛中滚动一周，使其均匀地粘上一层锯末或稻壳以防放入缸中相互粘连。

5. 装缸　将滚糠后的蛋逐个放入干净的缸中，直至装入八成满为止，然后用塑料布将缸密封，以待成熟。装好缸的蛋应放在温度较为恒定的地方，避免随意搬动。

6. 成熟　成熟期依不同配方而变化，本配方在 20℃左右环境条件下，约需 10 d 左右便可出缸。与浸泡法一样，在成熟前 3～5 d 要及时抽样检查，以防出缸过早或造成碱蛋。

7. 晾蛋　成熟好的松花蛋应及时出缸，刚出缸的松花蛋碱味太大，口感不佳，应在阴凉干燥的地方将蛋放置 1～2 d，以减轻碱味，同时还可使蛋外的料泥水分蒸发，防止储存期间发生碱伤。

8. 成品　晾干的松花蛋若不能及时食用，应装入筐或箱中储存，但储存期不宜过久，否则蛋内水分蒸发形成蛋白干缩。

三、滚粉法

1. 原料蛋的准备　与浸泡法相同。

2. 调制泥浆　每 100 kg 鸭蛋约需干黄土 30 kg，开水 10 kg。用黄土和开水调制成稠泥状，稠度以使蛋在泥浆中滚动能粘上约 2mm 厚为宜。

3. 调制混合粉　每 100 kg 鸭蛋需生石灰 4 kg，碱面 3 kg，食盐 2 kg。将生石灰放入铁锅中，用手指蘸清水滴在石灰块上，使不断吸收水分，这时石灰块由大变小，最终化成粉末状，剔除小石灰渣，置火上炒干，然后倒入纯碱和细盐，翻搅均匀备用。

4. 缠泥滚粉　将蛋逐个放入泥浆中滚动一周，使其粘上厚约 2 mm 的泥浆，用取蛋钳取出，放入在小火上加热的混合粉中，用戴手套的手使蛋滚动两周，使蛋周身都沾满白粉。装入缸内或不透气的塑料袋中密封，置阴凉干燥处。

5. 成熟　本配方在 18～27℃室温下需 15 d 左右便可成熟，可根据成熟期间室温高低，酌情提前 3～4 d 抽样剥壳检查。若发现蛋清基本凝固，不粘壳，应及时取出晾置。晾 1 周左右，碱味可大大减轻，蛋体进一步坚韧便可食用。

四、其他方法

1. 烧碱溶液浸泡法　此法是根据松花蛋加工原理而采用氢氧化钠溶液直接加工的一种简易方法。此法不仅工序简单，而且有利于生产管理。

配方：清洁水 100 kg，工业用烧碱 5 kg，食盐 5 kg，茶叶 2 kg，氧化铅 200 g。

将以上原材料制成料液，除去残渣，进行料液碱度测定后浸泡优质鸭蛋，25 d 即能成熟。成品质量与传统法相似。

2. 动态封闭式生产多味、无铅、涂膜松花蛋　此工艺是将传统的浓料静态浸泡改为清料动态浸泡，即采用蛋不动，料液循环流动的方法，解决了各部分料液浓度不一致的问题，缩短了生产周期，提高了正品率。

配方(kg)：纯碱 4，氧化锌 0.1，石灰 8，红茶末 2，食盐 2，干姜 0.5，桂皮 0.3，沸水 50。

此工艺采用冲制法配料，料温保持20～25℃，24小时循环流动；采用固体和液体石蜡、微量松香和无水乙醇，用涂膜机喷涂；以锌代铅，添加调味料，提高了松花蛋的质量。

3. 五香松花蛋

(1)包泥法(1 000枚鸭蛋) 配方(kg)：水15，纯碱1.9，生石灰6，食盐1.5，氧化铅0.05，红茶末0.5，大茴香0.25，小茴香0.15，陈皮0.5，桂皮0.5，丁香0.1，植物灰7。

将大茴香、小茴香、陈皮、桂皮、丁香碾成粉末，加水煮沸。先将纯碱、生石灰、食盐、氧化铝、红茶末放入缸内，再将五香调料水倒入缸内，用木棒搅匀，待纯碱等材料完全溶解后，再加入植物灰，继续搅拌至成为浓稠状料泥为止。然后用料泥包蛋，整齐摆放在缸内，加盖密封，经45～60 d即可成熟，成熟后可保存4个月以上。

(2)浸泡法(1 500枚鸭蛋) 配方(kg)：纯碱50，石灰150，黄土7.5，食盐40，茶叶5.0，草木灰7.5，柏枝2.5，黄丹2.5，花椒3.0，陈丹皮1.0，桂圆1.0，山楂1.0，丁香1.0，玉果0.5，筚拨1.0，良姜1.0，清水780，大茴香5.0，小茴香1.0。

把碱面、食盐、石灰、黄土、黄丹置于缸内，其他原料放火锅内熬煮，待各种原料下完后，退火，将熬好的料水倒入缸内，搅拌均匀，过滤后冷却泡蛋。浸泡期只要5～6 d，冷天需要7～10 d，比一般浸泡工艺快。其残料加些纯碱和食盐还可继续使用。

4. 鸡蛋松花蛋 鸡蛋松花蛋和鸭蛋松花蛋的加工方法、加工原理基本相似，口味却不及鸭蛋松花蛋好，配方也略有差异。

(1)浸泡法 配方(kg)：纯碱4.8，生石灰12.5，氧化铅0.2，红茶末1.0，食盐2.3，开水50；配方(夏天)：纯碱7.5，生石灰15，氧化铝0.3，红茶末1.0，食盐2.5，开水50；和鸭蛋松花蛋的浸泡方法相同，其用碱量多些，成熟期短些。夏天一般15～20 d、冬天一般20～22 d成熟。成熟后要立即出缸销售。

(2)包泥法 配方(kg)：纯碱1.1，生石灰4～4.5，氧化铅0.04，茶叶0.25，食盐1.1，柴灰13；

先将茶叶、食盐投入适量的清水中煮沸，再把碱面投入溶解，然后倒入生石灰桶中，待冷却后搅拌均匀，再把植物灰投入搅拌成糊状料泥。

将选好的鸡蛋在料泥中滚一圈，包上料泥，再在稻壳或锯末中滚一圈，粘上稻壳或锯末，整齐地摆放在蛋缸中，密封6～7 d即可成熟。成熟后放在太阳下晒干，即可保存和食用。

(3)无铅无泥法 配方(以制1 kg鸡蛋松花蛋为例)：氢氧化钠53 g，食盐50 g，红茶末25 g，大料、花椒、桂皮少量，水1 000 g；

将红茶末、大料、花椒、桂皮放在锅内煮沸，凉后过滤，然后加入氢氧化钠和食盐，搅拌溶解。将选好的鸡蛋洗净沥干，横放入缸内，倒入料液后密封，在室温15～20℃条件下，20 d左右即可成熟。成熟后将蛋捞出，用水冲洗干净，即可短期存放。

5.鹌鹑松花蛋 鹌鹑蛋营养丰富，居禽蛋之首，鹌鹑松花蛋则有"松花皇后"之称，是餐厅的高档花样菜，很受欢迎。

配方(以每100 kg料液计)：茶叶5～10 kg，烧碱7 kg，食盐2.5 kg，氧化铅0.15 kg，黄酒0.5 kg，桂皮、豆蔻、白芷、丁香各0.5 kg；

将茶叶、桂皮、豆蔻、白芷、丁香和水100 kg一起熬煮，冷却过夜。过滤后再将烧碱、食盐、氧化铅、白酒加入，冷却至20℃时即可浸泡蛋。在20～25℃室温下15～20 d即可成熟出缸。

成熟出缸后可以包泥储藏，也可以用液体石蜡或植物油涂膜后保存。

也可以用硫酸锌或氧化锌来代替氧化铅，生产无铅鹌鹑松花蛋。

五、加工松花蛋的技术关键

加工好松花蛋，关键要掌握4个方面，即蛋的品质、温度、料液中碱量、重金属用量以及这4个方面的协调关系。

(一)原料蛋的质量

原料蛋新鲜是前提，不新鲜的蛋如散黄、贴壳等，无论如何也加工不出晶莹剔透、层次分明的优质松花蛋，出现异味的原料蛋更不能采用。除新鲜外，外形也有要求，不要用裂纹蛋和畸形蛋，裂纹蛋必造成碱伤；沙壳蛋往往碱渗透速率太快也会出现粘壳或碱伤；而钢壳蛋成熟过慢造成成熟度不均匀。因此，进行松花蛋加工前，必须对原料蛋进行灯光透视检验。

另外，对蛋的大小也有要求。一般国内销售的松花蛋每千枚蛋重(kg)特级≥72.5，一级≥65，二级≥57.5，三级≥52.5，四级≥47.5。出口松花蛋不同国家和地区有不同的要求，一般一级≥75，二级≥70，三级≥65，四级≥60，五级≥55。

(二)温度

温度高低直接影响碱的渗透速率和加工成熟时间。工业生产松花蛋与家庭作坊生产变蛋不一样，要保持成品好的品质必须控制好温度。因为温度过低，碱渗透速度慢，加工时间延长，成品纹理不清晰。相反，温度过高，碱渗透加快，不易控制松花蛋的成熟，稍微不慎，易造成碱伤。松花蛋加工的最适宜温度为20～25℃，如果低于10℃或高于33℃加工不出高品质的松花蛋。

(三)料液中的碱量

料液(泥)中碱的含量多少,影响碱的渗透进而影响成品的品质。传统加工中,浸泡法料液中氢氧化钠含量一般为5%左右,包泥法料泥中氢氧化钠含量在6%~8%,视气候、蛋壳厚度、料泥湿度等因素而定。现在研究发现,浸泡法加工时,料液碱的用量与料液和鲜蛋的体积比例有关,料液比例大时,碱量可以少一些。一般来说,浸泡法加工时,温度一定,料液中氢氧化钠含量低于4%时,蛋白凝固时间明显延长;如果高于6%,则难以控制成熟均匀度。

(四)重金属种类与用量

传统浸泡法加工溏心松花蛋时,使用氧化铅控制蛋的成熟均匀度。氧化铅的作用机理很微妙,但由于铅可以在人体内蓄积,产生毒性,故工业上采用低铅工艺(每100 kg料液加入100 g)或无铅工艺。无铅工艺中重金属可用氧化锌、氧化铜等代替。

本章小结

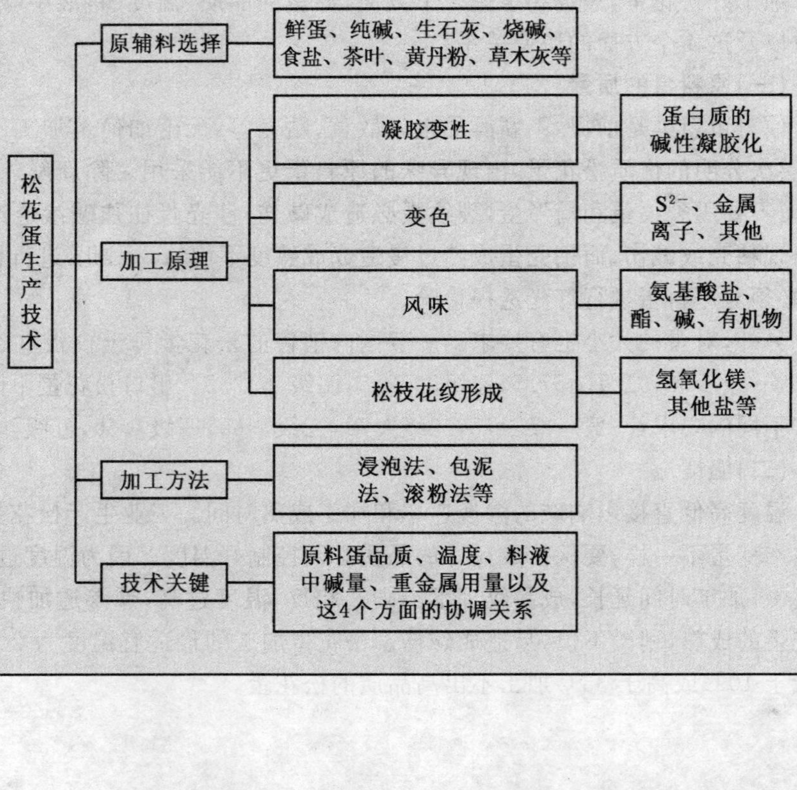

复习思考题

1. 松花蛋加工时，主要用什么辅料？分别有什么作用？
2. 松花蛋加工的原理是什么？
3. 松花蛋有哪几种加工方法？简述其工艺要点，关键技术应掌握哪几方面？

第四章　咸蛋与糟蛋生产

知识目标

- 掌握咸蛋加工原理。
- 了解糟蛋加工原理。

技能目标

- 掌握咸蛋的加工方法与技术。
- 了解糟蛋加工的一般过程。

第一节　咸蛋生产技术

咸蛋主要是用鸭蛋或鸡蛋经食盐腌制而成。煮熟后的咸蛋，蛋质细嫩，蛋黄鲜红，油润松沙，清爽可口，咸度适中，深受消费者的欢迎。

一、咸蛋加工原理

咸蛋加工的基本原理是食盐进入蛋内后逐步产生一系列作用，引起蛋白蛋黄发生某些性质变化的过程。当将鲜蛋包以料泥或浸入食盐溶液中后，由于渗透压作用，食盐就通过蛋壳气孔、蛋壳膜、蛋白膜向蛋内进行渗透和扩散。而蛋中的水分通过渗透，也不断脱出而向外渗出，移入泥料或食盐溶液中。这时，在一定离子强度的盐溶液作用下，蛋内部分蛋白质变成可溶性，蛋白黏度逐渐降低而变稀。蛋黄则由于脂蛋白随离子强度增高易形成聚合体，使蛋黄变硬，同时脂肪游离出来，煮熟后则出现蛋黄含油量增加的现象。

二、咸蛋的加工方法

咸蛋的加工方法很多，主要有草灰法、黄泥法和盐水法等，辅料主要为食盐。

(一)黄泥咸蛋的加工

1. 盐泥配制　每 1 000 枚蛋用食盐 6～7.5 kg，干燥黄泥 6.5 kg，凉开水 4～4.5 L(或水∶盐∶黄土＝1∶1.5∶1.5)。先将食盐放在容器内，加开水使其溶解。再加入搅碎的黄土，调成糊状即可。将蛋放入泥浆中，蛋若一半浮在泥浆上面，蛋一滚动蛋体表面均匀粘上一层泥浆，表明泥浆浓稠程度适宜。

2. 加工方法　将经过检验的鲜鸭蛋放在调好的泥浆中，蛋壳上全部粘满盐泥后，入缸，加盖待熟。成熟期：夏季为 20～25 d，春秋季为 35～40 d。冬季为 45～55 d。

3. 包装　成熟的咸蛋即可点数入缸或篓，最后用棉纸将缸盖密封好。如使用竹篓，装蛋前应在篓底及四周垫铺包装纸，一般装蛋 300 枚左右，再盖上一层纸，而后将木盖盖于竹篓上。出口咸蛋一般都使用尼龙袋，用纸箱包装，每箱装蛋 160 枚。

(二)草灰咸蛋的加工

1. 配料　每加工 1 000 枚咸蛋需要草木灰 15～20 kg，食盐 3.5～6 kg，清水 12.5～17.5 L。用料以既能达到防腐作用，又可以增加蛋的风味为标准。草木灰以纯干稻草灰为好，食盐以再制盐为宜。

2. 打浆　先将食盐溶解于水中，草木灰逐步加入打浆机内，灰浆打成不稀不稠，搅拌均匀。其标准是将手放入灰浆内，取出后皮肤呈黑色、发亮、灰浆不流、不起水、不成块、不成团下坠、放入盆内不起泡。打好的灰浆需放置次日方可使用。

3. 粘浆、裹灰　把挑选好的蛋放到搅拌好的灰浆内翻转一下，使其均匀地粘上 2 mm 厚的灰浆；再在干草灰中滚一下，使裹上的灰厚也达 2 mm。裹灰不能太厚，否则会降低蛋壳外面灰料中的水分、影响咸蛋腌制成熟期；过薄则使蛋外面灰料发湿，并造成蛋与蛋之间粘连。裹灰后再把蛋包紧搓匀，使厚度一致，无凹凸现象。

4. 入缸储存　裹灰后的蛋随即放入缸或塑料袋内，用泡化碱糨糊封缸，放入阴凉通风的室内。一般经 20～30 d(夏季)或 40～50 d(春秋季)成熟。成熟的蛋应在温度为 25℃以下，相对湿度 85％～90％处储存。春秋季以储存 2～3 个月为宜，夏季不宜久储。

(三)盐水咸蛋的加工

1. 盐液配制　盐液配料主要是盐和水，也可加入少量的花椒、辣酱、白酒等，一般情况下，盐水浓度以 20％为宜。配制时把食盐及其他配料倒入开水中溶解即可，加工用过的盐液，只需再添补部分食盐，即可重复使用。

2. 加工方法　待盐液冷却至20℃左右时，将蛋放入其中腌制，用竹篾将蛋压住，不使其上浮，经过20 d左右就可以食用。此法生产的咸蛋不宜久储。若蛋壳上出现黑斑，蛋白变浑，蛋黄发黑，腐败变臭的不能食用。

第二节　糟蛋生产技术

糟蛋是我国的传统特产，是用优质的鲜鸭蛋经优良的糯米酒糟慢泡、糟制而成的一种再制蛋。其特点是：蛋壳薄软、自然脱落，蛋白呈乳白色胶胨状，蛋黄呈橘红色半凝固状，气味芬芳，滋味鲜美，风味独特。食用后余味绵长，为我国特有的冷食佳品。

在糟制过程中，蛋内容物与糯米酒糟中的醇、酸、糖等发生一系列的反应，其中起主要作用的是酒精，它既能防腐，又可使蛋白、蛋黄发生变性凝固，并使产品带有浓郁的醇香。酸和醇的酯化反应可形成芳香的气味。制糟过程中产生的乙酸可使蛋壳中的$CaCO_3$溶解，使蛋壳变软或脱落。此外，加入的食盐具有脱水、防腐、调味、帮助蛋白质凝固和使蛋黄起油的作用。在糟制过程中，由于乙醇长时间的作用，蛋中的微生物尤其是致病菌沙门氏菌全部被杀死。因此，糟蛋可以生吃，并且对人体无致病作用。

我国著名的糟蛋有浙江省平湖县的平湖糟蛋和四川省宜宾市的叙府糟蛋。

一、平湖糟蛋加工方法

1. 酿酒制糟　将淘洗干净的糯米用冷水浸泡24 h左右（目的是糯米吸水膨胀，便于蒸煮糊化），然后蒸熟（使淀粉糊化，有利于糖化），米饭出品率约150%。用清水冲淋降温至30℃并沥出水分。将酒药（发酵剂，含有大量的毛霉、根霉、酵母和其他菌类）与米饭拌匀（100 kg糯米蒸熟后约加0.46 kg的酒药），盛装于清洁干燥的缸内，盖好缸盖，并用保温材料（如棉絮等）包围外围，以利于缸内菌种发酵。

在一般情况下，酿制酒糟约需1周时间。成熟的酒糟，色白、味香、带甜，乙醇含量为15%左右，以波美表测量时应为10°Be左右。如发现酒糟发红，有酸辣味，则不可使用。

2. 击蛋破壳　将合格鲜蛋洗净、晾干，取鲜蛋放在左手掌中，右手持竹片从蛋的大头轻轻敲击至蛋的小头为止，使蛋壳产生轻微的裂纹（便于醇、酸、糖等成分渗入）。击壳时，只允许击碎蛋壳，不能将蛋壳内膜击破，否则，不能加工。

3. 落坛糟制　将糟蛋坛洗净后用蒸汽消毒灭菌，晾凉后使用。先将成熟的酒糟铺一层于坛底，再将蛋依次排紧(大头向上，竖直摆放)，然后按一层酒糟一层蛋的方式装坛，最上面一层应再铺一层酒糟，装好后在上面均匀地撒上一层食盐。一般而言，鸭蛋100枚，酒糟12 kg，食盐1.8 kg。

4. 封坛　坛口用牛皮纸两张，刷上猪血，将坛口密封，外面再用竹叶(粽子叶)包牛皮纸，用草绳沿坛口扎紧，目的是防止乙醇、乙酸挥发和细菌的侵入。

5. 成熟　从装坛到成熟一般要经过5个月左右，需逐月检查其质量状况。

第一个月：鲜蛋基本相仿，蛋壳呈蟹青色，裂纹处较为明显。

第二个月：蛋壳裂缝加宽，蛋壳与内蛋壳膜及蛋白膜逐渐分离，蛋白仍为液体状，蛋黄却开始凝固。

第三个月：蛋壳与壳下膜全部分离，蛋白开始凝固，蛋黄全部凝固。

第四个月：蛋壳与壳下膜脱开1/3，蛋白呈乳白状，蛋黄带微红色。

第五个月：蛋糟渍成熟，蛋壳大部分脱落(仅有小部分附着，只要轻轻一剥即可脱落)。蛋白呈乳白胶胨状，蛋黄呈橘红色的半凝固状态。至此，糟蛋已完全成熟，即为成品。

二、叙府糟蛋加工

1. 准备工作　选蛋、洗蛋、击蛋破壳、蒸坛、制糟等工艺与平湖糟蛋加工相似。

2. 配料装坛　配方(kg)：甜醪糟50，红砂糖10，白酒10，食盐15，陈皮、花椒适量，鸭蛋100。

将上述辅料混匀，并按平湖糟蛋的装坛方法装坛、密封。

3. 翻坛去壳　糟渍3个月左右，将蛋翻出，剥去蛋壳。切勿将内蛋壳膜剥破。

4. 白酒浸泡　将去壳的蛋放在白酒坛内浸泡2天。这时蛋白和蛋黄全部凝固，蛋壳膜稍膨胀而不破裂者为合格。如有破裂的，应作次品处理。

5. 加料装坛　装坛时除用原有醪糟外，另加红糖1 kg，食盐0.5 kg，陈皮25 g，花椒25 g，熬糖2 kg(红糖加水熬至起糖丝为止)。将它们充分混匀后与蛋一起按一层糟一层蛋的方法装坛密封，置阴凉干燥处保存。

6. 再翻坛　储存3～4个月时，必须再次翻坛。即将上层的蛋翻到下层，下层的蛋翻到上层。同时做一次质量检查，剔除次劣糟蛋。糟蛋成熟约需1年时间。成品蛋蛋质软嫩，蛋膜不破，色泽红黄，气味芳香。保存期3～5年，以3年以上的为陈年糟蛋。

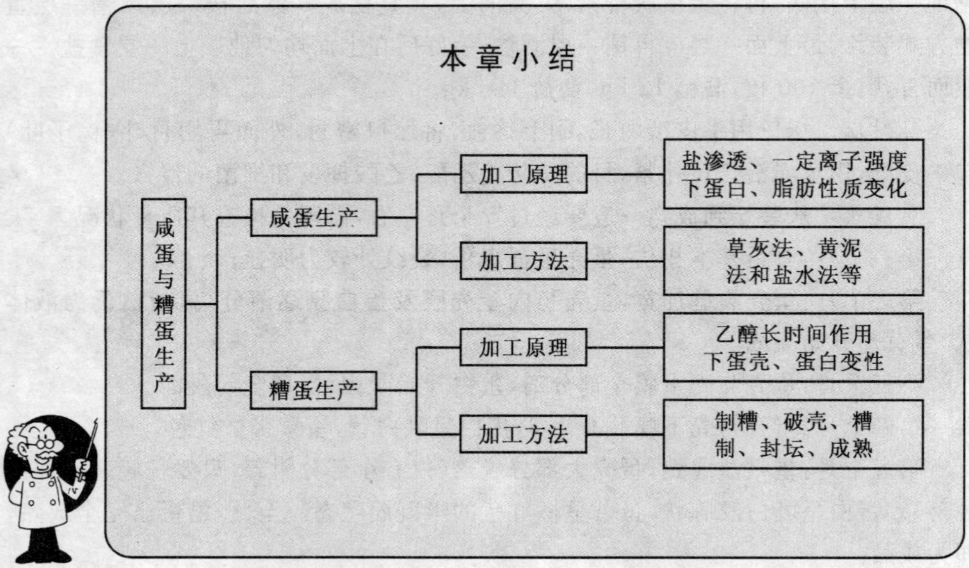

复习思考题

1. 咸蛋的加工原理是什么？有哪些加工方法？简述其工艺要点。
2. 糟蛋的加工原理是什么？简述平湖糟蛋和叙府糟蛋的加工方法。

第五章　干蛋、冰蛋与湿蛋生产

知识目标

- 了解蛋白片、蛋粉、冰蛋与湿蛋的基本概念。
- 了解蛋白片、蛋粉、冰蛋与湿蛋加工的基本原理。

技能目标

- 了解蛋白片、蛋粉、冰蛋与湿蛋的基本生产过程。

为了有利于储藏、运输，我国早就开始生产干蛋、冰蛋和湿蛋，主要供食用或食品工业用，也可作提炼蛋黄素和蛋黄油的原料，也作为纺织、制革、医药等工业的原料。20 世纪初我国即有了干燥蛋制品，当时由我国输往美国等国家的干蛋白片，其起泡性很好并耐储藏，令各国为之惊奇。这些国家经过长期研究方知我国加工蛋白片的秘诀在于干燥前先用细菌发酵除去其中的葡萄糖。近年来干燥蛋制品工业有了很大发展，已成为蛋制品加工业中的重要组成部分。我国现代化蛋品加工业起步较晚，20 世纪 80 年代引进了很多成套加工设备，使蛋品加工得到了一定的发展。

第一节　干蛋制品的加工

一、蛋白片的加工

蛋白片是指鲜鸡蛋的蛋白液经发酵、干燥等加工处理制成的薄片状制品。

(一)蛋液制备

经光照透视合格的鲜蛋，在清水池中轻轻洗涤 2～3 min，然后在 800～1 200 mg/kg的漂白粉溶液中浸泡 5 min，即可达到杀菌目的。蛋取出后，水淋 1 min，或温水浸泡片刻，以除去蛋壳表面的余氯。然后用人工打蛋或机械打蛋制取蛋白液。

(二)搅拌过滤

为使浓、稀蛋白混合均匀，有利于发酵，同时除去杂质，蛋白液在发酵前必须进行搅拌过滤。以 30 r/min 的速度进行搅拌，春、冬季蛋质好，浓蛋白多，需搅 8～10 min；夏、秋季节稀蛋白多，搅 3～5 min。然后鲜蛋液用离心泵抽至过滤器(孔径为 2 mm)过滤。

(三)发酵

发酵的目的，首先是通过发酵细菌的作用，使蛋液中的糖分分解，避免在升温干制时发生美拉德反应，减少成品褐变；其次使蛋白液的黏度降低，蛋白变成水样状态便于蛋白液澄清，提高成品的打擦度(起泡力)、光泽和透明度；再者发酵中有机物质分解，把一部分高分子的蛋白质分解为低分子物质，以增加成品的水溶物含量。

将搅拌过滤后的蛋白液移入木桶或陶制缸，进行自然发酵或添加发酵剂发酵，发酵室温度一般应保持在 26～30℃，夏季 30 h，其他季节根据气温高低延长时间。成熟的发酵应该具有以下特点：

1. 泡沫　泡沫不再上升，反而开始下降，表面裂开，裂开处有一层白色小泡沫出现。

2. 澄清度　用试管取约 30 mL 蛋白液密封，将试管反复倒置，经 5～6 s 后，观察有无气泡上升。若无气泡上升，蛋白液呈澄清的半透明淡黄色则已发酵成熟。

3. 黏性与滋味　取少量蛋白液，以拇指和食指沾蛋白液对摸，如无黏滑性，有轻微的甘蔗汁气味和酸甜味，无生蛋白味即为成熟的标志。

4. pH 值　一般蛋白液 pH 值达 5.2～5.4 时即发酵充分，pH 值 5.7 以上，发酵不足；pH 值 5.0 以下，发酵过度。

5. 打擦度　用霍勃脱氏打擦度机测定，其方法是取蛋白液 284 mL，加水 146 mL，放入该机内，以 2、3 号转速各搅拌 1.5 min，削平泡沫，测量泡沫高度。其高度在 16 cm 以上者为成熟的标志，但要参考其他指标确定。

(四)放浆

发酵成熟后打开发酵桶下部边缘的开关进行放浆。第一次放出总量的 75%，再降温至 12 ℃以下澄清 3～6 h 后放第二次、第三次，每次放出 10% 。这样能抑制细菌的发育繁殖，让杂质沉淀。最后剩下的5%为杂质及发酵产物，不能使用。

(五)过滤中和

过滤是为了除去发酵液中的杂质，而发酵液又呈酸性，若不进行中和，成品酸度高，品质差，且在烘烤中易产生气泡，对成品的外观和透明度有影响。另外，用未经中和的蛋白液加工成的干蛋白，不耐储藏，容易破碎。

先用细铜丝布过滤于大容器中，边搅拌边加入比重为0.98的纯净氨水，使最终pH值达到7.0～8.4即可。

(六)烘干

在不使蛋白液凝固变性的前提下，利用适当的温度，使蛋白液在水浴上逐渐除去水分，烘制成透明的薄晶片。蛋白片的烘干我国采用热流水浇盘烘干法。

在水流烘架上放置蛋白液烘盘，先用70℃左右的水温对烘盘进行消毒，再降温并保持水温54～56℃。为了容易揭片，在烘盘底部和四周要提前擦上凡士林。根据烘盘大小，每盘约浇浆2 kg，浆液深度为2.5 cm左右。蛋白液在烘制过程中会产生泡沫，使盘底的凡士林受热上浮于液面而形成油污，影响蛋白片的光泽和透明度，因此须用打泡沫板(木片)在浇浆2 h后刮去水沫，7～9 h后打油沫。

从浇蛋白液开始，经11～13 h烘制，蛋白液表面凝成一层薄片，再经过1～2 h，薄片加厚约为1 mm时，揭第一张蛋白片。再经45～60 min，即可进行第二次揭片。再经20～40 min进行第三次揭片。当成片状的蛋白片揭完后，将盘内剩下的蛋白液继续干燥后，取出放于镀锌铁盘内，送往晾白车间进行晾干，再用竹刮板刮掉盘内和烘架上的碎屑，送往成品车间。

为保证质量，一定要控制好水温，水温过高，蛋白质变性；过低，烘制时间长，不能杀死肠道致病菌(如沙门氏菌)。在美国、日本等国家，也有用浅盘干燥的方法，但多采用50～55℃的热风干燥，时间为12～36 h。

(七)晾白

将烘干揭出的含有24%水分的蛋白片放置在40～50℃的晾白车间，4～5 h后含水量降至15%左右，使含水量达到标准。

(八)挑选及焐藏

将大片蛋白裂成20 mm大小的小片，同时将厚片、潮块、含浆块、无光片等拣出返回晾白车间，继续晾干，再次拣选。烘干和清盘时的碎屑用孔径1 mm的铜筛筛去粉末，拣出杂质，按比例搭配于同批大片中。粉末等用水溶解、过滤，再次烘干成片作次品处理。

将合格的产品放在铝箱内，上面盖上白布，再将箱置于木架上48～72 h，使成品水分蒸发或吸收，以达水分平衡、均匀一致的目的，称为焐藏。焐藏的时间与温度和湿度有关，因此要随时抽样检查含水量、打擦度和水溶物含量等，达标后进行包装。

(九)包装及储藏

将不同规格的产品按照蛋白片 85%、晶粒 1.0%～1.5%、碎屑 13.5%～14.0%比例包装，外包装用马口铁箱，置于 24℃以下仓库储藏。

二、蛋粉加工

蛋粉是利用喷雾干燥法除去蛋液中的水分而得到的粉末状产品，可分为全蛋粉、蛋黄粉和蛋白粉 3 种，主要是全蛋粉和蛋黄粉，他们的加工方法基本相同。

1. 鲜蛋液制备　选用新鲜鸡蛋，用漂白粉溶液浸泡 5 min，以减少蛋壳上微生物的污染，然后用 5 g/L 硫代硫酸钠的温水浸洗除氯。待晾干后，进行打蛋。

2. 搅拌过滤　搅拌过滤的目的是使蛋液均匀、纯净，一般工厂采用搅拌过滤器，经搅拌后通过 0.1～0.5 cm 的筛网，滤净蛋液内蛋壳碎片、蛋膜、系带等杂质，否则堵塞雾化器。

3. 巴氏消毒　巴氏消毒的目的是杀死蛋液中的有害微生物，使制品达到卫生质量标准。蛋液消毒通常采用巴氏消毒器，消毒温度不宜过高，否则会使蛋白凝固，影响喷雾干燥。通常在 64～65℃下保温 3 min。

4. 喷雾干燥　同乳粉的喷雾干燥相似。一般在未喷雾前，干燥塔的温度应在 120～140℃。在喷雾过程中，热风温度应控制在 150～200℃，蛋粉温度在 60～80℃。

5. 过筛、包装　过筛是为了除去蛋粉中未完全干燥而结块的蛋粉或杂质，通常用筛粉器筛粉，筛孔直径为每米 71 孔。包装规格有 4 种：0.5 kg，2 kg，7 kg，25 kg 装。一般出口产品，选用塑料袋包装密封，再装入纸箱。

第二节　冰蛋、湿蛋生产简介

一、冰蛋的生产简介

冰蛋是去壳后的鲜蛋经低温冷冻而成，可分为冰全蛋、冰蛋黄和冰蛋白 3 种，但其制作方法完全相同。冰全蛋的食用，吃法与鲜蛋一样，亦可作加工糕点、冰淇淋的原料。

1. 蛋液制备、搅拌过滤　同蛋粉部分。

2. 巴氏消毒　64～65℃下保温 3 min。如不消毒，可直接预冷。

3. 预冷　预冷可防止微生物繁殖，不致使产品质量降低，并可缩短速冻时间。预冷在冷却罐内进行，罐内装有蛇形管，管中通以－8℃左右的冷盐水，由于冷盐水的循环流动，使罐内蛋液很快降至4℃左右。

4. 装听　将冷却后的蛋液分装于马口铁听或塑料袋内。内销冰蛋一般用0.5，1.2 kg的塑料袋装，外销冰蛋均用马口铁听装，规格有10，20 kg两种。

5. 速冻　将装完蛋液后的听或袋送至速冻库，听与听之间要留有一定的间隙以利冷气流通。速冻库温度要保持在－20℃以下，冻结36 h后，将听倒置，使其内四角冻结充实，防止膨胀，并可缩短冷冻时间。一般20～72 h即可完全冻结，听内中心温度达到－18～－15℃后，取出包装。

6. 冷藏　包装后送至冷库储藏，冷库温度应保持在－18℃以下。

二、湿蛋生产简介

湿蛋品也是以蛋液为原料加入不同的防腐剂制成的蛋液制品。我国的湿蛋品主要是以蛋黄液为原料生产的湿蛋黄。湿蛋黄可分为无盐湿蛋黄（在蛋黄液中加入1.5％硼酸或0.75％苯甲酸钠）、有盐湿蛋黄（即在蛋黄液中加入1.5％～2％硼酸及10％～12％的精盐；或者加入0.75％苯甲酸钠及10％～12％精盐）和密湿蛋黄（即在蛋液中加入10％优等甘油）3种。凡是按规定采用苯甲酸钠、甘油、食盐为辅料的湿蛋黄，既可以食用（调水后炒食或做汤），也可以供工业使用，例如作蛋黄酱的原料、提炼蛋黄油、制造人造奶油等。以硼酸为辅料制成的湿蛋黄防腐力很强，不能食用，只能用在工业中，例如作皮革工业的抛光材料等。

另外，根据使用的防腐剂不同，湿蛋黄又可分为新粉盐黄和老粉盐黄。我国只少量生产新粉盐黄和老粉盐黄，新粉盐黄以苯甲酸钠为防腐剂，老粉盐黄则以硼酸为防腐剂。

湿蛋品的加工工艺基本相同，首先制取蛋液，然后搅拌过滤。搅拌可用搅拌器，过滤可用离心过滤器，也可用每2.54 cm^2面积上有18，24，32孔的铜丝筛3次过滤，过滤后的纯净蛋黄液存于贮槽内，便可按要求添加不同的防腐剂，并搅拌5～10 min，使防腐剂充分混合溶化在蛋黄液中，然后转入盐池内静置3～5 d，使泡沫消失、精盐溶解、杂质沉淀，蛋黄液与防腐剂完全混匀后即可装桶。一般用长圆桶形（中部稍膨大）之木制桶包装，桶内侧涂以石蜡。外面加5～6道铁箍。木桶一端侧面中央开一小孔，作为湿蛋黄的入口处。静置、沉淀后的湿蛋黄，刮去表面的泡沫，再经过24孔的铜网筛过滤后，即可装入桶内，每桶装入100 kg，加封便成为湿蛋黄制品。储存时多放在25℃以下的库房中，每隔10～15 d应将木桶翻转一次。

本章小结

干蛋、冰蛋与湿蛋生产

- 蛋白片：蛋液制备、搅拌过滤、发酵、放浆、过滤中和、烘干、晾白、挑选与焐藏、包装
- 蛋粉：蛋液制备、搅拌过滤、消毒、喷雾干燥、过筛、包装
- 冰蛋：蛋液制备、搅拌过滤、消毒、预冷、装听、速冻、冷藏
- 湿蛋：蛋黄液制备、搅拌过滤、加盐(或无盐)、加防腐剂、包装

复习思考题

蛋白片、蛋粉、冰蛋和湿蛋是怎么加工的?

第六章　其他蛋制品生产

知识目标

- 了解茶蛋、卤蛋、蛋饮料和蛋黄酱的类型。

技能目标

- 了解茶蛋、卤蛋、蛋饮料和蛋黄酱的基本加工过程。

第一节　熟制蛋制品生产

一、五香茶蛋

该产品是以新鲜鸡蛋为原料，煮熟后加入辅料再经煮制、浸泡，以充分利用各种辅料的增色、调味和防腐作用，使成品具有色泽棕黑、香味浓厚、食之可口和不易变质的特点。由于五香茶蛋同时具有咸、茶、香的特殊风味，因而颇受广大消费者欢迎。

(一)配方

桂皮 20 g，八角 20 g，小茴香 20 g，茶叶 100 g，食盐 150 g，水 5 kg，原料蛋(鲜鸡蛋)100 枚。

(二)加工方法

1. 煮蛋　将鸡蛋放入锅中，加入清水，用中火逐渐煮熟。然后把开水倒掉，用清水急冲，再轻敲蛋壳，使有裂缝。

2. 加调料　锅中放入半锅清水，用旺火烧开后改用中火，放入鸡蛋、精盐，把茶叶等香料用纱布口袋装好，放入锅中煮约 1 h，起锅离火，自然晾凉。

二、卤蛋

卤蛋系利用新鲜原料蛋，经煮熟、去壳后，再将其放入各种卤汁中进行卤制而成的一种色泽酱红、香味浓厚的熟蛋制品。在我国，卤蛋的品种比较繁多，其品名则因所用卤汁的不同而有所区别。例如，利用五香卤汁加工的卤蛋叫五香卤蛋；卤汁中加有桂花者叫桂花卤蛋；而利用鸡肉、猪肉卤汁加工的卤蛋叫高汁卤蛋等等。

(一)原料配方

鸡蛋 100 枚，白糖 400 g，八角 400 g，桂皮 400 g，丁香 100 g，白酒 100 g，甘草 200 g，老抽酱油 1 250 g。

(二)制作方法

1. 浸蛋　将各种配料放入卤料锅，加水量以能将 100 枚鸡蛋浸入为准。

2. 卤制　先将鲜鸡蛋洗净，用水煮熟，剥去蛋壳。放进配制好的卤料锅内，加热卤制。卤制时，火力不宜大，应用文火卤制。这样能使卤汁慢慢地渗入蛋内，约 1 h 方可卤好。

三、五香熏蛋

熏蛋是将经过烧煮成熟的蛋烟熏而成的一种熟蛋制品。

1. 配方　鸭蛋 100 枚，红砂糖 200 g，香葱 800 g，湿红茶叶 200 g，香油和盐少许。

2. 加工工序　将鸭蛋清洗干净，置之冷水锅中(水要淹没蛋体)用文火慢慢烧煮。待水开后即去火，焖 5 min，使蛋白达到凝固，而蛋黄尚未凝固。然后将蛋置于冷水中，晾凉后剥去蛋壳，准备烟熏。

将锅内四周放上湿茶叶、红砂糖，锅上放铁丝网，然后铺上香葱，将蛋排列在葱上，盖上锅盖加热，用文火烧，使锅内砂糖、茶叶冒起浓烟后去掉火，焖两分钟即成。

以上熟蛋制品均可进行真空包装，每袋装 1 枚或多枚，要求热封平整，无皱褶，无破袋，无漏气现象。为了延长保质期，可以进行二次杀菌，用 8 级火力 1 min 的微波杀菌或者更简单的热水杀菌。

第二节 蛋饮料加工

一、蛋白发酵饮料

鸡蛋蛋白是一种容易消化而且氨基酸比例平衡的蛋白质胶体溶液，此外尚含有抗菌成分。所以蛋白是生产饮料和医药的一种很好原料。但蛋白加热后容易变性凝固，加之溶菌酶的杀菌抑菌作用，给生产乳酸饮料带来很大困难，随着科学技术的进步，上述问题的解决取得了很大的进展，蛋白发酵饮料的生产就是一种。

在鸡蛋蛋白中加入0.5%～10%的蛋黄，或用藻土吸附法和其他抽提法除去蛋白中的溶菌酶可以防止蛋白在杀菌过程中的热变性凝固，还可抑制溶菌酶的作用。蛋黄用量不低于0.5%，否则处理效果不好；蛋黄用量大于10%时，不仅使蛋白的特性失去，还会冲淡蛋白的作用。经上述处理的蛋白，可直接使用或加糖（蔗糖、葡萄糖或乳糖等）使用，加糖量不得超过10%。然后蛋白液于50～60℃加热20～30 min。为了彻底杀菌，可采用间隔杀菌方法。蛋白灭菌后，接种乳酸菌进行乳酸发酵。接种之前需用盐酸或有机酸等调节pH值，使其达到乳酸发酵最适宜的pH值。生产实例如下：

蛋白液中按蛋白90%～99%，对应加入1%～10%的蛋黄，搅拌混合均匀后，分装在30个100 mL容量的无菌瓶中，每瓶装50 mL，于52～55℃水浴杀菌30 min后，置于室温下；第二天再同样进行加热杀菌，并用盐酸调整pH值为6.8～7.0，然后接种乳酸菌，培养18 h，即制成味道芳香、酸味柔和的蛋白液饮料。

二、蛋乳发酵饮料

蛋在加热时易变性，因此，蛋在饮料方面的应用受到一定限制。但如果加入50%以下的牛乳，于一定温度下杀菌一次或几次，再用乳酸菌进行发酵，就可制成无损于营养平衡又没有其他异味的蛋乳发酵饮料。所用鸡蛋可用全蛋液、蛋黄液，奶可用全脂乳、脱脂乳、炼乳、奶粉等。加乳量不应超过50%，否则会失去蛋的特性。蛋液中最好再加糖5%～15%，如蔗糖、葡萄糖或乳糖等。根据需要还可以加色素、香料和稳定剂等。

第三节 蛋黄酱加工技术

蛋黄酱始于美国，目前生产的蛋黄酱主要是以蛋黄及食用植物油为主要原料，添加若干种调味物质加工而成的一种乳化状半固体食品。其中含有人体必需的亚油酸、维生素A、维生素B、蛋白质及卵磷脂等成分，是一种营养价值较高的调味品。用它可以涂抹面包等食品，也可用作调味佐料。此外，尚有色拉调味汁、乳化状调味汁、分离液状调味汁及固体蛋黄酱等多种蛋黄酱品种。

一、配方

中黏度型：大豆油78.5%，盐渍蛋黄8.5%，食盐1.2%，高果糖玉米糖浆1.5%，芥末0.45%，可溶性胡椒（以盐或葡萄糖为载体）0.05%，醋3.5%，苹果汁醋0.25%，柠檬汁0.25%，水5.8%，EDTA 0.005%。

高黏度型：大豆油80%，盐渍蛋黄9%，食盐1.2%，高果糖玉米糖浆1.5%，芥末0.45%，可溶性胡椒（以盐或葡萄糖为载体）0.05%，醋3.5%，苹果汁醋1.0%，柠檬汁0.25%，水3.04%，EDTA钙二钠0.005%。

二、加工方法

一次添加解冻的盐渍蛋黄（0～4℃）、足量的高果糖玉米糖浆、水和酸化剂，进入混合储器，使混合物的水平面高于搅拌器的底部，混合物开始以低速搅拌，以后逐步提高搅拌速度，以保证达到均匀混合这一速度点。添加预先称重的盐、芥末、可溶性胡椒、EDTA，让混合物增黏，保持黏稠状态2～3 min，在预混合储器中徐徐加入油类，此时预先冷到8～10℃，增加转速以保证油类充分混合与分散，在几乎所有的油都加完时，添加其他成分，并高速搅拌1 min以上，把混合物通过胶体磨，再送到包装流水线上，并通过预测达到最佳的黏稠度、色泽、食品结构和油的分散度。

本章小结

- 其他蛋制品生产
  - 熟制蛋制品 —— 五香茶蛋、卤蛋、五香熏蛋
  - 蛋饮料 —— 蛋白发酵饮料、蛋乳发酵饮料
  - 蛋黄酱加工技术

复习思考题

1. 茶蛋、卤蛋、熏蛋是怎样加工的？
2. 蛋白发酵饮料和蛋黄酱是怎么生产的？

参考文献

[1] 王玉田.畜产品加工.北京:中国农业出版社,2005.
[2] 杨宝进,等.现代食品加工学.北京:中国农业大学出版社,2006.
[3] 周光宏,等.畜产食品加工学.北京:中国农业大学出版社,2002.
[4] 董开发.畜产品加工新技术.北京:中国农业出版社,2002.
[5] 马美湖,等.动物性食品加工学.北京:中国轻工业出版社,2003.
[6] 任发政,等.实用肉品与蛋品加工.北京:中国农业出版社,2001.
[7] 张富新,等.畜产品加工技术.北京:中国轻工业出版社,2002.

第四篇

转基因食品与食品质量管理体系

第一章　转基因食品

知识目标

- 掌握转基因食品以及有关基因工程技术的基本概念。
- 了解转基因食品生产的基本过程。
- 了解转基因技术在食品工业中应用领域。

技能目标

- 本章为应知内容，具体技能不做要求。

第一节　转基因食品概述

一、转基因食品的概念

利用现代分子生物技术，将某些生物的基因转移到其他物种中去，改造生物的遗传物质，使其在性状、营养品质、消费品质等方面向人们所需要的目标转变，新形成的生物称转基因生物。转基因生物直接食用，或者作为加工原料生产的食品，统称为转基因食品，或基因改性食品、基因食品。

转基因食品的种类按照原料来源分为 3 类：

(一)微生物发酵食品

利用基因工程以改变微生物的生理调控机制，改善微生物对有机酸、氨基酸、维生素、酶、香料、单细胞蛋白质以及传统酿造食品的生产工艺，以提高产品产量、降低生产成本。

(二)植物性食品

改良植物性食品的生产性能、营养品质以及加工、储藏性能。利用基因工程技术和组织培养的手段在目标植物中转入所需成分的基因,从而培育出具有抗病毒、抗虫害、抗除草剂、高产、高营养、高品质及耐储藏的食品。

(三)动物性食品

转基因动物的研究主要以培育生长快、抗病力强、肉质好的转基因动物为目标,目前已取得了一些进展。例如将外源生长激素基因导入目标动物,使该动物的肌肉蛋白含量和饲料转换率明显提高。

转基因食品的优点:一是按人类的需求来量身定做食品,如增加小麦的蛋白质含量、增加油类作物的脂肪等;二是使植物或动物的疾病得到预防,如将抗病虫害、抗除草剂等基因转入农作物,使其具有相应的抗性;三是获得高产稳产新品种,提高单位面积产量,获得质优价廉产品。通过转基因技术也可向动物受精卵注入能产生药物的基因,而后就可在转基因动物体内得到所需的药物。例如向羊的受精卵里注入能产生人类凝血因子的基因,就可从转基因羊的乳汁中得到大量人类凝血因子,经提取后用于治疗血友病。

二、转基因食品的现状

世界第一例进入商品化生产的转基因食品是1993年投放美国市场的可延缓成熟的转基因番茄,以后发展非常迅速。到目前为止,全世界范围内已进入商品化生产的转基因农作物约有30多种,其种植面积1996年为170万 hm^2,1997年增至1 100万 hm^2,1998年为2 780万 hm^2,1999年达3 990万 hm^2。美国是转基因技术最成熟、应用最广的国家,其转基因农作物播种面积为2 050万 hm^2,例如美国转基因玉米的播种面积从1996年的16万 hm^2 增加到1997年的120万 hm^2,2000年栽种的面积达到1 030万 hm^2,约占美国玉米种植面积的1/2。转基因大豆也占大豆播种总面积的50%以上。由转基因原料生产的转基因食品就更多了,在美国估计有60%的加工食品为转基因食品。

我国的转基因食品的研究和开发居世界中等水平,在大田试验和商品化方面仅次于美国和加拿大。1999年3月,中国水稻研究所研制的属世界首创的"转基因杂交稻"研究成果通过专家鉴定,同年9月份华中农业大学的一项转基因水稻通过鉴定,并且达到国际先进水平。在1998年已批准商业化生产转基因作物6项,其中已进入商品化生产的食品作物有抗病毒番茄、耐储存番茄、抗病毒甜椒3种。在转基因动物研究方面,我国在鱼、兔、鸡、羊、牛等方面也取得了突破性的进展。

第二节　转基因食品生产的基本技术简介

一、转基因食品是现代生物技术的产物

生物技术一词最初是 Karl Ereky(1917)提出的，当时的含意是利用生物将原料转化为产品。实际上生物技术的发展和应用可追溯到 1000 多年以前，19 世纪人类有意识地利用酵母进行大规模发酵生产就是生物技术的应用，如乳酸、酒精、柠檬酸、蛋白酶的生产等。

现代生物技术是利用生物的特定功能，通过现代工程技术的设计方法和手段来生产人类需要的各种物质，或直接应用于工农业、医药卫生领域改造生物，赋予生物以新的功能和培育生物新品种等的工艺性质的综合技术体系。

一般来说生物技术包括基因工程、酶工程、细胞工程、发酵工程和蛋白质工程 5 个分支领域。随着生物技术的发展，现在把基因诊断与基因治疗技术、生物芯片技术、生物材料技术、生物能源技术等也列入生物技术的范畴。生物技术的基础和核心是基因工程。

基因工程是以类似工程设计的方法，将带有目的基因的 DNA 片段在离体条件下，用工具酶加以剪切、组合和拼接(重组 DNA)，再将这种重组的基因引入适当的受体中进行复制和表达，使受体获得产生该基因产物的新性状。

酶工程是指利用酶(细胞、细胞器等)所具有的催化功能，借助于工程学手段来生产产品并应用于工农林业生产、环境保护、医学临床诊断和监测等方面的一门技术。

细胞工程将生物细胞或去壁的原生质体在离体条件下进行培养、繁殖和精细的人工操作(细胞、原生质体融合、染色体或基因移植等)，使其按照人们的意愿发生改变，从而达到改良生物品种或创造新物种的目的，或加速个体繁育以获得有用物质的技术。

发酵工程也称微生物工程，是大规模发酵生产工艺的总称。它是利用微生物发酵作用，通过现代工程技术手段来生产有用物质，或者把微生物直接应用于生物反应器的技术。

蛋白质工程是按照预定要求在基因水平上改变蛋白质的编码序列以获得新蛋白质的技术，由于它是在基因工程的基础上发展起来的并仍需运用基因工程的一套技术，所以又称第二代基因工程。基因工程与蛋白质工程的主要区别在于前者产生的是天然蛋白质，而后者生产的是人为设计的具有某些特定性质的新蛋白质。

二、转基因的基本技术

转基因技术是基因工程的别称，又与重组 DNA 技术，基因克隆，DNA 克隆，分子克隆，遗传工程等术语通用。基因工程一般包括以下 5 个步骤：①目的基因的制备；②载体的选择与构建；③目的基因与载体的拼接（重组）；④将重组 DNA 分子导入宿主细胞；⑤外源基因的表达与检测。

转基因技术的操作是依赖酶作为工具进行切割和拼接的，这些酶被称作工具酶。目的基因要进入宿主细胞有两种方式，一种是直接导入，另一种要通过载体的运载。因此，在学习转基因技术之前，首先应了解工具酶和基因载体。

（一）转基因技术的工具酶

工具酶在转基因技术的操作中具有十分重要的作用。转基因操作实质上就是酶的操作。工具酶主要有限制性内切酶、连接酶、聚合酶、核酸酶、碱性磷酸酶、反转录酶等，常用的工具酶有 30 多种。

1. *限制性内切酶* 限制性内切酶是一类能够识别双链 DNA 分子中某种特定核苷酸序列，并由此切割 DNA 的核酸内切酶。包括Ⅰ型、Ⅱ型限制性内切酶。Ⅰ型酶随机切割单链 DNA 分子，在基因工程中不多用。Ⅱ型酶能够识别双链 DNA 分子中的特异序列，并在特异部位上水解双链 DNA 中每一条链上的磷酸二酯键，从而造成双链缺口，切断 DNA 分子。在基因重组中常用的Ⅱ型酶有 EcoRⅠ、HindⅢ、NotⅠ等，各自的识别位点和产生的末端是不同的。

2. *DNA 连接酶* DNA 连接酶是在重组 DNA 过程中能催化载体和要克隆的 DNA 片断连接在一起，形成一个完整的重组环状分子的酶。DNA 连接酶催化一个 DNA 链的 5′-磷酸末端与另一个 DNA 分子的 3′-OH 末端通过形成磷酸二酯键而连接起来。

3. *DNA 聚合酶* 能够催化 5′→3′方向进行 DNA 合成的一类酶。通常被分为 DNA 聚合酶Ⅰ、Ⅱ、Ⅲ 3 类。基因工程中最常用的工具酶是 DNA 聚合酶Ⅰ，如大肠杆菌 DNA 聚合酶Ⅰ（全酶）、Klenow 片段，T4 噬菌体 DNA 聚合酶、TaqDNA 聚合酶等。

4. *反转录酶* 又称作依赖 RNA 的 DNA 聚合酶。该酶催化以单链 RNA 为模板生成双链 DNA 的反应。由于这一反应中的遗传信息的流动方向正好与绝大多数生物转录生成方向（即以 DNA 为模板转录生成 RNA 的方向）相反，所以此反应称作逆转录作用。

（二）转基因技术的载体

目的基因要进入宿主细胞并能复制、转录、翻译以至最终表达出特定产物，一种重要的方式是要通过载体的运载作用。目前所使用的载体包括细菌质粒、酵母菌质粒、噬菌体、M13 噬菌体和动物病毒等。载体的本质是一段 DNA 片段，外来核酸插入方便，能够容易地进入宿主细胞，并且进入宿主细胞后自主复制能力较强。

(三)目的基因制备

基因工程的第一步就是获得目的基因。获得目的基因的方法主要有：化学合成法、基因组 DNA 文库法、cDNA 文库法和 PCR 法。

化学合成法指根据某种产物氨基酸序列，仔细选择密码子，推导出多肽编码基因的核苷酸序列，用化学方式合成 DNA 片段，目前应用不多。

基因组 DNA 文库法是指从生物组织细胞中提取出基因组 DNA，用物理或酶法将 DNA 降解成预期大小的片段，然后将这些片段与适当的载体连接，转入受体细胞，细胞扩增后，形成一个含有基因组各 DNA 片段克隆的集合体，就成为基因组 DNA 文库。构建 DNA 文库后，再用分子杂交等技术去钓取基因并进行测序。

cDNA 文库法是指提取出组织细胞的全部 mRNA，在体外反转录合成 cDNA，与适当载体连接后转化受体菌，细菌大量扩增后，形成包含着细胞全部 mRNA 信息的 cDNA 克隆集合，即 cDNA 文库。CDNA 文库含有细胞特异表达的基因，比 DNA 文库小。

PCR 是聚合酶链式反应的缩写。在已知目的基因序列的情况下，是从基因组 DNA 或 cDNA 中获得目的基因的一种广泛采用的方法。其基本原理是：DNA 双链分子在高温下可以解链成单链，加入一对引物，温度稍降低后引物分别与变性的两条链相配对，加入 DNA 聚合酶，在适当条件下，以目的基因为模板合成新的与原来互补的 DNA 链。如此反复 30 个左右的循环，使目的基因得到大量扩增。应用琼脂糖凝胶电泳技术可以把扩增后目的基因分离出来。

(四)重组

将目的基因与载体连接在一起的过程叫体外重组。选择适当的载体，应用 DNA 聚合酶把目的基因与载体连接起来，形成重组 DNA 分子。连接的方式有黏性末端连接、平头末端连接、同聚物加尾连接和人工接头 4 种方式。

(五)重组 DNA 分子导入宿主细胞

由于外源基因与载体构成的重组 DNA 分子性质不同、宿主细胞不同，导入方式也不同。大体上包括以下几种方法。

转化：将重组质粒在热休克的短暂时间内被导入受体细菌细胞。

转染：将携带外源基因的病毒感染受体细胞的方法(包括磷酸钙沉淀法和体外包装法)。

电转化:在受体细胞上施加短暂、高压的电流脉冲,使质膜形成纳米大小的微孔,重组 DNA 便通过这些微孔进入宿主细胞内。

微注射技术:又称直接显微注射法。用微吸管吸取 DNA 溶液,在显微镜下准确地插入受体细胞,将 DNA 注射进去。

微弹技术:又称基因枪法、高速微型子弹射击法。将 DNA 吸附在微型子弹(1 μm)的表面,通过放电或机械加速,使子弹射入完整的细胞或组织内。

脂质体介导法:脂质体是由脂质双层分子层组成的环形封闭囊泡,无毒,无免疫原性。脂质体介导法是以脂质体来输送载体,即将 DNA 或 RNA 包囊于脂质体内,然后进行脂质体与细胞膜的融合,通过融合导入细胞。

最近又推出多种新的方法,如碳化硅纤维介导法等,正在研究并逐渐达到实用水平。

植物细胞与其他细胞不同,其转化技术可以通过生物、物理、化学等方法,将重组 DNA 导入植物细胞从而获得转基因植株。如以土壤农杆菌的 Ti 质粒和发根农杆菌的 Ri 质粒为载体的转化系统等,都是非常广泛的植物转基因技术。

(六)重组子的筛选与鉴定

目的基因与载体 DNA 重组后导入到细胞的效率不是 100%的,最后繁殖生长出来的细胞并不都带有目的基因,只有一小部分、甚至很小一部分是含有目的基因的菌株。因此需要对重组子进行筛选,即对外源基因进行检测。筛选的常用方法有:

■ 报告基因检测法:载体上携带有选择性标记基因,即报告基因,当目的基因转入受体细胞时,报告基因一同被转入。这种报告基因是受体细胞本身基因组中不存在的,而且具有易于检测的表型。如 β-葡萄糖苷酶基因、抗药性基因、荧光素酶基因等。

■ 核酸杂交法:若需进一步证明目的基因的存在、转录及表达程度,可用分子杂交法。即用一段与目的基因有互补序列的用放射性同位素(^{32}P)标记的 DNA 或 RNA 分子作为探针,与待测样品的基因片断进行核酸分子杂交,从而判断二者的同源程度。通常使用的有原位杂交,点杂交,Southern 印迹杂交,Northern 印迹杂交等技术。

■ 免疫学方法:利用特定抗体与目的基因表达产物的特异性结合进行筛选。此法不是直接筛选目的基因,而是通过与基因表达产物的相互作用来指示含有目的基因的转化细胞。

■ PCR 法:已知目的基因的长度和两端的序列,可以合成一对引物,以转化细胞的总 DNA 为模板进行 PCR 扩增,若能得到预期长度的 PCR 产物,则该转化细胞就可能含有目的基因。

■ DNA 限制性酶切图谱分析：目的基因插入载体会使载体 DNA 限制性酶切图谱发生变化。提取转化细菌的质粒 DNA，用限制性内切酶酶切，电泳观察酶切图谱，即可分析得到结果。

第三节　转基因技术在转基因食品上的应用

一、在改善食品原料品质方面的应用

（一）改善食品营养品质

数百年来，人们一直致力于食品营养品质的改良研究。大部分作物的蛋白质含量低，氨基酸构成不合理。利用转基因技术提高农作物蛋白质含量和质量，已取得一定突破。蛋白质质量的改良包括作物中必需氨基酸含量的提高，如小麦、玉米等谷物种子缺乏赖氨酸，豆类作物种子缺乏蛋氨酸，将富含赖氨酸和蛋氨酸的种子基因进行分离鉴定，并转入相应的作物中去，可以得到营养品质较为完全的蛋白质。

转基因技术可使蛋白质功能特性改善，从而扩大植物蛋白质在不同食品体系中的作用，比如通过去除脂肪氧合酶而去除大豆豆腥味。食用农作物中糖类物质含量已经可以通过基因工程得以提高，高固形物含量的番茄已可通过基因工程生产。土豆经过基因改良具有高固形物含量，有利于用来制作炸土豆片。

用基因工程的方法可以方便地改变油料作物的油脂组成及含量，以使其更加适于食用或加工的需要。如通过导入硬脂酸-ACP 脱氢酶的反义基因，可使转基因油菜种子中硬脂酸的含量从 2%增加到 40%。而将硬脂酰 CoA 脱饱和酶基因导入作物后，可使转基因作物中的饱和脂肪酸（软脂酸、硬脂酸）的含量有所下降，而不饱和脂肪酸（油酸、亚油酸）的含量则明显增加，其中油酸的含量可增加 7 倍。除了改变油脂分子的不饱和度外，基因工程技术在改良脂肪酸的链长上也取得了实效。事实上，高油酸含量的转基因大豆及高月桂酸含量的转基因油料作物芥花菜在美国已经成为商品化生产的基因工程油料作物品种。转基因技术可创造一些特种作物种子油，比如短、中、长链脂肪酸的特种油脂，在一些特别位置含双键的脂肪酸的油脂或者携带含羟基或环氧基的脂肪酸的油脂，这些含特种脂肪酸的油脂可在肥皂、清洁剂、可可黄油、脂肪替代品中作为工业用油。

基因工程可以用来在普通的大宗作物中引进或富集某些营养成分（比如维生素 A、维生素 C、维生素 E、铁、碘、类胡萝卜素、番茄红素、黄酮醇等），从而为世界

上某些地区供应关键营养素或预防某些地方性营养素缺乏病。

基因工程，尤其是克隆，可以促进牲畜大规模生产来满足人们对肉类和蛋白质食品的高要求。转基因动物经处理后可以生产更多具有优良品质的奶和肉，比如不含乳糖的奶、低脂奶、低胆固醇肉、低脂肉或具有某些功能特性的特种蛋白质的肉类。转基因牲畜生产的转基因蛋白质可用来代替来源于人体的血液蛋白质，而不用担心人所捐血液会存在艾滋病毒（HIV）和疯牛病（BSE）的潜在危害。

（二）改善作物采后品质

利用植物基因工程可以延缓果蔬成熟，控制果蔬软化。乙烯是催化植物成熟的内源植物激素，利用基因工程手段分离和鉴定出与乙烯合成有关的多聚半乳糖醛酸酶（PG 酶）、ACC 合成酶和 ACC 氧化酶等基因，并利用反义 RNA 转入相应植物中，使转基因植物的 PG 酶、ACC 合成酶和 ACC 氧化酶等的合成受到一定程度的抑制，从而实现在基因水平上对果实成熟的调控；此外，由于 PG 酶可分解果实细胞壁的有效成分，使果实变软不利于运输和储藏，而随着 PG 酶合成被抑制，果实成熟延缓，果实变软的问题就迎刃而解了。

美国 Calgene 公司转基因番茄，首先获得 FDA 核准上市。一般番茄果实是在成熟期或转色期被采摘下储存或上市，而该转基因番茄是在成熟期才采收下来，此时的果实风味佳、质地硬，室温下可储存 2 周，储运期间也不需冷藏设备。这一成果已被迅速地推广到其他果实成熟的调控中，如转基因的芒果、苹果、梨、桃子、橘子、香蕉、辣椒等，此类技术的发展和普及，将为果蔬的储藏保鲜带来一次革命。

（三）可食疫苗和功能性食品原料的生产

用转基因植物生产基因工程疫苗——食品疫苗，是当前食品生物技术研究的热点之一。食品疫苗就是将某些致病微生物的有关蛋白质（抗原）基因，通过转基因技术导入某些植物受体细胞中，并使其在受体植物细胞中得以表达，从而使受体植物直接成为具有抵抗相关疾病的疫苗。

用转基因植物生产的疫苗保持了重组蛋白的理化特征和生物活性。有的需提纯后作疫苗使用，有的则不经提纯即可直接食用。如口服不耐热肠毒素转基因马铃薯后即可产生相应抗体。目前，已获成功的有狂犬病病毒、乙肝表面抗原、链球菌突变株表面蛋白等 10 多种转基因马铃薯、香蕉、番茄的食用疫苗。由于这些重组蛋白基因可以长期地储存于转基因植物的种子中，十分有利于疫苗的保存、生产、运输和推广。因此转基因植物作为廉价的疫苗生产系统，虽然才刚刚起步，却具有很好的发展潜力。

香蕉等可生食热带作物经过基因工程改造后产生蛋白质，用作发展中国家抗肝炎、狂犬病、痢疾、霍乱、腹泻或其他内脏感染流行病的疫苗。转基因技术可用来生产作为食品和药物的功能性食品。比如，大豆、香蕉和番茄经转基因技术处理用于携带疫苗，椰菜经基因改良用于富集抗氧化剂，茶叶经基因改良用于富集黄酮类化合物。一些生物技术公司已经能够对烟草等植物进行基因改良，生产有利于人和牲畜的抗体。上述植物来源疫苗可以稳定供应、货架期长、耐储藏、价格较低。

转基因技术可用于设计功能性食品，使食品中含有抗氧化剂、维生素、果聚糖、低胆固醇油脂、多不饱和脂肪酸油脂等具有防病、抗病、减轻病症和增强抗病能力的化合物，功能性食品将在 21 世纪造福于人类。

二、在改造食品微生物方面的应用

(一)改造酵母

最早成功应用的基因工程菌是面包酵母。把所需要的、对产品具有优良特性的酶基因转移到面包酵母中，使该酵母含有的麦芽糖透性酶及麦芽糖酶含量大大增高，应用在面包加工中，发酵产生的 CO_2 气体量多，产品膨发性能良好，松软可口，深受消费者欢迎。

啤酒加工中要使用啤酒酵母，普通啤酒酵母不含 α-淀粉酶，因此需要利用大麦芽产生的 α-淀粉酶使谷物淀粉液化成糊精。现在，应用基因工程技术可以将大麦中 α-淀粉酶基因转入啤酒酵母中并实现高速表达。这种基因工程菌可直接利用淀粉进行发酵，无需利用麦芽生产 α-淀粉酶，啤酒生产工艺流程可以缩短，工序简化，推动啤酒加工技术革新。

在利用基因工程技术改造其他微生物性质方面也取得许多突破。

(二)改造乳酸菌

利用基因工程技术选育无耐药性基因的菌珠，或除去菌珠中含有的耐药性基因，使乳酸菌菌珠的安全性得以保证。

通过基因工程选育产生风味物质含量高的菌珠，使产品中的风味物质如乳酸、乙醛、丁二酮、丙酮等含量升高。

此外，还可以改变乳酸菌酶系表达、增加某些功能基因等。

(三)生产酶制剂

凝乳酶是第一个应用基因工程技术把牛皱胃中的凝乳酶基因转移到细菌中来生产的一种基因工程酶。美国在 1990 年批准可以在干酪加工中使用基因工程凝乳酶。

三、在改进食品加工工艺方面的应用

(一)改善牛乳加工特性

在加工牛乳时如何提高其热稳定性是关键问题。牛乳中酪蛋白分子含有丝氨酸磷酸,可以结合钙离子而使酪蛋白沉淀。采用基因操作,*Ala*-53 被丝氨酸所置换,使 *k*-酪蛋白分子间斥力增加,牛奶的热稳定性提高。

(二)改进果糖和乙醇生产方法

果糖和乙醇生产时,要使用淀粉酶。利用基因工程技术,改变 α-淀粉酶和葡萄糖淀粉酶的最适作用温度和最适 pH 值等,便可以改进工艺路线,减少程序,降低费用。

(三)改良小麦蛋白的烘烤特性

小麦中蛋白,特别是高分子谷物蛋白对面包的烘烤质量有很大影响。利用基因工程技术,增加高分子谷物蛋白的拷贝数,或改变其特性等,使小麦具有更理想的加工特性。

除此之外,在生产氨基酸、黄原胶、超氧化物歧化酶、保健食品等方面,基因工程技术也得到广泛应用。

本章小结

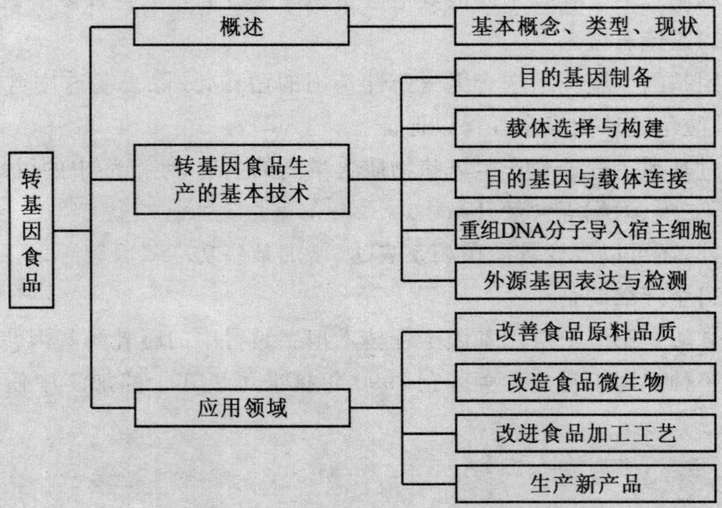

复习思考题

1. 什么叫转基因食品？包括哪几类？
2. 转基因食品生产的基本过程主要包括哪些环节？
3. 查阅有关文献，用 2～3 个具体实例说明转基因技术在食品工业中应用。

第二章　食品质量管理体系

知识目标

- 掌握质量管理与食品安全体系的有关基本概念。
- 了解实施 GMP、HACCP、ISO 9000 质量管理与保证体系的内容。
- 了解食品质量安全市场准入制度的主要内容。

技能目标

- 了解各种质量管理体系建立的基本程序。

食品是关系人体健康和人身安全的特殊产品，食品的安全质量、营养质量和感官质量越来越受到广大消费者、企业、社会和政府的普遍关注和高度重视。作为从事食品生产和加工的科技工作者，了解食品质量管理的基本内容，并运用在食品生产与加工的各个环节中，保证食品的安全性，是很有必要的，也是必需的。

第一节　基本概念

一、质量管理的基本概念

（一）质量的定义

质量的定义是指“一组固有特性满足要求的程度”。在某些场合，质量也可用“品质”来表达。

定义中的特性指“可区分的特征”。如感官的特性（色、香、味等），时间的特性（交货期、保质期等）和功能的特性（营养功能、保健功能等）。特性可以是固有的，也可以是赋予的。固有特性就是指事物本来就有的，尤其是那种永久的特性。如蛋白质含量、脂肪含量、糖含量、净重等技术特性。赋予特性不是固有的，而是完成产品后因不同要求对产品所增加的特性。如储藏温度、产品价格等。

定义中的要求是指“明示的、通常隐含的或必须履行的要求或期望”。“明示的”可以理解为是规定的要求。如标准中阐明的要求或顾客明确提出的要求。“通常隐含的”是指组织、顾客或其他相关方的惯例或一般做法，所考虑的需求或期望是不言而喻的。如食品的营养性、安全性等。“必须履行的”是指有法律法规要求或有强制性要求的。组织在产品的实现过程中必须执行食品卫生安全法规。定义中的要求可以由不同的相关方提出，不同的相关方对同一产品的要求可能是不同的。

(二)质量管理的定义

质量管理是“在质量方面指挥和控制组织的各项活动”，包括制订质量方针和质量目标，在质量体系中通过质量策划、质量控制、质量保证和质量改进等实施的全部管理职能的所有活动。定义中派生的术语分别定义如下：

质量方针是指“一个组织的最高管理者正式发布的该组织总的质量宗旨和方向”。它是组织总方针的组成部分，应与组织的总方针相一致。质量方针是该组织较长期的有关质量的指导原则和行动指南，是各职能部门全体人员质量活动的根本准则，具有严肃性和相对稳定性。

质量目标是指“组织根据质量方针制订的在质量方面所追求的目标”。最高管理者应确保在组织的相关职能和层次上建立质量目标，组织内部各部门人员都应明确各自的职责和质量目标，并为实现目标而努力。质量目标应当量化，尤其是产品目标要结合产品质量特性加以量化，达到便于操作、比较、检查和不断改进的目的。

质量体系是指“为实施质量管理所需的组织结构、程序、过程和资源”。其中，组织结构是指“组织行为使其职能按某种方式建立的职责、权限及其相互关系”，包括各级领导的职责权限、质量机构的建立与分工、各部门的职责权限及其相互关系框架、质量工作的网络架构、质量信息的传递架构等。质量体系是质量管理的核心和载体，是组织的管理能力和资源能力的集合。质量体系包括质量管理体系和质量保证体系。质量管理体系是组织根据或参照 ISO 9004 标准提供的指南所构建的用于内部质量管理的质量体系。质量保证体系是供方为履行合同或贯彻法令向需方或第三方提供的证明材料。

质量策划是指“确定质量目标以及采用质量体系要素的活动”。包括收集、比较顾客的质量要求、向管理层提出有关质量方针和质量目标的建议、从质量和成本两方面评审产品设计、制定质量标准、确定质量控制的组织机构、程序、制度和方法、制定审核原料供应商质量的制度和程序、开展宣传教育和人员培训活动等工作内容。

质量控制是指“为达到质量要求所采取的作业技术和活动”。作业技术包括专业技术和管理技术，是质量管理的主要手段和方法的总称。质量控制包括对质量方针和目标的控制，对文件和记录的控制，对设计和开发的控制，对采购、生产和服务运作的控制，对检测设备的控制，对不合格产品的控制等。质量控制一般采取如下程序：第一，确定质量控制计划和标准；第二，实施质量控制计划和标准；第三，监视过程和评价结果，发现存在的质量问题及成因；第四，排除不良或危害因素，恢复至正常状态。

质量保证是指“组织为了提供足够的信任，表明体系、过程或产品能够满足质量要求，在质量体系中实施并根据需要进行证实的全部有计划有系统的活动”。也就是说，组织应建立有效的质量保证体系，实施全部有计划有系统的活动，能够提供必要的证据，从而得到本组织的管理层、用户、第三方（政府主管部门、质量监督部门、消费者协会等）的足够信任。

质量改进是指“为向本组织及其顾客提供更多的效益，整个组织所采取的旨在提高活动和过程的效益和效率的各种措施”。包括计划、组织、分析诊断、实施改进几个程序，即在组织内制订计划，发现潜在的或现存的质量问题，寻找改进机会，提出改进措施，提高活动的效益效率。

二、食品质量与安全的基本概念

（一）食品的定义

《食品卫生法》对食品的法律定义为：各种供人食用或者饮用的成品和原料以及按照传统既是食品又是药品的物品，但是不包括以治疗为目的的物品。

（二）食品质量的定义

食品质量是指“食品满足规定或潜在要求的特征和特性总和”。食品质量反映了食品品质的优劣，不仅指食品的外观、品质、规格、数量、重量、包装，同时也包括了安全卫生。

（三）食品安全的定义

WHO 将食品安全定义为：食品按其原定用途进行制作和食用时不会使消费者受害的一种担保。主要指在食品的生产和消费过程中没有达到危害程度一定剂量的有毒、有害物质或因素的加入，从而保证人体按照正常剂量和以正常方式摄入这样的食品时不会受到急性或慢性的危害，这种危害包括对摄入者本身及其后代的不良影响。

(四)食品质量安全的定义

食品质量安全是指食品质量状况对食用者健康的保证程度。用于食用或饮用的食品,不得因食品原料、包装等问题或生产加工、运输、储存过程中存在的质量问题而对人体健康、人身安全造成或可能造成任何不利的影响。食品质量安全又可以分为绝对安全性和相对安全性两个不同的概念。绝对安全是指不会因为食用某一食品而发生危及健康的问题,即食品绝对没有风险,不含有毒、有害物质。食品的相对安全性是指一种食物或食物成分在合理食用时不会导致对健康的危害。实质上,绝对安全是很难达到的,因为任何食物成分尽管对人体有益或毒性极低,但食用过量或食用方法不当,都可能对健康造成伤害。“不含有毒、有害物质”是指不得检出或检出值不得超过某一阈值。随着检测水平的提高,以极其微量形式存在的某些物质也会被逐步检出。

(五)安全食品的定义

安全食品是指符合食品质量与安全的食品统称。无公害食品、绿色食品和无机食品都是安全食品。

无公害食品产自良好生态环境,按照无公害农产品生产标准和操作规程生产或加工,其农药、重金属、硝酸盐及激素等有毒物质含量(或残留量)控制在安全允许的范围内,是符合国家、行业和地方有关强制性标准的安全、营养的食品。

绿色食品是指遵循可持续发展原则,按照特定生产方式生产,经专门机构认定,许可使用绿色食品标志的无污染的安全、优质、营养类食品。我国绿色食品分A级和AA级。

有机食品是指根据有机农业和有机食品生产、加工标准而生产出来的经过有机食品颁证组织发给证书的食品。它必须符合下列要求:原产地无任何污染;生产过程中不使用任何化学合成的农药、化肥、饲料、除草剂和生长素等;加工过程中不使用任何化学合成的食品防腐剂、添加剂、人工色素和用有机溶剂提取等;储藏、运输过程中未受到有害化学物质污染;符合国家食品卫生的要求和食品行业质量标准。有机食品执行国际有机农业运动联合会(IFOAM)制订的标准。

三、食品质量控制体系

食品良好操作规范(GMP)、危害分析关键点控制(HACCP)、ISO 9000 标准系列和食品质量安全市场准入制度等都是行之有效的食品质量管理体系。GMP 是食品企业自主性的质量保证制度,是构建 HACCP 系统和 ISO 9000 标准系列的基础。HACCP 系统是在严格执行 GMP 的基础上通过危害风险分析,在关键点实行严格控制，从而避免生物的、物理的、化学的危害因素对食品造成影响。ISO 9000 标准系列是更高一级的管理阶段，包含了 GMP 和 HACCP 的主要内容，体现了系统性和法规性，已成为国际通用的标准和进入欧美市场的通行证。食品质量安全市场准入制度是一种行政许可制度，是指为保证食品的质量安全，具备规定条件的生产者才允许进行生产经营活动，具备规定条件才允许生产销售的一种行政监管制度。

第二节 食品良好操作规范

一、概述

GMP 是良好操作规范(Good Manufacturing Practice)的缩写，是一种特别注重制造过程中产品质量和安全卫生的自主性管理制度。GMP 首先出现于药品行业，现许多国家将其用于食品工业，制定出相应的 GMP 法规。我国食品企业质量管理规范的制定开始于 20 世纪 80 年代中期。1998 年，卫生部颁布了《保健食品良好生产规范》(GB 17405—1998)和《膨化食品良好生产规范》(GB 17404—1998)，这是我国首批颁布的食品 GMP 强制性标准。同以往的“卫生规范”相比，最突出的特点是增加了品质管理的内容，对企业人员素质及资格也提出了具体要求，对工厂硬件和生产过程管理及自身卫生管理的要求更加具体、全面、严格。我国台湾地区也于 1988 年全面强制实施药品 GMP，于 1989 年推行食品良好生产规范。

食品 GMP 是一种具体的品质保证制度。其宗旨是使食品加工厂在制造、包装、储运食品过程中，有关人员、建筑、设施、设备等设置，以及卫生、制造过程、质量管理，均能符合良好的生产条件，防止食品在不卫生条件或可能引起污染或品质变坏的环境下操作，减少事故的发生，确保食品安全和质量稳定。GMP 的核心内容是有良好的生产设备和卫生设施，合理的生产工艺，完善的质量管理和控制体系。GMP 的重点内容是确认食品生产过程安全性，防止异物、毒物、微生物污染食品，进行双重检验防止出现人为损失，建立完善的管理制度和标签、生产记录、报告归档制度等。

1988 年至今，我国共颁布 23 个国标 GMP，其中 1 个通用 GMP 和 22 个专用 GMP，并作为强制性标准予以发布。

二、食品良好操作规范的主要内容

食品种类繁多，生产、储藏、流通情况复杂，因此，各类食品企业应根据自身实际情况执行各自食品的良好操作规范，或参照执行相近食品的良好操作规范。上述 22 项规范的具体内容可以在卫生部网页（www. moh. gov. cn）卫生标准栏目中具体查阅到。食品企业应遵守的通用良好操作规范的基本内容应包括如下几个方面：

（一）工厂的设计与要求

这是先决条件，包括厂址选择，合适的加工环境、工厂建筑、道路、行程、地表排水系统、废物处理等内容。

（二）人员的要求

人员发挥主导作用，包括人员素质、教育与培训、人员个人卫生、人员健康要求等。

（三）原料与辅料的要求

包括采购人员要求、原辅料要求、原辅料卫生质量要求、原辅料运输要求、原辅料储藏设施要求、原辅料储藏操作要求等。

（四）设施的要求

包括制作空间、储藏空间、冷藏空间、冷冻空间的供给要求；加工各个环节涉及的设备要求；排风、供水、排水、排污、照明等设施要求。

（五）生产过程的要求

包括对工艺流程和工艺配方的要求；各种配料、包装材料、添加剂、加工辅助品的使用及合理性要求；成品外观、包装、标签和成品保存要求；成品仓库、运输和分配要求；成品的再加工要求；成品申请、抽检和试验要求；良好的实验室操作（GLP）等。

（六）卫生和食品安全要求

包括特殊的储藏条件——热处理、冷藏、冷冻、脱水、化学保藏的要求；车间与设施的清洗计划、清洗操作、污水管理、害虫控制要求；外来物控制、残存金属检测、碎玻璃检测以及化学物质检测等。

（七）管理职责要求

包括提供资源、管理和监督、质量保证和技术人员；提供卫生监督管理程序；顾客意见处理制度；产品撤销或回收制度；文件档案管理制度等。

GMP 的目的就是为食品制造、加工、包装、储藏等有关方面制定出一个统一的指导原则。不同的食品制造业有各自的特点和要求，因此 GMP 所规定的只是一个基本的框架而已，不同的企业应根据自己的具体情况，在这个框架的基础上制定出适合本企业的详细的附加条款。

三、食品良好操作规范的认证程序

食品 GMP 的推行，采取认证制度，由从业者自愿参加。

食品 GMP 认证工作程序包括提交申请、资料审查、现场评审、产品检验、确认、签字、授证、追踪考核等步骤。

提交的申请书按照一定格式填写，同时还要递交一系列技术与管理资料，如注册登记证，工厂厂房配置图，机械设备配置图，技术人员学历证书和培训证书，质量管理标准书，制造作业标准书，卫生管理标准书，顾客投诉处理办法，成品回收制度等。

认证机构受理申请后，在一定时间内将对所有资料进行审查，以确定是否符合申报要求。

由一定人员组成的认定委员会进入现场，通过听取汇报、答疑、查阅资料、现场考察、讨论、投票等程序进行现场评审。

现场评审通过后，认证执行机构人员于工厂现场抽样，对产品进行检验。

企业通过现场评核及产品检验，并将认证产品之包装标识样稿送请认证执行机构核对后，由认证执行机构编定认证产品编号，并附相关资料报请推行委员会确认。

申请企业与认证部门办理认证合约书签约手续，认证部门发放证书。

签约之后，认证部门仍将进行追踪管理。

第三节　食品危害分析与关键点控制

一、HACCP 的概念

HACCP 是英文危害分析关键控制点（Hazard Analysis Critical Control Point）的缩写，是由食品的危害分析和关键点控制两部分组成的一个系统的管理方式。近年来 HACCP 系统在食品控制上被逐渐接受。它比 GMP 又进了一步，HACCP 包括了从原料到消费者制作食品的整个过程的危害控制。HACCP 通过一些简单步骤来完成：即观察产品或过程、决定危害、控制检测、记录，确保工作连续有效。

实施 HACCP 的必备程序包括良好生产规范（GMP）和卫生标准操作程序

(SSOP)等。

二、HACCP 的原则

1992 年,美国制订出 HACCP 七大原则:

1. 进行危害分析 列出生产流程中所有的危害,并找出其预防办法。一般可将危害分为三种:一是生物性危害:包括寄生虫、病原菌及其他有害微生物等。二是化学性危害:包括天然毒素(如黄曲霉毒素、鱼贝类毒素)、农药残留、兽药残留、清洁剂、不当食品添加剂或其他有害化学物质等。三是物理性危害:包括导致食品危险的异物、金属、玻璃等。

2. 确定关键控制点(CCP) CCP 是指能被控制的一个点、步骤或程序,且每个 CCP 产生的食品危害可被控制、去除或者降低到最低可接受程度。每个显著危害都必须加以控制,但产生显著危害的点、步骤和程序不一定都是 CCP。CCP 可以通过 CCP 判断树进行确定。

3. 建立每一个关键控制点相对应的临界极限值(CL) 临界极限为每一个关键控制点预防措施的安全标准。如温度、时间、湿度、水分活度、pH 值、细菌总数等,生产过程中如果偏离了 CL,必须采取纠偏措施才能保证食品的安全性。

4. 建立每一个关键控制点监控系统 通过有计划的测试或观察,以保证 CCP 处于被控制状态,其中测试和观测要有记录。监控应尽可能采用连续的理化方法。如果无法连续监控,也要求有足够的间隙频率次数来观察测定每一 CCP 的变化规律,以保证监控的有效性。

5. 建立异常时的纠偏措施 当监控过程中发现某一 CCP 超出控制范围时,应根据预先确定的纠偏计划进行纠偏,减少或消除所导致的潜在危害,使生产过程重新处于控制之中,同时做好和保留纠偏过程执行记录。

6. 建立验证程序,确保计划在准确执行 审核 HACCP 计划的准确性,包括适当地补充实验和总结,以确定 HACCP 是否在正常运转,确保计划在准确执行。检验方法包括生物学、物理学、化学的或感官方法。

7. 建立 HACCP 计划档案及保管制度 做好例行的、规定的各种记录,同时建立有关适应于这些原理及应用的所有操作程序和记录的档案制度,包括计划准备、执行、监控、记录及相关信息与数据文件等要准确完整地加以保存。

三、HACCP 计划实施过程

按照我国卫生部发布的《食品企业 HACCP 实施指南》,HACCP 计划实施需要以下过程:

(一)组建 HACCP 工作小组

HACCP 小组负责制订 HACCP 计划以及实施和验证 HACCP 体系。HACCP 小组的人员构成应保证建立有效 HACCP 计划所需的相关专业知识和经验，应包括企业具体管理 HACCP 计划实施的领导、生产技术人员、工程技术人员、质量管理人员以及其他必要人员。技术力量不足的部分小型企业可以外聘专家。

应确定 HACCP 计划的范围，即在食品供应链中的具体实施环节，以及需加以解决的危害的一般类别(如是有选择地解决危害问题还是解决所有的危害问题)。

(二)描述产品，确定产品的预期用途

HACCP 工作的首要任务是对实施 HACCP 系统管理的产品进行描述。描述的内容包括：

①产品名称(说明生产过程类型)；

②产品的原料和主要成分；

③产品的理化性质(包括 A_w，pH 值等)及杀菌处理(如热加工、冷冻、盐渍、熏制等)；

④包装方式；

⑤储存条件；

⑥保质期限；

⑦销售方式；

⑧销售区域；

⑨必要时，有关食品安全的流行病学资料；

⑩产品的预期用途和消费人群。

(三)绘制和确认生产工艺流程图

HACCP 工作小组应深入生产线，详细了解产品的生产加工过程，在此基础上绘制产品的生产工艺流程图，制作完成后需要现场验证流程图。

(四)危害分析

1. *危害分析可分为两项活动-自由讨论和危害评价*　自由讨论时，范围要广泛、全面，要包含所用的原料、产品加工的每一步骤和所用设备、终产品及其储存和分销方式、一直到消费者如何使用产品等等。在此阶段，要尽可能列出所有可能出现的潜在危害。没有发生理由的危害不会在 HACCP 计划中作进一步考虑。自由讨论后，小组对每一个危害发生的可能性及其严重程度进行评价，以确定出对食品安全非常关键的显著危害(具有风险性和严重性)，并将其纳入 HACCP 计划。

2. *进行危害分析时应将安全问题与一般质量问题区分开*　应考虑的涉及安全问题的危害包括：

(1)生物危害 包括细菌、病毒及其毒素、寄生虫和有害生物因子

(2)化学危害 化学危害可分为4类:天然的化学物质、有意加入的化学品、无意或偶然加入的化学品、生产过程中所产生的有害化学物质。

天然的化学物质:霉菌毒素、组胺等。

有意加入的化学品:食物添加剂、防腐剂、营养素添加剂、色素添加剂等。

无意或偶然加入的化学药品:农业上的化学药品、禁用物质、有毒物质和化合物、工厂化学物质(润滑剂、清洁化合物等)。

(3)物理的危害 任何潜在于食品中不常发现的有害异物,如玻璃、金属等。

3.列出危害分析工作单 危害分析工作单可以用来组织和明确危害分析的思路。HACCP工作小组还应考虑对每一危害可采取哪种控制措施。

(五)确定关键控制点

关键控制点是指能去除危害或降低危害发生率的一个点、步骤或程序。它存在于生产或制造中的任何一个阶段,包括原料、配方以及(或)生产、收成、运输、调配、加工和储存等过程中。但每个引入或产生显著危害的点、步骤或工序未必都是关键控制点。确定关键控制点的目的是使一个潜在的食品危害被预防、消除或减少到可以接受的水平。确定关键控制点后,还要设定发生在各个关键控制点危害的可接受的最低水平。

应用判定树的逻辑推理方法,确定HACCP系统中的关键控制点(CCP)。对判定树的应用要灵活,必要时也可使用其他的方法。

如果在某一步骤上对一个确定的危害进行控制对保证食品安全是必要的,然而在该步骤及其他步骤上都没有相应的控制措施,那么,对该步骤或其前后的步骤的生产或加工工艺必须进行修改,以便使其包括相应的控制措施。

(六)建立每个关键控制点的关键限值

每个关键控制点会有一项或多项控制措施确保预防、消除已确定的显著危害或将其减至可接受的水平。每一项控制措施要有一个或多个相应的关键限值。

关键限值的确定应以科学为依据,可来源于科学刊物、法规性指南、专家、试验研究等等。用来确定关键限值的依据和参考资料应作为HACCP方案支持文件的一部分。

通常关键限量所使用的指标包括:温度、时间、湿度、pH值、水分活性、含盐量、含糖量、物理参数、可滴定酸度、有效氯、添加剂含量以及感官指标,如外观和气味等。

(七)建立起对每个关键控制点进行监测的系统

通过监测能够发现关键控制点是否失控。此外,通过监测还能提供必要的信

息，以及时调整生产过程，防止超出关键限值。

操作限值是比关键限值更严格的限值，是由操作人员使用用以降低偏离风险的标准。加工工序应当在超过操作限值时就进行调整，以避免违反关键限值，这些措施称为加工调整。加工人员可以使用这些调整措施避免失控和避免采取纠偏行动，及早发现失控的趋势，并采取行动防止产品返工，或者更坏的情况造成产品报废，只有在超出关键限值时才采取纠偏行动。

一个监控系统的设计必须确定：

1. 监控内容 通常通过观察和测量来评估一个 CCP 的操作是否在关键限值内。

2. 监控方法 设计的监控措施必须能够快速提供结果。物理和化学检测能够比微生物检测很快地进行，是很好的监控方法。常用的物理、化学监测指标包括时间和温度组合（常用来监控杀死或控制病原体生长的有效程度）、水分活度（可通过限制水分活度来控制病原体的生长）。因此可以收集样品检测其水分活度。酸度或 pH 值（一定的 pH 值水平可限制病原体的生长）、感官检验（一种检测食品的直观方法）。

3. 监控设备 例如温湿度计、钟表、天平、pH 计、水分活度计、化学分析设备等。

4. 监控频率 监控可以是连续的或非连续的，如有可能，应采取连续监控。连续监控对许多物理或化学参数都是可行的。如果监测不是连续进行的，那么监测的数量或频率应确保关键控制点是在控制之下。

5. 监控人员 可以进行 CCP 监控的人员包括：流水线上的人员、设备操作者、监督员、维修人员、质量保证人员等等。负责监控 CCP 的人员必须接受有关 CCP 监控技术的培训，完全理解 CCP 监控的重要性，能及时进行监控活动，准确报告每次监控工作，随时报告违反关键限值的情况以便及时采取纠偏活动。

（八）建立纠偏措施

在 HACCP 计划中，对每一个关键控制点都应预先建立相应的纠偏措施，以便在出现偏离时实施。

纠偏措施应包括：①确定并纠正引起偏离的原因；②确定偏离期所涉及产品的处理方法，例如进行隔离和保存并做安全评估、退回原料、重新加工、销毁产品等；③记录纠偏行动，包括产品确认（如产品处理，留置产品的数量）、偏离的描述、采取的纠偏行动包括对受影响产品的最终处理、采取纠偏行动人员的姓名、必要的评估结果。

(九)建立验证程序

通过验证、审查、检验(包括随机抽样化验),可确定 HACCP 是否正确运行。验证程序包括对 CCP 的验证和对 HACCP 体系的验证。

1. CCP 的验证活动

(1)校准　CCP 验证活动包括监控设备的校准,以确保采取的测量方法的准确度。

(2)校准记录的复查　复查设备的校准记录设计检查日期和校准方法,以及实验结果。应该保存校准的记录并加以复查。

(3)针对性的采样检测

(4)CCP 记录的复查

2. HACCP 体系的验证

(1)验证的频率　验证的频率应足以确认 HACCP 体系在有效运行,每年至少进行一次或在系统发生故障时、产品原材料或加工过程发生显著改变时或发现了新的危害时进行。

(2)体系的验证活动　检查产品说明和生产流程图的准确性;检查 CCP 是否按 HACCP 的要求被监控;监控活动是否在 HACCP 计划中规定的场所执行;监控活动是否按照 HACCP 计划中规定的频率执行;当监控表明发生了偏离关键限制的情况时,是否执行了纠偏行动;设备是否按照 HACCP 计划中规定的频率进行了校准;工艺过程是否在既定的关键限值内操作;检查记录是否准确和是否按照要求的时间来完成等等。

(十)建立文件和记录档案

一般来讲,HACCP 体系须保存的记录应包括:

①危害分析小结:包括书面的危害分析工作单和用于进行危害分析和建立关键限值的任何信息的记录。支持文件也可以包括:制定抑制细菌性病原体生长的方法时所使用的充足的资料,建立产品安全货架寿命所使用的资料,以及在确定杀死细菌性病原体加热强度时所使用的资料。除了数据以外,支持文件也可以包含向有关顾问和专家进行咨询的信件。

②HACCP 计划:包括 HACCP 工作小组名单及相关的责任、产品描述、经确认的生产工艺流程和 HACCP 小结。HACCP 小结应包括产品名称、CCP 所处的步骤和危害的名称、关键限值、监控措施、纠偏措施、验证程序和保持记录的程序。

③HACCP 计划实施过程中发生的所有记录;

④其他支持性文件:例如验证记录,包括 HACCP 计划的修订等。

四、HACCP 体系在原料乳生产中的应用实例

1. HACCP 危害分析　乳及乳制品生产卫生质量控制的主要目标是各种致病性微生物、细菌总数及大肠菌群等，只有通过危害分析，找出微生物污染的可能性，判断危害级别，才能建立控制这些危害因素的关键控制点，保证产品质量。

(1)原乳中微生物的来源与数量　具体见表 4-2-1。

表 4-2-1　原料乳中微生物的来源与数量　个/mL

污染来源	乳房中	乳头管中	乳头表面	乳房炎	手工挤奶	储存容器	运输污染
微生物	1～100	1～1 000	1～100 000	0～25 000	1 000～100 000	1 000～1 000 000	1 000～100 000

(2)危害分析

①奶山羊本身。来源主要有：在两次挤乳之间从乳头管侵入乳房；从皮肤外伤部位通过毛细血管侵入；部分病原菌可能直接由血液进入乳中，如患结核病、布鲁氏菌病、波状热等时，有可能从乳中排出细菌，尤其是在患乳房炎的羊所产乳中，微生物含量很高；饲料污染；羊体污染，羊的皮肤、毛，特别是腹部、乳房、尾部是微生物附着的严重部位。不清洁羊体所附着的尘埃每克中的细菌数常达几亿至几十亿，羊体所附着的粪块每克可达几亿至上百亿个，挤乳前如不清洁羊体，挤乳时这些赃物极易落入乳中。

②挤奶过程。每次开始挤乳时细菌较多，继续挤乳过程中则逐渐减少。在每次挤乳时若不将第一、二把乳弃去，或在挤乳过程中羊排粪、排尿时乳桶不加保护，就会增加原乳中的细菌数；挤奶员责任心不强，手上粘上羊乳做润滑剂，也会使羊乳严重污染；挤乳桶消毒不严，细菌易于繁殖；挤乳后未及时将乳中杂质过滤，或过滤用具及滤布没有彻底洗涤与消毒，也会成为污染来源。

③储存与运输。羊乳挤下后要经过许多处理环节，如小桶→大桶→运输→过滤→贮乳槽→冷却器等，任何环节的疏漏都会造成羊乳污染；乳在储存时未进行冷却，则微生物繁殖快。在 26.7～37.8℃时，乳中细菌每 20 min 即可繁殖一次，一个细菌一昼夜可变为 687 亿个之多；在原料的运输中，运输容器不清洁、无保温措施使乳温升高、强烈震荡都会加速微生物繁殖而导致鲜乳变质。

④操作人员。操作人员的卫生状况与羊乳的污染程度密不可分。饲养员、挤奶员患有结核病、痢疾、伤风感冒等，或不注意个人卫生，手、衣服不清洁，随地吐痰等都会在很大程度上带入微生物而污染原料乳，特别是羊只患病及挤奶准备工作

不卫生，都有可能让挤奶员的手严重沾染细菌；在挤最初的几把奶、处理奶杯、收奶桶以及治疗乳房炎时都可能导致发生感染，导致原料乳中微生物大幅度提高。

2. 原料乳生产中关键控制点的确立　根据关键控制点的确定原则，羊奶生产过程的危害分析，原料乳生产中可设立：奶山羊本身关键控制点；挤奶过程关键控制点；用具设备的清洗和消毒关键控制点；原料储存和运输关键控制点；操作人员关键控制点。

3. 原料乳生产中关键控制点的实施措施

(1)奶山羊本身关键控制点的控制措施　注重奶山羊健康检查，按时检疫；搞好奶山羊预防接种工作，定期接种疫苗；及时预防和治疗乳房炎及其他疾患，每月测试一次乳房感染程度；及时清洗羊体，保持清洁卫生。

(2)挤奶过程关键控制点的控制措施　挤奶前乳头、乳房清洗消毒，乳房表面保持干燥；弃去最初1～2把奶；挤奶后对乳头进行药浴；采用小口径挤奶桶，保持乳桶清洁干净；及时过滤，除去挤乳过程中所带来的杂质。

(3)清洗和消毒关键控制点的措施　建立操作人员、乳品用具的清洗和消毒制度，严格按照规定执行。

(4)储存及运输过程中关键控制点的控制措施　挤奶后应迅速将鲜乳温度(35℃左右)冷却至8℃左右储存，如无冷却设备，可用井水、冰水或在水槽、水池中冷却，使乳温控制在15℃以下；在运输时要利用遮盖设备，防止乳温升高，特别在高温季节，车内应有低温隔热的冷却设备，而在寒冷季节应防止贮乳桶破裂，造成污染；保持运输容器清洁；防止强烈震荡，以防震荡引起牛乳的组织状态改变；尽量缩短运输时间，严格执行责任制；利用乳槽车运输，以防止乳温升高引起乳质变坏和提高效率。

(5)操作人员关键控制点的控制措施　饲养员及挤奶员要定期作健康检查，凡患有皮肤病及传染病者均需调离工作岗位，康复后方可上岗；设立卫生监督岗，监督和指导操作人员的个人卫生；采取一切措施以减少乳与手的直接接触，任何时候保持手的干净，尤其在奶山羊之间移动时更应如此。

五、HACCP的认证程序

采用第三方认证机构的HACCP认证，不仅可以为企业食品安全控制水平提供有力佐证，而且将促进企业HACCP体系的持续改善，尤其将有效提高顾客对企业食品安全控制的信任水平。在国际食品贸易中，越来越多的进口国官方或客户要求供方企业建立HACCP体系并提供相关认证证书，否则产品将不被接受。HACCP体系认证通常分为四个阶段，即企业申请阶段、认证审核阶段、证书保持阶段、复审换证阶段。

1. 企业申请阶段 首先，企业申请 HACCP 认证必须注意选择经国家认可的、具备资格和资深专业背景的第三方认证机构，这样才能确保认证的权威性及证书效力，确保认证结果与产品消费国官方验证体系相衔接。在我国，认证认可工作由国家认证认可监督管理委员会统一管理，其下属机构中国国家进出口企业认证认可委员会(CNAB)负责 HACCP 认证机构认可工作的实施，也就是说，企业应该选择经过 CNAB 认可的认证机构从事 HACCP 的认证工作。

认证机构将对申请方提供的认证申请书、文件资料、双方约定的审核依据等内容进行评估。认证机构将根据自身专业资源及 CNAB 授权的审核业务范围决定受理企业的申请，并与申请方签署认证合同。

在认证机构受理企业申请后，申请企业应提交与 HACCP 体系相关的程序文件和资料，例如：危害分析、HACCP 计划表、确定 CCP 点的科学依据、厂区平面图、生产工艺流程图、车间布局图等。申请企业还应声明已充分运行了 HACCP 体系。认证机构对企业提供和传授的所有资料和信息负有保密责任。

2. 认证审核阶段 认证机构受理申请后将确定审核小组，并按照拟定的审核计划对申请方的 HACCP 体系进行初访和审核，鉴于 HACCP 体系审核的技术深度，审核小组通常会包括熟悉审核产品生产的专业审核员，专业审核员是那些具有特定食品生产加工方面背景并从事以 HACCP 为基础的食品安全体系认证的审核员。必要时审核小组还会聘请技术专家对审核过程提供技术指导。申请方聘请的食品安全顾问可以作为观察员参加审核过程。

HACCP 体系的审核过程通常分为两个阶段，第一阶段是进行文件审核，包括 SSOP 计划、GMP 程序、员工培训计划、设备保养计划、HACCP 计划等。这一阶段的评审一般需要在申请方的现场进行，以便审核组收集更多的必要信息。审核组根据收集的信息资料将进行独立的危害分析，在此基础上同申请方达成关键控制点(CCP)判定眼光的一致。审核小组将听取申请方有关信息的反馈，并与申请方就第二阶段的审核细节达成一致。第二阶段审核必须在审核方的现场进行。审核组将主要评价 HACCP 体系、GMP 或 SSOP 的适宜性、符合性、有效性。其中会对 CCP 的监控、纠正措施、验证、监控人员的培训教育，以及在新的危害产生时体系是否能自觉地进行危害分析并有效控制等方面给予特别的注意。

现场审核结束，审核小组将根据审核情况向申请方提交不符合项报告，申请方应在规定时间内采取有效纠正措施，并经审核小组验证后关闭不符合项，同时，审核小组将最终审核结果提交认证机构作出认证决定，认证机构将向申请人颁发认证证书。

3. 证书保持阶段　鉴于 HACCP 是一个安全控制体系，因此其认证证书有效期通常最多为一年，获证企业应在证书有效期内保证 HACCP 体系的持续运行，同时必须接受认证机构至少每半年一次的监督审核。如果获证方在证书有效期内对其以 HACCP 为基础的食品安全体系进行了重大更改，应通知认证机构，认证机构将视情况增加监督认证频次或安排复审。

4. 复审换证阶段　认证机构将在获证企业 HACCP 证书有效期结束前安排体系的复审，通过复审认证机构将向获证企业换发新的认证证书。

此外，根据法规及顾客的要求，在证书有效期内，获证方还可能接受官方及顾客对 HACCP 体系的验证。

六、HACCP 与 GMP 和 SSOP 的关系

HACCP 是一个理想的、代替传统安全质量管理方法的预防性体系，但它不是一个孤立体系，它必须建立在良好生产规范(GMP)与卫生标准操作程序(SSOP)上。

GMP 是对食品生产过程各个环节、各个方面实行全面质量控制的具体技术要求和为保证产品质量必须采取的监控措施，它的内容可概括为硬件和软件两部分。所谓硬件是指对食品企业提出的厂房、设备、卫生设施等方面的技术要求；而软件则指可靠的生产工艺、规范的生产行为、完善的管理组织和严格的管理制度等。

SSOP 主要涉及 8 个方面，加工水(冰)的安全；与食品接触表面的清洁度(包括设备、手套、工作服)；防止交叉污染；手的清洁与消毒、厕所设施的维护与卫生保持；防止食品被污染物污染；有毒化学物质的标记、储存与使用；员工的健康与卫生控制：虫害的防治等。只有在建立了 GMP 与 SSOP 基础之上，才能保证 HACCP 的正确实施。

第四节　ISO 9000 质量管理与质量保证体系

一、ISO 组织

ISO 全称是国际标准化组织(International Organization for Standardization)，其成员由来自世界上 100 多个国家的国家标准化团体组成。代表中国参加 ISO 的国家机构是中国国家技术监督局(CSBTS)。ISO 与国际电工委员会(IEC)有密切的联系。ISO 和 IEC 作为一个整体担负着制订全球协商一致的国际标准的任务。ISO 和 IEC 有约 1 000 个专业技术委员会和分委员会，各会员国以国家为单位参加这些技术委员会和分委员会的活动。

ISO已经发布了10 300多个国际标准，标准的内容涉及广泛，从基础的各种原材料到半成品和成品，其技术领域涉及信息技术、交通运输、农业、保健和环境等。

二、ISO 9000族标准简介

ISO通过它的2856个技术机构开展技术活动。其中技术委员会(简称TC)共185个，分技术委员会(简称SC)共611个，工作组(WG)2 022个，特别工作组38个。

ISO制定出来的国际标准除了有规范的名称之外，还有编号，编号的格式是：ISO＋标准号＋[杠＋分标准号]＋冒号＋发布年号(方括号中的内容可有可无)，例如：ISO 8402：1987，ISO 9000-1：1994等，分别是某一个标准的编号。

但是，“ISO 9000”不是指一个标准，而是一族标准的统称。如ISO 9000-1：1994，即指ISO 9000族是由ISO中第176个技术委员会即“品质管理和品质保证技术委员会”(TC 176)制定的所有国际标准。我国等同采用ISO 9000族标准的国家标准是GB/TI 9000族标准。该标准是国际标准化组织承认的中文标准。

一般地讲企业活动由三方面组成：经营、管理和开发。在管理上又主要表现为行政管理、财务管理、质量管理。ISO 9000族标准主要针对质量管理，同时涵盖了部分行政管理和财务管理的范畴。

ISO 9000族标准并不是产品的技术标准，而是针对企业的组织管理结构、人员和技术能力、各项规章制度和技术文件、内部监督机制等一系列体现企业保证产品及服务质量的管理措施的标准。

ISO 9000族标准的推行，与在我国实行现代企业制度改造具有十分强烈的相关性。两者都是从制度上、体制上、管理上入手改革，不同点在于前者处理企业的微观环境，后者侧重于企业的宏观环境。由此可见，ISO 9000族标准非常适宜我国国情。因此，国家明文规定在企业中全面推行ISO 9000族标准。

ISO 9000族有数十个标准。作为企业，只需选用如下3个标准之一：

1. ISO 9001：1994《品质体系设计、开发、生产、安装和服务的品质保证模式》。当需要证实供方设计和生产合格产品的过程控制能力时应选择和使用此种模式的标准；

2. ISO 9002：1994《品质体系生产、安装和服务的品质保证模式》。当需要证实供方生产合格产品的过程控制能力时，应选择和使用此种模式的标准；

3. ISO 9003：1994《品质体系最终检验和试验的品质保证模式》。当仅要求供方最终检验和试验符合规定要求时，应选择和使用此种模式的标准；

以上都是质量保证标准，用于供方证明其能力和外部(如客户、第三方)对其能力进行评定。三种模式中对供方质量体系要求的多或少，反映了不同复杂程度的产品所要求的质量保证能力不同，不应将其理解为质量保证程度的高或低。

三、质量保证体系的建立实施

（一）质量体系的确立

1. 领导决策、统一认识　质量体系建立的关键是企业领导的重视和直接参与。只有领导层统一思想，下决心作出正确抉择后，才能使企业通过贯彻 ISO 9000 标准建立起有效的质量体系。

2. 健全机构、落实责任　领导决策后，要选择高素质的人员组成贯彻 ISO 9000 标准小组，并制订一系列政策，落实责任。

3. 组织培训、制订计划　在对贯彻标准小组进行全面培训的基础上，要对各级领导、管理人员、技术人员以及操作人员等进行必要的培训，提高每个职工的质量意识。要制订严密的实施计划，明确目标，控制进程，突出重点。

4. 制订质量方针、确立质量目标　质量方针是企业进行质量管理、建立和实施质量体系、开展各项质量活动的基本准则。制订质量方针时，应充分考虑企业的具体情况、发展趋势和市场形势，研究制定出具有本企业特色的质量方针。确定质量方针后，应制订有关产品质量、工作质量、质量保证、质量体系等方面的目标。

5. 调查企业现状　广泛调查本企业产品质量形成过程中各阶段、各环节存在的主要问题，各部门所承担的质量责任及完成情况。收集有关质量体系的标准文件或有关资料以及以往合同中需方所提供的一些要求，收集同行中通过质量体系认证企业的资料和本企业应遵循的法律、规定，以及与国际贸易有关的规定、协定、准则、惯例等资料。

6. 与模式标准进行对比分析，合理选用　将调查结果与选用的模式标准进行逐条、逐项对比分析，从而确定企业所需要的质量体系要素及采用程度。

7. 进行职能分配，确定资源配置　将所选用的质量体系要素分解成具体的质量活动，并将完成这些质量活动的相应职责和权限分配到各职能部门保证各要素的认真贯彻执行。职能分配时，一个职能部门可以负责或参与多项质量活动，但决不能让多个职能部门共同负责一项质量活动。资源是保证质量体系的重要因素，企业应根据需要，积极引进先进的技术设备，提高设计、工艺和生产水平，确保产品质量满足市场需要，同时适当调配和充实软件与人员。

（二）质量体系文件的编制

质量体系文件由 4 部分组成：质量手册、质量体系程序、质量计划和质量记录。

1. 质量手册的编制　质量手册是企业开展质量活动的纲领性文件，是企业保持质量体系应长期遵循的文件。质量手册应包括以下内容:质量方针;对质量有影响的相关人员的职责、权限和相互关系;质量体系程序和说明;有关质量手册本身的信息(手册修改、评审和控制的规定)。

2.质量体系程序的编制 质量体系程序是质量体系文件的重要组成部分,上接质量手册,下接作业文件。编制时,要对企业现有文件和规章制度进行整理,然后按照所选的质量标准模式标准的要求加以修订和补充。质量体系程序应包括:程序目的和范围,应做什么,由谁来做,何时何地以及如何去做,应使用什么材料、设备,如何控制和记录等。

3.质量计划的编制 是针对特定的产品、项目或合同,规定专门的质量措施、资源和活动顺序的文件。是对企业的质量管理和质量保证作出具体要求和规定。

4.质量记录的编制 质量记录是为已完成的活动或达到的结果提供客观证据的文件。质量记录将如实记录企业质量体系中每一要素、过程和活动的运行状态与结果,为评价质量体系的有效性、真实性,进一步建立健全质量保证体系提供依据。记录的内容要真实、准确、可靠,完整地反映企业的产品质量情况和质量体系运行情况。

(三)质量体系的实施运行

质量体系的实施运行是执行质量体系文件并达到预期目的的过程,是把质量体系规定的职能和要求,按部门、按专业、按岗位加以落实,并严格执行。

1.全员培训质量管理体系内容 在实施质量体系时,首先对企业全体员工进行相关内容培训,使其充分了解各自的工作要求和行为准则,提高对质量管理体系重要性的认识,保证质量管理体系的顺利实施。

2.加强管理和组织协调 新建立的质量体系在全面实施运行之前可试运行,在试运行过程中肯定会出现新问题,对于发现的问题要及时组织协调各部门,研究解决办法,并对程序文件和质量手册中的内容作出必要的调整。

3.内部审核和管理评审 内部审核是指由企业自己根据质量体系要求审核质量活动及其有关结果是否符合计划安排,以及这些安排是否有效并适合于达到目标。内部审核的主要内容包括:审核质量体系是否与质量手册相协调;审核是否执行了文件中的有关规定;审核是否按规定要求、自身要求和环境条件变化需要所进行的综合评价。管理评审由企业最高管理者主持定期制订。

四、质量管理体系的认证程序

1.申请 企业向认证机构提出申请。

2.签订合同 认证机构收到申请后,经审查符合申请要求,发出受理申请通知书，签订认证合同。

3. 建立审核组　由注册审核员组成审核小组。根据合同要求，到企业进行初访，开展 ISO 9000 族授课、培训（与企业领导落实质量体系）和企业审核员培训。

4. 质量体系文件审查　审查（或协助编写）或修改质量手册、程序文件、作业指导书等文件。

5. 现场审核　现场查证质量手册的实际执行情况。

6. 纠正措施　若发现问题，应提出纠正措施，并再次确认。

7. 批准和注册颁证

五、HACCP 认证与 ISO 9000 质量体系认证的关系

ISO 9000 与 HACCP 都是一种预防性的质量保证体系，二者的主要区别如下：

①ISO 9000 适用于各种产业；而 HACCP 只应用于食品行业；

②ISO 9000 的目标是强调质量能满足顾客要求；而 HACCP 强调食品卫生，避免消费者受到危害；

③实施 ISO 9000，企业可按 ISO 9001：2000 标准执行，再逐步提高作业标准；而实施 HACCP 的企业可依据市场所在国政府的法规或规范进行生产，出口到国外的产品，还要依据对方的要求生产产品；

④ISO 9000 的标准内容涵盖面广，涉及设计、开发、生产、安装和服务；而 HACCP 内容较窄，以生产过程的控制为主；

⑤实施 ISO 9000 无特殊监控对象；而 HACCP 有特殊监控对象，如病原菌；

⑥实施 ISO 9000 是自愿性，而实施 HACCP 由自愿逐步过渡到强制。

第五节　食品质量安全市场准入

一、实施食品质量安全市场准入制度的意义

食品质量安全市场准入制度，是指为保证食品质量安全，具备规定条件的生产者才允许进行生产经营活动，具备规定条件的食品才允许生产销售的一种行政监管制度。食品质量安全市场准入制度是一种行政许可制度。

①实行食品质量安全市场准入制度是提高食品质量、保证消费者安全健康的需要。食品是一种特殊商品，它最直接地关系到每一个消费者的身体健康和生命安全。近年来，在人民群众生活水平不断提高的同时，食品质量安全问题也日益突

出。为从食品生产加工的源头上确保食品质量安全,必须制定一套符合社会主义市场经济要求、运行有效、与国际通行做法一致的食品质量安全监督制度。

②实行食品质量安全市场准入制度是保证食品生产加工企业的基本条件,强化食品生产法制管理的需要。我国食品工业的生产技术水平总体上同国际先进水平还有较大差距。许多食品生产加工企业规模极小,加工设备简陋,环境条件很差,技术力量薄弱,质量意识淡薄,难以保证食品的质量安全。企业是保证和提高产品质量的主体,为保证食品的质量安全,必须加强食品生产加工环节的监督管理,从企业的生产条件上把住市场准入关。

③实行食品质量安全市场准入制度是适应改革开放,创造良好经济运行环境的需要。在我国的食品生产加工和流通领域中,降低标准、偷工减料、以次充好、以假充真等违法活动也比较猖獗。为规范市场经济秩序,维护公平竞争,适应加入WTO以后我国社会经济进一步开放的形势,保护消费者的合法权益,也必须实行食品质量安全市场准入制度,采取审查生产条件、强制检验、加贴标识等措施,对此类违法活动实施有效的监督管理。

二、食品质量安全市场准入制度的主要内容

国家质检总局2003年7月下发了《食品质量安全市场准入审查通则》,2004年12月又下发了"关于印发《食品质量安全市场准入审查通则(2004版)》的通知",要求各省、自治区、直辖市质量技术监督局组织贯彻实施。审查的主要内容包括食品加工企业必备条件;对食品生产企业实施生产许可证制度情况;对企业生产的食品实施强制检验制度情况;对实施食品生产许可制度的产品实行市场准入标志制度执行情况。

(一)食品质量安全市场准入的企业必备条件

1.环境卫生要求　企业周围应无有害气体、烟尘、灰尘、放射性物质及其他扩散性污染源。企业厂区、生产加工车间、原辅材料与成品库房、贮运工具的卫生条件和企业环保措施应当符合国家规定的要求。

2.生产资源要求　食品生产加工企业必须具备与保证产品质量安全相适应的生产设施、生产设备以及原料处理、生产加工、原料与成品储存等场所。使用特殊设备生产加工食品的,还应当符合相关的法律法规规定要求。

3.原辅材料要求　食品生产加工所用的原辅材料必须符合相应的国家标准、行业标准及有关规定,不得使用非食品用原辅料生产食品。直接用于食品生产加工的水必须符合GB 5749《生活饮用水卫生标准》的要求。采购已实施生产许可证管理的产品作为生产原辅材料时,企业应当索取该产品的生产许可证复印件并查

验其有效性。

4. *生产加工要求*　食品加工工艺流程应当科学、合理。生产加工过程应当严格控制，防止生物性、化学性、物理性污染及原料与半成品、成品的交叉污染。严禁使用国家禁止使用或明令淘汰的生产工艺和设备。

5. *产品要求*　企业必须按照有效的产品标准组织生产。企业生产的产品必须符合国家标准、行业标准和审查细则的强制性规定以及企业明示的质量要求。使用食品添加剂和营养强化剂必须符合 GB 2760《食品添加剂使用卫生标准》和 GB 14880《食品营养强化剂使用卫生标准》，严禁在食品中超量或超范围使用食品添加剂和营养强化剂。

6. *人员要求*　企业负责人应当了解产品质量法律法规和企业的产品质量责任、义务。企业生产技术人员应当具有相关的专业知识。企业的生产操作人员和检验人员上岗前应当经过培训考核，检验人员应持证上岗。从事食品生产加工的人员应当身体健康，无传染性疾病。食品生产加工企业各类人员应当具有必要的食品质量安全知识。

7. *检验要求*　企业应当进行生产过程检验和出厂检验，企业应有能力对审查细则规定的产品出厂检验项目进行检验，企业使用的检验设备必须经检定、校准合格后在有效期内使用。企业检验部门应能够独立行使检验职权。

8. *包装及标签标识要求*　用于食品包装的材料必须符合国家法律法规及强制性标准的要求。定量包装食品的净含量应当符合相应的产品标准及《定量包装商品计量监督规定》。食品标签标识必须符合国家法律法规及食品标签标准和相关产品标准中的要求。

9. *储运要求*　企业库房的条件应当与相关食品的储存要求及生产规模相适应，成品库原则上应当专库专用。食品运输用的车辆、工具必须清洁卫生，不得将成品与污染物同车运输。有冷藏(冻)运输要求的食品，食品生产企业应具备冷藏(冻)运输车辆及工具.

10. *质量管理要求*　企业应当根据有关法律法规要求，建立健全企业质量管理制度。实施从原材料到最终产品的全过程质量管理，严格岗位质量责任，加强质量考核。

(二)食品卫生许可证制度

从事食品生产加工的企业凡具有营业执照的，必须单独申请食品生产许可证。没有取得食品生产许可证的企业不得生产食品，任何企业和个人不得销售无证食品。

(三)食品出厂实行强制检验制度

包括3种方式：

1. 发证检验　对食品生产企业发放许可证之前，对食品进行强制性检验，检验合格方可核发许可证。

2. 出厂检查　对于取得许可证并具有产品出厂检验能力的企业，经质量技术监督部门审核，可以自行检验出厂食品。取得许可证但不具备产品出厂检验能力的企业，可委托质量技术监督部门指定的检验机构进行出厂检验。

3. 监督检验　各级质量技术监督部门按计划对食品及生产企业实施监督检查和检验。

(四)实施市场准入标志制度

企业申请取得食品质量安全市场准入标志即QS标志后，必须在食品包装上加贴QS标志。

截至2005年年底，我国已有包括米、面、油、肉制品在内的28大类、370种食品被纳入质量安全市场准入制度，占全部食品种类的70%。

本章小结

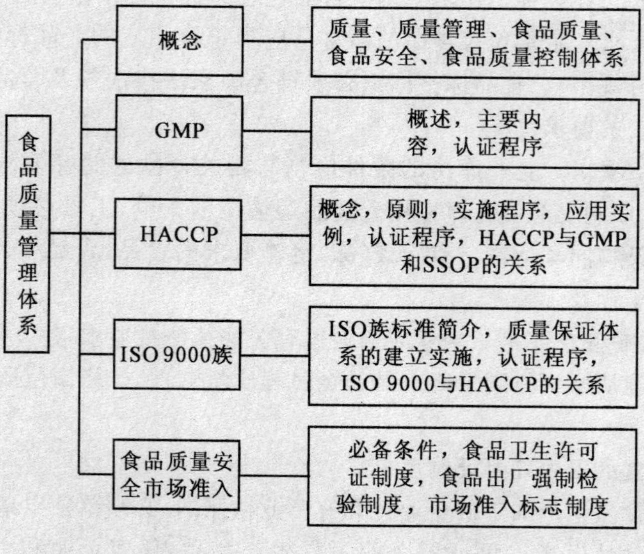

复习思考题

1. 质量、质量管理、食品安全的基本概念和内涵是什么？
2. GMP 的主要内容包括哪些方面？
3. HACCP 实施的基本过程包括哪些环节？
4. HACCP 与 GMP 和 SSOP 有何关系？
5. ISO 9000 族的基本指导思想具体地体现在哪些方面？
6. 食品质量安全市场准入的企业必须具备哪些条件？
7. 实施食品质量安全市场准入有何意义？

参考文献

[1] 瞿礼嘉,顾红雅,陈章良. 现代生物技术导论. 北京:高等教育出版社,1999.
[2] 罗云波,等. 食品生物技术导论. 北京:中国农业大学出版社,2002.
[3] 孟凡乔,等. 食品安全性. 北京:中国农业大学出版社,2005.
[4] 杨萍,高伟. 转基因食品及其安全性. 农业与技术, 2005(2):139-141.
[5] 聂凌鸿,宁正祥. 转基因食品及其安全性评价. 中国食物与营养. 2004(2):14-16.
[6] 陈宗道,刘金福,陈绍军 .食品质量管理.北京:中国农业大学出版社,2003.
[7] 臧大存.食品质量与安全.北京:中国农业出版社,2006.
[8] 中华人民共和国家标准,食品企业通用卫生规范,GB 14881—1994.
[9] 卫生部.关于印发食品企业 HACCP 实施指南的通知,卫法监发[2002] 174 号文件.
[10] 中华人民共和国家标准,质量管理体系要求,GB/T 19001—2000.
[11] 关于印发《食品质量安全市场准入审查通则(2004 版)》的通知,国质检监[2004] 558 号文件.

图书在版编目(CIP)数据

现代畜产食品加工学/杨宝进主编.—北京:中国农业大学出版社,2007.9
普通高等教育“十一五”国家级规划教材
ISBN 978-7-81117-329-1

Ⅰ.现… Ⅱ.杨… Ⅲ.食品加工-高等学校:技术学校-教材 Ⅳ.TS205

中国版本图书馆 CIP 数据核字(2007)第 116660 号

书　　名 现代畜产食品加工学
作　　者 杨宝进 主编

策划编辑 高职高专策划部 赵 中　　**责任编辑** 郝华昆 梁爱荣
封面设计 郑 川　　**责任校对** 陈 莹 王晓凤
出版发行 中国农业大学出版社
社　　址 北京市海淀区圆明园西路 2 号　　**邮政编码** 100094
电　　话 发行部 010-62731190,2620　　读者服务部 010-62732336
编辑部 010-62732617,2618　　出 版 部 010-62733440
网　　址 http://www.cau.edu.cn/caup　　**e-mail** cbsszs@cau.edu.cn
经　　销 新华书店
印　　刷 北京时代华都印刷有限公司
版　　次 2007 年 9 月第 1 版　2011 年 11 月第 3 次印刷
规　　格 787×980　16 开本　22.75 印张　414 千字
定　　价 29.00 元